U0172105

AI Communication

Theory and

Method

人工智能
通信理论与方法

陈 敏 编著

华中科技大学出版社
http://www.hustp.com
中国·武汉

内 容 简 介

本书是一本研究人工智能技术与通信系统相结合的参考书,阐述了人工智能技术在通信领域中产生的新理论、新方法和新应用。全书共分为 14 章,包括绪论以及理论篇、技术篇和应用篇三个篇章。绪论对全书的研究背景和理念进行了概述。理论篇首先通过对信息价值的度量实现对信息的认知,产生认知信息论的概念,然后在智能云上基于 5G 技术实现计算任务的卸载,最后考虑边缘云场景下的缓存、计算与通信的协同优化,围绕在有限的资源下基于最优原则认知信息的主题提出基于人工智能的通信理论。技术篇对认知信息中的支持技术和方法进行了详细的研究和探讨,对机器学习技术和面向新一代通信系统的人工智能技术做了详细介绍。在此基础上,应用篇理论联系实践,对基于人工智能的通信网络做了进一步讨论,包括通信系统中的认知无线通信、资源调度、情感识别、认知物联网等,给出了人工智能技术在通信系统中的相关应用和未来的研究方向,为读者提供参考。

本书可作为人工智能和通信专业高年级本科生和研究生的教材或参考书,也可供相关专业工程人员或研究人员参考。

图书在版编目(CIP)数据

人工智能通信理论与方法/陈敏编著. —武汉:华中科技大学出版社,2020.1
ISBN 978-7-5680-5969-5

Ⅰ.①人…　Ⅱ.①陈…　Ⅲ.①智能控制-电力通信网　Ⅳ.①TM73

中国版本图书馆 CIP 数据核字(2020)第 003675 号

人工智能通信理论与方法 陈　敏　编著
Rengong Zhineng Tongxin Lilun yu Fangfa

策划编辑:王红梅
责任编辑:余　涛
封面设计:原色设计
责任校对:李　琴
责任监印:徐　露
出版发行:华中科技大学出版社(中国·武汉)　　电话:(027)81321913
　　　　　武汉市东湖新技术开发区华工科技园　　邮编:430223
录　　排:武汉市洪山区佳年华文印部
印　　刷:武汉科源印刷设计有限公司
开　　本:787mm×1092mm　1/16
印　　张:24　　插页:2
字　　数:580 千字
版　　次:2020 年 1 月第 1 版第 1 次印刷
定　　价:128.00 元

前言

自 20 世纪 80 年代以来,移动通信技术经历了从第一代模拟通信系统(1G)到万物互联的第五代移动通信系统(5G)的演进,不仅给人们的生活方式带来了深刻变革,并且加速了社会经济数字化和信息化水平的发展。5G 正处于商用的部署阶段,即将开启万物互联的新时代会让工作和生活更加多元化、自动化和智能化,从而催生出新兴的生产方式。多样化的 5G 应用场景下产生的海量大数据和通信流量的增长无疑对现有的通信技术提出了巨大的挑战,对通信网络造成了极大的压力,无法满足计算密集型、数据分析性和内容密集型业务的需求。基于新的通信需求下对通信技术和通信系统的要求,将会带来科学技术的新突破、新技术与通信技术的深度融合。通信系统的完善将会不断衍生出更高层次的新需求,最终实现通信系统智能化、社会智能化的终极目标。为了进一步提高社会的信息化水平,推动 5G 技术的演进与发展,有必要对现有的通信系统中的理论与方法进行全新的改进与设计。

按照我国"五位一体"总体布局和"四个全面"战略布局,深入实施创新驱动发展战略,新一代人工智能(AI)科技创新深刻改变了人类的社会生活和世界。AI 是影响面广的颠覆性技术,在特定领域表现出了极高的性能,成为新一轮产业变革的核心驱动力。因此,持续探索发展面向多行业的通用 AI 是为社会创造价值的必要所在,能够加速垂直产业的升级,带来国家经济的发展,并推动第四次工业革命,这需要开展多领域交叉融合的研究。但是由于早期物联网和 5G 通信技术支撑不足,以及终端通信、计算和缓存能力受限,存在无法实现全覆盖、毫秒级网络时延以及超高可靠性的要求,出现大量的 AI 应用处于落地难、难以商用的困境,阻碍了进入智能化社会的进程。

结合现有 AI 的局限性以及通信技术面临的技术难题,将 AI 技术引入通信网络中构建新一代通信系统体系一方面将有利于打造新体验、新功能和新模式的通信系统,助力国力提升、经济发展和社会转型,另一方面成为推动通信系统发展的新思路、方向和着力点,激发对通信中智能科学应用的需求。因此,AI 技术与通信网络的结合将成为研究热点,本书提出人工智能通信理论与方法,对相关概念以及应用展开深入的研究和探索。

本书是一本系统论述 AI 技术应用于通信领域产生的新理论及其应用的著作。在当前 AI 和 5G 获得迅速发展的时期,期望本书的出版能对国内外通信系统的研究、技术发展、应用和相关人才的培养起到推动作用,并且能为第六代移动通信系统(6G)的构建奠定一定的基础。本书一共分为绪论部分和三个篇章,绪论对全书的重要理论和关键技术进行了导引和概述,篇章中包含不同的章节。

第一篇为理论篇,讨论基于 AI 的通信理论,该篇提出了将 AI 技术引入通信领域后产生的通信理论,共三个章节。第 2 章引入认知信息论,提出了对信息度量的方式,介绍了认知信息的不同层次以及信箱原理。第 3 章解释了边缘认知计算的内涵,介绍了边缘认知计算中的 5G 关键技术和基于智能边缘云和 5G 的计算任务卸载,这是需要发展的通信系统的关键使能技术。第 4 章对通信网络中缓存、计算与通信的协同优化理论进行了全面的探讨,从基本的缓存策略到单终端、多终端场景下的"计算、通信和缓存"模型到边缘云场景下的"计算、通信和缓存"的协同优化。该篇提出的通信理论是未来通信系统发展的基石。

第二篇为技术篇,讨论面向新一代通信系统的 AI,讲述了适应于通信系统的 AI 技术,共两个章节。第 5 章对通信系统中的机器学习方法进行了概述,详细介绍了关键算法的原理及其应用。第 6 章全面引入面向新一代通信系统的 AI 技术,对深度学习、强化学习、无标签技术进行了详细的说明,并对产生的相关应用进行了概述。该篇介绍的 AI 方法是未来通信系统发展的重要技术手段。

第三篇为应用篇,讨论基于 AI 的通信系统专题应用,讲述 AI 技术与通信网络相结合时产生的诸多应用,共八个章节。第 7 章从通信网络中的大数据、无线边缘通信、无线传感器网络中的大数据以及对无线网络的优化等方面讨论了基于 AI 的认知无线通信。第 8 章介绍了无线网络中的资源调度和管理问题。第 9 章介绍了基于 AI 的情感识别与通信,并介绍了可穿戴情感机器人系统的实现。第 10 章讨论了认知物联网的相关内容,主要是低功耗广域网、健康监护系统以及车联网的应用。第 11 章详细介绍了 5G 触觉网络,其中包括 5G 的认知触觉网络和网络的能效优化问题,为人机交互带来沉浸式的感知体验。第 12 章介绍了无人机网络的相关应用,从面向入侵无人机的多监控无人机应用设计,到无人机集群中的业务调度和多任务卸载展开讨论。第 13 章介绍了三个认知计算的前沿应用,立足人类的心理健康需求引入 CreativeBioMan、Deep-Focus、DeepInteraction 三个应用。第 14 章概述了基于人工智能和通信系统的新一代智能织物,提出 Wearable 3.0 和 I-Fabric 赋力于人类的智慧生活。新一代智能织物与纤维材料的发展使得柔性织物传感器等体域网的关键技术可以获得突破性进展,促进体域网向实现人体数字化和医疗智能化的方向进一步发展,将来可以在虚拟世界中构造出具有独立的逻辑思维能力和完全自主的学习能力的"虚拟人"。该篇介绍的应用是未来通信系统应用发展的灵感来源。

未来,随着 AI 和 5G 的快速渗透,低延时、高可靠的通信体验将会极大缩减人与人、人与物之间的距离感,促进万物互联,使整个社会焕发前所未有的活力。在 5G 时代实现信息的泛在可取之后,6G 会在 5G 基础上全面支持整个世界的数字化,并结合 AI 等技术,打造出智慧的全方位万物赋能的社会。在这样信息通信技术产业变革的趋势下,AI 与通信系统的互融将极大地促进智享生活、智赋生产以及智焕社会的发展。我国将秉持"创新、协调、绿色、开放、共享"的发展理念,展开 6G 的研究,期望在未来整个世界将基于物理世界生成一个数字化的孪生虚拟世界,帮助人类进一步解放自我,提升生命和生活质量,实现"数创世界新,智通万物灵"的美好愿景。孪生虚拟世界是对物理世界的模拟和预测,可以精确地反映和预测物理世界的真实状态,它利用新一代智能织物和体域网技术高效地从真实世界采集到人类的多维多模态信息,刻画人类的社会活动轨迹,存储人类在不同环境下个性化的动作表现、情感意识和行为特点。通过对人类进行深层次的生命建模,实现超高分辨率的拟人化,可以将其应用在精准医疗上,实现医疗健康服务由"以治疗为主"向"以预防为主"的转化,形成全方位的医疗保障体系。

与此同时,本书提出的关键理论、技术和应用场景极大地符合 5G 及未来 6G 的发展需求,期望能以此引发业界的讨论与思考,为推动移动通信网络可持续发展提供重要灵感源泉,持续推进通信技术和通信系统的发展,加速社会进入"数字孪生"世界。

　　本书在编写过程中广泛参考了许多专家、学者的文章著作以及相关技术文献,作者在此表示衷心感谢。人工智能通信理论与方法是正在发展的新理论与方法,有些内容、学术观点尚不成熟或无定论,同时由于作者水平有限,虽然尽了最大努力,但疏漏之处在所难免,敬请广大读者批评指正。

编　者

2019 年 10 月

目 录

1 绪论 ……………………………………………………………………… (1)
  1.1 从传统的通信系统到基于人工智能的通信系统 …………………… (1)
  1.2 核心理论 ……………………………………………………………… (5)
  1.3 通信系统与人工智能 ………………………………………………… (7)
  1.4 应用的重要意义 ……………………………………………………… (9)

第一篇 理 论 篇

2 认知信息论 …………………………………………………………… (13)
  2.1 认知信息论的发展 ………………………………………………… (14)
  2.2 基于认知计算的信息度量 ………………………………………… (18)
  2.3 认知信息 …………………………………………………………… (25)
  2.4 信箱原理概述 ……………………………………………………… (30)
3 边缘认知计算 ………………………………………………………… (33)
  3.1 边缘认知计算概述 ………………………………………………… (33)
  3.2 5G 关键技术 ……………………………………………………… (41)
  3.3 基于智能边缘云和 5G 的计算任务卸载 ……………………… (46)
4 缓存、计算与通信的协同优化理论 ………………………………… (53)
  4.1 基本的缓存策略 …………………………………………………… (53)
  4.2 单终端场景下的缓存、计算与通信解决方案 ………………… (56)
  4.3 多终端场景下的缓存、计算与通信融合模型 ………………… (58)
  4.4 边缘云场景下的缓存、计算与通信协同优化 ………………… (59)

第二篇 技 术 篇

5 通信系统中的机器学习 ……………………………………………… (69)
  5.1 机器学习概述 ……………………………………………………… (69)
  5.2 机器学习的主要算法 ……………………………………………… (73)
  5.3 机器学习算法选择与优化 ………………………………………… (87)
  5.4 机器学习在通信系统中的典型应用 …………………………… (92)
6 面向新一代通信系统的人工智能技术 …………………………… (102)
  6.1 深度学习 …………………………………………………………… (102)

6.2 强化学习 ·· (118)

6.3 无标签学习 ·· (121)

6.4 人工智能技术在通信系统中的典型应用 ················ (126)

第三篇 应 用 篇

7 基于人工智能的认知无线通信 ································ (135)

7.1 学习驱动的无线边缘通信 ································ (135)

7.2 无线传感器网络中的人工智能代理 ··················· (140)

7.3 自主学习的无线网络智能优化 ························· (146)

7.4 卫星地面网络中的终端跟踪和天线指向 ············· (153)

8 基于人工智能的资源调度 ···································· (159)

8.1 基于强化学习的网络边缘资源调度 ··················· (159)

8.2 基于深度学习的流量预测与资源调度 ················ (161)

8.3 基于边缘认知计算的业务调度 ························· (171)

9 基于人工智能的情感识别与通信 ·························· (179)

9.1 视听情感融合 ·· (179)

9.2 基于人工智能的情感通信 ····························· (191)

9.3 可穿戴情感机器人 ····································· (201)

10 基于人工智能的认知物联网 ······························ (213)

10.1 基于人工智能的低功耗广域网 ························ (213)

10.2 基于大数据云的智能糖尿病诊疗 ····················· (220)

10.3 认知车联网 ·· (228)

10.4 智能自主运动体 ······································· (241)

11 基于人工智能的 5G 触觉网络 ···························· (251)

11.1 基于 5G 的认知触觉网络 ····························· (251)

11.2 面向 uRLLC 的 5G 触觉网络能效优化 ·············· (262)

11.3 面向磁悬浮触觉交互的视觉惯性导航 ················ (264)

12 基于人工智能的无人机网络 ······························ (273)

12.1 面向入侵无人机的多监控无人机应用设计 ··········· (273)

12.2 UAV 集群中的业务调度 ······························ (281)

12.3 UAV 集群中的多任务卸载 ··························· (289)

13 基于人工智能和通信系统的认知计算前沿应用 ········ (297)

13.1 CreativeBioMan：基于可穿戴计算的创意游戏系统 ······· (297)

13.2 DeepFocus：多场景行为分析下的深度脑电波和情绪编码 ······· (307)

13.3 DeepInteraction：机器人辅助的儿童自闭症诊疗 ········ (320)

14 人工智能驱动的新一代智能织物 ························ (330)

14.1 Wearable 3.0：从智慧衣到可穿戴情感机器人 ········ (330)

14.2 I-Fabric：新一代功能纤维驱动的智能生活 ·········· (337)

参考文献 ··· (347)

1

绪论

当前,我国社会主义现代化建设正面临着很多需要智能科学技术才能解决的复杂问题,包括生产领域的智能制造和智能农业,服务领域的电子政务和电子商务,民生领域的智能医疗和智能教育,生态领域的智能环保和智能治污,安全领域的网络空间信息安全和智能作战,等等。然而,目前所有领域面临的复杂问题都不能再简单地沿用工业时代的方法去解决,需要利用智能时代的智能科学技术的方法和手段去创新地解决。因此,我们需要发展人工智能(artificial intelligence, AI),引领科技创新。而信息时代的科学技术的主要目标是增强人类的智力和能力,这类技术的主要代表是各种 AI 系统,包括面向不同领域的专家系统和智能机器人等。

由于信息技术、各种传感技术、可穿戴设备特别是互联网技术的广泛应用,使得每个网民、每个终端都是信息源,这就产生了大数据和海量信息。大数据和海量信息很大程度上便利了人们的工作和生活,但对现有的通信技术和系统造成极大的压力,同时也使得人们对海量信息和大数据的选择产生巨大困难,从而刺激和激发了我们对通信中的智能科学技术应用的需求。因此,我国基础设施建设和智慧社会的发展对于 AI 的需求是非常巨大的和十分明确的。

在大数据的处理、分析和利用上,对数据浅层的观测只能得到事物的现象,以此获取到的知识很难体现出事物的本质,而智能的表现是处理事物的策略,因此要求从人类自身的智能机理获得必要的启发去发展 AI,将人类从体力劳动和规则性的智力劳动中解放出来。如今,AI 技术越来越成熟,迎来新的发展机遇,为人们的日常活动提供智能服务,在不同的领域获得发展,因此将 AI 技术引入通信系统是必然的。传统的通信系统理论与方法已经难以满足当前的应用对通信网络的需求,本书基于 AI 技术提出了新的通信理论与方法,这将为通信网络的发展和优化打开一个全新的思路,同时在获得广泛的应用后会大大提高社会的信息化水平,促进经济和社会智能化的长足发展。

1.1 从传统的通信系统到基于人工智能的通信系统

通信系统是通过具体的媒介完成对抽象信息的传输,主要包括五个部分:信源、发送器、信道、接收器和信宿。信源是指产生各种信息的信息源,信息包括用户需要传输的文本、图片、音频、视频等,一般需要在信源端对数据进行相应的预处理。发送器的工作是对数据进行编码和调制,包括信源编码、信道编码、加密、信道复用、扩频等,一方面用于提升数据传输的效率,另一方面提升数据传输的有效性、可靠性和安全性。信道,即用户数据在自然界中的物理传输媒介,分为有线信道和无线信道。有线信道是以导线为传输媒介,信号沿导线进行传输,导线附近聚集信号的能量,传输效率较高,但不便于灵活部署。无线信道是由无线电信道构成,通过辐射无线电波使无线电信号的辐射通过发射机的天线在整个空间进行传播,其中不同频段的无线电波具有不同的传播方式。接收器在接收到数据后进行一系列的解码工作,包括解扩、解复用、解密、信道解码、信源解码等,最终得到原来的发送信息。信宿,即信号接收端。因此,在整个通信过程中,发送端主要完成对信号的编码和调制,接收端主要完成相应的解码与解调。

通信系统在对信息进行必要的编码等处理操作后实现对数据的传输,最后使信息从发送端传递到接收端。香农在《通信的数学理论》中,将比特(bit)定义为用于测量信息的单位,将信息量化的处理方式为通信系统更有效地传递信息带来了新的思路。同时香农提到,冗余在任何信息中都存在,信息中的任何符号出现的概率或者不确定性都影响着冗余大小。对于通信系统而言,在有限的信道利用一定的通信资源完成对信息的传输无疑会给通信系统带来巨大的压力,尤其是当今的大数据时代,值得注意的是传输过程中一部分冗余信息同样会占用通信资源。1943 年的某天,英国著名的数学家、逻辑学家阿兰·图灵在贝尔实验室的食堂与香农共进晚餐,他们谈论的话题之一是关于人造思维机器的构造,香农认为不应只满足于把数据输入机器中,还应该把有文化的东西,比如音乐,输入电子大脑中。这一谈论同样显示了对有价值信息的需求,而不是一些冗杂的数据。为了实现对有价值信息的选择与接收,有必要从通信系统的角度对信息进行一定的处理,一方面可以很大程度上减少通信系统的负担,另一方面可以提高信息接收者的体验。另外,兰道尔原理指出,在平衡态擦除 1 比特的信息至少要消耗 $kT\ln2$ 的能量。其中,k 为玻尔兹曼常数,T 为环境温度,由此给出的计算机的理论能耗下限表明,大量的信息会带来巨大的能耗支出。

近年来,随着无线通信技术、电信基础设施、数据处理和计算能力的发展,移动网络也越来越受欢迎。智能移动设备如智能手机、智能机器人、可穿戴设备、无人驾驶飞行器和自动车辆的普及导致了移动通信量的大幅增加,信息量急剧增大,这给与移动网络相关的通信、计算设施和系统带来了相当大的压力。工业和信息化部发布的中国移动通信业务数据报告显示,2017 年 11 月家庭平均移动通信流量为 2.39 GB。到 2018 年 5 月,家庭每月平均移动通信流量接近 4 GB。2016 年,全球移动数据流量约为 7201 PB/月,预计 2021 年将达到 48270 PB/月。到 2025 年,工业无线传感、跟踪和控制设备的连接数量将接近 5 亿。同时,互联网中心预测 2020 年有 40 ZB 的数据需要被处理,这代表平均每个人会产生 5.2 TB 的数据。对于数据量的暴增,一方面为传输数据的通信系统以及分析数据的处理系统带来了巨大的压力,另一方面也将驱动 AI 的发展,启发人们开辟认知信息的新方式,即利用 AI 技术探索全新的理解数据的方法和理论。

2017 年,中国信息通信研究院和中国 AI 产业发展联盟发布的报告显示,国内 AI 市场规模达到 237.4 亿元,相较于 2016 年增长 67%。其中计算机视觉市场占比为 34.9%,达到 82.8 亿元,主要的技术核心为生物模式识别、图像识别、视频处理等。在这种发展趋势下,知名互联网企业如谷歌、苹果、Facebook、微软、百度都以大力发展 AI

作为下一阶段战略发展的重点,在基础算法、平台和智能设备研发上大力投资;与此同时他们还联合高校和科研院所共同推动产业发展。回看 AI 的发展史,从符号主义到连接主义和行为主义,都在不同程度上取得了丰硕的成果;并且,这些学派之间也在借鉴和融合中共同发展以寻求全面的发展道路。近年来,伴随着 AlphaGo 取得了重大突破,行为主义学派受到了人们的广泛关注。该学派的观点是在主体与环境的交互过程中产生智能行为,因此只有智能主体身处在真实的环境中,通过不断地学习才能理解各种复杂的状况,进而学会处理复杂情况,最终达到在未知环境中运行的目的。在将连接主义思想融入行为主义中后,产生了深度学习技术,这也是 AlphaGo 赢得李世石的核心技术。深度学习已经在很多领域取得了重大突破,比如图像处理、语音识别、自然语言处理等。在语音识别方面,微软使用深度学习技术实现的语音识别系统比之前的系统在识别单词准确率方面,错误率降低了约 30%。在图像处理方面,目前深度学习的算法在 ImageNet 数据集上的分类准确度已经到了很高的水平,可以看作在一定程度上机器已经具备人类的图像识别能力。

深度学习取得当前的重大成果的最重要的因素是对海量数据的高效的接收处理能力,这是实现深度学习算法的基石。当前,首选的运行深度神经网络算法的硬件设备是图形处理器(graphics processing unit,GPU),能在短时间内低功耗地完成计算,主要原因有两个方面:其一是高带宽的缓存大大提升了海量数据的通信效率;其二是多计算核心提升并行计算的能力。海量数据的出现为训练算法模型提供了基础资源,关键在于找寻数据之间的显著特征,然后针对具体的问题进行预测和决断。另外,高性能计算服务器和服务平台的出现也极大地推进了 AI 的发展。这些优势使得深度学习可以充分地利用海量数据,自动学习到抽象知识的表达。伴随着 AI 技术的不断发展,AI 机器可以将人类从繁重的体力劳动和规则性的智力劳动中解放出来。这样,人类可以将自己有限的精力和时间集中起来投入到高价值的学习和创造性的研究工作中,从而能够更有效地应对复杂问题的挑战,使社会更适于人类的生存和发展,让人们的生活更美好。经过六十多年的发展,AI 技术逐渐成熟,而且将会迎来新的发展机遇。AI 在很多领域显示了强大的活力,这促使我们将 AI 技术应用到通信领域,寻求新的理论与方法,为通信系统注入新的血液。

第五代移动通信网络(the fifth-generation mobile network,5G)不仅满足高通信容量需求,而且移动用户的数据速率有大幅度的提升。5G 定义的 ITU(国际电信联盟)指标支持下行 20 Gb/s,上行 10 Gb/s 的峰值速率,支持 500 km/h 的移动速度。相比第四代移动通信网络(the fourth-generation mobile network,4G),5G 的频谱效率显著提高,覆盖率有所提高,信令效率得到加强,延迟将会得到显著降低,极大地提高了用户体验。5G 的研究不仅着眼于新的频段、无线传输、蜂窝网络等,更应注重性能的提升。近几年来,随着 5G 关键技术的提出,以及概念验证和测试实验的成功,2019 年 5G 已经步入商用部署的快车道,比如第三代合作伙伴计划(the third generation partner-ship project,3GPP)给出了 5G 标准时间表。5G 将开启一个万物互联的新时代,实现了人与人、人与物、物与物的全面互联,并且渗透到工业、交通、农业等各个行业。因此,5G 网络可以实现信息的泛在获取,能够满足增强移动带宽、大规模物联网和高可靠低延时场景下关键性能指标的需求。

随着 5G 的发展,学术界、工业界和研究团体开始研究 beyond 5G,并且预计在

2023 年给出第六代移动通信网络(the sixth-generation mobile network，6G)的关键技术。6G 将拥有全新架构和全新能力，能够支持整个世界的数字化，通过将物理世界中的人和场景在数字世界中的重构，全面赋予物联网(Internet of things，IoT)认知设备及机器人泛在互联的强智能性和交互性。从图 1-1 可以看出，现在 6G 研究在全球范围内还处于起步阶段。业界预期 2030 年左右商用 6G,芬兰、美国和中国均已着手研究 6G 网络。预计 6G 网络将具有按需服务、强 AI 无缝内嵌、柔性至简等特征。

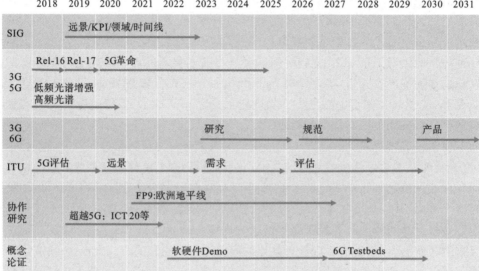

图 1-1　6G 路线图

SIG:特别分组；Rel:版本；FP:框架规划；ICT:信息和通信技术

　　因此,为了满足 5G 信息泛在可取的需求以及未来 6G 构建数字孪生世界美好愿景的期望,提出了众多关键的使能技术、概念和技术方法用于支撑智能化的通信网络架构。我们可以预见未来的通信网络中会充斥着前所未有的大数据,这些数据既需要管理,也需要利用。大数据和移动流量的保障性增长无疑对现有的通信技术和框架是巨大的挑战,这可能导致计算和网络资源的短缺。

　　大数据和移动通信流量的保障性增长无疑对现有的通信技术和框架是巨大的挑战,这可能导致计算和网络资源的短缺。对用户来说,能直观感受到的是通信延迟,体验质量不仅通过服务的智能化和个性化来证明,在实时交互中的延时水平也至关重要。同时随着移动通信流量的增加,无线信道冲突和带宽资源占用问题日益严重,导致带宽资源冲突,同样会带来网络的可靠性问题。另外,增强/虚拟现实、自动驾驶汽车、情感互动、健康监护和远程医疗等应用对实时性的极高要求,会加重边缘云、基站、远程云等的计算和通信调度压力。这些问题亟待解决,将 AI 技术与通信系统相结合的方式会为当前的通信领域带来新的改变。从信息的源头出发,采用 AI 技术的思路对数据进行分析处理,可以在一定程度上减轻通信负担。在有限的通信资源下,利用 AI 技术完成对资源的调度,使资源得到合理的分配。同时,适时地均衡计算资源与通信资源,使它们得到合理利用,让整个通信系统处于一种动态平衡中,在完成资源的有效部署的同时完成能耗的优化。因此,有必要将 AI 引入通信系统。

1.2　核心理论

面对大量智能终端接入无线网络,网络中每时每刻都在产生海量的数据。5G 技术的接入有望将社会打造为全移动和全连接的形式,提供高吞吐量、大量的连接、小延迟的高质量通信服务。因此,对于可预见的通信网络中的大数据,应该对其进行管理,在对信息认知之后再进行有效的使用。

1. 认知信息

在香农的信息理论中,数据传输量总是有限的,单位时间内数字通信系统中传递的信息受到信道容量的限制。但是,在现实世界中智能机器对信息源不断的需求与有限的物理信道容量总是相互矛盾的。从行为主义学派的角度看,为了让机器越来越具备人的思维,需要持续海量的数据供给,使其在环境中不断地学习,若机器不能获取有效的输入数据,则很可能导致其智能增长停滞。因此,对于机器来说接收有价值的信息尤为重要,而机器能够像人一样对数据进行解读与认知、挖掘信息的潜能、具备认知智能的能力,也是机器智能持续向前迈进的重要表现。在通信系统中,机器具备认知潜能主要体现在通信系统所具备的认知能力和信息所蕴含的价值潜能,二者相辅相成可以实现信息价值的认知,推动通信系统智能化的演进。信息在传递的过程中,每个阶段都具备认知的潜能,也将在各个位置实现对其认知,比如通信网络的认知、用户终端的认知、边缘云的认知和云的认知。若每个阶段的潜能都能得到激发,则信息所蕴含的价值将被充分挖掘。

信息从产生之初就具备固有价值,这决定了其本身是否具备被认知的潜能。若信息拥有的价值能引发丰富的联想,则可引导人们产生新的感悟,衍生出多种多样的形象信息,在这个过程中,其价值也被不断地开发。基于数据价值的信息认知,首要的工作是需要对通信网络中的数据进行全面分析,以此获取每个数据包的价值属性,即获得对数据的价值度量。例如,在利用视频数据进行异常状况检测时,需要收集大量的视频数据进行评估、分析和处理,首先会在每个视频数据产生的终端对视频的价值进行评估,然后根据评估结果以及要传输的视频数据的大小分配相应的通信资源。如果视频流数据对训练模型的作用微乎其微,可为该终端分配较少的通信资源,反之则尽量保证可靠性的传输。比如,在一个十字路口,大多数情况下是平稳的车流在运行,长时间处于正常的状态,在这段时间内的视频数据大多是冗余状态,此时可以仅分配必要的、相对较少的通信链路保证基本的传输即可。

在信息传输的过程中,信息的价值属性是动态变化的,而且具备演化性。在以用户为中心的原则下,如果数据质量不好,有可能在传输过程中逐渐退化;如果数据具有较高的质量,则在传输过程中可能会激发用户产生丰富的想象,因此其价值会不断增长。并且,同样的数据对不同的终端而言,价值存在差异,因此不同机器可能会解读出不同的信息量;而对于不同的用户来说,同样的信息对他们的价值也不同。这是信箱理论的思路来源,将不同的信息由不同的终端赋予不同的价值,在不断的传递过程中使信息量和数据价值得到提升或衰减。

认知信息论的提出会为通信系统带来新的改变,最大化地利用通信资源,合理地优化、调度通信资源和计算资源,减少了能耗,使通信系统处于动态平衡中。在不同层次、不同阶段,对信息的认知也将极大增强用户体验,有助于将他们从冗杂的信息中解放出来,吸收和处理对自己有价值的信息。

2. 边缘认知计算

当前,越来越多的服务在云端提供,同时物联网等技术逐渐进入人们的生产和生活,因此在一定成本的约束下提高靠近用户的本地处理能力是很有必要的,以此促进了边缘计算的出现。但是,对于一些延迟敏感型任务,比如对于可以提供视觉服务的可穿戴式摄像头需要较低响应时间的保证,一般需要 25~50 ms,如果使用云计算的话将会造成严重的延迟,极大地降低用户体验度。与此同时,边缘计算虽然能够勉强处理物联网、虚拟现实、增强现实等需要高实时响应需求的场景,但是,由于其有限的计算能力,以及对用户和网络环境的认知不够全面和透彻,很难提供高质量的用户体验和高效的能量利用率。因此,为了满足延迟敏感型业务超低延迟的需求、实现网络资源的能效优化以及提供更好的用户体验,本书给出了边缘认知计算的概念。

边缘计算是将设备包括路由器、小型基站甚至一些高端的可穿戴设备或具有存储、计算和缓存功能的节点部署到接近数据源的地方,作为云和本地网络之间的中间件。这种计算模式通过在边缘节点或可穿戴设备上提供一定的计算能力,大大减少了回程上的传输负载,同时在离用户很近的位置获取网络中边缘设备上的数据,这样可以基于用户偏好进行实时的大数据分析。但是边缘设备的计算和处理能力有限,在行为反馈、自动组网、负载平衡以及数据驱动网络优化等方面的智能性不高。

认知计算以信息为基础,重点在于从海量数据中挖掘价值、获得洞察力,目的在于使机器达到更高的思维境界以及数据价值潜能的拓展,让机器能认知数据的内涵及其包含的形象信息,像人一样理解周围的信息。其次,尽管认知计算兼顾数据在量上的积累,但不意味着是对数据量的依赖。认知计算基于类似人脑的认知与判断,试图解决生物系统中的模糊性和不确定性问题,以实现类似于人脑的不同程度的感知学习、记忆过程、学习导向、思维变通和问题解决等。通过认知计算,能够从有限的数据中挖掘出更多的隐含意义。最后,认知计算需要与大数据结合起来实现"双赢",在收获认知智能后,使大数据分析不仅只是使用"计算蛮力",还能挖掘数据的共性和价值。认知计算与"人"、"机器"和"信息空间"交互与融合,形成"以人为中心的认知循环"。因此,将认知计算部署在网络边缘,网络响应用户请求的延时将大大降低。

基于边缘计算和认知计算,本书提出边缘认知计算,通过对所处动态网络环境和用户信息的感知与学习,实现对边缘资源的合理分配。另外,为移动用户的数据分析处理提供高效的技术手段,实现网络边缘对数据的智能认知。

3. 缓存、计算与通信的协同优化

移动设备越来越智能化,部署在移动设备上的应用程序需要广泛的计算能力和持久的数据访问性能。移动设备通过无线网络连接到云时,会产生相对大的延迟,即对于延迟敏感型应用不太适用。并且,对海量信息的传递会消耗通信系统的传输能量,而在计算过程中,基于兰道尔极限和晶体管的工艺技术可以度量信息擦除过程所耗散的能量。从信息价值角度出发,本书给出认知信息在通信与计算的融合以及缓存、计算和通信的协同优化方面的理论。

数据认知的过程会产生计算能耗,同时会提高数据的价值密度,减少通信能耗。通信与计算融合的基本思想是对要传输的数据进行筛选和认知,尽可能地提高数据的价值密度,以此可以在通信系统中传输价值密度较高的数据。当数据在无线网络中传递时,传输的数据量将明显减少,通信的能耗将降低。数据的传输能耗和计算能耗之间存在复杂的耦合关系,研究的关键是对数据形成认知分析,在计算能耗与通信能耗之间寻找到动态平衡,不断减少计算与传输的总消耗。

在计算密集型和多媒体计算任务的情况下,任务的卸载和计算通常会导致各种延迟。因此可以通过在边缘云上缓存要处理的任务或处理后的任务结果来减少任务卸载和计算的延迟,以此满足任务计算的总延迟要求。本书通过介绍基本的缓存策略,概述了从任务缓存到计算任务缓存的演变和关键问题,由此建立了计算任务缓存模型,优化不同数据量大小的任务的完成时间,用于指导如何在不同的任务数据量和所需的计算容量不同时选择不一样的位置进行任务的缓存。此外,根据我们提出的缓存、计算与通信的概念,介绍了单终端场景、多终端场景以及边缘云场景下的"计算、通信和缓存"协同优化的潜在方案,基于优化理论和机器学习算法,结合用户、业务、配置、卸载、资源、感知以及性能评估等角度,详细解读了不同场景下的"计算、通信和缓存"融合与协作。

以上提出的基于 AI 的通信理论的简要概述,在后面的章节将对它们进行详细的讲解。

1.3 通信系统与人工智能

将 AI 技术引入通信系统会在不同方面展现优势,典型的包括但不限于以下领域。

1. 无线网络与人工智能

随着卫星系统支撑应用设备的快速增长,数据的传输和分析均耗费大量时间和资源。而目前的人工智能技术水平越来越高,通过与地球空间信息科学融合可以完成三件事,即地球空间信息海量数据的获取、智慧空间数据处理与挖掘、地球空间数据驱动应用。可以将人工智能方法嵌入卫星系统的设计运行过程中,分为信息获取、深度挖掘和作出反应三个阶段,将无监督学习和强化学习应用于卫星系统的移动通信服务。针对卫星系统中的移动通信基站和终端,研究基于人工智能的定位和追踪方法,确保在地球上的移动基站和终端能够接收最大的天线信号,使其受到相邻基站的通信干扰限制在一定范围之内。针对基站与终端的历史信息数据进行深度学习以实现在线实时定位和轨迹追踪,并可对未来一定时间内的设备分布情况进行预测。

无线用户生成的大数据包含了用户在时间、频率和空间上不同维度的光谱活动模式的有用信息,如在一段时间内的数据需求量、不同频率的干扰功率以及不同地点的拥塞程度分布等。社交网络数据在无线网络大数据中占比很大,社交网络的数据一方面表现在它与现实世界中的公共事件有着紧密的联系。例如,一场重要的体育比赛或政治竞选活动,可能引发持续数日的激烈在线讨论;频繁分享对一家新开餐厅的高分在线评价,可能会在现实世界中吸引大量顾客。另一方面,移动社交网络数据包含关于个人或社会群体的内容或偏好的丰富信息。无线网络中的大数据还包括传输云服务器中的多媒体内容所产生的数据。在搜索引擎中,视频搜索的占比很大,如 YouTube 短片、Netflix 视频和 Facebook 直播等,另外还有在线音乐服务。这种大数据的一个独特之处是,用户对特定内容的偏好是高度相似和相关的。例如,根据伯恩斯坦研究公司的研究数据表明,1％的 YouTube 视频占 YouTube 总浏览量的 90％以上。换言之,在互联网上传输的大部分内容都是重复和多余的。因此,我们可以利用用户对云内容的偏好来节省系统的有效带宽。例如,我们可以在边缘服务器预先缓存观看次数最多的视频,这样就不需要实时的回程数据下载。由此可见,利用 AI 技术分析和处理无线网络中的大数据,会进一步改进和提升通信网络的性能同时增强用户体验。

除了传统的无线网络,还包括当前发展起来的无线传感器网络。传感器网络具有节点数量多、计算和存储能力有限、电源容量有限、通信能力有限等特点,这就导致了传感器网络的首要目标是合理地控制流量分配使能源得以高效利用(由于传感器节点中的能量有限,因此需要优化能效)。而随着网络流量的增多,大量的异构数据使网络变得更复杂,增加了实现这一目标的难度,同时也对资源分配、管理以及用户体验管理提出了挑战。目前关于无线传感器网络的研究大多是人工提取特征,人工设计的特征是浅层的,无法充分挖掘无线传感器网络的特性,因此取得的进步总是有限的,迫切需要引入新的技术来提高无线传感器网络的性能。基于大数据的深度学习技术的蓬勃发展为无线传感器网络的控制与管理提供了新思路,其中具有自主决策能力的强化学习与深度学习相结合的新思想正与之契合。在无线传感器网络中融入深度学习技术为无线传感器网络的研究开拓了新的思路,有利于实现智能性、自主性与可靠性的系统。

2. 资源调度与人工智能

在异构物联网的多种无线通信技术中,5G 已成为终端与基站或云交互的首选。3GPP 定义了 5G 应用场景的三个方向:增强型移动宽带(enhanced mobile broadband,eMBB)、大规模机器类通信(massive machine type communications,mMTC)以及超高可靠性和超低延迟通信(ultra-reliable and low latency communications,uRLLC)。对于需要可靠通信且对延迟敏感的应用,uRLLC 是一个必要的前提条件。在面向具体应用的场景中,人们倾向于控制和管理用户的本地数据、基站的缓存数据和云数据库。在云端物联网的情况下,现有的数据驱动方法是直接卸载计算任务,而不需要到特定的基站或云端进行计算。但是,用户不能容忍这种高延迟。问题是,如何从更宏观的角度进行分析,同时深入分析和控制移动流量数据,以实现超低延迟和超高可靠性的通信? 常用的移动流量预测算法包括线性时间序列预测模型、非线性时间序列预测模型、神经网络时间序列预测模型、助推预测模型、灰色预测模型等。然而,这些传统方法都不能有效地处理动态流量预测问题。在移动网络中,如果将深度学习算法部署到不同的位置,就可以智能地预测移动流量,并将预测到的移动流量峰值发送到远程云。远程云感知整个网络的移动流量。基于流量适应动态调度和分配资源,利用认知引擎和智能移动流量控制模块实现网络负载均衡。这有助于实现通信的高可靠性和低延迟,并提高用户体验质量。

在支持移动人群感知的边缘计算中,网络从资源供应和资源需求两方面呈现出强大的动态性。例如,网络边缘的通信和计算资源可能随着时间的变化而变化,因为资源被边缘的不同应用程序共享。基本上,移动人群感知是人类驱动的活动。人类参与一个移动人群感知应用程序,在网络边缘随机移动,在不同的时间与不同的边缘服务器进行关联,产生时变通信和计算资源需求。因此,适应这种网络动态性,动态地处理边缘资源管理是非常必要的,这需要能够处理网络动态的动态资源管理策略。应用深度学习技术来管理移动人群感知网络边缘的资源,可以响应网络动力学任何期望的目标。

3. 无人机网络与人工智能

无人机在军事、公共和民用领域的作用越来越大,可以被广泛应用于"枯燥、肮脏或危险"的任务中,而这些任务往往都是人类不方便或不愿意执行的任务,因此无人机应用具有广阔的前景。在执行任务的过程中,无人机具有按需灵活部署、大范围覆盖和随时悬停的优点,其执行的任务常常能产生特殊的效果。以前无人机主要用于军事领域,而如今它们的使用正迅速扩展到商业、科学、娱乐、农业和其他领域。由于无人机需要可靠的上行链路传输以将感知获取的数据发送到核心网络,因此无人机集群网络必须进行合理的组网去支持可靠的数据传输。然而,随着无人机部署的普及,集群中多个无人机的协调工作成为一个突出的问题,使得对协作协议和控制算法的调研非常必要。目前大多数的无人机集群主要以集中式的方法进行集体工作,由诸如基站的中央控制单元去操作无人机的运行,随着任务复杂度的提升,以及无人机所处环境的复杂多变,集中控制的方式越来越难以满足实时高效控制的需求。此外,由于频谱资源有限,也难以集中控制所有无人机。因此,在多个无人机组成的传感网络中,运用强化学习解决无人机集群网络的设计和优化问题具有十分重要的意义。

由于无人机具有可灵活部署和多功能的特性,无人机的设计以及应用引起了学术界的广泛关注。针对未来的大规模移动用户的场景,在多复杂任务情况下的无人机团队协作情形下,考虑计算存储通信资源的优化协同,以及通过 AI 智能决策来提升无人机团队的效率。传统单无人机与移动边缘云(mobile edge cloud, MEC)交互的方案较简单,不需要使用 AI 智能决策。然而多无人机团队协作下,需要对周边无人机的移动性和无人机网络的动态资源进行感知和预测,并基于此进行决策判断,这样又引出更多的开放性问题。实际上只有考虑多任务卸载场景下的无人机团队协作,无人机的计算通信存储资源的全局联合优化才有意义,而利用 AI 智能决策是提高全局资源配置利用率,决定优化效果的关键技术。

此外,AI 技术在通信系统中的应用十分广泛,如认知物联网与 AI、情感通信与 AI 等,这些应用都将在后文一一介绍。

1.4　应用的重要意义

AI 技术强大的函数逼近机制,已经在通信领域的部分问题中取得了显著突破。许多移动网络问题可以表述为马尔科夫决策过程,例如,深度强化学习发挥了重要作用。这些优势使深度学习成为移动数据分析的强大工具。然而,很多问题涉及高维输入,限制了传统强化学习算法的适用性。在之前被认为很难处理的场景中,深度强化学习技术拓宽了传统强化学习算法处理高维度的能力。AI 技术有望解决复杂、可变和异构移动环境下的网络管理和控制问题。

在终端的定位和跟踪方面,卫星、地面基站以及移动终端之间进行通信时,需要精准地指向目标,特别是在卫星之间或卫星与地球之间存在相对运动时,更需及时调整卫星天线的指向,才能保证信号接收始终处于最佳接收状态。移动卫星通信中,由于地面状况不好,移动载体会发生剧烈颠簸,而且在中轨道卫星移动通信中,由于卫星与地球不是同步的,地面移动站的天线方位角和俯仰角随时间变化而快速变化。这样,为了建立地面基站和卫星之间的通信,就需要实现天线的定位和跟踪,以保证天线波束始终指向卫星。所以亟需致力于对卫星天线的定位和轨迹追踪进行研究,其研究工作集合了计算机控制技术、数据采集及信号处理技术、惯性导航技术、精密机械设计技术、传感器技术、仿真技术、卫星通信技术和系统工程技术等多种技术。可以对卫星天线的定位和轨迹追踪进行研究,将人工智能方法嵌入卫星系统的设计运行过程中,分为信息获取、深度挖掘和作出反应三个阶段,将机器学习和强化学习应用于卫星系统的移动通信服务。构建一套有效的平台环境和方案,为卫星系统的移动通信服务提供针对性的方法和理论支撑。

在网络优化问题方面,它可以在给定环境中管理网络资源和功能,提高网络性能。网络优化的工作需要在移动通信网络的各个层面实施,其中包括网络规划、工程建设以及日常维护等各项工作。在优化过程中需要开展不同的工作,比如在网络运行时分析运行质量,对网络性能进行评估,对网络中采集到的统计数据进行分析处理,对测试数据进行分析,以及执行各类系统参数的检查等。应用传统方法构造的解决方案往往无法满足动态实时的通信网络,强度学习在这方面取得了一些成果。

在资源调度方面,由于带宽资源的紧缺,现有的无线网络不能很好地满足用户增长的带宽需求,在移动网络中需要进行链路的调度,构建低复杂度的模型,减少带宽的浪费,满足用户的基本需求。当用户与无线网络服务中心处于同一区域时,用户可直接与服务中心进行交互,网络中的不同用户竞争使用网络中的无线频谱资源,应用 AI 技术研究不同网络环境与用户决策情况下的无线网络资源分配问题是很有必要的。一般来说,资源分配的主要目标是最大化频谱利用率、最大化能量效率、最小化传输功率等。移动网络环境通常会随着时间的推移而不断变化,例如,一个地区的移动数据流量的空间分布可能在一天中的不同时间之间显著变化,在不断变化的移动环境中应用深度学习模型需要终身学习能力来不断获取新功能,这样才能不会忘记旧的必不可少的模式。

总的来说,AI 技术将在通信网络中发挥重要的作用。在移动网络领域,高质量和大规模标记数据仍然是相对缺乏的,因为服务提供者和运营商收集的数据一般是保密的,不愿公开发布数据集,这在一定程度上限制了移动网络领域的深度学习机制的发展。另外,部署在传感器和网络设备上的移动数据经常遭受丢失、冗余、错误标记等情况,这样对数据进行认知及产生高质量的数据之后可以训练出良好的深度神经网络。同时,移动网络中会产生大量的无标签数据,因此可以考虑使用无监督学习促进这些数据的使用。例如,生成对抗网络可以很好地模仿数据分布,就可以用于模仿真实的网络环境,这样就可以产生更真实的数据用于通信网络的优化与资源的调度。

第一篇

理论篇

2

认知信息论

随着智能手机、多媒体移动通信及服务种类的增加,人们对信息量的需求也与日俱增,与此同时未来移动通信网络需要满足更高的要求。第五代移动通信系统在现有通信网络基础上取得了重大突破。根据目前各国的研究,5G技术的峰值速率是4G技术的数十倍,即将4G技术的100 Mb/s提高到几十 Gb/s。其次,增大了用户接入数,在全移动、全互联的物联网社会中可以很好地满足海量接入场景。同时,相比4G技术中端到端延时为十几毫秒,5G技术减少到了几毫秒。由于5G技术强大的通信和高带宽性能,5G网络将为车联网、物联网、智慧城市、无人机网络的广泛应用提供技术支撑。此外,工业、医疗、安全等领域也将引入5G技术,可以在人机辅助下极大地促进生产效率,从而产生新兴的生产方式。也就是说,5G网络不仅需要满足高通信容量需求,而且移动用户的数据速率也需要有巨大的提升。伴随着多场景、多设备的接入,产生的海量数据需要得到及时的传输和处理,这意味着通信网络需要承担巨大的压力,这对传统的通信网络技术带来了巨大的挑战。

海量数据的采集必然使通信网络承担巨大压力,随着认知计算的发展,以香农信息论为基础,可进一步探知“认知信息论”。认知活动是基于香农信息熵在信息传递过程中对庞大的感知输入数据进行描述,从而获得外界事物的存在信息和属性信息;同时根据事物之间相互约束信号,得到事物之间关联规律信息,最后通过获得事物间的规律信息并根据相应信息参数的改变推测事物的状态信息,形成对事物的认知,从而也对通信网络带来一定的完善和优化。

近年来,由于大数据的出现和图形处理器的发展,机器学习、深度学习等AI技术获得了广泛的关注和应用,并且已经在图像分类和语音识别领域取得了突破性的成果。因此,考虑将AI技术运用于通信领域,辅助实现认知信息论,构建智能化的通信系统会有更多的可能性。因此,我们可以基于数据驱动方法,在机器学习、深度学习的辅助下对传递的数据和通信系统环境中的数据形成认知从而构建设计、优化通信系统和网络的方法,提高通信系统的效率。

本章从通信系统传输的信息本身出发,以香农信息论为基础,构建了认知数据、传输数据、处理数据和发展数据的理论方法,对信息度量方式进一步探究和挖掘,从而更好地理解整个通信系统中所传递的信息。

2.1　认知信息论的发展

2.1.1　5G 网络的发展

5G 不仅满足高通信容量需求,而且移动用户的数据传输速率有大幅度的提升。5G 的研究不仅着眼于新的频段、无线传输、蜂窝网络等,更注重性能的提高,旨在通过连接任何事物来改变世界。因此,为了满足 5G 的性能更好、速率更高、连接更多、可靠性更高、延迟更低、通用性更高以及应用领域的特定拓扑结构等需求,运用了新的概念和设计方法。

数字通信系统的理论基石,即香农公式为

$$C=W\log_2\left(1+\frac{S}{N}\right)\ (b/s) \tag{2-1}$$

式中:W 为信道带宽;S 为信号的平均功率;N 为噪声的平均功率。

5G 中可以通过三个角度提升用户的传输速率。

(1)扩展频谱范围。如使用毫米波通信,可以达到高传输速率同时传递更大的信息量。

(2)提高频谱利用率。如利用大规模天线阵列技术和高阶调制技术,提高小区内单元频谱资源下的传输速率上限。

(3)布置更加密集的小区。通过将更多的小区部署在单元面积上,以提供更好的通信性能和频谱复用能力,大大提高数据流量。

同时,5G 采用的全频谱接入包括 6 GHz 以下频谱和 6 GHz 以上频谱的混合组网,其中前者成为 5G 首选频段,主要用于无缝覆盖的应用;6 GHz 以上频谱作为辅助频段,用于对热点区域定点速率的提升,它们彼此配合,充分发挥低频和高频的优势,极大满足了 5G 中的无缝覆盖、高速率、大容量等需求,在空间、时间、频率、码域通过信号的叠加传输可以提升系统的接入能力,这样就可以有效支撑 5G 网络千亿设备的连接需求。

为了满足大量物联网应用中的超低延时、超高可靠性和智能化的需求,在无线接入网中部署三种关键技术,包括控制平面和数据平面分离技术、上下行分离技术和无线资源弹性匹配技术,在核心网中使用内容分发和网络融合的技术,在云端采用资源认知引擎和数据认知引擎实现网络的智能化。另外,为了使网络服务更贴近用户需求、满足用户的个性化服务,将网络性能与要处理的业务进行紧密融合以达到让用户满意的服务,5G 还需具备特殊的服务能力。为了满足不同的商业应用场景的需求,5G 可以为不同的应用量身打造多个端到端的虚拟子网络,利用网络切片技术将网络功能虚拟化,灵活地为切片需求方提供一种或多种网络服务。针对延迟敏感型任务,如可穿戴式摄像头的视觉服务,使用了移动边缘云计算,在离用户更近的地方即网络边缘进行业务处理,包括为移动用户提供业务计算和数据缓存能力。基于以上关键的技术手段,5G 网络的关键性能指标为 1 Gb/s 的平均体验速率、10 Gb/s 的峰值体验速率、10 Tb/(s・km²)的流量密度、百万级的链接密度、低功耗、低成本、低延时和高可靠,由此衍生出了大量 5G 场景下的应用。

5G 的应用场景可以分为以下三种场景。

(1) 增强型移动宽带(enhanced mobile broadband,eMBB),这一场景能为人口密集区的用户提供 1 Gb/s 的平均体验速率;在流量热点区域实现 10 Tb/(s · km²)的流量密度。在这一场景中,5G 能够提供更高的体验速率和更大的带宽接入能力,支持更高的解析度、更鲜活的多媒体服务体验。

(2) 海量机器类通信(massive machine type communication,mMTC),这一场景不仅能够将医疗仪器、家用电器和手持通信终端等设备全部连接在一起,还能面向智慧城市、环境监测、智能农业、森林防火等以传感和数据采集为目标的应用场景,并支持超千亿网络连接功能。在物联网设备互联场景中,5G 为更高连接密度时的信令控制能力提供优化方案,支持大规模、低成本、低功耗 IoT 设备的高效接入和管理。

(3) 低延时、高可靠通信(ultra reliable and low latency communication,uRLLC),这一场景主要面向智能无人驾驶、工业自动化等需要低延时、高可靠连接的业务,能够为用户提供毫秒级的端到端延时和接近 100% 的业务可靠性保障,是面向车联网、应急通信、工业互联网等垂直行业的应用场景。

毫无疑问,5G 技术的引进将会在很多方面改变人们的日常生活,一方面在保证数据可靠性的同时极大地提高了数据的传输速率,另一方面将更多的事物连接在一起,使工作和生活更加丰富化、自动化和智能化,会使人们的行为方式发生很大的改变。然而,在对物理世界数字通信系统不断完善和提升的同时,有必要对通信系统传输的信息进行深入的解读和利用。信息一方面以物质的形式(如声、光、电、能量、磁盘、生命科学领域的 DNA 等在物理空间能够进行度量的介质)为载体,另一方面信息存在其本身的价值。在这种考虑下,挖掘信息自身的价值不仅能减轻通信系统的负担,而且能为用户呈现更加有价值的信息,为用户带来全新的体验。

2.1.2 认知计算、深度学习与认知信息

无线网络日益复杂,使得提出同时准确且易于处理的理论模型变得越来越困难。5G 和超 5G 网络的复杂性不断增加,超出了标准数学工具建模和优化的可能性。例如,当预测模型为应用服务时,不仅需要适应业务变化要求的高速处理能力,同时需要应对数据源的复杂性和多样性,分析模型需要结合大数据集,包括业务数据库、社会媒体、客户关系系统、网络日志、传感器和视频等各种类型的数据以提高预测能力。通过建立模型对大量数据进行识别和理解时,数据元素之间的关联类型不断变化。由于数据元素的复杂性和数据量大,这些模式和关联很容易被忽视。在这种情况下,仅仅依靠认知计算或深度学习技术很难满足系统的要求,难以形成对信息的全面认知,因此只有将认知计算与深度学习相结合,共同解决通信网络中的问题,适应业务的变化,以此保证通信系统的性能。

认知信息需要在使用预测分析、机器学习技术等组合下进行工作,需要在认知信息系统中使用高级分析技术开发模型和算法建立的模式,这样才能帮助决策者制定正确的决策。深度学习作为机器学习的一个重要分支,在认知信息系统中被用来提高模型的准确性以做出更好的预测。深度学习采用分层机构,模拟人脑进行信息处理,具有数据特征学习的能力,不需要事先设计原始数据特征,直接使用大量原始数据,逐层提取特征和学习结构,输入和输出之间存在一些复杂的非线性映射关系。经过大量数据的

不断训练、学习以调整各层参数,从而学习到数据的有效特征表示,最终能够优化模型的性能,不断提高预测的准确性。然而,深度学习存在一定的局限性,当有大量数据集可用时,有利于发现数据模式和它们之间的关联,这时远远超越了其他一些机器学习技术,同时这也是在认知信息系统中提高预测模型准确性的关键。然而,深度学习存在一定的局限性,深度学习模型架构的搭建需要强大的数据集进行支撑,而往往在实际应用中缺乏可以直接用来大量训练的数据。在这种情况下,在认知信息系统中引入认知计算凸显了其重要意义。认知计算基于类似人脑的认知与判断,试图解决生物系统中的模糊性和不确定性问题,以实现不同程度的感知、记忆、学习、思维和问题解决等。例如,在现实生活中,小孩子学会认识一个人只需要很少的次数,虽然数据量不够大,但是对数据的处理采用了类似认知计算的方法。对于普通人和本领域的研究专家来说,即使数据都一样,但是普通人得到的知识与专家得到的知识在深度上可能完全不同,这是因为两者思维的高度有区别,解读数据的角度也有差异。通过认知计算,机器能够从有限的数据中挖掘出很多隐含的意义。这在一定程度上可以让认知信息系统摆脱对大数据的依赖。基于以上说法,我们可以看到认知计算与深度学习的结合才能实现"双赢",认知计算受人类学习过程的启发,深度学习采用分层结构,模拟人脑进行信息处理,进行特征学习,提高模型的性能。此外,近年来连接设备的指数级增长,为通信网络设计人员提供了越来越多的可以用来处理的数据,以下方式能促进认知计算与深度学习在认知信息上的使用:

(1) 技术的改进和用于数据处理的专用硬件(如图形处理器)的丰富能力;

(2) 技术的发展(如区块链),有助于安全和准确地处理分布在多个网络节点上的大型数据库。

因此,在认知信息系统中采用认知计算和深度学习有利于从用户的内在需求角度解读和挖掘数据的含义。

2.1.3　认知信息论的推动因素

互联网数据中心预测,2020 年预计有 40 ZB 的数据需要被处理,这表示每个人将平均产生 5.2 TB 的数据。如此巨大的数据处理量,要求足够的存储能力和分析能力,才能对海量数据进行处理。数据的多样性意味着数据格式的多样性,这导致要精确管理数据是非常困难和昂贵的。高速率处理数据,意味着能实时处理大数据并从中提取有意义的信息或知识。在意识到数据的复杂性之后,面对要处理的大量数据,首先需要认识大数据的五大基础特性。

(1) 数据容量。容量是需要存储和管理的信息数量,容量的差别非常明显,如一个销售系统所产生的数据量极大但数据本身并不复杂。

(2) 数据类型多样性。数据包括存储在传统数据库中的结构化数据和非结构化的文本数据等,另外还有半结构化的图像和传感器数据,数据种类范围可以从图像到传感器数据,再到文本文件。

(3) 数据处理速度。处理速度包含数据的传输、处理、交付速度。在某些情况下,数据源需要定期批量进行数据提取,以便和其他数据元素联系起来进行分析。在其他情况下,数据需要很小或无延迟的实时转移。例如,传感数据可能需要实时进行传输以使系统做出反应和修复异常。

（4）数据的真实性。真实性是数据准确的必然要求。通常，智能手机会产生大量非结构化数据，如社交媒体数据，数据集将会包含许多不准确的信息和冗杂的语音，在原始数据分析完成后，需要分析数据内容以确保正在使用的数据是有意义的。

（5）数据值的变化性。数据种类的多样性意味着数据值的变幻莫测，数据值会随着数据处理方式的不同而发生变化。尽管数据量不断暴增，但真正用于有效分析的数据并不是很多，很多数据在收集到的当天特别有用，一段时间后就变成冷数据而毫无价值。

基于以上的讨论，可以看出尽管目前数据本身的规模在不断增大，出现数据泛滥现象，但是真正有价值的数据并不是很多，大量数据的利用率低，比如视频数据和网络个人数据。这样来看数据并不是越大越好，需要的是有价值的信息，即对信息进行认知是极其重要的。例如，AlphaGo下围棋模型的训练使用了深度学习、强化学习和蒙特卡洛树算法，使用了人类3000万局围棋比赛的数据，48个张量处理器（tensor processing unit，TPU）的分布式系统，这才战胜了李世石。对AlphaGo进行训练需要海量数据，所以它是一个大数据问题，与此同时还带来了巨大的能耗问题。但是围棋是在精确的游戏规则下进行的，拥有完美的游戏模型，因此下围棋的数据可以由机器在自我对弈中不断产生。AlphaGo Zero没有使用人们的先验知识和原始数据，它是通过自身在随机对弈中不断强化自己的技能，人类没有参与输入数据或者进行监督。在下棋过程中，棋盘上的黑白子是输入，单个神经网络可以同时表征策略和价值，没有使用人类参与的特征工程和单独的策略网络及价值网络。AlphaGo Zero使用了64个图形处理器工作站和19个中央处理器（central processing unit，CPU）参数服务器进行训练，其中每个CPU工作站中都包含多个CPU，使用4个TPU用于比赛时的执行操作，在性能优于AlphaGo的同时也节约了能耗。这说明对信息进行认知对进一步实现人工智能是很有必要的，这样的系统无需过多的外部数据，可以自身产生数据。实现信息的认知需要满足以下三个条件。

（1）封闭的集合。智能决策的主体或者信息载体的集合是封闭的，包括状态集、动作集等，只有在封闭的集合中主体才能做出有效的决策。

（2）完备的规则。决策需要的基础规则是完备且确定的，虽然不需要大量的原始数据进行训练，但仍然是基于相应领域内的基本规则进行智能决策，对信息的处理具有一定的收敛性，不能超出其最大的处理规则的范围。

（3）有限的约束。在利用信息进行决策控制时，必须赋予一定的约束条件，否则系统将处于递归运算中无法终止其行为，导致无法根据现有的知识产生一定的有价值的数据。

从认知信息的角度而言，训练AlphaGo需要的数据量很大，但是认知信息的量很小，信息带有规则性、重复性的特点，透过信息看透本质，能够找到规律性的事物，抽取一种普遍的、自然的规律性是很有必要的，这样再大的数据都能够被简化成少量的数据，从认知计算的角度衡量信息的容量是在一定程度上缩减了信息，但是并没有破坏信息自身带有的规则。这样来看，需要一套衡量大数据价值的全新的认知体系，以此指导缩减数据，让机器根据一套规则进行数据的产生和学习，其自身由少量数据演化成大数据，这个过程由认知信息论进行指导。

2.1.4　认知信息的两大要素

数据从用户终端产生，然后经过编码并通过通信网络传输到服务器端进行分析处理,最后远端服务器将处理结果以同样的方式反馈给用户,期间经过了不同链路间的处理。这里从数据的传输网络和处理终端两个层面出发,实现信息的认知。

(1) 网络的认知优化。

网络优化表示在对网络当前的运行状态有认识的情况下,采集网络中的数据并进行分析,以便发现影响网络质量的因素,然后利用各种技术手段如机器学习、博弈论等方法对网络进行调整优化,使网络的运行状态最佳,资源分配最优。网络优化的主要目标是一方面实现资源的分配、管理,对资源进行合理的调度,保证网络的服务质量,另一方面提高用户的满意度,保证用户和提供商之间利益的均衡化和最大化。通常使用优化模型的目标是最大化吞吐量和频谱利用率,最小化延迟和能量损耗等,可能进行的配置决策为传输功率的分配、资源的收集调度、路由决策和频谱资源的分配等。对通信网络的优化是为认知信息的传输建立合适的环境,为高可靠、低延时的信息传输提供重要保障。

(2) 数据的认知过滤。

人类面对冗杂的信息时,会对接收到的信息进行过滤,捕捉到感兴趣的信息后在大脑皮层分级处理信息。同样的道理,在大数据时代机器面对海量的结构化和非结构的数据,同样需要获取到有价值的信息完成预设的目标。在传统的数据处理方式中,需要人为的根据实际数据的特点进行建模,然后由计算机进行大量的运算。近年来迅速发展起来的机器学习、深度学习技术运用在认知系统中可提高模型的准确性以做出更好的预测,以此来进行规划和适应业务的变化。但是,面对复杂多样的规模庞大的数据源,其中包括大量的结构化、非结构化的和流媒体数据,伴随着数据元素之间的复杂性,会对通信网络和模型的优化带来承重的负担。同时,大量的数据中往往有很多数据是没有价值的,对模型的训练没有任何意义的,甚至会对模型性能的提升带来反作用。尤其是深度学习中,建立模型需要对大量数据进行识别和理解,这时数据是预测模型准确性的关键。基于这些考虑,需要将数据引入构建模型之前,对其实现认知过滤,对其进行一定的筛选和甄别,防止脏数据扰乱模型。

2.2 基于认知计算的信息度量

从 19 世纪摩尔斯电报发明开始,现代通信技术正式开始发展。近几十年的时间,从简单的通信系统到复杂通信网络,从模拟通信到数字通信,从电信网为主体快速发展为数据网及 IP 网,从电通信到光通信,发展十分迅速。随着移动通信网络的不断优化,一个数字化、个性化的扁平化通信网络和数字世界正在形成,高服务质量的多媒体业务也逐渐普及应用。近十年来,通信系统主要的发展趋势是移动用户的多媒体业务请求量不断增加、信息类型不断扩充与更新,对网络业务质量要求也越来越高,主要表现为对于误比特率、误码率、延迟及延迟抖动等诸多评价指标上。面对种类繁多、需求巨大的用户请求,传统的通信技术已经不能满足更高的通信目标,因此需要结合新的技术和思路进行优化。

2.2.1 传统通信系统概述

传统的通信系统主要包括以下五个部分:信源、发送器、信道、接收器、信宿。信源是指产生各种数据的信息源,比如用户需要传输的文本、图片、音频、视频等,在信源端需要进行相应的预处理。发送器主要完成对于数据的编码和调制,比如信源编码、信道编码、加密、信道复用、扩频等,用以提升数据传输的有效性、可靠性及安全性。信道,即用户数据在自然界中的物理传输媒介,分为有线信道和无线信道两种类型。接收器完成用户在收到数据后的一系列解码过程,包括解扩、解复用、解密、信道解码、信源解码等,还原出原始发送信号。信宿,即信号接收端。因此,在整个通信过程中,发送端主要完成信号的编码和调制,接收端主要完成相应的解码与解调。传统的通信网络结构如图 2-1 所示。

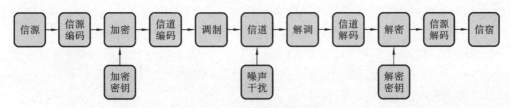

图 2-1　传统的通信网络框架

当前通信技术正进入发展最为活跃的时期,同时也面临着诸多挑战,现有技术很难满足大量用户的增加和多业务的需求,因此,通信网络必然会向高频段、频带高利用率、新技术的方向发展。目前来说,移动通信主要存在以下几个问题:① 电磁波传播环境恶劣,受诸多不可控因素影响;② 存在多普勒频移效应;③ 存在多种干扰,如同频干扰、互调干扰、工业干扰、环境噪声干扰等;④ 频带资源短缺,用户接入量有限;⑤ 位置登记、越境切换等用户移动性管理技术较弱。

2.2.2　性能评估及量化指标

对于一个独立的通信系统,如果对其进行系统分析与性能评价,往往需要评估其通信质量,即服务质量(quality of service,QoS)指标。尽管不同网络具有不同的业务类型、承载能力和质量性能方面的要求,但是都有一个总体目标:有效性与可靠性(有的系统还会考虑安全性,但一般情况下不作为重点评价指标)。有效性主要用于评估网络在单位时间内传输的数据量的多少,即衡量通信网络的传输能力。可靠性是指系统将信息从源端发送到宿端的准确性。可靠性与有效性是两个相辅相成的质量评价目标。下面具体分析在通信系统中的评价指标。

1. 有效性

在模拟通信系统中,每一路模拟信号将占用一定的信道带宽,通信网络在建设过程中需要考虑最大化频谱资源利用率,可以采取的方式主要有两种:一是多路信号通过多路复用的方式进行耦合,通信系统的有效性体现在可以复用的路数,常用的复用方式包括频分复用(frequency division multiplexing,FDM)、时分复用(time division multiplexing,TDM)等;二是可以根据业务性质的增减、调整信号的带宽以提高模拟通信系统的有效性,如话音信号的调幅单边带(single side band,SSB)为 4 kHz,约为调频信号带宽的十分之一,但具有较低的可靠性。

数字通信的有效性主要体现在信道中传输的信息速率。对于基带数字信号,采用时分复用技术可以充分利用信道的带宽提高传输效率。另外还有其他复用方式,其中包括空分复用（space division multiplexing，SDM）、码分复用（code division multiplexing，CDM）、极化波复用（polarized wavelength multiplexing，PWM）和波分复用（wavelength division multiplexing，WDM），在 4G、5G 中使用得比较成熟的还有正交频分复用技术（orthogonal frequency division multiplexing，OFDM）。对于数字信号频带的传输，可以通过多元调制提高有效性。

另外，为了在有限的带宽上对具有信源信息量大的通信业务进行传输，可以依据信息理论进行信源压缩编码以压缩信源信息，消除冗余部分。比如一般的电视信号中大约只有 4% 的信息是有效的，通过利用无失真压缩编码技术，可以达到 30 多倍的压缩率。另外，不同的应用对压缩编码的需求不同，有不一样的精度要求。这样还可以基于香农率失真理论，一些不重要的信息可以直接去除，成为有损压缩编码，压缩率可以达到百倍以上。比如多媒体会议电视可以利用 2 Mb/s 速率的脉冲编码调制（pulse code modulation，PCM）系统，可视电话可以采用 3 kHz 带宽的公用交换电话网进行传输，满足一般应用的需求。

2. 可靠性

在模拟通信系统中，可靠性可以通过整个通信系统的输出信噪比来衡量。对于一般通信系统尤其是卫星通信系统，信号发送功率总是被限制在一定的范围之内，但信道噪声（主要是热噪声）会随着传输距离的增长而增多，通过不断累积功率，将其相加对信号造成干扰，这种干扰称为加性干扰。信号被噪声干扰之后波形发生了变化，相比原信号发生了一定程度的失真。模拟通信中输出信号的信噪比越高，表示受到的噪声干扰越小，其通信质量就越好。

提高模拟信号传输的输出信噪比，固然可以提高信号功率或减少噪声功率，但提高发送电平往往受到限制，如卫星通信因成本等因素其功率是受限制的。一般通信系统，若提高信号电平会干扰相邻信道的信号。抑制噪声可以从广义信道的电子设备入手，如采用性能良好的电子器件，并精良设计电路。一旦通信系统建设完成，就无法对动态出现的噪声进行过滤。

在实际应用过程中，使用折中办法提高通信系统的可靠性，这需要以带宽即有效性为代价换取可靠性，通过这种方式可以提高输出信噪比，比如采用宽带调频等不同的调制方式。例如，宽带调频比调幅多占几倍或更大带宽，解调输出信噪比改善量与带宽增加倍数的平方成正比。另外，不同的解调方式的可靠性也不同。

对数字通信系统而言，就是通过统计一段时间的误码率来进行衡量。数字通信可靠性因素就其本质来说，还是信噪比问题。数字信号传输最终的判定方式是输出的码元符号是否正确，因此定义可靠性指标为码元或码字的差错概率，即一定时间内的平均差错率。

2.2.3 基于数据价值的信息认知

信息可以表示事物运动的状态以及使状态发生改变的方式。世界充满着事物，从一个方面讲事物的运动是绝对的，而静止是相对的，对于运动的事物来说它肯定具有一定的状态和固有的运动方式。因此，信息具有特殊性、普遍性、广泛性，以及它的实效性与时效性。信息可分为以下三个层次。

（1）语法信息：表示信息表现方式的状态、逻辑结构。事物运动体现的信息是客观存在的,所有人都可以适当形式感受到。如一幅画面、一篇文字或一串编码符号,人人都可以看到其呈现的全部形式。

(2) 语义信息:表示事物状态或逻辑形式所具有的内涵,以及对信息内容的理解。于是只有认知能力或理解力的人才懂得它的内在含义,如文字的含义、编程代码表示的信息内容不是任何人都能透彻理解的。

(3) 语用信息:这是更深层的信息含义,既要懂得其含义,又要了解它的效用,以及如何利用。如研究开发人员必然充分了解他所涉及的信息结构、内涵、应用目标,并有能力去开发应用,或操作运用,达到信息作用目标。

由上述关于三个层次的信息概念可知,对信息的认识与利用是无限量的。

香农三大定理指出了通信系统中传输数据的极限编码方式和数据传输速率。经过几十年的发展历程,技术和设备的更新换代已经逐渐逼近香农极限,海量数据汇入核心网络是一个极大的挑战,十分容易造成网络拥塞和服务质量下降的情况。要想在下一代通信网络中进一步优化网络性能,就必须考虑如何将海量数据进行筛选然后得到最有价值的数据进行传输,因此我们提出基于数据价值的信息认知。基于数据价值的信息认知,核心思想是对通信网络中传输的数据进行建模分析,得出每一个数据包的价值属性,不仅考虑对于有效性和可靠性的贡献,还要评估用户数据对于需求任务的贡献,即价值性。

传统的信息量化方式是通过信息的不确定性描述的,即统计规律。定义一个随机事件的自信息量为其出现概率 P 对数的负值,计算公式为

$$I = -\log_2 P \tag{2-2}$$

从信息量的计算公式可以看出,概率越小,事件就越不可能发生,一旦发生,所获得的信息量应是较大的。基于数据价值的信息认知则是以用户为中心的数据认知,基于信息对任务完成的贡献度进行描述。如人脸识别模型中,需要收集大量的用户图片数据进行评估,在每个用户终端对于图片价值进行评估,再基于评估结果最优化分配相应的通信资源,如果用户数据对于训练模型没有任何贡献,则为该用户分配较少的通信资源,反之则尽量保证可靠性传输。因此,下一代通信网络要综合考虑通信网络的有效性、可靠性和价值性指标,现有的通信技术也将随之发生改变,传统的优化模型也将从两个指标的博弈演变为三个指标的博弈。

2.2.4 基于信息认知的通信系统

对于 5G 网络而言,评估通信网络性能的指标除了有效性和可靠性外,还要综合考虑数据的价值属性。尽量传输有价值、有贡献的数据,是从另一个角度提升通信资源利用率,改善网络拥塞的有效手段。计算数据的价值需要消耗设备的计算资源,但在传输时可以过滤掉大量无效数据,节约了传输带宽,即将通信网络设备的计算资源等价转换为通信资源。

1. 数据价值度量

对于训练神经网络而言,训练模型的准确性往往取决于数据样本的优劣。对于不含噪声样本、数量合理的数据集而言,往往可以使得网络模型快速地向收敛方向更新。在分类问题中,我们很容易从一个数据样本通过网络模型得出各分类的置信度。通过这些置信度值,我们可以求出这个数据包的信息熵,计算公式为

$$H(x) = E(I(x_i)) = -\sum p(x_i) \log_2 p(x_i) \qquad (2-3)$$

式中：x_i 为可能出现的类别；$p(x_i)$ 为出现该类别的概率值（置信度）。

很明显，如果得到的信息熵越小，不确定度越小，也就意味着能够更容易分类出来。那么这一类样本对于模型训练和参数迭代就更有价值。为了解释上述量化指标，给出下面的模型（以 AlexNet 网络为例）训练实例进行说明，如图 2-2 所示。图 2-2（a）表示用少量标签数据训练 AlexNet 模型；图 2-2（b）表示将无标签数据输入 AlexNet 模型中得到 1000 维向量，然后基于信息熵进行价值评估，最终得到价值数据。最终，我们只将有价值的数据传输到云端。

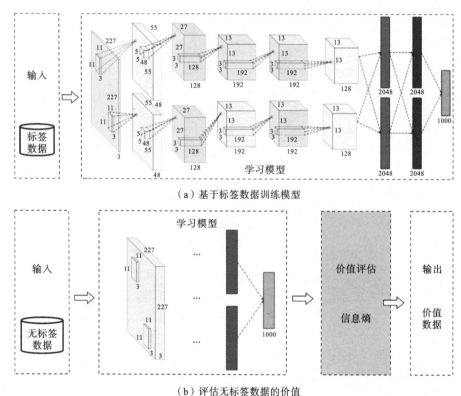

（a）基于标签数据训练模型

（b）评估无标签数据的价值

图 2-2　训练 AlexNet 网络的数据价值度量示例

假设要传输大量用户的全部图片数据到远端服务器上进行模型训练，显然数据集中只有少部分数据包含样本标签，大部分数据没有标签。在这种情况下，无标签数据往往存在大量噪声，考虑采用上述量化指标对数据进行价值衡量。具体步骤如下。

（1）在边缘服务器上搭建网络模型，传输少量带标签样本进行模型训练，训练得到一个不成熟的模型。

（2）从无标签数据集中选择部分数据传输到边缘服务器训练模型，训练完成后按式（2-3）计算信息熵，即数据价值。

（3）根据经验设定数据价值阈值，根据计算得到的数据价值指标判断是否将该批数据传输到远端服务器上，如果大于阈值，则传输数据；否则丢弃数据包。

（4）不断筛选数据样本，直至用户所有数据均完成价值评估。

上述示例只是在边缘服务器上进行了数据价值的评估，当然如果模型不是很复杂，也可以在手机终端上进行评估,这样可以减少边缘服务器的资源消耗。理想情况下,可以在网络传输过程中的所有重要节点进行数据筛选,以及时减轻网络中的流量拥塞等情况。

2. 基于信息认知的通信网络架构

要完成下一代通信网络中传输数据的价值评估,取决于算法的成功部署。近几年关键技术的进步将使得部署方案成为现实。具体而言,主要取决于以下几个方面:
① 人工智能芯片的迅速发展,手机的计算能力日益强大,使得在终端部署机器学习算法得以实现,从而可以在终端上直接完成数据的计算和筛选;② 边缘服务器的部署,5G时代,计算除了在终端和云端完成,还可以直接在边缘服务器上完成,数据在接入网络前,除了需要汇合,还可以完成简单的计算,在云端的计算任务可以下发到边缘服务器上,极大缓解了核心网的流量拥塞问题;③ 网络功能虚拟化的实现。当前网络中存在耦合的问题,主要是指控制平面和用户平面的耦合、硬件和软件的耦合,软件定义网络(software defined network,SDN)和网络功能虚拟化(network functions virtualization,NFV)这两种技术可以解决上述问题。在使用通用性硬件的基础上通过虚拟化技术支撑很多功能的软件进行处理。

综上,考虑到通信网络实体和算法部署情况,我们提出基于信息认知的通信网络架构,如图 2-3 所示。在用户终端设备、传输设备以及云端服务器各个点布署信息认知模型,评估信息的价值性。

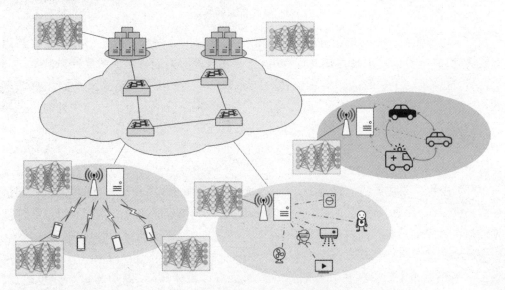

图 2-3　基于信息认知的通信网络架构

3. 认知信息的特点

数据虽然在物理上能够被度量,基于光电进行传输和分析,但人脑的学习与计算以及神经元间的信息传递方式相比于光电系统中由数据驱动的计算完全不同,人脑通过对其进行学习和计算能够解读出海量的多维度信息。根据信息的基本概念可知,信息的生命周期中各个阶段都具备认知的潜能,各个阶段的认知潜能会被激发而挖掘出价值。从狭义层面上讲,信息所蕴含的价值是可以量化的,就像信息可以被度量一样。信息价值论跳出了人类社会经济学的狭隘范畴,摒弃了主客体对立的价值思考方式,提出了一种契合自然规律的一般价值论,具有极强的解释力和包容性。它不局限于人造通信系统,而是将人类生理、心理、语言以及自然社会现象等融入信息的产生/采集、传输、分析与应用等研究问题之中,使得信息在这个时代的价值比任何时代都更加突出。如图 2-4 所示,说明认知信息的特征。

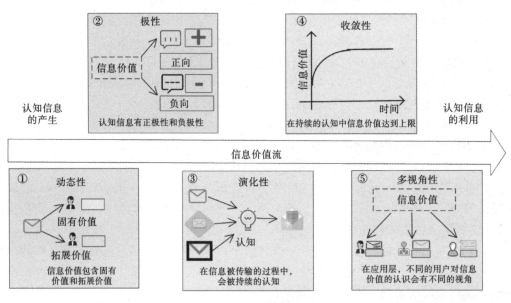

图 2-4　认知信息的特征

(1)动态性。信息的价值分为固有价值和拓展价值。固有价值是信息形成之初固有的属性;拓展价值是信息在传输过程中,受外在因素影响逐步形成的属性。信息在产生之后,被赋予一个初始的固有价值,然后会不断传输至用户终端接受不同用户的解读,在这个过程中信息会被批注,由此产生了信息的拓展价值。对于一个优良的信息块而言,其潜能会被不同的用户激发,价值将被充分挖掘、分析和利用。需要注意的是,每个用户可能在不同的时间对同一个信息有着不同的联想和理解。因此,认知信息价值在传递过程中是动态变化的。

(2)极性。在传统的信息论中,对信息的度量(即香农熵)总是非负的,但从认知信息的角度来看,信息具有正负极性。在信息传递以及与用户的交互过程中,通过认知计算能针对特定的信息产生联想的信息,其中有些信息对某些用户产生积极影响,而有一些信息对用户没有任何帮助甚至会带来负面的影响。例如,对于一个小学生来说,学习到与科学知识相关的信息会对其成长和发展起着促进作用,这表现为信息的正极性。反之,如果小学生关注的是不合逻辑、没有意义的事情,则会对其认知产生负面影响,这体现出信息的负极性。因此,对信息极性的认识是至关重要的。

(3)演化性。一旦信息产生,它将在传输过程中将不断地被认知。当认知能力达到一定水平时,信息可以通过类比在不同维度之间进行转换,转化后的信息可以被应用到其他维度的数据,从而产生新的信息和观点。即认知系统在训练过程中模拟人的思维,通过持续的学习,不断提高智力,逐渐接近人的认知能力。而且在信息传递的过程中,经过认知系统的作用,会对信息的价值进行扩展和衰减,使其在多维空间中更好地满足用户的个性化需求。因此,信息具有演化特征。

(4) 收敛性。从信息的价值角度来看,当信息被认知后,其价值密度在一定程度上趋于稳定,即认知信息具有收敛性。例如,关于物体运动的描述可以概括为牛顿三大运动定律。具体来说,在香农信息理论中,单位时间内通过数字通信系统传输的信息量受到信道容量的限制。然而,在现实世界中,对高容量连续信息的需求总是与物理信道容量相矛盾。因此,需要不断提高通信系统的数据传输能力。在认知系统中,可以通过对信息的连续识别,使得信息达到最高的价值密度,从而减少了信息的传递。因此,为了有效地减轻通信系统的负担,可以根据信息价值来剔除冗余数据。值得注意的是,对冗余信息的剔除和信息价值的凝练不是无限度的,它是在满足最小缩减规则的前提下遵循收敛原则。

(5) 多视角性。从用户的角度来看,当认知信息收敛时,其价值密度最大。在接收到信息后,由于用户的认知能力和需求不同,相同价值的信息会对每个用户产生不同的影响。例如,一篇高水平的科研论文可能会对相关领域的研究者带来极大的启发,从而开启一个新的研究领域;然而,对于一个缺乏科学知识的人来说,这些信息几乎没有任何价值。这个例子清楚地表示了信息对不同用户的影响。由于信息对于不同的用户具有不同的收敛性和价值,因此认知信息具有多视角性。

2.2.5 信息的流行度

为了描述信息的流行度,我们首先给出信息的定义。假设信息 i 可以由以下参数描述:信息 i 的数据量的大小 s_i。由于信息的价值与很多因素相关,我们首先给出信息的寿命的定义。假设信息 i 产生的时刻为 $t_i(t)$,可以得到信息的寿命为

$$\eta_i(t) = t - t_i(t) \tag{2-4}$$

式中:t 表示现在的时刻。此外,我们利用函数 h_i^t 表示信息 i 在 t 时刻的价值。假设信息的流行度与信息的大小、信息的寿命和信息的价值相关,则信息 i 在 t 时刻的流行度可以表示为

$$p_i^t = f(s_i, \eta_i^t, h_i^t) \tag{2-5}$$

式中:$f(\cdot)$ 表示关于 s_i, η_i^t, h_i^t 的函数。

2.3 认知信息

认知信息是代表一种理解数据的全新模式,它通过一定的数据挖掘其中所蕴含模式的独特价值。信息分析、机器学习和深度学习领域中存在很多突破性的技术创新,用来帮助决策者从手动处理大量结构化和非结构化的数据中解脱出来,揭示数据中隐藏的信息。以下从认知的层面、认知的内容和认知的方式三个方面对认知信息做一个详细的介绍。

2.3.1 认知的层面

数据从用户终端传输至边缘云,由边缘云将其发送到远端,云端分析处理过后的信息再以同样的路径发回边缘云,最后用户收到反馈消息,在这过程中数据经历了终端、边缘云和云端三个重要的位置,另外它是在通信网络中广泛传输的。所以对数据的认知分两个方面进行探讨,其一为通信网络的认知,其二为用户终端、边缘云和云端三个

层面的认知,如图 2-5 所示。

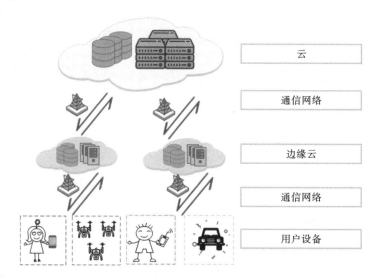

	云
	通信网络
	边缘云
	通信网络
	用户设备

图 2-5　认知信息层面

在通信网络中,网络管理和操作是为了分配可用的资源以优化网络的性能,从而使用户体验质量(quality of experience,QoE)得到保证。近年来网络连接设备呈指数级增长,给通信网络的设计人员提供了越来越多的可以用来处理的数据。并且伴随着网络拓扑结构的复杂性和网络环境的动态性,传统的网络管理和优化方式存在很多问题,使有效管理网络变得不太可行。主要原因在于以下几方面。

(1) 以人为中心的网络管理。一般的网络管理的调度、优化模型需要具有丰富先验知识的领域专家建立,这种以知识驱动、以人为中心的网络管理方式是高成本且低效率的,显然已经不适应于如今复杂多变的网络环境。

(2) 模型的无效性。网络系统受到来自各个方面的影响,除了传输功率和信道状态以外,系统性能也受到来自软件、硬件、人为干预、噪声和物理环境等不可抗因素的影响,而这些因素在构建模型时是难以全方位列举并且运用于建模,很难用显示的公式表示。由此导致构建的模型往往只是考虑最重要的因素而忽略多种细微的因素,而这些细微因素可能是影响网络性能的关键,这样构建出的模型效率过低,不能准确、有效地解决真实场景中的问题。

(3) 模型的高复杂性。一般由于构建的模型的复杂度过高,同时在网络调度、优化问题具有高密集性的计算,因此解决这类优化问题可能会有高成本的时间和能耗开销。另外,很多移动业务实时性要求很高,对延迟具有高敏感性,这样的算法效率总是难以让人接受的,这同样为网络管理带来了巨大的问题。

1. 通信网络的认知

通信网络的认知是将机器学习、深度学习技术运用于通信网络中的智能网络管理,不需要复杂的领域知识和数学公式推导目标解决方案,主要工作流程为收集数据、训练模型和应用模型。在通信网络中收集系统、环境状态信息和网络管理经验信息两种类型的数据作为历史经验数据。训练模型包含模型的构建和模型的优化,即使用历史经验数据库中的相关数据并利用机器学习、深度学习等方法构造模型,训练完成后利用交叉验证等方式评估模型的性能,如果结果令人不满意,可以不断通过调整模型参数设置网络进行模型的优化,最后将模型部署在通信网络系统中解决实际动态环境中的问题。

数据洪流对所有的产业都产生了巨大的冲击,面对大量结构化和非结构化的数据,数据的规模之大、产生速度之快、种类繁多和复杂度很高,如果仅仅依靠人脑的认知和处理能力是很难完成的,人们无法在不使用预测分析、文本分析或机器学习技术的某种组合下开发一个数据分析系统。通过高级分析技术组件的应用程序,数据科学家可以在大量结构化和非结构化数据中识别和理解模式和异常的含义。这些模式被用来开发模型和算法,以帮助决策者做出正确的决策。分析过程可以帮助理解数据元素和数据上下文之间存在的关系。传统的数据特征提取和关联性分析不足以满足实时系统对数据分析的要求。机器学习、深度学习被用来提高模型的准确性以做出更好的预测,对于高级分析来说是一项重要的分析技术,可以挖掘出数据的内在联系。在机器学习、深度学习模型的建立过程中,数据在其中扮演着重要的角色,数据的质量和数量直接影响着模型的效率。据英特尔预计,到 2020 年,每位互联网用户每天产生的流量将会达到1.5 GB,自动驾驶汽车每天的数据产生量为 4 TB 左右,一家人工智能工厂每天产生大量数据。预计到 2020 年,全球的联网智能设备数量会突破 500 亿大关,中国的数据总量将达到 800 EB,成为世界数据资源第一大国。由于要面对大量的数据以及相关的复杂处理,纯数据驱动的方法在大规模应用环境中变得不可行。从用户终端的数据源开始探讨,到边缘云和云端,有必要对这三个层面的应用数据进行认知,在对数据的含义和价值进行挖掘之后变成一定意义上的可读数据再用于模型的训练,对提高服务质量(quality of service,QoS)和体验质量(quality of experience,QoE)起着重要的作用。

2. 用户终端的认知

用户终端的认知是指对数据进行分析,在对信息价值和传输能耗之间均衡处理后,决定向边缘云上传输有价值的数据。作为数据的产生源,用户终端产生的数据是一切信息的基础。在用户终端实现信息的认知,主要是结合数据传输损耗和用户的个性化特点得到数据传输的决策。例如,马路车流量视频监控数据中,在没有车经过十字路口时,视频监控是平稳的画面,没有必要传输至边缘服务器端以免造成数据的冗余。

3. 边缘云的认知

边缘云的认知是指接收到来自终端的数据后,对其进行过滤分析,得到有利于模型训练和决策控制的数据。作为实时数据分析和智能化处理离用户距离更近的边缘节点,认知终端传来的数据,去除冗杂数据、模糊数据和不利于模型训练的无价值数据,有利于边缘云着重于实时数据、短周期数据的分析和处理,以帮助本地也得到实时智能化的处理与执行。例如,在自动驾驶领域,智能汽车已经掌握了驾驶的基本操作,此时在收到用户终端传来的简单应急请求时,无需再存储此类数据优化应急模型,只需根据输入做出响应即可。

4. 云的认知

云的认知是指在一个汇集大量信息源的平台,收到来自边缘云的数据之后,为高效地组织数据和利用数据做出全局的调控,对数据的价值进行认知,以便利用、存储有价值的信息。作为数据汇聚中心的核心服务器,会使用深层的分析算法处理复杂的数据,以便做出全局的资源调控、调度和优化。面对大量的不同源、异构化的网络数据,云端需要对数据进行分析建模,在这之前认知信息、理解数据很大程度上降低了云的处理负担,一方面减少资源损耗,另一方面提高了处理速率以便应对实时动态的网络业务请求。例如,在超高清视频应用场景中,云端接收到边缘云一片区域内的视频请求时,在对请求进行认知建模分析并发现内在规律之后建立该片区域内的请求模型,之后无需再利用后续的请求数据进行模型的训练,只需调用现成的模型部署和应用即可。

2.3.2　认知的内容

伴随着各种各样的设备接入互联网,异构网络融合影响深远,基于下一代通信网络的有效性、可靠性和价值性的度量,对通信网络中的海量数据实现有效性、可靠性和价值性的认知,一方面实现对网络的管理和优化,另一方面在 QoS 和 QoE 的基础下保障用户和业务提供商的利益。

在通信网络方面,收集各个网络节点以及传输网络中的信道状态、频谱和时间片占用数据、延时、能量消耗等基本状态信息,同时得到可能的配置动作或决策信息,如传输功率分配、能量收集调度、路由决策、频谱资源分配等。使用一些技术手段可以得到给定输入数据预测输出的映射函数,可以用于通信系统中的点对点学习任务,如延时预测、信道估计等。另外,可以采用强化学习与博弈论相结合的方式认知上述数据可以有效实现许多资源管理应用,如正交频分复用技术和大规模多入多出技术(multiple-input multiple-output, MIMO)的功率分配,移动边缘计算中的任务卸载决策及基于内容的缓存决策和路由决策等。

在应用数据方面,与业务请求关联紧密的用户终端、边缘云和云端核心服务器的数据进行有效性、可靠性和价值性的度量,主要是为了建立用户个性化业务请求模型,边缘云处理一定区域内的业务请求,云端服务器负责对整体资源的调控和优化配置。对大量的文本、图片和视频流数据进行认知,以此得到对模型性能提高有重要价值的认知信息,加速模型的收敛程度,避免了脏数据、不合理数据对模型训练造成的影响。例如,在自动驾驶领域,云端服务器在了解一定驾驶规则的前提下,正常驾驶状态下产生的大量数据对于模型的优化来说是冗余数据,对驾驶决策模型性能的提高作用甚微,这些数据可视为价值几乎为零的数据。反之,在遇到很少出现的突发情况时,在对这些场景、决策数据进行利用之后,会让模型的性能得到进一步的优化,此类数据即为价值高的数据。

2.3.3　认知的方式

对信息有效性、可靠性和价值性的度量是通过信息对于要解决的问题的模型的重要程度确定的,模型的确定方式是首先需要确定使用什么样的目标函数,然后使用认知信息对定义好的网络结构和目标函数进行训练,经过若干次的迭代,得到训练完成的网络结构,即为最优函数的网络参数。本章对模型的训练方式主要采用机器学习与深度学习技术,这些技术已经在图像识别、自然语言处理和视频信息处理等领域获得了突破性的进展,可以分为监督学习、无监督学习、无标签学习和强化学习。

1. 监督学习

主要目标是基于有标签数据构建一个合适的模型,该模型对于新的输入能够给出正确的输出。常见的监督学习算法可以分为回归算法(线性、多项式、逻辑、逐步、指数、多源自适应回归样例等)、分类算法(k-近邻、支持向量机、学习矢量量化等)、决策树算法(决策树、随机森林、ID3、卡方自动交互检测等)和贝叶斯网络(贝叶斯分类、高斯、平均依赖估计、贝叶斯信念网络等)。

2. 无监督学习

无监督学习算法的目的在于探索无标签数据之间的内在联系。无监督学习算法不给出数据的类标签,而是探索数据的内在联系和潜在关系。通常使用的无监督学习算法包括关联分析(Apriori、关联规则、Eclat 等)、聚类(聚类分析、k-均值聚类、层次聚类、基于密度的聚类等)、降维(主成分分析、多维尺度分析、奇异值分解、偏最小二乘回归等)以及人工神经网络(感知器、前向传播、径向基函数网络等)。无监督学习已应用于无线蜂窝网络中的资源优化、移动性管理和智能缓存。

3. 无标签学习

无标签学习是监督学习和无监督学习的混合。在无标签学习中,使用的数据集是不完整的,即一部分数据有标签而另一部分数据没有标签。该方法通过对现有标签数据的学习,逐渐归类无标签的数据。事实上,无标签学习更接近人类的学习方式,不同的无标签学习算法至少需要满足以下三个假设中的一个。① 平滑性假设:越接近彼此的样本数据点越有可能来自同一个类别标签,这个假设可以更好地决定决策边界的位置。在无标签学习中,决策边界通常位于低密度区域。② 聚类假设:数据往往形成离散的集群,分在同一个集群的点更有可能共享一个标签。③ 流行假设:流行化后的数据空间往往比输入空间维度低。可以通过学习有标签的数据和无标签的数据流行化后避免维数灾难。

4. 强化学习

强化学习算法希望使用者采取合适的行动提取输入数据中的有用信息以便提高准确率,这被认为是一个长期的回报,强化学习算法需要制定一个可以关联预测模型而采取相应行动的策略。当主导者选择一次行动,策略、价值函数和模型对性能起着重要的作用。

(1)策略是给定状态下的行为选择函数,有两种典型的策略:一种是决定性策略,在特定状态下明确执行一些动作,即 $a=\pi(s)$;另一种是随机策略,即 $p(a|s)=P[a|s]$,它表示在某种状态 s 下执行某个动作 a 的概率。

(2)价值函数预测未来的奖励,并评价一个动作或状态的期望值 $Q^{\pi}(s,a)$,这是指在策略 p 的条件下,状态 s 与行动 a 中预测得到的总奖励。它计算当前状态下未来可获得总奖励的期望值,即 $r_{t+1},r_{t+2},\cdots$未来所有时刻奖励之和。然而,未来的奖励根据时间的流逝会产生折扣效果,因为没有一个完美的模型能完全预测未来发生的事情。折扣系数 $\gamma\in[0,1]$ 用来降低未来状态的奖励。

$$Q^{\pi}(a|s)=E[r_{t+1}+\gamma r_{t+2}+\gamma^2 r_{t+3}+\cdots|s,a] \tag{2-6}$$

最优价值模型的目标是使 $Q^{\pi}(a|s)$ 取最大值,一旦获得最优化 Q^{π},就可以获得最优策略 $\pi^*(s)$。最优值的函数为

$$Q^*(s,a)=E[r_{t+1}+\gamma \max_{a_{t+1}}Q^*(s_{t+1},a_{t+1})|s,a] \tag{2-7}$$

以此运用动态规划的思想(值迭代和策略迭代),通过不断迭代得到最优值。

2.4 信箱原理概述

2.4.1 信箱原理概述

在大数据时代存在很多终端性能很强的物联网设备,这些设备可以被看作很多个数据源。我们把用户产生的数据,不再只是看作静态的信息,而是一个个封装起来的信箱。不同用户拥有不同的权限去查看这些数据,根据用户的阅读和分析可以得出新的理解。用户对这些信息可以完成标注操作,添加自己的认知和评判。

传统的信息传输过程只会基于底层数据添加冗余字节,以保证数据传输的可靠性。但是并没有以用户为中心,忽略了数据的价值属性。如果数据在通信网络传输过程中质量不好,有可能在数据传播过程中造成"污染";而如果数据质量很高,就会在传播过程中启发用户的丰富想象,有价值的信息就会不断增长。香农定义的信息,是指信源端发出的信号所承载的信息量大小,这个值是静态的、固定的。我们认为信息传递是一个动态、熵增的过程。每个用户对数据进行批注,可以增加数据本身承载的信息量,同时在下一代通信网络中,可以解决很多实际的任务。数据本身是一种载体,如文本数据、语音数据、图像数据等。对于不同媒介的,不同维度的,甚至是多模态的数据,不同的用户或机器加以解读或计算产生的信息是不一样的。因此,我们采用机器进行自主学习。对于不同质量的数据,不同机器解读出的信息量也不同。

从香农信息论的信息熵的角度出发,设计一种数据质量控制算法嵌入移动终端,每当用户产生数据时,能够及时精准地预测出该数据的传播是否能带来正面的能量,这种理论我们称为信箱理论。

详细过程如图 2-6 所示,假设在信源端有一批数据需要传输,将其封装为一个个独立的信封。但是由于在通信网络中会采用分组传输,数据包走向不同的路径,每条路径又会经历不同的节点。在部署了计算资源的网络节点中,可以打开信封,读出里面的内容,采取一定的策略和算法,对数据进行评估和分析。为了保证传输效率,通常需要使用复杂度较低的算法。完成信息度量后,根据网络节点的不同权限,可以动态地写入相应的批注,继续向下一个节点传输。当下一个节点收到该数据包时,可查看到的数据既有原始数据包,也有其他节点添加的批注,因此,这个网络节点就可以基于上述数据选择相应的策略,继续分析原始数据添加新的批注,或者参考批注进行数据传输或丢弃。在信宿端收到该数据包时,需要对数据进行重新组合和解析。此时获得数据包所包含的信息就会较原始信息有所增加,参考所有网络节点对数据包添加的批注。

2.4.2 信箱理论的特点

信箱理论具备以下四个特点。

(1) 动态性:即信封的大小是变化的,在网络的不同节点上看到的数据包是不同的,因为在不同节点上都可以对数据包进行解析并添加批注,所以最终用户端或服务器端能收到的数据包大小是不同的,因此还需要涉及相应的算法在终端对数据包进行解析。

(2) 一致性:即数据包到达终端时的各类属性均和信源发出端一致,如数据包的封

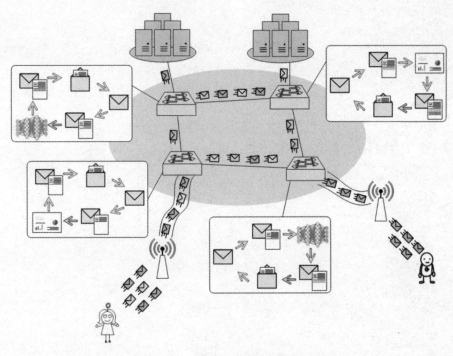

图 2-6　认知信息论中的信箱理论

装格式、编解码方式等。虽然在传输过程中会经历一系列拆包、加批注的过程,但是数据包的原始属性必须保持一致。

（3）熵增性:由于动态地添加了标注,所以会在每个数据包的原始信息基础上增加新的信息,对于这批数据本身来说,信息量得到增加,数据价值得到了提升。

（4）安全性:不同网络节点虽然可以直接拆包,但是没有对数据包原始数据进行直接修改的权限,只能基于原始数据进行添加,保证了原始数据的完整性和安全性,任何节点都可以获得信源发出的原始信息。

为了描述信箱原理,假设其包括两个重要的指标:信息的价值和信息的大小。基于信箱的假设,信息在传输过程中,会存在信息价值和大小的变动,接下来我们给出其描述。将封装好的第 i 个信箱在第 t 时刻的价值记为函数 h_i^t,假设此信息在传输过程中,即从 t 时刻到 $t+1$ 时刻,有 n 个用户对其进行了标注,且假设用户 j 标注带来的信息价值的改变为 y_j,可以得到 $t+1$ 时刻此信息价值为

$$h_i^{t+1} = h_i^t + \sum_{j=1}^n y_j \tag{2-8}$$

因此,可以得到当第 i 个信息从产生到 t 时刻内信息的平均价值为

$$\bar{h}_i = \frac{1}{T} E\left[\int_0^T h_i^t \mathrm{d}t\right] \tag{2-9}$$

进一步,给出此信息从产生到经历时刻 T 后的价值度量为

$$\bar{h}_i = \lim_{T \to \infty} \frac{1}{T} E\left[\int_0^T h_i^t \mathrm{d}t\right] \tag{2-10}$$

同理,假设信息 i 在 t 时刻的大小为 s_t,和上面类似,假设在信息的传输过程中有 n 个用户对其进行了标注,假设每个标注的大小为 x_j,首先可以得到信息在 $t+1$ 时刻的

大小为

$$s_i^{t+1} = s_i^t + \sum_{j=1}^n x_j \qquad (2\text{-}11)$$

其次,可以得到信息从产生到经历时刻 T 后最终的大小为

$$\bar{s}_i = \lim_{T \to \infty} \frac{1}{T} E\left[\int_0^T s_i^t \mathrm{d}t\right] \qquad (2\text{-}12)$$

对于上面提到的 x_j 和 y_j,可以假设其分布与信息的流行度相关。

　　基于以上讨论,基于信息价值模型在传输过程中对信息实现了认知。

3

边缘认知计算

认知计算正在改变我们看待世界的方式。然而,对安全、隐私、网络连接等问题的关注引发了认知计算的范式转变。将认知计算引入边缘设备面临着新的机遇与挑战,开辟了新的研究领域。边缘设备缺乏能量、网络、存储、计算等资源,因此,边缘认知计算要求关注这些关键问题并发现新的解决方案。本章对边缘认知计算进行详细介绍,同时讨论边缘认知计算中的 5G 关键技术以及面临的计算任务卸载问题。

3.1 边缘认知计算概述

2009 年,随着硬件虚拟化、面向服务的体系架构以及自主和实用计算等技术的广泛使用,云计算迅猛发展起来。云计算集成了各种硬件资源,如服务器、存储器、CPU,以及软件资源(如应用软件、集成开发环境等),这些资源虚拟化构成资源池,使各种应用按需获取计算、存储和软件服务,极大地改变了传统的计算模式。

然而,随着移动互联网获得蓬勃发展并且移动应用层出不穷,更多的网络和计算服务需要面向移动用户,针对手机等移动终端的云计算服务——移动云计算得到了广泛应用。移动云计算利用弹性云资源和面向移动性的网络技术使得移动终端可以在任何时间、任何地点都能进行安全的数据接入,有更好的用户体验。当前出现在云端的工作负载日益增多,物联网等技术也跟人们的生产生活紧密联系在一起,因此本地的数据处理能力又有了额外的需求。于是人们提出了边缘计算,边缘计算有潜力支持各种复杂的物联网应用,其数据由人、机器和周围环境共同生成。

然而,针对延迟敏感型任务,如果将数据的分析处理和相关的控制逻辑全部在云端实现,则难以满足低延迟、高响应的业务要求。边缘计算虽然能处理物联网、虚拟现实(virtual reality, VR)、增强现实(augmented reality, AR)、AI 等对实时响应有高要求的场景,但是其计算能力有限,且对用户和网络环境的认知不够,不能提供高质量的用户体验和高效的能量利用率。

因此,为了满足延迟敏感型业务超低延时的需求、实现网络资源的能效优化以及提供更好的用户体验度,我们提出一种新的概念——边缘认知计算,在具有网络和通信、计算和缓存能力的边缘和本地设备部署认知计算,以实现边缘和本地的认知智能。这种新架构的设计是在靠近物或数据源头的网络边缘将网络、计算、存储、应用融入,通过认知计算实现数据认知和资源认知,就近提供边缘智能服务。具体来说,通过认知计算对用户的行为活动、业务需求、资源需求等信息进行认知分析,并充分利用这些用户相关信息和网络与计算资源等信息进行资源认知,实现合理的资源分配和优化,从而提供面向用户的智能个性化服务,使网络具备以人为中心的更深度的认知智能。我们提出的边缘认知计算对用户和网络环境都进行了认知,能够提高资源利用率和用户体验度,并进行能效优化。图 3-1 简要阐述了认知计算的演进过程。

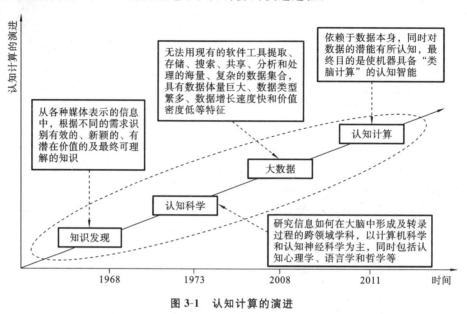

图 3-1 认知计算的演进

3.1.1 边缘云与边缘计算

边缘计算一直以来都是产业界和学术界关注和研究的重点,目前学术界出现了各种相似概念,如移动边缘计算(mobile edge computing,MEC)与微云、雾计算,其基本思想都集中在将云计算能力迁移至网络边缘,都属于边缘计算的范畴。

微云是由移动计算和云计算融合而来的新型网络架构元素,它代表移动终端、微云和云三层架构的中间层,可以被视作"盒子里的数据中心"。微云是开放边缘计算(open edge computing,OEC)的研究成果,该项目最初由卡内基梅隆大学发起,而后受到了包括英特尔、华为、沃达丰在内的多家公司的广泛支持,主要致力于对边缘计算应用场景、关键技术和统一应用程序接口的研究。OEC 基于 Openstack 开源项目进行扩展,从而得到了微云,目前其源码以及搭建方法也可以在 OEC 的官网上获得。Agiwal 等人证实了通过微云在网络边缘进行计算卸载可以改善响应延时,使其响应延时降低至中心云卸载方案的 51%,参照中心云卸载方案可以节省 42% 的能量消耗。

雾计算直接将计算、通信、控制和存储资源与服务分配给用户或者离用户较近的设备与系统,从而将云计算模式扩展到网络边缘。雾计算最初是由思科提出来的,更侧重于在物联网上的应用。2015 年 11 月,ARM、思科、戴尔、英特尔、微软和美国普林斯顿大学联合成立了开放雾联盟(Open Fog Consortium,OFC)。该联盟旨在通过开发开放式架构、分布式计算、联网和存储等核心技术以及实现物联网全部潜力所需的领导力,加快雾计算的部署。Wang 等人将大型集中式数据中心下的能量消耗和雾计算下的小型数据中心的能量消耗进行对比,证明了雾计算能明显改善系统能耗。

针对延迟敏感型任务,人们提出了移动边缘计算。移动边缘内容与计算(mobile

edge content and computing，MECC）与 4G 系统中的网络与业务分离的状态不同，它将业务平台下沉到网络边缘，为移动用户就近提供业务计算和数据缓存能力，是 5G 的代表性能力。其核心功能主要包括：① 应用和内容的部署，MEC 可与网关功能联合部署，构建灵活分布的服务体系，特别针对本地化、低延时和高带宽要求的业务，如移动办公、车联网、4K 或 8K 视频等，提供优化的服务运行环境；② 动态业务链功能，MEC 功能并不限于简单的就近缓存和业务服务器下沉，而且随着计算节点与转发节点的融合，在控制平面功能的集中调度下，实现动态业务链技术，灵活控制业务数据流在应用间流动，提供创新的应用网内聚合模式；③ 控制平面辅助功能，MEC 可以和移动性管理、会话管理等控制功能结合，进一步优化服务能力。例如，随用户移动过程实现应用服务器的迁移和业务链路径重选；获取网络负荷、应用服务等级协议和用户等级等参数对本地服务进行灵活的优化控制等。

移动边缘计算的功能部署方式可以分为集中式部署和分布式部署。移动边缘内容与计算面临着诸多挑战：① 合作问题，即 MECC 需要运营商、设备商、内容提供商和应用开发商的开发与合作，与 5G 网络进行整合，从而创造并提供价值；② 安全问题，如何为新的业务提供安全机制；③ 移动性问题，终端在不同的 MECC 间移动时，如何为用户提供连续一致的业务体验；④ 计费问题，把应用下移后，如何提供计费功能。

从 2014 年 12 月开始，欧洲电信标准协会（ETSI）通过 MEC 行业规范组（MEC ISG）开始致力于 MEC 的研究，公布了关于 MEC 的基本技术需求和参考架构的相关规范。Hu 等人在文献中详细介绍了 MEC 基本架构，并针对 MEC 的计算卸载功能进行了全方位的讨论。Hu 等人证明了在 WiFi 和 LTE 网络中使用边缘计算平台可以明显改善互动型和密集计算型应用的延时，明显降低 WiFi 网络和 LTE 网络下不同应用的能量消耗。表 3-1 对微云、雾计算，移动边缘计算和边缘认知计算（edge cognitive computing，ECC）进行了比较。

表 3-1 微云、雾计算、MEC 与 ECC 的比较

条目	发起者	部署位置	应用场景	关键问题
ECC	华中科技大学 EPIC 实验室	位于终端和数据中心之间，可以和接入点、基站、流量汇聚点、网关等组件共址；还可以是各种具备计算和缓存能力的终端设备	主要针对延时敏感型、资源紧张型、需要与环境交互反馈或动态变化的应用场景（如医疗监护、车联网等）	考虑面向终端用户的边缘资源环境的合理优化，结合对各种数据的认知，实现数据驱动网络优化，促进边缘信息成环
微云	卡内基梅隆大学、英特尔、华为、沃达丰	位于终端和数据中心之间，可以和接入点、基站、流量汇聚点、网关等组件共址；还可以直接运行在车辆、飞机等终端上	主要从触觉互联网获得灵感，面向小领域的应用，比如家庭云。部署在社区、火车站、咖啡店等人口密集的地方	微云支持资源密集型和交互式应用，主要为附近的移动设备提供强大的计算资源和更低的延迟
雾计算	思科	位于终端和数据中心之间，可以和接入点、基站、流量汇聚点、网关等组件共址	针对需要分布式计算和存储的物联网场景设计	提供共享资源池给应用提供商，更多地考虑应用的部署与管理，不考虑终端用户的接入方式

续表

条 目	发 起 者	部署位置	应用场景	关键问题
MEC	诺基亚、华为、IBM、英特尔、NTT DoCoMo、沃达丰	位于终端和数据中心之间，可以和接入点、基站、流量汇聚点、网关等组件共址	主要致力于降低应用延时，适合物联网、车辆网、视频加速、AR/VR 等多种应用场景	主要考虑提高终端用户的使用体验，考虑计算任务在本地、边缘和云的合理分配和卸载

3.1.2 边缘认知计算的架构

边缘认知计算旨在使边缘设备，如机器和网络，为人类提供更加智能的认知服务，同时高效地利用边缘资源，减少认知资源消耗。图 3-2 展示了边缘认知计算的架构，我们设计的边缘认知计算架构主要体现了边缘网络和边缘认知这两个层面。边缘网络主要是各种边缘设备的海量接入以及由边缘设备所构成的边缘认知网络的资源管理。边缘认知主要是对边缘数据的认知，包含业务数据和网络与计算资源数据等。边缘认知主要由数据认知引擎和资源认知引擎两个核心部分构成，下面对两个核心认知引擎进行具体介绍。

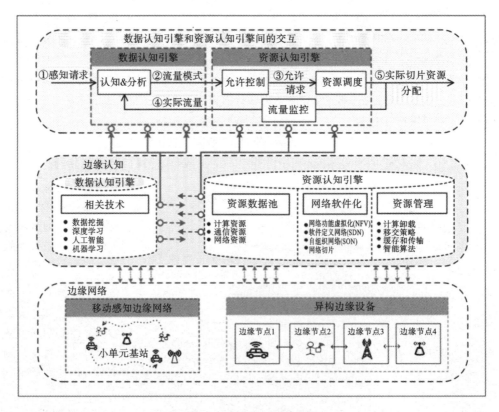

图 3-2 边缘认知计算架构

1. 资源认知引擎

该层可以通过感知学习边缘云的计算资源和环境的通信资源、网络资源（如网络类型、业务的数据流、通信质量和其他动态环境参数），将综合资源数据实时反馈给数据认知引擎。同时可以接受数据认知引擎的分析结果，实现资源的实时动态优化和分配。具体包括：

(1) 进行终端和海量设备（包括各种终端，如智慧衣、智能机器人、智能交通汽车等其他各种接入设备）的连接，同时保证异构性、实时性、安全性、可靠性与可互操作性的连接，作为系统数据传输的基础架构，构成资源数据池（包括计算资源、通信资源、网络资源）。

(2) 利用网络软件化的技术，包括网络功能虚拟化、软件定义网络、自组织网络和网络切片等实现边缘认知系统的高可靠性、高灵活性、超低延时和可扩展性。

(3) 利用资源管理技术，如计算卸载、移交策略、缓存和交付、智能算法，以及利用边缘云平台和智能算法构建资源优化和节能的认知引擎，以提高用户体验度，满足各种异构应用的不同需求。

2. 数据认知引擎

处理网络环境中实时数据流，边缘网络具有数据分析与业务自动处理功能，能够自动智能化地处理各种业务逻辑，以及通过各种认知计算方法（包括数据挖掘、机器学习、深度学习、人工智能等）实现对业务数据和资源数据的认知，动态指导网络资源分配并提供认知服务。主要数据包括：

(1) 应用环境中收集的外部数据，如认知健康监护下的生理指标和实时疾病风险等级或者移动用户的实时行为动作信息等。

(2) 边缘云在网络环境中动态收集的计算资源、通信资源、网络资源等内部数据，如网络类型、业务的数据流、通信质量和其他动态环境参数。

如图 3-2 所示，边缘计算就是在数据源边缘设备侧完成计算，这些设备包括智能家电、个人计算机、手机、摄像头、VR/AR 智能穿戴设备，以及边缘网络设备（如路由器、小型基站等）。通过资源认知引擎对边缘设备的计算和网络资源进行管理，并结合数据认知引擎，根据对用户资源需求的认知动态地分配其资源，同时提供认知服务。以健康监护为例，认知引擎和用户端的交互流程为：用户端数据上传到数据认知引擎，数据认知引擎进行疾病风险评估并给予优先级，数据认知引擎将分析结果传给资源认知引擎，资源认知引擎按照优先级分配策略进行资源分配，并将资源数据反馈给数据认知引擎，边缘计算环境接受资源认知引擎的分配指令，进行用户端的资源重分配。

边缘认知计算能够提供计算资源服务，能够动态、灵活、虚拟、共享和高效地处理各种业务请求，只要存在网络和通信，计算和缓存的虚拟空间都可以部署认知计算。相比于其他计算范式，云计算（cloud computing, CC）虽然具有强大的计算与存储能力，但是其灵活性不高，且业务延时较高，不能满足用户实时性的要求，此外，其强大的计算能力适用于大数据分析和大量并发业务处理，几乎不提供面向用户的智能个性化服务。移动云计算（mobile cloud computing, MCC）是面向移动用户的云计算服务，其部署灵活性与计算能力均适中。边缘计算（edge computing, EC）是将零散的网络资源集中，聚合计算资源，灵活性较高且部署方便，延时较小，但是其计算能力受限。

综上，各种计算模式的指标对比如表 3-2 所示。

表 3-2   不同计算模式的比较

	灵活性	成本	计算能力	延时	智能性
云计算	低	高	高	高	—
移动云计算	中	高	中	中	低
边缘计算	高	中	低	低	中
边缘认知计算	高	中	中	低	高

3.1.3   边缘认知计算的演进

边缘认知计算这种新的计算范式将边缘计算和认知计算有机地结合起来,实现边缘网络的认知循环,下面将分别介绍边缘计算和认知计算的优势和劣势,以及如何将其优劣互补进而衍生出边缘认知计算。

1. 边缘计算

边缘计算将设备或具有存储、计算和缓存功能的节点部署到接近数据源的地方(如可穿戴设备),并作为云和本地网络之间的中间件。这些设备可以是路由器、小型基站,甚至是一些高端的可穿戴设备。边缘计算架构如图 3-3 所示。

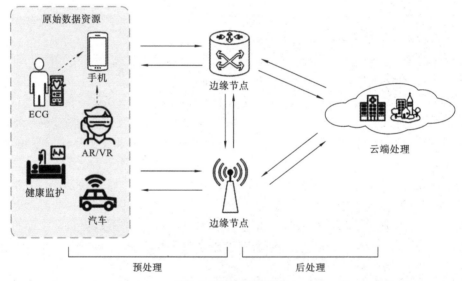

图 3-3   边缘计算架构

这种计算模式有多重优点。首先,边缘节点或可穿戴设备通过提供一定的计算能力,可以大大减少回程上的传输负载。这种优势对于诸如在线游戏(其中需要每秒传输 60 帧甚至 120 帧)的应用是显著的。作为替代解决方案,服务器只发送参数,如字符位置、时间戳和属性变化(几个普通数据),并让边缘节点计算和渲染视觉图像。其次,借助大量部署在 5G 网络的边缘节点和基于用户偏好的大数据分析,流行内容可以在互联的边缘设备中被预先获取,这些边缘设备距离用户只有一跳。

然而,它也面临如下挑战。首先,边缘设备的运算和处理能力不高,不能很好地满足对实时性要求较高、需要对数据进行优化处理以及智能化应用方面的需求。其次,边缘设备的智能性仅体现在对数据的存储和处理上,在边缘实现人工智能和高级分析,但是,其在行为反馈、自动组网、负载平衡以及数据驱动网络优化等方面的智能性不高,如何在物联网局部实现信息成环成为技术挑战。

2. 认知计算

认知计算借助认知科学理论来构建认知计算算法,可以让机器在一定程度上像人脑一样具备人类的认知智能。机器可以通过认知计算来加强对世界与人的认知,从而增强自身的智力和决策能力。

把计算机网络、基础通信架构设施、终端设备及机器人等硬件设施统称为"机器",把存在虚拟网络里的信息所构成的空间称为"信息空间"。认知计算与"人""机器"和"信息空间"交互与融合,形成"以人为中心的认知循环",具体包括:① 对"信息空间"中已有数据与信息进行分析,以提高"机器"的智能;② "机器"对现有的"信息空间"中的信息进行再解读和诠释,从而产生新的信息,该过程也有"人"的参与;③ "机器"对"人"的认知,提供更加智能的认知服务。如图 3-4 所示,"人""机器""信息空间"之间的共融与交互,使机器能够为人类提供更加智能的认知计算应用与服务。

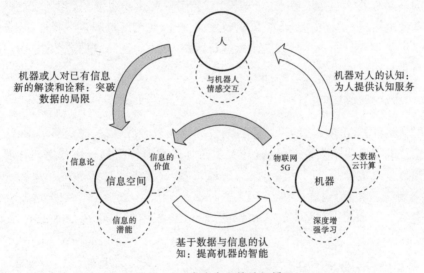

图 3-4　以人为中心的认知循环

然而,到目前为止,认知计算的应用主要依赖于在云中进行训练的机器学习模型,并使用终端用户边缘设备实时地进行推理请求,这已经在很大程度上成为认知服务的部署方式。这种方式的缺陷在于网络操作和服务交付的延时较大,如果在网络边缘部署认知服务,那么网络响应用户请求的延时将大大减小,因而很多人致力于边缘部署训练和推理机的研究。

认知计算以人为中心的认知循环能很好地实现边缘环境的行为反馈、自动组网、负载平衡以及数据驱动网络优化等方面的智能性,同时能满足边缘环境中对实时性要求高、数据需要优化、智能化应用的需求。

3. 边缘认知计算

边缘认知计算通过对所处动态网络环境(如网络类型、通信业务负载、信道质量等)和用户信息的感知与学习,实现对边缘资源的合理分配,此外,为移动用户的数据分析处理提供高效的实现手段,实现边缘对数据的智能认知。通过对"人""机器""信息空间"的认知循环实现了边缘环境的资源认知和数据认知。

由于边缘设备在能量、网络、存储、计算等方面资源缺乏,将认知计算引入边缘设备会面临新的机遇与挑战。下面将从计算资源、能量消耗两个方面说明边缘认知计算如何解决这些问题。

(1) 计算资源:执行计算和内存密集型应用对认知资源受限的边缘设备是一种挑战。边缘设备有限的计算资源、存储资源和电能,通过机器学习模型提高其认知能力,这对其有限的资源产生重大压力。因此,在边缘认知计算架构中我们设计了资源认知引擎,利用资源管理技术,如计算卸载、移交策略、缓存和交付、智能算法和网络软件化技术,如网络功能虚拟化、软件定义网络和网络切片等,实现计算资源优化,以及系统高灵活性和可扩展性。

(2) 能量消耗:边缘设备,如路由器、小型基站,甚至一些高端的可穿戴设备,要实现认知智能,必然消耗巨大能量。比如,大多数可穿戴设备安装了高功耗部件,诸如网络芯片、全球定位系统(global positioning system,GPS)和持续监测传感器。因此,能量约束问题形成技术挑战。在 ECC 架构中,使用资源认知引擎和数据认知引擎,根据网络资源使用情况、干扰情况、能量需求及负载情况,对网络资源进行弹性匹配,并借助历史数据记录,对用户的行为、数据流量进行预测,预先将网络资源或数据进行分配,能有效提高系统的能效。

3.1.4 边缘认知计算的设计

边缘认知计算能实现边缘网络设备的资源认知,针对不同的应用需求,边缘设备能通过数据认知引擎实现大数据分析,并实现某种认知以便更好地服务用户体验。ECC 的核心组件包含边缘接入网、边缘设备、边缘认知云,其中边缘接入网和边缘设备构成 ECC 的基础设施平台;边缘认知云则包含了 ECC 的核心功能组件、数据认知引擎和资源认知引擎。下面将从 ECC 的基础设施平台、功能组件和应用层这三个层次进行介绍。

1. 基础设施平台设计

基础设施平台包含边缘接入网(包括无线接入网、核心网等)和边缘设备(包括各种终端设备、接入点、基站、流量汇聚点、网关等)。在健康监护系统中,边缘设备可以是智慧衣、手机、接入点等;在车联网中,边缘设备可以是车辆、路侧单元等。基础设施层基于网络功能虚拟化的硬件资源和虚拟化层架构,提供底层硬件的计算、存储、控制功能和硬件虚拟化,进行虚拟化的计算、缓存及相应的管理功能。

2. 功能组件设计

1) 数据认知引擎

利用机器学习、深度学习、大数据分析和其他技术来构建认知模型,实现边缘认知的智能增强。常见的机器学习方法有回归分析、决策树、贝叶斯网络、关联分析、聚类分析、人工神经网络等。数据认知的智能增强实现的关键在于使用的认知计算技术相较于传统的数据分析方法使用了多维度的数据,包括用户及业务相关的外部数据和资源网络环境的内部数据,同时加入环境感知和人类认知,实现信息的认知循环,如何充分挖掘已有数据信息并进行再解读是数据认知引擎设计的关键。

2）资源认知引擎

所涉及的关键技术包括网络软件化技术（包括网络功能虚拟化、软件定义网络、自组织网络和网络切片等）和资源管理技术（如计算卸载、移交策略、缓存和交付、智能算法等）。其中，网络切片利用虚拟化技术，根据具体场景的需求将5G网络中的物理基础设施资源虚拟化为多个相互独立的、平行的虚拟网络切片，从而实现相应网络资源的编排管理。计算卸载考虑计算任务分配的问题，在边缘云或远端云合理地分配计算资源，从而协作完成计算任务。缓存与传输则将预测内容提前安置在边缘以获得较低延时并减少核心网负载。

3）认知智能增强

数据认知引擎和资源认知引擎之间的交互设计是实现边缘认知的智能增强的关键，数据认知引擎对已有数据与信息进行分析并反馈给资源认知引擎，资源认知引擎对信息进行再解读和诠释，从而产生新的信息，新的信息可以进一步被数据认知引擎所使用。以健康监护为例，通过认知计算对智慧衣用户的生理健康进行监控和分析后，给出用户的健康风险等级，再进一步通过每个用户的风险等级来综合调整整个边缘计算网络的资源分配情况，即数据被二次利用，反过来服务于资源分配和网络优化，形成一个认知智能的闭环系统。

核心功能组件设计的关键问题还包括设计承载业务的对外应用程序接口、与ECC基础设施平台以及应用层之间的接口协议，从而进行数据流量分析、网络资源管理、应用与服务注册等业务。

3. 应用层设计

应用需求的变化：根据不同的实际应用，从不同数据速率、延迟性和可靠性角度，边缘认知计算要求也不同。ECC将网络资源虚拟化并进行网络切片，根据应用的需求合理地分配资源是ECC的设计要点之一。例如，医疗传感器对延时性和可靠性的要求很高，但是对数据率的要求低；AR/VR设备为了有更好的用户体验度，需要兼顾高容量和低延时性。因此，针对延时敏感性较高的业务，应分配就近的资源，而对数据容量要求较高的应用，应分配计算和通信能力较高的资源。表3-3列出了不同应用对边缘认知资源的需求。

表3-3　不同应用对边缘认知资源的需求

应用	应用需求		
	延时性	容量	可靠性
AR/VR	高	高	低
医疗监护	高	低	高
自动驾驶汽车	中	中	低
无人机	中	低	中

3.2　5G关键技术

随着移动网络和互联网在业务方面融合的不断深入，两者在技术方面也在相互渗透和影响。虚拟化、软件化和云化三个方面是从集中化向分布式发展，从专用系统向虚拟系统发展,从闭源向开源发展。5G 网络可以由以下三个功能平面组成:接入平面、控制平面和转发平面。接入平面包含各种类型的基站和无线接入设备,通过引入多站点协作、多连接机制和多制式融合技术,构建更灵活的接入网拓扑,同时承担边缘认知计算的功能;控制平面基于可重构的集中的网络控制功能,实现按需接入、移动性和会话管理,支持精细化资源管控和全面能力开放;转发平面具备分布式的数据转发和处理功能,提供更动态的锚点设置,以及更丰富的业务链处理能力。下面从 5G 无线关键技术和 5G 网络关键技术两个方面来介绍 5G 在终端、边缘、云等三个层面实现认知计算起到的作用。

5G 无线关键技术包括大规模天线技术、密集网络技术、全频谱接入技术、新型多址技术和设备到设备(device-to-device, D2D)的通信等。大规模天线技术是提升系统频谱效率的最重要技术手段之一,通过增加天线数构建了数十个甚至更多的独立空间数据流,大大提升了多用户系统的频谱效率,很大程度上支撑了 5G 系统容量和速率的需求。密集网络技术将是提高数据流量的关键技术之一。全频谱接入包括 6 GHz 以下低频段和 6 GHz 以上高频段,其中低频段是 5G 的核心频段,可以用于无缝覆盖;高频段作为辅助频段,用于热点区域的速率提升。全频谱接入是低频和高频混合组网,可以充分发挥低频和高频的优势,满足无缝覆盖、高速率、大容量等需求。通过空间、时间、频率、码域进行信号的叠加传输来提高系统的接入能力,可有效保证支撑 5G 网络海量设备的连接需求。作为边缘认知计算的重要支撑技术,5G 对蜂窝系统和物联网-云平台的融合与交互起到了必不可少的支撑和补充作用。

5G 网络的关键性能指标包括:100 Mb/s ~ 1 Gb/s 的体验速率,数 10 Tb/(s·km²)的流量密度、百万级的链接密度、低功耗、低成本、低延时和高可靠。网络功能虚拟化和软件定义网络技术是 5G 网络平台的基石。网络功能虚拟化(network functions virtualization,NFV)技术将软件与硬件分离,为 5G 网络提供更具弹性的基础设施平台,使得网元功能与物理实体解耦,专用硬件用通用硬件替代,可以更灵活地将网元功能部署在网络任意位置,可以按源实现通用硬件资源分配的同时动态伸缩,实现最优的资源利用率。软件定义网络技术可以进行控制和转发功能分离。控制功能的抽取和聚合,有利于通过网络控制平面全面地感知和调度网络资源,对网络连接实现可编程化。软件化主要包括无线接入网的软件化、移动边缘网络的软件化、核心网络的软件化和传输网络的软件化。这两种 5G 关键技术对于边缘认知计算在虚拟化和软件化方面提供了新的技术依据。

3.2.1 5G 网络中的网络切片技术

5G 网络服务更贴近用户的需求,也可为用户的业务请求量身定做服务,同时网络与业务深度融合,服务更友好。代表性的网络服务能力包括:网络切片、移动边缘计算、按需重构的移动网络、以用户为中心的无线接入网和网络能力开放。网络切片是网络功能虚拟化应用于 5G 阶段的关键特征。一个网络切片可以构成一个端到端的逻辑网络,按照切片需求方的需求可以灵活地提供一种或多种网络服务。网络切片指的是运营商面向不同商业应用场景的需求,专门定制多个端到端的虚拟子网络。不同的网络分片实现逻辑的隔离,每个分片的拥塞、过载、配置的调整不影响其他分片。不同分片中的网络功能在相同的位置共享相同的软硬件平台。

本小节以 5G 可穿戴网络中的网络切片技术为例,对 5G 网络切片层架构和管理框架进行介绍。

1. 网络切片层架构

基于软件定义网络(software defined network,SDN)和 NFV,可以实现网络切片技术。因为 NFV 使网元功能和物理实体解耦,并能取代专用和共享硬件。利用 NFV,网元可以方便、快捷地在网络的任何位置运行,同时实现网络有效硬件资源的分配。SDN 技术实现了控制功能与转发功能的分离,从全局的角度利用网络控制平面感知和分配网络资源。此外,SDN 控制器可以通过北向接口获取可穿戴服务的上下文,并通过南向接口获取物理实体的上下文。

在 5G 可穿戴网络中,我们将网络切片解释为在需要时创建的物理或虚拟网络上运行的端到端逻辑网络。具体而言,它包括三个层:基础设施供应层、租户层和终端用户层,如图 3-5 所示。

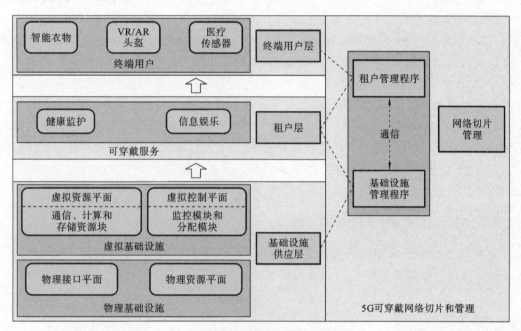

图 3-5　5G 可穿戴网络切片层架构

(1)基础设施供应层:它为可穿戴服务提供商提供无线接入资源(涉及 WiFi 接入和 5G 接入)、核心网络资源以及存储和计算资源(涉及边缘云和远程云)。

(2)租户层:它是网络切片提供商,为用户提供多种特定类型的可穿戴服务,也可称为可穿戴服务提供商。

(3)终端用户层:它主要利用其在租户层提供的网络切片上的应用程序。

基础设施供应层由物理基础设施和虚拟基础设施子层组成。物理基础设施子层包括物理接口平面和物理资源平面。物理接口平面为不同类型的可穿戴服务提供接口,而物理资源平面包括物理基站、频谱资源、边缘云和远程数据中心。虚拟基础设施子层具体包括两个逻辑平面:虚拟资源平面和虚拟控制平面。虚拟资源平面包括通信、计算和存储资源块。这些资源可以传递服务流量、计算任务和存储信息。虚拟控制平面包括两个功能模块:监控模块和分配模块。监控模块负责监控占用资源块的数量。基于监控模块的信息,分配模块可以调度未占用的资源块以满足资源块上可穿戴服务提供商的需求。

租户层作为网络切片提供商,将网络切片租给基础设施提供商,具体包括网络切片的持续时间、流量类型、网络切片大小(可以访问的用户数量)和价格。最终用户可以访问不同的网络切片,也可以同时访问多个网络切片。用户同时访问多个网络切片的场景可分为两种情况:独立网络切片结构和共享网络切片结构。独立网络切片结构是指不同切片的逻辑资源和逻辑功能完全隔离,仅在物理资源中共享。共享网络切片结构不仅指共享物理资源,还指多个切片之间共享逻辑资源和逻辑功能。

终端用户层包括可穿戴设备,如智慧衣。该层负责感知和收集用户的生理指标、健康状况等。利用租户分配的某些通信资源,可穿戴设备可以将信息卸载到边缘云或数据中心。

2. 网络切片管理框架

如上所述,我们可以将基础物理层划分为独立的逻辑网络,以便基于网络切片进行管理,从而为特定的可穿戴设备提供服务。网络切片之间可以实现逻辑隔离,也就是说,每个切片的拥塞、过载和配置的调整不会影响其他网络切片。不同的网络切片租户可以灵活和动态地共享相同的基础设施资源(即无线接入网络、边缘云、核心网络和数据中心)以提高资源利用率。因此,基于网络切片的 5G 可穿戴网络可以提高 QoE 并且可以更有效地利用资源。网络切片可以促进底层物理资源的有效共享,但网络切片管理是 5G 可穿戴网络的核心。为了实现网络切片管理,在基础设施供应层中设置基础架构管理程序,以统一管理和调度基础设施供应层中的资源。我们在租户层设置租户管理程序,以统一管理和调度租户层中的服务。基础设施管理程序和租户管理程序使用消息技术进行通信,实现网络切片的统一调度、分发和管理。

3.2.2 基于认知计算的网络切片管理

基于以上讨论,在本小节中,我们介绍 5G 可穿戴网络中基于认知计算的网络切片管理。具体过程如图 3-6 所示,可分为以下三个部分:

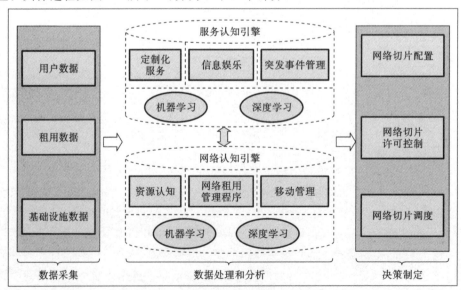

图 3-6   数据驱动的智能网络切片管理

(1) 从网络和服务中收集数据(数据收集);

(2) 使用服务认知引擎和网络认知引擎处理和分析收集的数据(数据处理和分析);

(3) 根据分析结果做出决策。

1. 数据收集

我们从基础设施提供商、租户和终端用户收集数据。收集的具体数据包括:

(1) 基础设施提供商数据包括基础设施提供商提供的物理和虚拟资源状态数据(即已使用或未使用)。

(2) 租户数据,包括以下两个方面:

① 服务请求列表,如用户的虚拟现实/增强现实服务;

② 服务请求需求,如用户对服务的延迟要求。

(3) 终端用户数据包括以下两个方面:

① 上下文信息,包括用户的位置、时间等;

② 可穿戴数据,包括收集的用户声音、医疗数据等。

2. 数据处理和分析

对于数据处理和分析,我们将认知计算与机器学习和深度学习技术结合起来建立服务认知引擎和网络认知引擎的租户管理程序和基础架构管理程序。服务认知引擎和网络认知引擎实现服务和网络感知。通过使用租户的数据和终端用户的数据,服务认知引擎可以通过时间序列分析算法(如长短期记忆网络)来预测用户请求状态和服务状态。因此,我们可以在下一刻获得用户对资源的需求。基于基础设施提供商的数据,以及当前资源占用情况和负载,资源认知引擎可以通过机器学习算法预测下一时刻要提供的通信、计算和存储资源块。通过服务认知引擎和资源认知引擎之间的通信,最终实现资源的共享和有效利用。

3. 决策

网络切片管理的决策包括三个关键问题,即网络切片配置、网络切片接入和网络切片调度。

对于网络切片配置,合理的网络切片资源配置不仅可以满足服务水平协议的要求,还可以获得更好的性能和更低的价格。因此,设计适应各种应用的高精度和低价格的网络切片配置是一个挑战性的问题。我们可以使用服务认知引擎和网络认知引擎中收集的数据来训练先前的资源配置,并进一步获得近似最优的配置方案。

根据服务水平协议对网络切片的要求,基础设施提供商应提供接入控制策略和网络切片调度策略。为了满足网络切片的服务水平协议以及提高网络资源的利用效率,基础设施提供商可以根据服务认知引擎预测在下一时刻获得对资源的网络切片需求。根据资源认知引擎进一步预分配资源,以提供网络切片的接入控制策略。

对于上述接入控制策略,假设网络切片在下一时刻对资源的需求以及对基础设施提供者的资源认知是准确的。但是,事实上在网络切片访问之后,用户服务需求的变化可能导致预分配资源无法满足网络切片的服务水平协议。因此,应该重新分配基础架构提供者的资源块。

3.3 基于智能边缘云和5G的计算任务卸载

目前,人工智能的研究大多集中在算法设计上。然而,当需要将人工智能技术应用于大规模数据时,有几个挑战,即确定计算的内容、方式和位置。目前,关于人工智能技术的大多数文献都致力于将基于人工智能的计算卸载到云上。此外,采用人工智能技术的大多数用户都是移动用户。然而,将基于 AI 的任务卸载到云上面临两个挑战。首先,大多数移动设备的电池容量和计算能力有限。其次,物联网(internet of things, IoT)的大量设备连接到云上,会产生很大的延时。

为了解决上述问题,学术界和工业界都提出了边缘计算。与云计算相比,边缘计算扩展到了中间层,即雾计算。然而,目前对边缘计算的研究大多集中在从通信的角度来解决能源效率问题,并没有考虑如何解决具有个性化特征的实际人工智能应用。此外,现有的工作不考虑使用人工智能技术来指导计算任务的内容、方式和位置。

面对上述挑战,我们首先将每个人工智能应用程序所需的处理抽象为一个独立的任务。考虑到用户的个性化特征,每个任务的处理可以是不同的。相应地,各种网络条件下任务的计算方法也需要加以区分。因此,考虑到用户的个性化特征和网络条件,基于人工智能技术可以得到计算的内容和方式。此外,为了实现高效的任务执行,我们需要在边缘、云和本地设备之间选择一个计算位置。

为了解决实际的任务,利用人工智能技术,提出了基于智能边缘云和 5G 的计算任务卸载技术,即 iTaskOffloading。iTaskOffloading 在许多方面与现有的方法不同。首先,iTaskOffloading 主要关注物联网环境下的人工智能应用,如自动驾驶、虚拟现实和情感检测。其次,iTaskOffloding 不同于传统的移动计算,因为它使用人工智能技术进行决策,结合 5G 技术进行高速通信和计算卸载。最后,这种卸载对用户的数据更加个性化,因此它需要更高的灵活性和计算资源的适应性。这是因为面对基于 AI 的任务时,不同的用户拥有不同的计算服务。

3.3.1 iTaskOffloading 体系结构

我们使用情感检测作为一个 AI 应用来说明系统的体系结构,如图 3-7 所示。首先,用户通过可穿戴设备收集多模态情感数据。获取情感数据后,用户需要卸载计算数据或任务。考虑到情感数据的个性化,不同的用户对情感检测的潜伏期有不同的要求,情感计算任务应卸载到不同的位置(即本地层、边缘层和云层)进行进一步处理。我们的系统架构中提出的认知引擎将为用户提供个性化的卸载策略,通过考虑卸载情感任务的内容、方式及位置三个方面来获得良好的个性化医疗服务。

1. 本地层

本地层包括智能手机、机器人、可穿戴设备等可以采集 AI 应用数据的本地设备。此外,由于本地设备的计算能力和存储能力相对较低,因此当用户的请求过多或计算任务复杂时,不适合在本地设备上处理数据。然而,由于本地设备是最接近用户的设备,产生的通信延迟较低,因此它们适合处理对延迟非常敏感的简单任务。此外,由于本地设备的计算能力有限,因此在本地层部署的人工智能算法很简单。

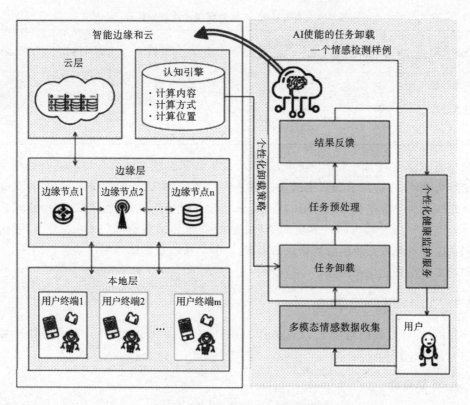

图 **3-7** iTaskOffloading **体系结构**

2. 边缘层

边缘层作为中间层,可以处理计算任务的一部分。边缘层由多个具有计算能力的边缘节点组成。边缘节点可以部署在网关、路由器等服务器上,边缘层的计算能力弱于云层的计算能力。然而,在 5G 技术的辅助下,其通信延迟要比云层的低得多。一般来说,移动设备通过单跳无线网络连接到边缘云。因此,通信延迟大大降低,可以满足具有敏感延迟的计算任务的需求。边缘云的计算能力优于本地设备的计算能力,因此我们在边缘节点部署了复杂的人工智能算法来处理任务。

3. 云层

云计算更注重投入计算资源,实现高精度的计算和分析,提供最佳的计算服务,而不是处理所有的计算任务。云计算平台的主要组成部分是数据中心,数据中心部署了高性能的人工智能算法,存储了大量的用户历史分析数据和信息。因此,它可以提供高精度的计算,并用于计算密集型任务。

以情感检测为例,情感信息是私密的,数据量具有日益增长的特征。因此,它记录了用户的行为习惯,并将其映射为进一步的计算规则,以利用用户特征或行为认知实现更准确的预测和更好的用户服务。然而,由于云数据中心与用户之间的距离较远,因此云计算的缺点是延迟较大。此外,我们给出了本地处理、边缘处理和云计算的比较,如表 3-4 所示。

4. 认知引擎

通过使用软件定义网络技术和 AI 技术,我们可以在三层网络框架中部署认知引擎,

表 3-4　本地处理、边缘处理和云计算的比较

处理类型	计算密度	客户端与服务器之间的距离	通信延时	延时抖动	电源可用性	算法复杂度
本地处理	低	无	低	低	低	低
边缘处理	中	单跳	中	中	中	中
云计算	高	多跳	高	高	高	高

其通用概念详见第 3.1.2 节。在本方案中,数据认知引擎在网络环境中实时处理多模态情感数据流,在边缘云和云中引入数据分析,智能地执行业务逻辑,通过各种认知计算方法实现业务数据和资源数据的认知,分配动态引导资源,提供认知服务;资源认知引擎通过感知三层结构的计算资源、环境通信资源和网络资源(如网络类型、通信质量),将综合资源数据传递给数据认知引擎。同时,接收数据认知引擎的分析结果,指导资源的实时动态优化和配置。

3.3.2　iTaskOffloading 方法

在本小节中,我们给出了 iTaskOffloading 的方法,其中包括"计算内容""计算方式"和"计算位置"。

1. 计算内容

iTaskOffloading 方案是针对 AI 应用的,因此,为了说明计算的内容,我们以情感检测为例。情感检测需要输入个人时间序列数据(如视频、音频和生理数据),并使用深度学习算法检测用户的情感。理论上,利用多维数据和大量的历史数据可以保证高精度的情感识别率。因此,情感检测涉及多层次的计算问题,包括计算量及其各个层次的复杂性。实时分析这类任务,一些数据需要使用简单的 AI 算法,而其他数据则需要使用复杂的 AI 算法。因此,与非人工智能应用相比,AI 应用是计算密集型任务,需要 AI 来实现最佳的任务卸载。

2. 计算方式

考虑到计算任务的基本范围,下一步是考虑如何进行计算。对于"如何计算"的问题,我们提出了两个概念,即细粒度计算和软件定义计算,以提高 iTaskOffloading 方法的计算灵活性。

1) 细粒度计算

基于 AI 的应用任务是一个复杂的任务,可以分为多个小的计算任务。例如,语音情感处理任务可以分为三个子任务:声纹识别、语音识别和语音情感检测。由于每个子任务都有自己的特点,所以每个子任务需要不同的计算资源。基于任务的可划分性,这些任务可以适用于边缘云和远程云的灵活计算。如图 3-8 所示,我们认为任务是可分离的,并且可以实现细粒度任务卸载。

具体来说,我们可以将基于 AI 的应用划分为多个不同的子任务,每个子任务可以在不同的位置计算。例如,声纹识别可以在边缘云上计算,而语音识别可以在云上进行。任务分割和卸载不是独立的,而是相关的。它们基于边缘云和远程云的子任务以及当前计算资源的计算特点。这样,计算资源得到充分利用,保证了计算的准确性,任

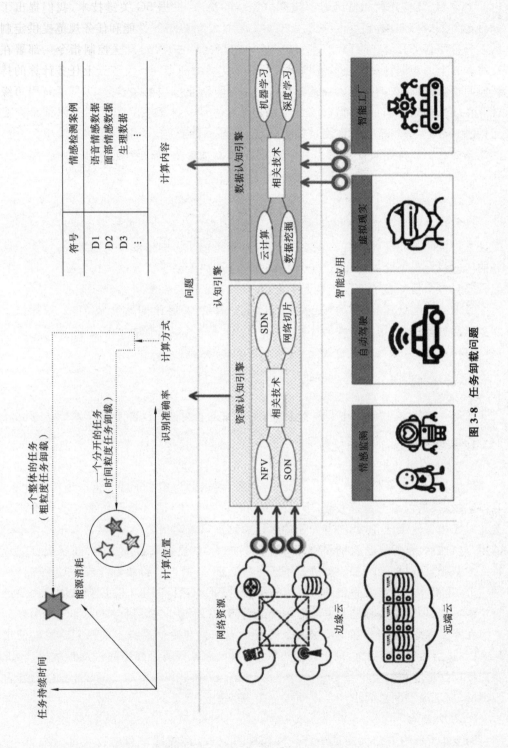

图 3-8　任务卸载问题

务和子任务可以被分布式地卸载,从而缩短了延迟时间。

2)软件定义计算

考虑到 AI 应用对超低延迟和超高可靠性的要求,根据 5G 关键技术,我们提出了软件定义的计算方法,它可以根据用户的移动性、终端设备的性能和任务规范提供定制的多分辨率任务计算。当移动设备卸载任务时,它会向边缘云发送控制指令。部署在边缘和云上的不同计算方法的反馈精度和任务持续时间不同。由于云上任务计算的持续时间很长,所以我们首先可以通过低分辨率计算满足用户的基本需求,然后利用边缘计算和反馈粗略的识别结果,以满足用户实时快速响应的需要。当云计算的结果完成后,我们添加高分辨率计算作为后续更详细、更精确的分析,让用户能够全面掌握自己的情感变化。软件定义计算可以在细粒度计算的基础上进行更复杂的计算和卸载组合,完全满足用户个性化计算任务的特点。

3. 计算位置

计算任务卸载位置的选择总是基于用户的个别优化目标。典型的优化目标包括缩短任务持续时间和能耗。对于人工智能应用,它还包括识别精度。一般来说,每个子任务的优化目标是不同的,但是子任务的卸载位置取决于整个任务的优化目标。因此,我们需要对多个任务和目标进行联合优化,并最终确定应该在哪里处理任务和子任务。

考虑到本地处理、雾处理和云处理的不同计算能力,在不同的位置(算法、数据维度和数据量)部署和采用了不同的计算方法。边缘层中具有不同计算能力的异构边缘节点可以相互连接,分布式地卸载任务,从而减少时间延迟。

3.3.3 性能评估

在这一部分中,我们构建了一个情感检测和交互的测试平台来评估 iTaskOffloading。

1. 实验平台

1)情感检测任务

情感检测与交互任务被视为一个组合任务,可以分为多个子任务进行细粒度计算。具体来说,根据可用的情感数据,子任务可以分为两大类:语音检测任务和图像检测任务。对于语音检测任务,我们首先使用声纹识别进行数据预处理,以识别多用户场景中的用户。然后,采用语音识别和语音情感检测技术,将语音转换成文本,并在提取语音特征的基础上,对语音情感检测进行情感分析。最后,我们进行语音合成。对于图像识别任务,我们首先使用人脸识别来进行数据预处理。然后,采用人脸识别方法对用户进行定位,并采用人脸情感检测方法对用户的情感进行分析。最后,将结果反馈给用户。

在本实验中,我们分别使用了两个图像识别模型和两个语音识别模型。我们使用 VGG16 进行图像识别训练,简单模型的总大小为 4 MB,而复杂模型的总大小为 126 MB。我们使用深度卷积神经网络(deep convolutional neural network,DCNN)进行语音识别训练,简单模型的总大小为 4.6 MB,而复杂模型的总大小为 24.9 MB。

2)硬件平台

图 3-9 所示的为系统测试平台。从图中可以看出,硬件平台由三个部分组成,即 AIWAC 机器人、边缘云和远程云。AIWAC 机器人负责多模态情感数据的采集和与用户的交互。边缘云包含智能手机(弱边缘节点)和具有异构计算资源的本地服务器(强

边缘节点）。远程云是远离用户的大数据中心。在实验中,我们将本地计算可以处理的并发任务数的上限设为5,边缘计算设为60,云计算设为500。此外,表3-5列出了每个计算节点的硬件参数。

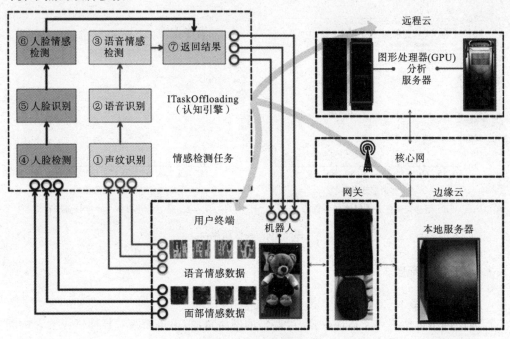

图 3-9　系统测试平台

表 3-5　实验平台配置参数

类　　型	设　　备	操作系统	硬　　件	
本地计算	机器人	Android 4.4	CPU	4 核, 1.2 GHz
			DDR 内存	1GB DDR3 SDRAM
			NAND 内存	32 GB NAND Flash
边缘计算	本地服务器	CentOS 7	CPU	8 核, 3.4 GHz
			DDR 内存	16 GB DDR3 SDRAM
			硬盘	1050 GB NAND Flash
云计算	GPU 分析服务器	Ubuntu 16.04	GPU	NVIDIA GTX1080Ti×2
			DDR 内存	32 GB DDR3 SDRAM
			CPU	6 核, 3.5 GHz

2. 实验设置和结果

图 3-10 显示了复杂情感检测任务的云计算、iTaskOffloading 粗粒度计算和 iTas-kOffloading 细粒度计算的平均持续时间。在本实验中,我们将简单的语音识别模型和复杂的图像识别模型部署到云端。

从图 3-10(a)可以看出,在任务负载较轻的情况下,iTaskOffloading 方法比云计算具有更好的性能,而 iTaskOffloading 细粒度计算的性能比 iTaskOffloading 粗粒度计算的高出近10%。当任务负载增加到图3-10(b)中的中等水平时(这是现实中最常见的情况),iTaskOffloading的性能明显优于云计算。因此,iTaskOffloading显示出相对良好的性能。

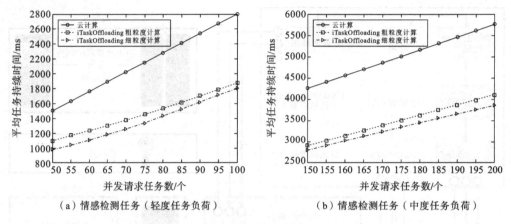

(a)情感检测任务(轻度任务负荷)　　　　　(b)情感检测任务(中度任务负荷)

图3-10　实验结果

3.3.4　开放性问题

1. 分层网络

多层网络虽然提供了适应性强、可调整的网络资源,但也面临着异构资源管理的问题。物联网中有许多设备,如智能服装、手机、个人计算机和机器人,这些设备可以分布在网络中不同的物理位置,具有超低延时和超高可靠性的限制。因此,我们需要考虑如何有效、自动地安排和协调不同类型的计算资源。具体来说,本地设备和边缘网络之间需要有效的连接和数据交换。此外,在边缘网络中,需要资源调度和任务移交,还需要一个主边缘节点来集成处理的子任务,远程云和雾网络需要平衡通信资源和计算资源。

2. 智能协议

对于AI辅助实现物联网,需要更多智能协议。在多个用户的情况下,考虑到用户的任务复杂度、延时敏感度等因素,应将不同的用户分配到不同的优先级。可以根据优先级分配网络资源,以提高全局QoE。此外,对用户轨迹信息的不完全获取可能导致对用户移动性的不准确预测,从而导致更高的延迟甚至任务卸载失败。随着移动设备数量的不断增加,利用用户轨迹的统计信息有选择地缓存可能的数据,建立基于移动轨迹预测的智能协议是解决这一问题的一个潜在途径。最后,由于网络连接不稳定和网络接入点不断变化,任务卸载可能导致高延时或任务失败,因此,需要更多的智能协议来保证资源分配的顺利实施。

3. 安全和隐私

由于本地设备的计算能力有限,因此本地设备收集的多模数据通常需要卸载到边缘节点或云进行进一步处理。因此,隐私泄露问题和安全挑战迫在眉睫。要解决的问题包括:如何保护设备上的数据,使未经授权的人无法访问;如何确保本地设备和边缘节点或远程云之间安全可靠地共享数据;如何安全地存储边缘节点和云上的数据。一个潜在的解决方案是使用生物特征信息进行加密,如通过虹膜和人脸识别进行访问。

4

缓存、计算与通信的
协同优化理论

当前无线技术和物联网蓬勃发展,越来越多的移动设备(如智能手机、可穿戴设备等)接入对无线网络的带宽和计算有各种要求。未来,移动设备将变得更加智能化,而部署在移动设备上的应用程序将需要广泛的计算能力和持久的数据访问。然而,这些新兴应用和服务的发展受到这些设备计算能力和电池容量的限制。如果将计算密集型和富媒体任务卸载到云端执行任务,就可以克服移动设备计算能力不足的限制。然而,当移动设备通过无线网络连接到云时,会出现相对较长的延时,这不适用于延迟敏感的任务,如虚拟现实流转码、增强现实游戏的图像处理等。本章针对以上问题提出缓存、计算与通信的协同优化理论,重点介绍缓存的基本策略、计算与通信的融合,以及在不同场景下缓存、计算与通信的协同优化。

4.1 基本的缓存策略

随着存储技术的不断发展,与频谱资源相比,存储成为一种成本越来越低的资源。缓存过程包括两个部分:缓存放置和缓存传递。与大多数现有的假设缓存放置过程遵循特定分布的研究不同,在本案例研究中,每个基站的内容缓存根据用户的需求动态变化。更具体地说,借助给定区域内的社会数据和地面基站对应的位置信息,可以更有效地识别缓存的位置。缓存放置的主要目标通常是决定在特定时期内存储在基站中的最大字段,以减少在用户下载这些字段的潜在延迟。例如,一般针对社交媒体上的讨论、帖子、信息,通过使用自然语言处理分析文章,可以减去关键词。然后,关键词可以分类或映射到不同的热门话题。在这里,不同的热门话题决定了在特定的基站中应该缓存哪些内容。基于时间地理标记的热门话题,机器学习被调用来训练这种学习模式。其最终目标是,根据某一时期(如 24 小时)的历史关键词,可动态决定下一时期(如 2 小时)要缓存的内容。基于以上的应用场景,下面我们对基本的缓存策略进行介绍。

4.1.1 从任务缓存到计算任务缓存

近年来,内容缓存得到了广泛的研究,包括缓存策略、缓存内容的分布等。在内容缓存中,内容提供商可以在边缘云上缓存流行的内容,以减少用户请求内容的延迟。具体流程如下。当移动设备请求内容时,请求将转到边缘云。如果边缘云缓存了内容,它会将内容传输给请求内容的用户,如图 4-1(a)所示。在计算任务缓存中,考虑到任务的多样性,我们将边缘云上的计算任务处理分为以下三种情况。

(1) 计算任务未缓存:移动设备需要处理的任务没有缓存在边缘云上。具体过程如图 4-1(b)所示。也就是说,移动设备请求一个需要卸载的计算任务,边缘云发现它没有缓存该任务。在这种情况下,移动设备首先需要将计算任务卸载到边缘云,当边缘云完成任务后,将结果传回移动设备。

(2) 缓存了计算任务:移动设备需要处理的任务缓存在边缘云上。另外,如果其他不同的缓存任务可以转换为请求任务,我们也会将这些任务视为是间接缓存的。具体流程如图 4-1(c)所示,移动设备首先请求卸载需要卸载的计算任务,然后边缘云通知用户边缘云上存在任务,移动设备不需要将计算任务卸载到边缘云。最后,当边缘云完成任务处理后,将结果传回移动设备。

(3) 缓存了计算任务结果:移动设备需要处理的任务结果缓存在边缘云上。在这种情况下,控制流程如图 4-1(d)所示。即移动设备不需要将任务卸载到边缘云,边缘云不需要处理任务。边缘云只需将任务结果直接传输到移动设备即可。这种情况类似于内容缓存。

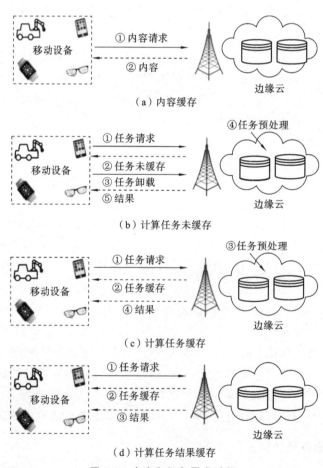

图 4-1   内容和任务需求过程

在计算密集型和多媒体计算任务的情况下,任务的卸载和计算通常会导致各种延迟。根据上述讨论,可以通过缓存需要在边缘云上处理的任务或缓存在边缘云上处理后的任务结果来减少任务卸载和计算的延迟,以满足任务计算的短延迟要求。

4.1.2 计算任务缓存的关键设计问题

本小节将考虑影响计算任务缓存的因素。图 4-1(b)显示了一个计算任务缓存的示例。例如,移动设备有四个需要解码的视频任务:T_1、T_2、T_3 和 T_4。在这些任务中,T_2 和 T_4 是比较流行的视频,而 T_1 和 T_3 则不是流行的视频。在本章节中,请求数用于表示任务的流行程度(即任务的请求数)。假设 T_1、T_2、T_3 和 T_4 的流行率分别为 1、4、3 和 2。

如果与四个任务(即 T_1、T_2、T_3 和 T_4)关联的数据大小分别为 20 MB、5 MB、30 MB 和 10 MB,那么执行这四项任务所需的计算资源为 6 GB/周期、2 GB/周期、4 GB/周期和 10 GB/周期。如果传输任务内容的数据速率为 20 Mb/s,边缘云的计算力为 10 GHz。那么现在就存在一个问题:考虑到边缘缓存的容量为 40 MB,计算任务缓存的最佳分配方案是什么?

根据上述参数配置,可以计算出 T_1 使用计算任务缓存时会减少 1.6 s。同样,为 T_2、T_3 和 T_4 计算任务缓存会导致延迟分别减少 1.8 s、3.8 s 和 4.5 s。因此,缓存 T_3 和 T_4 是实现最低延迟的最佳解决方案。因此,在计算任务缓存策略中,仍然存在与计算任务缓存相关的挑战。

(1)尽管边缘云的缓存容量和计算能力优于移动设备,但边缘云仍然无法缓存和支持所有类型的计算任务。

(2)与内容缓存相比,计算任务的缓存不仅需要考虑任务的普及性,还需要考虑任务所需的数据大小和计算资源。

4.1.3 计算任务缓存模型

在本小节中,我们给出了计算任务缓存策略。考虑一个边缘计算生态系统,其中包括多个移动设备和一个边缘云。移动设备可以通过无线通道与边缘云通信。边缘云是一个拥有计算和存储资源的小型数据中心,而计算资源为移动设备提供任务处理,存储资源为任务内容、处理代码和计算结果提供缓存。

假设移动设备有 n 个计算任务需要处理,任务集表示为 $Q = \{Q_1, Q_2, \cdots, Q_n\}$。由于某些计算任务具有较高的流行率,因此它们可能会被多次处理。对于计算任务 $Q_i = \{\omega_i, s_i, o_i\}$,其中 ω_i 是任务 Q_i 所需的计算资源量,即完成任务所需的 CPU 周期总数;s_i 是计算任务 Q_i 的数据大小,即向边缘云传送的数据内容量(如处理代码和参数);o_i 表示任务结果的数据大小。例如,在视频解码情况下,ω_i 是视频解码所需的计算资源量,s_i 是视频数据大小,o_i 是解码视频的数据大小。由于边缘云的计算和容量有限,假设边缘云的缓存大小和计算容量分别为 c_e 和 c_s。

在本小节中,为了简单起见,我们将任务分为两类:缓存在边缘云上的计算任务和不缓存在边缘云上的计算任务。我们定义整数决策变量 $x_i \in \{0, 1\}$,表示任务 Q_i 是否缓存在边缘云上。

(1)当 $x_i = 1$ 时,任务 Q_i 缓存在边缘云上;

(2)当 $x_i = 0$ 时,任务 Q_i 没有缓存在边缘云上。

定义了各种任务在边缘云上的缓存矩阵:$x=(x_1,x_2,\cdots,x_n)$。另外,当计算缓存在边缘云上的任务时,我们有如下定义:

(1) 当计算任务已经缓存在边缘云时,T_i^c 表示边缘云上正在处理的任务 Q_i 的任务持续时间;

(2) 当计算任务还未缓存在边缘云时,T_i^{nc} 表示边缘云上正在处理的任务 Q_i 的任务持续时间。

4.4 节将对任务持续时间进行更详细的讨论。因而,可以定义计算任务缓存放置策略的问题,以最小化任务持续时间,有

$$
\begin{aligned}
&\underset{x}{\text{minimize}} && \sum_{i=1}^{n} p_i \left[x_i T_i^c + (1-x_i) T_i^{nc} \right] \\
&\text{subject to:} && \sum_{i=1}^{n} x_i s_i \leqslant c_e
\end{aligned}
\tag{4-1}
$$

式中:p_i 表示计算任务 Q_i 的请求概率。目标函数通过部署任务缓存来计算任务的最小处理延迟,约束条件是缓存计算任务的数据大小不能超过最大缓存容量。

对于优化问题的求解,由于目标函数和约束是线性的,因此优化问题是一个 $0-1$ 整数线性优化问题,利用分枝定界算法可以得到最优解。最优结果代表了边缘云的计算任务缓存策略。

4.2 单终端场景下的缓存、计算与通信解决方案

针对单终端场景,如图 4-2 所示,我们首先给出用户体验与业务关键绩效指标(key performance indicator,KPI)之间的建模,其次给出业务 KPI 与缓存、计算与通信资源(caching,computing and communication,3C)之间的建模。当终端能力能够满足业务的需求时,我们给出终端最优的缓存、计算与通信资源配置。当终端能力不能满足业务的需求时,我们给出终端与业务提供商之间的缓存、计算与通信的协同优化。

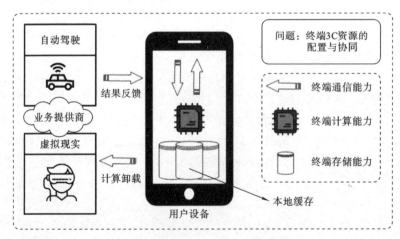

图 4-2　单终端场景下的 3C 解决方案

1. 用户体验与业务 KPI 之间的建模

对于智能业务来说,其关键性能指标包括容量、延时、可靠性、链接数以及成本效益

等多性能指标。用户的服务质量指的是用户对业务的满意程度,而该满意程度来自于用户对此项业务的期望实现程度,与该用户的个人喜好、所处的环境和业务本身均相关。具体来说,我们可以将用户的体验度(服务质量)与业务 KPI 之间建模为 $QoE = f(KPI_1, \cdots, KPI_n)$,其中函数 f 为非线性的函数,我们可以基于神经网络进行求解。

对于基于神经网络建立的用户体验与业务 KPI 之间的模型,需要收集用户的体验度数据以及业务 KPI 数据,从而利用神经网络算法进行求解。

2. 业务 KPI 与缓存、计算与通信之间的建模

考虑到业务的异构性,即不同的业务对存储、计算和缓存资源的需求不同。比如对于简单的消息推送业务,只需要考虑用户设备的通信和计算能力。如果考虑到 VR 游戏,则需要考虑到设备的通信、计算和存储能力。因此,如果建立业务 KPI 与缓存、计算与通信之间的模型,需要首先给出业务需求的数学描述,对于业务(如 AR 游戏等)来说,我们将业务的需求(即业务对缓存、计算与通信资源的需求)描述为 $Q_n = (\omega_n, s_n, o_n)$,其中 ω_n 表示其所需要的计算量,s_n 表示其所需要的传输量,o_n 表示缓存量。比如针对 VR 游戏场景渲染可以提前进行缓存。因此,业务 KPI 与缓存、计算与通信之间可以建模为 $KPI = f(Q_n)$。因此,可以得到每个关键性能指标与 3C 的关系,如业务的延时。

进一步,我们还需要注意通信、计算和缓存对业务 KPI 的影响存在着木桶效应,计划给出 3C 协同下性能增益的边界,以及增益和开销间的折中关系。

3. 最优的缓存、计算与通信配置求解

首先考虑终端的能力能够满足业务的需求,此时考虑对终端缓存、计算与通信资源的配置(由于缓存、计算与通信资源的转换会带来额外的开销,因此当终端能力能够满足业务需求时,不考虑缓存、计算与通信资源的转换)。对于终端缓存、计算与通信资源的配置问题,即给终端配置多少计算、存储和通信资源,能够使得终端服务质量最高。

在实际情况中,由于终端的业务需求、链路状态、信道容量、设备负载等具有较高的时变性和复杂度,因此在移动终端采用在线的动态自适应的算法实现缓存、计算与通信资源的实时配置。

具体来说,我们假设终端在 t 时刻的状态为 UE_t,可以根据终端对业务的请求以及终端在 t 时刻的状态给出终端获取此业务的延时和能耗,我们的目标是最小化业务的延时,约束条件为其消耗的能耗不能超过电池容量,其缓存不能超过终端容量,计算容量不能超过其剩余最大计算量,根据在线的李雅普诺夫优化,可得到最优的缓存、计算与通信配置。

此外,为了算法在迭代寻优的过程中保证用户的体验度,可以首先引入预计算机制(即根据此时业务对缓存、计算与通信资源的需求预测下一个时刻对缓存、计算与通信资源的需求,并且根据此时终端设备状态预测下一个时刻缓存、计算与通信资源的能力,进行初步的匹配)。其次需要对算法进一步优化,降低其时间复杂度,尽可能保证在用户服务质量的前提下寻得最优解。

4. 终端与网络设备之间的 3C 卸载

考虑终端的能力不能够满足业务的需求,此时需要考虑通过终端缓存、计算与通信资源和业务服务器之间的协同来满足业务的需求,即终端通过缓存、计算与通信资源的转化来满足业务的需求。我们的目的是使得用户的服务质量最高（为了简单起见，可以用终端获取延时表示，也可以用 QoE 表示）。根据前期的工作，当终端进行卸载时，相当于用通信资源换取计算资源（即利用用户多余的通信资源换取计算资源）；当对内容进行缓存时，相当于用存储资源换取通信资源（即利用用户多余的计算资源换取通信资源）。

对于缓存、计算与通信资源的协同，我们会进一步探究如何将计算资源转化为通信资源。在此处考虑的是能够将信息源利用机器学习的算法进行处理，以提升整体的传输速率。此外，为了保证用户的服务质量，需要给出最优的配置和调度方案以及最优的迭代时间 T。

4.3　多终端场景下的缓存、计算与通信融合模型

针对多终端场景下的缓存、计算与通信融合模型，我们给出以下四种潜在的解决方案。

1. 多用户的建模及缓存、计算与通信资源协同优化

我们给出多场景下的缓存、计算与通信融合模型，如图 4-3 所示，在多用户场景下，首先如果不考虑终端之间的协作，其模型应该和单终端的模型类似。如果考虑到终端之间的协作时，通过终端之间的协作，比如用户终端（user equipment，UE）之间通过设备与设备（device to device，D2D）之间的连接，可以带来移动设备之间共享通信、计算和存储资源，带来整体系统吞吐量的增加、延时的减少。但是其代价为终端设备之间通过 D2D 通信将资源卸载到其他终端，增加了传输的延时。因此，在多用户情况下，我们需要对传输、计算和缓存的折中关系进行研究，即协作增益和开销之间的折中。

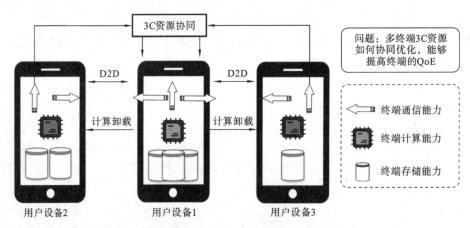

图 4-3　多终端场景下的缓存、计算与通信解决方案

2. 基于 AI 的自适应缓存、计算与通信资源协同优化

根据上面的讨论，针对多终端场景下缓存、计算与通信资源的协同，我们不仅需要考虑到用户终端本身的资源，而且还要考虑到与用户相连的其他设备的资源。在给出了终端缓存、计算与通信能力实时变化下的最优配置的同时，我们还需要考虑终端的移动性。这是因为如果终端的移动性较高时，其可能与其他终端的连接中断，从而造成缓存、计算与通信资源的动态变化，从而使得资源的配置更加复杂。因此，我们拟引入人工智能的方法进行求解。

具体来说,我们利用 AI 技术对终端的移动性进行预测。对于终端的移动性,我们从空间信息、终端上下文信息两个角度来实现终端移动性的预测。对于空间信息,我们可以记录用户的空间位置(即历史轨迹)$UE^{Tra}=\{p_0,p_1,\cdots,p_T\}$。此外,终端的移动性与用户的上下文信息也密切相关,因此我们加入终端的上下文信息,包括终端的年龄、职业、工作类型以及时间等。对于这些属性,我们利用分布式嵌入的方法将终端属性转化为向量,记为:$UE^{con}=\{con_1,con_2,\cdots,con_T\}$。基于用户的移动性,我们可以利用 AI 算法(如长短期记忆(long short-term memory,LSTM)神经网络,即将采集的终端数据输入 LSTM 中进行预测)。如果算法预测出服务终端以很大概率离开时,我们可以把分配给此服务终端的业务收回,并且基于上述的模型重新进行分配。对于终端的移动数据,可以通过终端的 GPS 数据获取。

3. 多维感知与 AI 结合下的缓存、计算与通信资源协同优化

由于将缓存、计算与通信下沉到移动终端,因此可以感知更多的数据。具体来说,可以感知两类数据:一类是业务数据,包括业务数据的内容(如 AR 游戏和高清视频)、业务数据的类型以及业务数据的大小;另一类是终端数据,包括终端设备的通信能力、计算能力和存储能力,以及终端用户的上下文数据(如年龄、职业、社交信息等)。我们首先可以分析数据的时空特征。

当考虑到用户的上下文信息,我们建立的优化问题一般是非凸非线性的优化问题,基于传统的优化方案复杂度高,耗时长,拟采用深度强化学习的方法。具体来说,我们将多维的数据抽象为强化学习中的环境状态,并且将深度强化学习分为离线的深度神经网络和在线的 Q 学习。在离线阶段,基于收集的用户的信息及历史数据,通过输入状态 S(终端的状态)和动作(缓存、计算与通信资源的配置)A,以及对应的价值函数 $r(s_k,a_k)$ 表示第 k 个决策期的奖励(此配置策略下所获得的延时和能量的减少)。基于历史数据预训练神经网络。在在线阶段,首先将最优的缓存、计算与通信资源配置给策略 a_k,其次执行此资源配置策略,观察所获得奖励和终端新的状态,并将其放入历史数据中。对于数据的获取,一种方案是通过采集真实的数据获取,另一种方案是基于仿真数据来做。具体来说,利用现有用户的数据集,基于 D2D 通信模型建立仿真模型,从而得到仿真数据,但是此种效果没有真实数据的效果好。另外,仿真用户的延时和能耗也是挑战性问题。

此外,考虑到深度强化学习的高复杂性,需要设计轻量级的深度强化学习算法。我们可以将李雅普诺夫优化和深度强化学习结合在一起,进一步给出缓存、计算与通信资源的配置。

4. 终端与终端/网络设备之间的缓存、计算与通信卸载框架

我们的目标是通过终端之间的协作,合理地分配终端的缓存、计算与通信资源,实现终端较高的服务质量。此外,对于终端之间的协作优化,我们采用分布式的算法来实现,这是因为集中式的算法将消耗更多缓存、计算与通信资源。

4.4 边缘云场景下的缓存、计算与通信协同优化

近年来,边缘云计算通过部署在网络边缘的计算节点或服务器,为用户提供了短延

时、高性能的计算服务,以满足延迟敏感任务的计算要求。使用边缘云有两个主要优点:① 与本地计算相比,边缘云计算可以克服移动设备计算能力的限制;② 与向远程云卸载计算相比,边缘云计算可以避免在远程云上卸载任务内容导致的大延迟。因此,边缘云计算对于延迟敏感型和计算密集型任务通常表现出更好的性能。

目前,所有关于边缘云计算的工作都集中在以下三个方面:① 内容卸载或边缘缓存,对于这个主题,我们提出了各种缓存策略,以减少用户获取请求内容的延迟和能源成本;② 计算卸载,主要设计问题是用户的任务从设备卸载到边缘云的时间、内容、方式,以节省能源,从而减少计算延迟,如已有人在工作中提出了一种在用户移动性条件下边缘云计算任务调度方案;③ 移动边缘计算,其主要关注点是在基站附近部署边缘云。通过同时考虑通信和计算资源,为降低能源成本和延迟设计了最佳解决方案。但是,现有研究工作没有考虑计算任务缓存。本节首先介绍了计算任务缓存的新概念。然后,提出了边缘云计算、缓存和通信的联合优化,即 Edge-CoCaCo。

1. 边缘云计算和 Edge-CoCaCo 的区别

为了说明边缘云计算和 Edge-CoCaCo 的区别,我们给出了典型视频处理任务的场景,如图 4-4 所示。

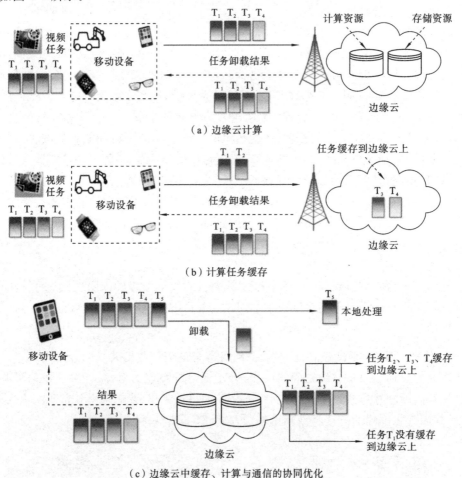

(a) 边缘云计算

(b) 计算任务缓存

(c) 边缘云中缓存、计算与通信的协同优化

图 4-4　边缘云计算;边缘云缓存;缓存、计算与通信协同优化的介绍

(1) 边缘云计算：如图 4-4(a)所示，移动设备(如智能手机、可穿戴设备、车辆和认知设备等)通过蜂窝网络或 WiFi 将视频解码任务 T_1、T_2、T_3、T_4 卸载到边缘云。边缘云完成任务后，计算结果反馈给移动设备。

(2) 计算任务缓存：如图 4-4(b)所示，在请求的视频解码任务 T_1、T_2、T_3、T_4 中，假设任务 T_3、T_4 已经缓存在边缘云上。这是因为与 T_3 和 T_4 相对应的视频由于其流行度高而被缓存。因此，移动设备只需要将 T_1 和 T_2 卸载到边缘云。在边缘云完成任务后，T_1 和 T_2 的处理结果会反馈给移动设备，而 T_3 和 T_4 的缓存结果会立即发送回移动设备。由于不需要卸载任务 T_3、T_4，因此可以节省通信成本，而任务持续时间更短。

(3) Edge-CoCaCo：如图 4-4(c)所示，如果移动设备有 5 个需要处理的延迟敏感度任务，即 T_1、T_2、T_3、T_4 和 T_5，为了尽快完成所需的任务处理，Edge-CoCaCo 方案设计如下：由于 T_2、T_3 和 T_4 是比较流行的任务，它们已经缓存在边缘云上，移动用户不需要再卸载它们。任务 T_5 的数据量较大，需要大量的数据传输，但对计算资源的需求相对较小，因此，它是本地处理的。任务 T_1 需要较少的数据传输，但计算量大，对计算资源的需求也较高，可以将其卸载到边缘云进行处理。

2. 计算任务缓存和 Edge-CoCaCo 的挑战

因此，需要考虑计算任务缓存和 Edge-CoCaCo，以实现边缘云上任务执行的最低延迟。然而，有以下三个挑战。

(1) 任务缓存算法：考虑到计算任务的多样性(即任务的流行程度、数据大小和任务所需的计算能力)，缓存计算任务仍然具有挑战性。

(2) 计算卸载与计算任务缓存同时工作问题：在任务执行期间，计算任务不仅可以在边缘云上处理，还可以在本地处理。但是，当任务缓存在边缘云中时，可能不需要在本地处理它。因此，利用计算任务缓存来进行计算卸载决策具有一定的挑战性。

(3) Edge-CoCaCo 的联合优化问题：Edge-CoCaCo 包括计算任务缓存问题和任务卸载问题，这是一个难以解决的问题。

3. 本节主要内容

本节首先分析了影响计算策略的因素，给出了最优计算任务的计算策略。然后，利用交替迭代算法求解了 Edge-CoCaCo 的优化问题。仿真实验表明，合理配置计算任务缓存和计算卸载策略，可以显著降低任务的处理延迟。本节的主要内容包括以下三个方面。

(1) 考虑到任务的多样性以及任务是否可以缓存在边缘云上，有三种可能：① 计算任务不缓存；② 计算任务缓存；③ 计算任务结果缓存。在计算任务缓存的部署方案方面，实验表明，计算任务缓存与任务内容的普及程度、大小以及任务所需的计算能力有关。

(2) 提出 Edge-CoCaCo 以实现任务处理的最小延迟，包括计算任务缓存放置和任务卸载决策优化问题。

(3) 通过边缘云通信、缓存和计算的联合优化，我们开发了全新的缓存方案和计算任务的卸载方案。实验结果表明，Edge-CoCaCo 方案中计算任务的延时最短。

4.4.1　Edge-CoCaCo 模型构建

本小节将给出 Edge-CoCaCo 模型，以便更快地完成任务计算。Edge-CoCaCo 模型处理以下两个问题。

（1）计算任务缓存部署问题：决定是否在边缘云上缓存计算任务。

（2）任务卸载问题：是指决定哪些任务应该在本地处理，哪些任务应该在边缘云上处理。

1. 通信模型

首先介绍了移动设备在边缘云上卸载任务时的通信模型，给出了上行数据速率。假设 h 和 p 分别表示移动设备的信道功率增益和传输功率。然后，可以得到任务 Q_i 的上行链路数据率：

$$r = B \log_2 \left(1 + \frac{ph^2}{\sigma^2} \right) \tag{4-2}$$

式中：σ^2 表示噪声功率；B 表示信道带宽。

2. 计算模型

假定计算任务是可分割的，这意味着该任务可以分为两个或多个部分。因此，它可以在本地或边缘云上进行处理。对于任务 Q_i，我们定义了决策变量 $\alpha_i \in [0, 1]$，并规定：

- 当 $\alpha_i = 1$ 时，任务 Q_i 在本地处理；
- 当 $\alpha_i = 0$ 时，任务 Q_i 卸载到边缘云；
- 当 $\alpha_i \in (0, 1)$ 时，任务 Q_i 的 α_i 部分在本地处理；$1 - \alpha_i$ 部分卸载到边缘云。

我们定义了各自的任务卸载策略：$\alpha = \{\alpha_1, \alpha_2, \cdots, \alpha_n\}$，具体计算延时如下。

（1）本地计算：对于本地任务计算，将 f_l 定义为移动设备的 CPU 计算能力，ω_i 表示 Q_i 所需要的计算资源。因此，任务 Q_i 的本地执行时间可以表示为

$$T_i^l = \frac{\omega_i}{f_l}$$

（2）边缘云计算：对于边缘云上的任务计算，将 f_c 定义为边缘云的 CPU 计算能力。在这种情况下，任务持续时间由三个过程所消耗的时间组成：① 移动设备卸载任务所消耗的时间；② 边缘云上处理计算任务所消耗的时间；③ 将计算结果反馈给移动设备所消耗的时间。由于任务处理后的数据量一般小于处理前的数据量，并且边缘云到移动设备的下行速率高于移动设备到边缘云的上行速率，因此将向移动设备提供计算结果所花费的时间表示为一个变量 $\xi_i(o_i)$，它与计算 r 的数据量有关。另外，s_i 表示计算任务 Q_i 的数据量大小。因此，我们可以得到边缘云上任务 Q_i 的任务持续时间为

$$T_i^e = \frac{\omega_i}{f_c} + \frac{s_i}{r_i} + \xi_i(o_i) \tag{4-3}$$

因此，当任务缓存在边缘云中时，任务持续时间可以表示为

$$T_i^c = \frac{\omega_i}{f_c} + \xi_i(o_i) \tag{4-4}$$

相比之下，当任务没有被缓存时，任务持续时间可以表示为

$$T_i^{nc} = T_i^e \tag{4-5}$$

根据以上讨论，对于任务 Q_i，考虑到计算任务缓存、本地和边缘云计算以及 Q_i 的总任务持续时间，可以得到如下公式：

$$T_i = x_i \left[\frac{\omega_i}{f_c} + \xi_i(o_i) \right] + (1 - x_i) \left[\alpha_i T_i^l + (1 - \alpha_i) T_i^e \right] \tag{4-6}$$

其中,x_i 表示任务部署策略。

3. Edge-CoCaCo 模型

我们的目标是最小化缓存容量约束下所有任务的任务持续时间,包括计算任务缓存部署问题和任务卸载问题。问题可以表示为

$$
\left.
\begin{aligned}
\underset{x,a}{\text{minimize}} \quad & \sum_{i=1}^{n} p_i T_i \\
\text{subject to:} \quad & \sum_{i=1}^{n} x_i s_i \leqslant c_e
\end{aligned}
\right\}
\tag{4-7}
$$

其中,目标函数通过部署计算任务缓存和任务卸载来计算最小任务持续时间。约束条件是缓存计算任务的数据大小不能超过边缘云缓存容量。

因为目标函数和约束是线性的,所以要求解最优化问题。最优化问题是一个混合整数线性优化问题。由于 a 的目标函数是线性优化函数,可以根据 Karushkuhn-Tucker(KKT)条件得到最优解。然后,将目标函数转化为 x 的 $0-1$ 线性规划问题,利用分枝定界算法计算出解。因此,可以利用线性迭代算法得到近似的最优解。

优化结果代表了边缘云的计算任务缓存和任务卸载策略。

4.4.2 性能评估

在本小节中,我们将评估计算任务缓存和 Edge-CoCaCo 模型的性能。假设移动设备的系统带宽 B 和发射功率 p 分别为 1 MHz 和 0.2 W,相应的高斯信道噪声 σ^2 和信道功率增益 h 分别为 10^{-9} W 和 10^{-5} W。对于任务 Q_i,假设所需的计算能力 ω_i 和数据大小 s_i 由概率分布生成。对于任务的流行性,假设任务请求的数量遵循参数为 λ 的 Zipf 分布。此外,假设边缘云和移动设备的计算能力分别为 10 GHz 和 1 GHz。

1. 计算任务缓存评估

首先从计算任务未缓存、计算任务缓存和计算任务结果缓存三个方面对任务持续时间进行比较。如图 4-5(a)所示,当缓存计算任务结果时,计算延迟最小。当任务没有被缓存时,计算延迟是最大的。因此,计算任务缓存可以减少任务的延迟。从图 4-5(a)可以看出,计算任务数据越大,延迟越长。这是因为当任务传输速率不变时,任务越大,延迟越长。

为了评估计算任务缓存策略,我们将本小节提出的任务缓存策略与以下缓存策略进行了比较。

(1)流行的缓存方案:对于边缘云,边缘云以最大请求数缓存计算任务,直至达到边缘云的缓存能力。

(2)随机缓存方案:边缘云随机缓存计算任务,直至达到边缘云缓存能力。

(3)Femtocaching 方案:计算任务的缓存容量在开始时设置为空。迭代地将一个任务添加到缓存中,使计算任务处理的总延迟最小,直至达到边缘云的缓存能力。

从图 4-5(b)~(d)可以看出,本小节提出的任务缓存策略是最优的,而随机缓存策略相对较差。这是因为在计算任务缓存的情况下,随机缓存不能考虑任务请求的数量,也不能考虑计算任务的计算量和数据大小。常用的缓存策略只考虑任务请求的数量,而不综合考虑任务的数据大小和计算量。Femtocaching 在一定程度上考虑了任务的

计算量、数据大小和请求。从图 4-5(b)可以看出，边缘云的缓存容量越大，任务延迟越小。这是因为缓存的容量变大会缓存更多的任务，从而可以缩短任务持续时间。从图 4-5(c)、(d)可以看出，任务数据大小对算法的影响小于计算能力对算法的影响。

图 4-5(a)所示的是三种情况下不同大小的任务持续时间：计算任务未缓存、计算任务缓存和计算任务结果缓存。图 4-5(b)～(d)对比了流行度缓存、随机缓存、Femto-caching 和不同值的任务缓存在不同条件下的任务持续时间：图 4-5(b)所示的是边缘云缓存能力；图 4-5(c)所示的是每个任务的平均数据量；图 4-5(d)所示的是每个任务的平均计算量。实验设置：$n=100$，$c_e=100$ MB，$\lambda=0.2$，ω 遵循正态分布，每个任务平均 2 GB/周期；s 遵循均匀分布，平均 50 MB。

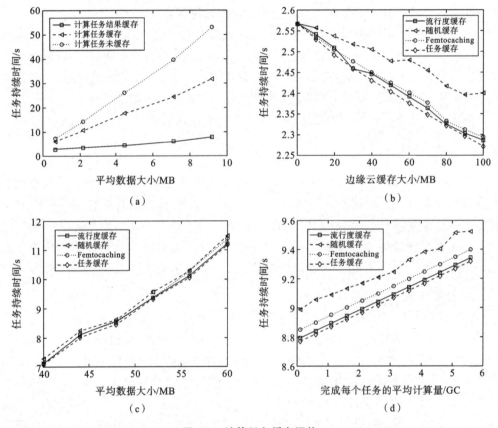

图 4-5　计算任务缓存评估

2. Edge-CoCaCo 模型评估

为了评估 Edge-CoCaCo 模型的实际使用效果，我们将 Edge-CoCaCo 模型与以下缓存和计算策略进行了比较。

(1) 缓存＋本地：首先，根据本节提出的缓存策略缓存计算任务，其次，未缓存的任务将只在本地处理，而不是卸载到边缘云进行处理。

(2) 缓存＋边缘：未缓存的任务被卸载到边缘云，以便相对于缓存＋本地进行处理。从图 4-6 可以看出，所提出的 Edge-CoCaCo 模型的任务持续时间最少，即合理部署计算任务缓存放置和任务卸载可以有效地降低任务的计算延迟。

实验参数设置：$n=100$，$c_e=100$ MB，$\lambda=0.2$，ω 遵循正态分布，每个任务平均

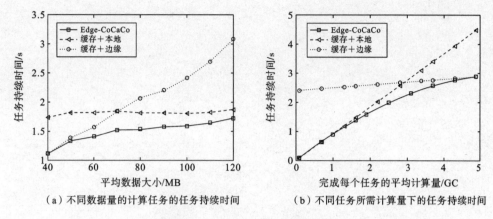

（a）不同数据量的计算任务的任务持续时间　　　（b）不同任务所需计算量下的任务持续时间

图 4-6　Edge-CoCaCo 模型评估

2 GB/周期；s 遵循均匀分布，平均 10 MB。

　　从图 4-6(a)中还可以看出，当任务的数据量较小时，Edge-CoCaCo 模型和缓存＋边缘模型之间的任务持续时间差异很小。此外，当数据量较大时，Edge-CoCaCo 模型和缓存＋本地之间的差异也很小。因此，我们可以得出这样的结论：在任务所需的计算能力相同的情况下，当任务的数据量较小时，任务应该在边缘云进行处理；反之，如果数据量较大，任务应该在本地进行处理。同样，我们可以从图 4-6(b)中得出结论，在相同的任务数据大小下，当所需的计算容量相对较小时，任务应在本地处理，当计算容量较大时，任务应在边缘云处理。

第二篇

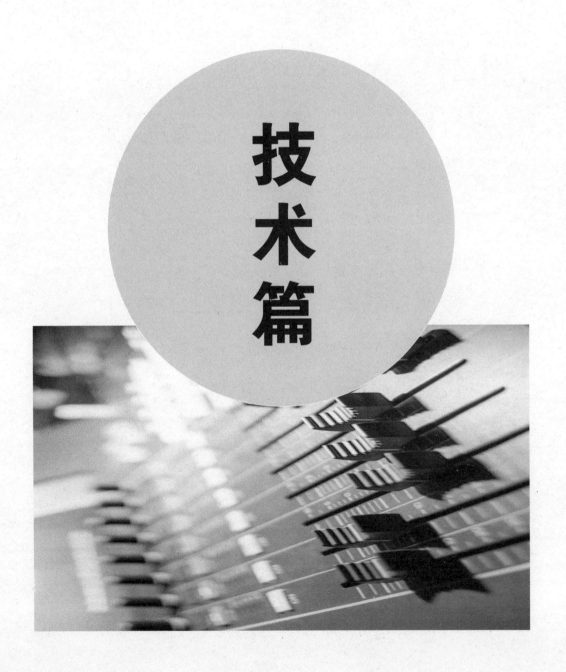

技术篇

5

通信系统中的机器学习

人工智能一词最早是由约翰·麦卡锡发明的，可以追溯到 1956 年。人工智能作为计算机科学的一个分支，是一种加强机器或计算机智能性的方法。具体地说，人工智能允许机器模仿人类在其头脑中拥有和发展的认知功能，如理解自然语言、感知声音和物体、解决问题和学习，有很多途径来制定实现人工智能的解决方案。早期的方法倾向于通过利用领域专业知识（通常称为专家系统）来明确地规划决策系统。在这样的领域专家计划中，各种经过仔细研究的规则通常是结构化的。与包含数百万个具有决策树和复杂规则的代码的专家系统相比，机器学习作为实现人工智能的另一种方式无疑在过去几十年里取得了巨大的进步。本章对常见的适用于通信系统中的机器学习方法进行详细的说明，同时介绍一些通信网络中应用机器学习的实例。

5.1　机器学习概述

机器学习是一门可操作的学科，从认知科学以及人工智能的领域扩展而来。在构建 AI 专家系统时，机器学习和统计决策以及数据挖掘有着高度的相关性。图 5-1 说明

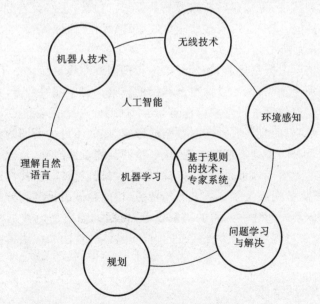

图 5-1　机器学习与人工智能

了机器学习与人工智能的关系。机器学习的核心动机是让机器通过大量数据自我学习而不是编写特定指令的硬编码程序。经过训练的算法可以为系统提供多种智能，从学习经验、推理到理解复杂的思想，再到归纳到新的情况。对于烦琐和非结构化的数据，机器往往会比人类做出更好、更公正的决定。从上述机器学习的定义中可以看出，机器学习是一个可操作性的术语，而不是一个认知性的术语。

在对机器学习有了一个简单的认识之后，自然产生了一个问题：它是否有助于提高通信系统的性能？在如何有效利用机器学习技术来解决通信场景中的优化问题方面的研究还不太为人们所了解。目前还没有系统的方法将大数据、机器学习和通信系统作为一个整体联系起来。为了实现更加智能的通信系统，上述三者的结合是大势所趋。当然，大数据是资源，机器学习是分析工具，通信系统是应用场景。一般来说，分析数据包括以下三个步骤。

1）特征提取

在这一阶段，我们的目标是从海量数据集中提取特征。以社交网络数据为例，它主要是由社交媒体、社交商务或移动社交网络构成。我们可以借助自然语言处理或其他技术，利用社交网络数据来推导出社会语境和用户偏好。详细程序包括两个步骤。首先是语法处理：输入的是大量的社交网络数据，在经过文本预处理之后得到去噪后的高质量社交网络数据，然后利用自然语言处理技术进行后续操作。根据不同的要求，输出应该是一些带有一定标记的有用关键词。其次是语义分析：这一步的输入是在最后阶段得到的带有一定标记的有用关键词，借助词汇语义、聚类内容、情绪分析和总结等技巧，输出用户预计要请求的内容。一个合适的例子是应用 Twitter 数据来预测无线网络中内容缓存的热门话题，这在最近的研究中有详细说明。

2）数据建模

前面提到的特征提取阶段可以看作是预处理阶段，这个数据建模阶段是建立机器学习模型的核心过程。更具体地说，我们从最后阶段提取的特征，如用户的移动行为、用户的内容受欢迎程度，是建模时所需要的数据集。通常，我们会制定一个客观的目标（如最大化 QoE 性能、减少延迟或提高能量效率）来优化无线网络。

3）预测/在线更新

在建立了机器学习模型之后，我们开始进行预测或在线更新。对于预测，这意味着建立的模型只能用于预测，而不需要更新调用的模型。对于在线数据，这意味着所建立的模型可以根据实时数据进行重构。注意，这个框架的一个显著优点是机器学习模型不仅依赖于历史数据，而且还受到实时数据的影响，如使用过去两周的数据来预测未来一天的行为。随着时间序列特征的实现，该模型的预测能够准确、及时。

为了用机器学习实现通信系统中的智能任务，根据以上描述，我们需要设计算法来学习数据，从而根据数据或系统参数之间的特征、相似性做出预测和分类。机器学习算法根据输入数据的不同而建立不同的决策模型，模型的输出是由数据驱动的。在本节中，我们将对机器学习算法的分类形式进行讨论，具体的算法和应用将在之后的内容中进行详细介绍。

5.1.1　根据学习方式分类

在解决实际问题的过程中，根据不同的学习方式对机器学习进行分类。模型的学习方式取决于模型与输入数据的交互方式,也就是说,数据交互方式决定了可以建立机器学习模型的类型。因此,用户必须了解输入数据类型以及模型在创建过程中所扮演的角色。机器学习的目标是选择最合适的模型去解决实际问题,在一定程度上这是和数据挖掘的目标重合的。图5-2展示了三种不同学习方式的机器学习算法:监督学习、无监督学习和半监督学习。具体采用的学习方式则取决于输入了什么类型的数据。

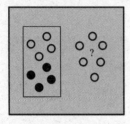 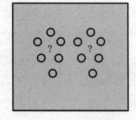 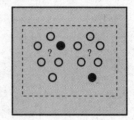

（a）监督学习算法　　　　（b）无监督学习算法　　　　（c）半监督学习算法

图5-2　根据学习方式分类机器学习算法

（1）监督学习:监督学习是指对于每个样本,每个输入 x 都有一个确定的输出结果 y,需要训练出 $x \to y$ 的映射关系 f。在进行测试时,当输入 x' 后,输出 y' 得到预测结果。

（2）无监督学习:无监督学习是指对于给定的每个样本,只对应每个输入 x,而并没有确定标签,因此需要在样本中找出规律,对输入进行划分。

（3）半监督学习:半监督学习是指对于给定的数据,一部分有标签而另一部分没有标签。针对此类数据,学习到数据的组织结构,同时能够对数据做出相应的预测。

5.1.2　根据算法功能分类

机器学习算法也可以根据测试函数的不同来进行分类,例如,基于树的分类方法是利用决策树来进行分类的,而神经网络则是通过神经元连接在一起形成的。根据不同的数据集特性,可以选择一个最合适的机器学习方法来解决问题。下面将简单地介绍12种机器学习算法,对应的概念图如图5-3所示。

一些机器学习算法需要带类标签的数据,包括回归分析、决策树、贝叶斯网络和支持向量机。其他无监督学习算法可以是无标签的数据,这些算法试图探索隐藏在数据之间的结构和数据之间的关系,这些算法包括聚类、关联分析、降维和人工神经网络等。

（1）回归算法:回归算法是使预测值与实际值之间的差距不断减小,以得到最佳输入特征的组合方式的一类算法。其中,线性回归算法用于连续值的模型训练中,逻辑回归算法用于离散值或者类别预测的模型训练中。

（2）基于实例的算法:基于实例的算法最后建成的模型对原始数据还有很强的依赖性。在进行预测时,一般利用相似度准则,求待预测样本的数据与原始样本的相似度,最后得到预测结果。

（3）基于规则的算法:这种分类方法是对回归分析的一种扩展,对有的问题可以起到很好的效果。

（4）决策树算法:决策树算法依据原始数据的特征值,构建一棵包含很多决策路径

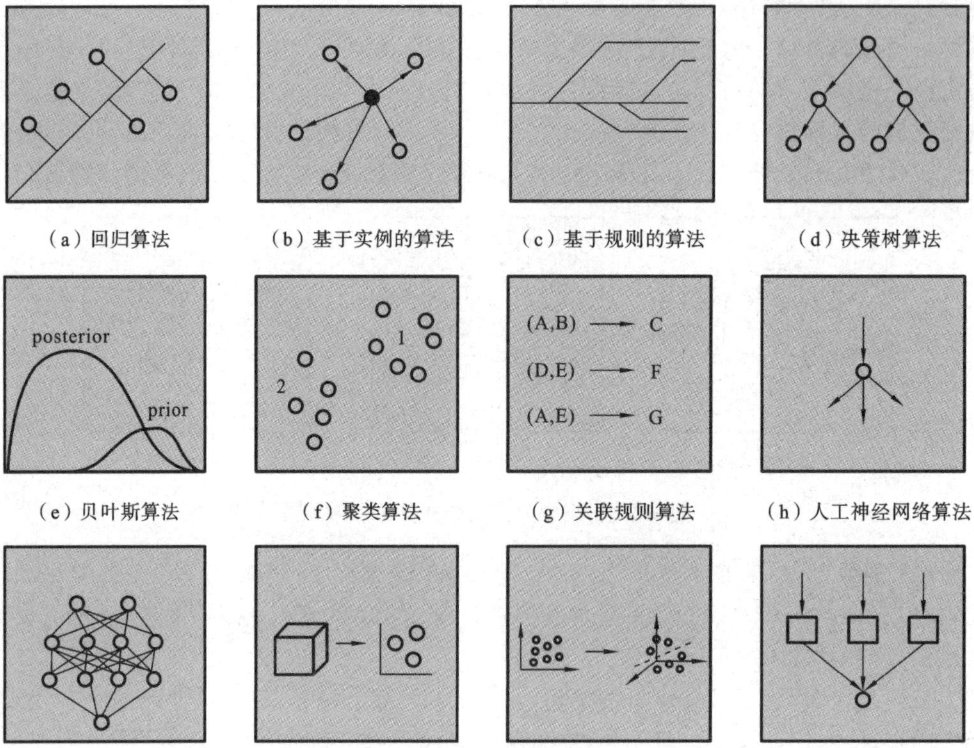

（a）回归算法 （b）基于实例的算法 （c）基于规则的算法 （d）决策树算法

（e）贝叶斯算法 （f）聚类算法 （g）关联规则算法 （h）人工神经网络算法

（i）深度学习算法 （j）降维算法 （k）支持向量机算法 （l）组合算法

图 5-3 根据功能分类机器学习算法

的树,对于待预测样本根据树上的每个节点进行路径的决策,最终得到预测结果。

（5）贝叶斯算法:利用贝叶斯定理解决分类和回归问题的算法。

（6）聚类算法:聚类算法是指将输入样本数据分为不同核心的团,然后根据结果发现数据间的一些规律。

（7）关联规则算法:关联规则算法是指得到能解释观察到的训练样本中一定关联关系的规则,即得到事件与时间的依赖关系的相关知识。

（8）人工神经网络算法:受人脑神经元模型的启发构建的一类算法。在这里特指传统的感知机算法,由输入层、隐藏层和输出层构成。

（9）深度学习算法:相较于人工神经网络算法,一般情况下深度学习具有更深的层次和更复杂的结构。

（10）降维算法:在一定程度上,降维算法类似于聚类算法,目的在于发现原始数据中的结构,不同的是降维算法尝试用更低维的信息表示总结和描述原始信息所表示的大部分内容。

（11）支持向量机算法:常用的有监督学习算法,是指将低维空间中的数据映射到高维空间,使得低维空间中的线性不可分数据在高维空间中可分,主要用于解决分类问题。

（12）组合算法:一种优化手段或策略,通常是将多个简单的机器学习算法联合起来用于可靠的决策。比如对分类问题来说,通过构造多个分类器,然后采用投票机制等方式避免不可靠的结果,有效提高了算法的可靠性和准确度。

5.2 机器学习的主要算法

随着机器学习研究的深入和发展,虽然可以根据通信数据、学习方式、算法功能等限定条件对算法进行分类,多数机器学习算法都能很好地应用于通信系统的各个层面中。本节将介绍常见的机器学习算法,如表 5-1 所示。

表 5-1 常见的机器学习算法

类别	简述	有无监督
回归	线性、多项式、逻辑、逐步、指数、多元自适应回归样条	有监督
分类	k-近邻、决策树、贝叶斯、支持向量机、学习矢量量化、自组织映射、局部加权学习	有监督
贝叶斯网络	贝叶斯、高斯、多项式、平均依赖估计、贝叶斯信念、贝叶斯网络	有监督
决策树	决策树、随机森林、分类和回归数、ID3、卡方自动交互检测	有监督
聚类	聚类分析、k-均值、层次聚类、基于密度的聚类、基于网格的聚类	无监督
降维	主成分分析、多维尺度分析、奇异值分析、主成分回归、偏最小二乘回归	无监督
关联分析	Apriori、关联规则、Eclat、FP-Growth	无监督
人工神经网络	感知器、反向传播、径向基函数网络	无监督
组合	神经网络、自助聚合、提升法、随机森林	有监督/无监督

5.2.1 决策树

决策树的结构是有向树结构,如图 5-3(d)所示。常见的构造决策树的方法包括 ID3 算法、C4.5 算法和 CART 算法。这些算法采用自顶向下的方式,利用数据集中的特征和对应的类别标号构造决策树。伴随着树的构造,训练样本将会在递归中划分为较小的子集。

ID3 算法选择的属性划分方法是信息增益,将分裂后信息增益最大的属性作为分类,尽量让每个分支上的输出分区都在一个类别中。信息增益的度量标准是熵,它表示样本集的纯度。对于一个给定的包含某个目标概念的正反样例的训练样本集 S,那么 S 相对这个布尔型分类的熵的定义为

$$\text{Entropy}(S) = -p_+ \log_2 p_+ - p_- \log_2 p_- \tag{5-1}$$

式中:p_+ 代表正样例的概率;p_- 代表反样例的概率。如果目标属性中不同的值有 m 个,那么相对于 m 个状态,S 分类的熵定义为

$$\text{Entropy}(S) = \sum_{i=1}^{m} -p_i \log_2 p_i \tag{5-2}$$

其中,p_i 为子集合中不同样例(如二分类中的正样例和反样例)的比例。熵可以作为衡量样本集合纯度的标准,通过熵定义属性分类后训练数据效力的度量标准,成为"信息

增益(information gain)"。其中某一个属性的信息增益是因为使用这个属性分割样例而使期望熵降低,准确来说,一个属性 A 相对样例集合 S 的信息增益 $\text{Gain}(S,A)$ 定义为

$$\text{Gain}(S,A) = \text{Entropy}(S) - \sum_{v \in V(A)} \frac{|S_v|}{|S|} \text{Entropy}(S_v) \tag{5-3}$$

式中:$V(A)$ 是属性 A 的值域;S 是样本集合;S_v 是 S 中在属性 A 上值等于 v 的样本集合。

C4.5 算法是 ID3 的改进算法,为了防止训练集的过拟合,如考虑用 ID 号作为划分属性时,其 $\text{Entropy}_{\text{ID}} = 0$,故该属性的信息增益最大。由于这种划分对分类效果不明显,故使用信息增益率来替代信息增益,其中信息增益率表示为

$$\text{GainRatio}(S,A) = \frac{\text{Gain}(S,A)}{\text{SplitInformation}(S,A)} \tag{5-4}$$

$$\text{SplitInformation}(S,A) = -\sum_{i=1}^{m} \frac{|S_i|}{|S|} \log_2 \frac{|S_i|}{|S|} \tag{5-5}$$

其中,S_1 到 S_c 是属性 A 的 c 个值分割 S 而形成的 c 个样例子集。类似于上述,可以做出其他属性的信息增益率,将最大增益率的属性作为分裂属性。

5.2.2 基于规则的分类

分类算法是指每组输入的训练数据都有一个输出结果,例如,在垃圾邮件分类系统中有"垃圾邮件"和"非垃圾邮件"之分,手写数字识别中有对应的"1""2""3"等。在基于规则分类建立分类模型的时候,通过一个学习的过程将预测结果与实际值进行比较,在这其中不断迭代调整预测模型,直至模型的预测准确率达到期望的准确率即可停止。

图 5-4 展示了建立一个二分类模型的三个主要步骤。首先,将样本数据分为两个子集(正样本集和负样本集),然后在此基础上建立分类模型,最后通过计算模型的似然概率得到模型的准确率。

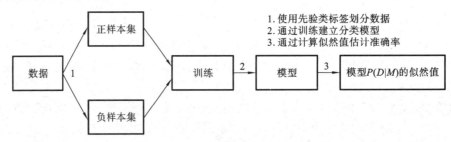

图 5-4 建立二分类模型的三个主要步骤

分类技术在很多领域都有应用,例如,运用于文献检索和搜索引擎中的文本分类计数,在安全领域中基于分类进行入侵的检测。很多领域的研究人员利用机器学习、专家系统、统计学等方法就分类提出了许多不同的预测算法,本节重点讲解基于规则的分类技术。

基于规则的分类器是使用一组"if…then…"规则来进行分类记录的技术,通常采用析取范式的方式表示模型的规则:

$$R = (r_1 \vee r_2 \cdots \vee r_k) \tag{5-6}$$

其中,R 称为规则集,而 r_i 是分类规则或析取项。

每一个分类规则可以表示为

$$r_i : (条件_i) \rightarrow y_i \tag{5-7}$$

规则的左边称为前提或者规则前件,规则的右边称为结论或者规则后件。如果某条记录满足某个规则,就称该规则被激活或者触发;或者说该条记录被该规则覆盖。一般规则前件用如下形式的合取式表示:

$$条件_i = (A_1 \ op \ v_1) \wedge (A_2 \ op \ v_2) \wedge \cdots (A_k \ op \ v_k) \tag{5-8}$$

其中,每一个 $(A_i \ op \ v_i)$ 称为一个合取项,由属性-值对和逻辑运算符 op 组成,通常 $op \in \{=, \neq, <, >, \leqslant, \geqslant\}$。

观察规则可以发现:对于某一个类,可能存在多个规则;同样,对于某一条记录,也可以写出多个规则。那么,到底哪一个规则是优越的呢?为了度量分类规则的质量,在这里使用覆盖率和准确率来进行度量。

在数据集 D 中确立分类规则 $r : A \rightarrow y$,规则的覆盖率定义为在数据集 D 中能触发规则 r 的记录的比例。规则的准确率或置信因子定义为触发 r 的记录中类标号等于 y 的记录所占的比例,其数学公式为

$$\left. \begin{aligned} \mathrm{Coverage}(r) &= \frac{|A|}{|D|} \\ \mathrm{Accuracy}(r) &= \frac{|A \cap y|}{|A|} \end{aligned} \right\} \tag{5-9}$$

其中,$|A|$ 是表示可以满足规则前件的记录数,$|A \cap y|$ 表示同时满足规则前件和后件的记录数,D 是记录的总数。

虽然每一条规则都是优越的,但是并不能确保规则集是优越的。因为有的记录可以被多个规则触发,这样就会导致规则的重复;而有的规则可能没有记录会触发它。因此,对于规则集,有以下两个重要的性质。

互斥规则:如果规则 R 中同一条记录不能触发两条规则,则规则 R 中的规则是互斥的。该性质保证了每条记录最多被 R 中的一条规则覆盖。

穷举规则:对于属性值的任意一个组合,R 中都有一条规则可以覆盖,则称规则集 R 具有穷举覆盖性。该性质保证了每一条记录至少可以由 R 中的一条规则覆盖。

规则集在互斥和穷举性质下,保证了一条记录有且仅有一条规则可以覆盖,然而很多规则集都不能同时满足这两个性质。如果规则集不能满足穷举性质,那么必须添加一个默认的规则 $r_d : (\ ) \rightarrow y_d$ 用来覆盖没有被覆盖的记录,在这里默认规则的前件为空集,当所有规则失效时触发,y_d 是默认类,一般取那些没有被规则覆盖记录的多数类作为默认类;如果规则集不能满足互斥规则,那么一条记录可能会被多条规则覆盖,这些规则的分类可能会发生冲突。那么该如何确定该记录的分类结果呢?规则给出如下两种解决方案。

有序规则:这种规则集按照规则的优先级从大到小进行排序,优先级的定义一般用准确率、覆盖率等代替。分类时顺序扫描规则,找到覆盖记录的一条规则就终止扫描,将该规则后件作为该记录的分类结果,一般的基于规则的分类器都采用这种方式。

无序规则:这种规则集的所有规则都是等价的。分类时依次扫描所有的规则,某个记录出现多个规则后件时,对每个规则后件进行投票,得票最多的规则后件作为该记录的最终分类结果。

为了建立基于规则的分类器,需要从训练数据集中提取出一组规则用来识别数据集属性和类标号之间的联系。用来提取规则的方法通常有两种:直接方法和间接方法。直接方法是指直接从数据集中将分类规则抽象出来。间接方法是指从其他模型如决策树、神经网络中将规则提取出来。

5.2.3　最近邻分类

像决策树和基于规则的分类都是有了训练数据集就开始学习,建立一个从输入属性到类标号的映射模型,称这种学习方法为积极学习方法。相反地,推迟对训练数据集的建模,直到测试数据集可用时再进行建模,称这种学习方法为消极学习方法。

Rote 分类器就是消极学习方法的一种,其工作原理是:当测试数据实例和某个训练集实例完全匹配时才对其分类。该方法存在明显的缺点:大部分测试集实例由于没有任何训练集实例与之匹配而没法进行分类。因此,一种改进的模型是最近邻分类器,下面将对该模型进行详细描述。

所谓最近邻分类器,实质上是找到与待测试样例特征较近的训练数据集中的实例,这些训练数据集实例的集合称为该测试样例的最近邻,然后根据这些实例来确定测试样例的类标号。因此,最近邻分类器把每个样例都看成是 d(属性总个数)维空间的点,通过给定两点之间的距离公式以及距离阈值来确定测试样例的最近邻,最常用的是欧式距离,有

$$d(x,y) = \sum_{k=1}^{n} |x_k - y_k| \qquad (5\text{-}10)$$

其中,x_k、y_k 分别表示训练样例和测试样例的 k 属性。

当确定了测试样例的最近邻时,可以根据最近邻中类标号来确定测试样例的类标号。当最近邻类标号不一致时,以最近邻中占据多数的类标号作为测试样例的类标号;如果某些最近邻样本比较重要(如距离较小的最近邻),则可以采用赋予权重系数的方式进行类标号投票。这两种选择测试样例类标号的方式分别称为多数表决和距离加权表决。其数学公式分别为

$$\left. \begin{aligned} y &= \underset{\nu}{\mathrm{argmax}} \sum_{(x_i,y_i) \in D_z} I(\nu = y_i) \\ y &= \underset{\nu}{\mathrm{argmax}} \sum_{(x_i,y_i) \in D_z} w_i \times I(\nu = y_i) \end{aligned} \right\} \qquad (5\text{-}11)$$

式中:ν 是类标号;D_z 是测试样例的最近邻;y_i 是一个最近邻的类标号;w_i 表示权重;$I(\cdot)$ 是指示函数,定义如下:

$$I(y_i) = \begin{cases} 1, & y_i = \nu \\ 0, & y_i \neq \nu \end{cases} \qquad (5\text{-}12)$$

综上所述,最近邻算法的流程图如图 5-5 所示,变量 k、D、z 分别表示距离阈值、训练数据集和测试实例。首先,输入变量 k、D、z,然后计算测试实例与训练数据集样本之间的距离 $d(z,D)$;其次记 $d(z,D) < k$ 的训练数据样本集合为 D_z;统计集合 D_z 中类标号;最后,利用多数表决策略确定测试实例类标号。

5.2.4　支持向量机

支持向量机(support vector machine,SVM)是对线性和非线性数据进行分类的一

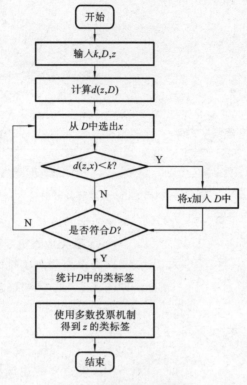

图 5-5 最近邻算法流程图

种方法。比如可以使用支持向量机对二维数据进行分类,所谓支持向量是指那些选定在间隔区周边的数据点,在二维空间中可以用直线分隔平面内的点,在三维空间中可以用平面分隔空间内的点,而在高维空间中可以用超平面分隔空间内的点。我们将不同区域的点作为一类,这样就可以利用 SVM 解决分类问题。对于在低维空间中不可分的点,通过利用核函数将其映射到高维空间,利用高维空间的超平面分隔这些点,从而使分类简单化。

1. 线性决策边界

举个简单的例子,对于一个二维平面,有两种不同类型的数据,分别用圆点和方格表示,如图 5-6(a)所示。由于这些数据是线性可分的,所以可以用一条直线将这两类数据分开。

如果给定 n 维数据空间的二分类问题,其中两个类是线性可分的。设对于给定的数据即 D 为 $(x_1,y_1),\cdots,(x_{|D|},y_{|D|})$,其中 x_i 是 n 维的训练样本,具有类标号 y_i。每个 y_i 可以取值 $+1$ 或 -1,此时则得到一个超平面,其方程可以表示为

$$w^{\mathrm{T}}x+b=0 \tag{5-13}$$

式中:w 和 b 是参数,在二维平面中对应的是直线。当然希望利用超平面把两类数据分割开来,即在超平面的一边数据点对应的目标值 y 是 -1,在超平面的另外一边全是 1。令 $f(x)=w^{\mathrm{T}}x+b$,$f(x)>0$ 点对应于 $y=1$ 的数据点,$f(x)<0$ 点对应于 $y=-1$ 的数据点。对于线性可分的两类问题,可以画出无限条直线,如图 5-6(b)所示,如何找出"最好的"一条,准确来说就是找到最小分类误差的一条直线。从直观上而言,这个超平面应该是最适合将两类数据分割的平面,判定"最适合"的标准是平面两边的数据与这

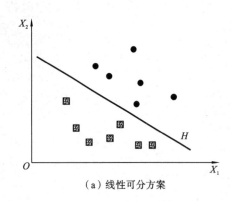 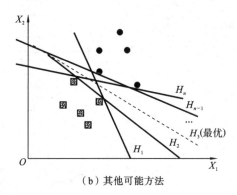

（a）线性可分方案   （b）其他可能方法

图 5-6   利用 SVM 分类两类数据

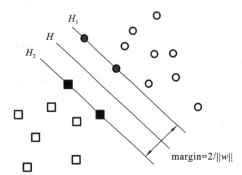

图 5-7   线性可分情况下的最优分类线

个平面的距离是最大的。

2. 最大边缘超平面的定义

考虑那些离决策边界最近的方块和圆，如图 5-7 所示。调整参数 w 和 b，两个平行的超平面 H_1 和 H_2 可以表示为

$$H_1: w^T x + b = 1 \tag{5-14}$$

$$H_2: w^T x + b = -1 \tag{5-15}$$

决策边界的边缘由这两个超平面之间的距离确定。为计算边缘，令 x_1 是 H_1 上的数据点，x_2 是 H_2 上的数据点，将 x_1 和 x_2 代入上述公式中，则边缘 d 可以通过两式相减得到：$w(x_1 - x_2) = 2$，于是可以得到：$d = \dfrac{2}{\| w \|}$。

3. SVM 模型

SVM 的训练阶段包括从训练数据中估计参数 w 和 b，选择的参数必须满足下面两个条件：

$$\begin{cases} w^T x_i + b \geqslant 1, & y_i = 1 \\ w^T x_i + b \leqslant -1, & y_i = -1 \end{cases} \tag{5-16}$$

以上等式可以表示为

$$y_i(w^T x_i + b) \geqslant 1, \quad i = 1, 2, \cdots, N \tag{5-17}$$

最大化边缘等价于最小化如下的目标函数：

$$f(w) = \frac{\| w \|^2}{2} \tag{5-18}$$

于是可以定义支持向量机为

$$\begin{cases} \min \dfrac{\| w \|^2}{2} \\ y_i(w^T x_i + b) \geqslant 1, \quad i = 1, 2, \cdots, N \end{cases} \tag{5-19}$$

由于求解的目标函数是一个二次函数，约束条件为线性，则该问题是一个凸优化问题，利用拉格朗日乘子法就可以解决。

5.2.5 朴素贝叶斯

在很多情况下,属性集和划分出的列变量之间的关系不是明确的。因此,即使确定了测试样本的部分属性和训练样本的相同,也不能完全确定测试样本的类标号。原因可能是由于噪声数据或者一些混淆因素,导致不属于同一类别。因此,我们不得不利用一些不确定因素来进行建模分析,这就是贝叶斯分类需要解决的问题。

不管是朴素贝叶斯还是后文介绍的贝叶斯信念分类,其根本都离不开概率,特别是贝叶斯定理。贝叶斯定理是一种统计原理,它将训练样本中的先验知识和从数据中收集到的与具体属性相关的证据相结合,这也是朴素贝叶斯分类的基础和理论依据。

假设 X、Y 是一对随机变量,它们的联合概率分布 $P(X=x,Y=y)$ 是指 X 取值 x 且 Y 取值 y 的概率,条件概率是指其中一个随机变量在另一个随机变量取值确定的情况下取某一个特定值的概率,如 $P(Y=y|X=x)$ 表示在 X 取值 x 的情况下 Y 取值为 y 的概率。X 和 Y 的联合概率和条件概率满足如下关系:

$$P(X,Y)=P(Y|X)\times P(X)=P(X|Y)\times P(Y) \tag{5-20}$$

整理上式中最后两个表达式,可以得到如下公式:

$$P(Y|X)=\frac{P(X|Y)P(Y)}{P(X)} \tag{5-21}$$

该公式称为贝叶斯定理。

在分类时,将 Y 看作类别,将 X 看作属性集,通过训练数据集计算出在某一确定属性集 X_0 的条件下 $P(Y|X_0)$ 的概率。

设 X 表示属性集,记为 $X=\{X_1,X_2,\cdots,X_k\}$,Y 表示类变量,记为 $Y=\{Y_1,Y_2,\cdots,Y_l\}$,称 $P(Y|X)$ 为 Y 的后验概率,与之相对应的 $P(Y)$ 称为 Y 的先验概率。对于已知的列标号 y,在朴素贝叶斯分类器计算类条件概率时假设属性之间满足独立分布,即有下式成立:

$$P(X|Y=y)=\prod_{j=1}^{k}P(X_j|Y=y) \tag{5-22}$$

在条件独立假设成立下,做分类测试记录时,由朴素贝叶斯分类器计算每个类别 Y 的后验概率为

$$P(Y|X)=\frac{P(Y)P(X|Y)}{P(X)}=\frac{P(Y)\prod_{j=1}^{k}P(X_j|Y)}{P(X)} \tag{5-23}$$

此时,给定 X,朴素贝叶斯分类法最终预测的结果是预测 X 为后验概率最高的类别。也就是说,利用从训练数据收集到的信息,对 X 和 Y 的每一种组合计算对应的后验概率 $P(Y_i|X)$,$i=1,2,\cdots,l$,此时求出 $\max\limits_{i=1,2,\cdots,l}P(Y_i|X)$ 的 Y_i,将 X 归为 Y_i 类。由于对所有的 Y,$P(X)$ 是一定的,故只要 $P(Y)\prod\limits_{j=1}^{k}P(X_j|Y)$ 最大即可。因此,我们的目标为

$$\max_{Y}P(Y)\prod_{j=1}^{k}P(X_j|Y) \tag{5-24}$$

对于分类属性 X_j,根据 y 中属性值等于 x_j 的概率估计 $P(X_j=x_j|Y=y)$。然而对于连续属性,一般来说有两种处理方法:

（1）将每一个连续属性离散化，利用相应的离散区间替代连续属性值。即通过类别 Y 的训练数据中在 X_j 对应区间的比例估计 $P(X_j|Y=y)$。

（2）假设连续变量服从某种概率分布，根据训练数据估计分布的参数。一般使用高斯分布，设计两个参数，即均值 μ 和方差 σ^2，对于每个类别 Y：

$$P(X_j=x_j|Y=y)=\frac{1}{\sqrt{2\pi}\sigma_{ij}}e^{-\frac{(x_j-\mu_{ij})^2}{2\sigma_{ij}^2}} \tag{5-25}$$

这里 μ_{ij} 可以近似为设计类别 y 的训练数据中关于 X_j 的样本均值，σ_{ij}^2 可以用这些训练记录的样本方差来估计。

整合上面过程，对朴素贝叶斯分类过程总结如图 5-8 所示。

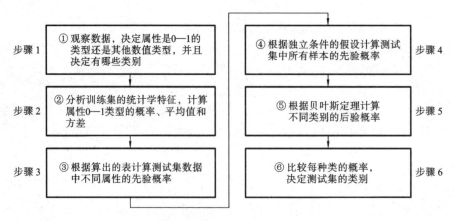

图 5-8　朴素贝叶斯分类过程

5.2.6　随机森林

常见的分类算法如决策树、贝叶斯和支持向量机等都是通过训练数据得到单独的分类器，然后预测测试样本的类标号，那么能否考虑将多个分类器联合起来共同预测以提高分类准确率呢？答案是肯定的，我们称这种技术为组合或者分类器组合。

随机森林就是组合分类方法中的一种，这是一种专为决策树分类器设计的组合方法。它将多棵决策树组合起来进行预测，其中每棵树都是基于随机向量的一个独立集合的值产生的。

像以上介绍的通过随机属性得到一个随机向量，再利用该随机向量来构建决策树，一旦决策树构建完成，就利用多数表决的方法来组合预测，这种方法称为 Forest-RI，其中 RI 指随机输入选择。这种方法得到的随机森林决策强度取决于随机向量的维数，也就是每一棵树选取的特征数个数 F，通常取：

$$F=\log_2 d+1 \tag{5-26}$$

式中：d 为总属性个数。

如果原始属性 d 的数目太少，则很难选择一个独立的随机属性集合来构建决策树。一种加大属性空间的方法是创建特征的线性组合，就是利用 L 个输入属性的线性组合来创造一个新的属性，然后再利用创建的新属性来组成随机向量，从而构建多棵决策树，这种随机森林决策方法称为 Forest-RC。模型的示意图如图 5-9 所示。

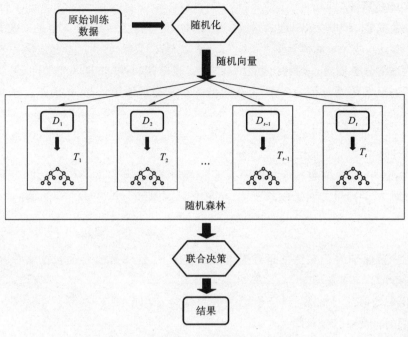

图 5-9 随机森林

5.2.7 聚类分析

我们可以通过分类算法分析有标签的数据,那么无标签的数据怎么寻找隐藏在数据中的信息呢? 怎么发现数据之间的关系呢? 一种常见的分析方法是聚类算法,该算法是无监督学习的一种典型方法。聚类分析利用聚合的方法将数据划分在一定程度上有意义的组(聚类分析中称为簇)。就理解数据而言,簇是潜在的类,而聚类分析是自动发现这些类的技术。本节详细介绍了四种聚类技术:基于相似度的聚类分析、k-均值聚类、凝聚层次聚类和基于密度的聚类。

1. 基于相似度的聚类分析

聚类分析根据对数据集观察将某个样本数据划分到特定的簇。基于相似度的聚类分析,同一簇中的数据是相似的,根据数据的特征或者属性区别不同的簇,也有基于密度和图的聚类方法。聚类分析的目标就是在相似原则的基础上对收集到的数据进行分类,是将训练数据对象划分成子集的过程,每个子集是一个簇,使得簇中的对象相似,簇间的对象不相似。令 X 为数据对象,X_i 为簇,其数学上的定义如下:

$$X=\bigcup_{i=1}^{n} X_i, \quad X_i \bigcap X_j = \varnothing \ (i \neq j) \tag{5-27}$$

聚类与分类的不同在于,通过聚类划分出的类别是未知的。从机器学习的角度来看,聚类是在划分出的簇中不断搜索的无监督学习的过程,而分类是将已有对象划分到不同标签下的有监督学习的过程,聚类往往需要聚类算法自己确定标签。那么给定某些对象或者数据集合,如何对其进行聚类呢? 这就需要设计具体的算法进行聚类,下面介绍两种最基本的聚类方法:k-均值聚类和层次聚类。

2. k-均值聚类

假设数据集 D 包含 n 个欧式空间中的对象,聚类的目标是将 D 中的对象划分到 k 个簇 $C_1, C_2, \cdots, C_k$ 中,使得对于 $1 \leqslant i, j \leqslant k, C_i \subset D, C_i \cap C_j \neq \varnothing$。需要定义一个目标函数来评估该划分的质量,该目标函数的目标是:簇内相似性高,簇间相似性低。

为了更形象化地表示一个簇,定义簇的行心来表示该簇,定义如下:

$$\overline{\boldsymbol{x}}_{C_i} = \frac{\sum\limits_{i=1}^{n_i} \boldsymbol{x}_i}{n_i}, \quad i = 1, 2, \cdots, k \tag{5-28}$$

式中:n_i 为簇中元素个数;$\boldsymbol{x}_i$ 为簇中元素向量坐标。那么 $\overline{\boldsymbol{x}}_{C_i}$ 就可以代表簇 C_i。用 $d(x, y)$ 表示两个向量之间的欧式距离,定义目标函数如下:

$$E = \sum_{i=1}^{k} \sum_{x \in C_i} [d(x, \overline{\boldsymbol{x}}_{C_i})]^2 \tag{5-29}$$

用上述目标函数 E 来评估划分的质量。实际上,目标函数 E 是数据集 D 中所有对象到簇行心的误差平方和。

因此,k-均值的目标是:对于给定的数据集合和给定的 k,找到一组簇 $C_1, C_2, \cdots,$ C_k,使得目标函数 E 最小,即

$$\min E = \min \sum_{i=1}^{k} \sum_{x \in C_i} [d(x, \overline{\boldsymbol{x}}_{C_i})]^2 \tag{5-30}$$

3. 层次聚类

层次聚类和 k-均值聚类是聚类的两种传统方法,但是它们的出发点是不同的。k-均值聚类是根据已经给定的簇个数,将原始数据对象向各个簇聚拢,最终得到聚类结果;而层次聚类不需要给定类别个数,它是从每个对象出发,根据对象的邻近矩阵逐渐聚拢各个对象,直到所有对象都归为一类为止(或者从整体出发,逐渐地分离各对象直到每个对象都是一类)。因此,可以将层次聚类划分为以下两类。

(1)凝聚层次聚类:从个体对象为簇出发,每次合并两个最邻近的对象或者簇,最终使所有的数据对象都在一个簇中(即数据全体集合)。

(2)分裂层次聚类:从包含所有点的簇开始(即数据全体集合),每次分裂一个簇得到距离最远的两个簇,直到不能再分裂(即只剩下单点簇)。

凝聚层次聚类需要不断地合并两个最邻近的簇,那么就需要确定各簇之间的邻近度,这个该如何衡量,必须给出一个具体的标准。这也是凝聚层次聚类的关键所在,不同的衡量标准可能会得出不同的聚类结果。常见的有五种定义邻近度的方式,分别为单链、全链、组平均、Ward 法和质心法。前三种方法可以用图 5-10 形象化地表示。

4. 基于密度的聚类

k-均值聚类和凝聚层次聚类一般构造出的簇的形状是球状的,而不能构建出环状等其他形状的簇。现实生活中,有很多类的形状并不是球状,而是 S 形或者环状等,这样 k-均值或者层次聚类就很难满足实际需求,特别是涉及噪声和离群点的分类,它们往往是在圆环的内部或者远离群体。

为了寻找这类离群点,就需要能够构造出任意形状的簇。基于密度的聚类方法是一种解决离群点问题的途径,将空间数据根据数据的密集程度划分成不同的区域,而每

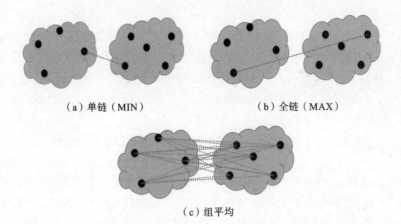

（a）单链（MIN）　　　　　　　（b）全链（MAX）

（c）组平均

图 5-10　簇的邻近度表示

个区域对应于某个簇,将离群点隔离开。下面介绍一种基于高密度连通区域的密度聚类。

数据空间中的点按照密集程度分为如下三类。

● 核心点:是稠密区域内部的点。该点的邻域由距离函数(一般使用欧式距离)和用户预先指定的距离参数以及内部点个数的阈值决定。如果该点在给定邻域内的点的个数超过预先设置的阈值,则称该点为核心点。数学表达式如下:

$$\text{card}(\{x:d(x,a)\leqslant \text{Eps}\})\geqslant \text{MinPts}, \quad x\in D \tag{5-31}$$

式中:card($\cdot$)表示求集合元素的个数;$d(x,a)$为距离函数,a为核心点;Eps为距离参数;MinPts为内部点个数的阈值。

● 边界点:是稠密区域边缘上的点。该点邻域内点的个数小于用户指定的内部点个数阈值,但是该点落在某一个核心点的邻域内部。其数学表达式如下:

$$\begin{cases}\text{card}(\{x:d(x,b)\leqslant \text{Eps}\})< \text{MinPts}, \quad x\in D \\ b\in A\end{cases} \tag{5-32}$$

式中:card($\cdot$)表示求集合元素的个数;$d(x,b)$为距离函数,b为边界点;Eps为距离参数;MinPts为内部点个数的阈值;A为核心点的邻域集合。

● 噪声点:是稀疏区域中的点。该点邻域内点的个数小于用户指定的内部点个数阈值,而且该点不在任何核心点的邻域内部。其数学表达式如下:

$$\begin{cases}\text{card}(\{x:d(x,c)\leqslant \text{Eps}\})< \text{MinPts}, \quad x\in D \\ b\notin A\end{cases} \tag{5-33}$$

式中:card($\cdot$)表示求集合元素的个数;$d(x,c)$为距离函数,c为噪声点;Eps为距离参数;MinPts为内部点个数的阈值;A为核心点的邻域集合。

各类空间点形象化的图示如图 5-11 所示(图中圆点表示核心点,方形为边界点,三角形为噪声点)。

为了方便理解,我们将某个点邻域内点的个数定义为该点的邻域密度。如果两个对象 p、q 都是核心点,且其中一个对象在另一个对象的邻域内,称这两个对象是直接密度可达的。数学定义如下:

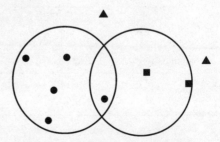

图 5-11　核心点、边界点和噪声点

$$\begin{cases} d(p,q)\leqslant\text{Eps} \\ p,q\in A \end{cases} \tag{5-34}$$

式中：$d(p,q)$ 为距离函数；A 为核心点的邻域集合；Eps 为距离参数。

通过一系列直接密度可达的对象连接起来的两个对象，可以是核心点也可以是边界点。而基于密度的聚类算法的目标就是通过密度可达等方法找出数据集合中的核心点、边界点和噪声点。

5.2.8 降维算法

在高维空间下点间的距离都差别很小（如欧式距离），或者是几乎任意两个向量都是正交的（利用夹角度量），那么势必会导致分类、回归，特别是聚类变得困难，这种现象称为"维数灾难"。为了解决这种问题，提出很多降维算法。所谓降维，即将高维空间的点通过映射函数转换到低维空间，以此来缓解"维数灾难"。降维不仅可以减少数据之间的相关性，而且由于数据量减少加快了算法的运行速度。降维的本质是学习一个映射函数：

$$f:x\to y \tag{5-35}$$

式中：x 是原始数据点的表示，一般使用向量表示形式；y 是数据点映射后的低维向量的表示，通常 y 的维度小于 x 的维度；f 可能是显式的或隐式的、线性的或非线性的函数。

目前大多数降维算法都用来处理向量表示的数据，另外还有一些高阶张量表示的数据。高维数据可以降维的原因是，可能在原始的空间中存在一些冗余信息以及噪声信息使数据的维数增大，这在应用过程中就会造成较大的误差，从而降低准确率。将高维数据进行降维，能很大程度上消除一些冗余信息，从而训练更优的模型从而提高识别的准确率。从另外一个方面讲，通过将高维数据进行降维可能会发现数据内部的本质结构特征。

降维算法一般分为线性降维算法（如主成分分析法和线性判别法分析法）和非线性降维算法（如局部线性嵌入和等距特征映射），算法列表如表 5-2 所示。

表 5-2　降维算法列表

降维算法	基本思想
主成分分析法	用几个综合指标（主成分）来代替原始数据中的所有指标
奇异值分析	利用矩阵的奇异值分解，选择较大的奇异值而抛弃较小的奇异值来降低矩阵的维数
因子分析	通过分析数据的结构，发现各属性之间的内在联系，从而找出属性的共性（因子）
偏最小二乘法	具备主成分分析、典型相关分析和多元线性回归分析 3 种分析方法的优点于一身，既可以降维，又可以预测
Sammon 映射	在保持点间距离结构的同时将高维空间中的数据映射到低维空间
判别分析	将列标签的高维空间中的数据点映射到低维空间中，可以在低维空间中类别可分

降　维　算　法	基　本　思　想
局部线性嵌入	是一种非线性降维算法,数据经过此种方法降维之后还能较好地保持原有的流行结构
拉普拉斯特征映射	通过此种算法,让数据中相互间有关系的点(即在图中相连的点)在降维之后的空间中会尽可能靠近

以下主要以主成分分析法为例讲解降维算法的核心思想和具体实现。

实际中,对象都由许多属性组成,例如,人的体检报告由许多体检项组成;而每个属性都是对对象的一种反映,但是这些对象之间都有或多或少的联系,这种联系导致了信息的重叠。如果属性之间的信息存在高度重叠或者很强的相关性,这将会给统计方法和数据分析带来很大的障碍。为了克服这种信息重叠的问题,在这里进行属性的降维,一方面可以大大减少训练数据中特征变量的个数,同时相当于消除了冗余信息且没有造成信息的大量丢失。这种方法的典型代表算法是主成分分析法,它能够有效降低变量的维数,这种方法已经广泛地应用于很多领域。下面对主成分分析进行详细介绍。

主成分分析又称主分量分析,主要是利用降维的思想,将训练数据中的多特征转化为少数的几个综合指标即主成分,这些主成分能够充分反映原始数据中的大部分信息,并且这些主成分之间的信息不存在互相重复的现象。一般来说,每个主成分员间都是对原始变量的一种线性组合,这在很大程度上简化了问题,最终得到科学有效的数据。

需要注意的是,尽管主成分分析法能够大大地降低属性的维数,但是也有一定的信息损失。这些损失的信息可能在某些机器学习算法迭代中被放大,从而导致最终得出的结论不准确,因此在进行主成分分析时要慎重考虑。

我们可以根据主成分中包含的信息量的大小将其划分为第一主成分、第二主成分等。主成分与变量间有以下特点:

(1) 主成分中包含原始数据中的大部分信息;

(2) 主成分的数量小于原始数据中特征的数目;

(3) 各个主成分是彼此独立不相关的;

(4) 每个主成分都是原始变量的线性组合。

因为主成分分析时将原始数据中的变量进行线性组合得到综合变量,那么如何选择组合方式呢?

将第一个综合变量记为 F_1,期望它可以代表更多的原始变量中的信息,这里信息的度量方式为方差,因此希望 $\mathrm{Var}(F_1)$ 越大,表示 F_1 包含的信息越多。所以我们在线性组合的选择中选择方差最大的 F_1,将其记为第一主成分。在进行评估之后,如果第一主成分难以充分表示原始变量中的信息,则进行第二个线性组合 F_2 的选取,同理。直至选到能够充分代表信息量的主成分后停止。数学表达式为

$$\mathrm{Cov}(F_1,F_2)=0 \tag{5-36}$$

称 F_2 为第二主成分,依此类推可以构造出第3,第4,…,第 p 个主成分。

图 5-12 展示了主成分分析的一般步骤。

5.2.9　半监督学习、强化学习和表示学习

本小节将介绍三种不同于监督学习类型的机器学习算法。大多数无监督的机器学

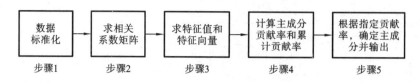

图 5-12   主成分分析步骤

习算法的目标是怎样更好地表示输入数据,这三种算法也不能完全地归类到无监督学习算法。本节仅给出了这些学习模型的基本概念。

1. 强化学习

有学者将强化学习归为无监督的机器学习算法,因为没有绝对最优的输入/输出对,只有不断地改进。该方法希望使用者采取合适的行动提取输入的数据中有用信息以便提高准确率,这被认为是一个模型长期的回报。强化学习算法需要制定一个可以关联预测模型的指导相应行动的策略模型。强化学习的思想来自行为心理学,例如,增强行动与博弈论、控制论、运筹学、信息论、群理论、统计学以及遗传算法有关,最终目标是在有限的条件下达到均衡。

一些学者也使用动态规划技术强化马尔可夫过程(marcov decision process,MDP),强化行动并不一定由监督学习发起,重点是到达当时的最优解。我们需要在已知的信息和未知的信息之间权衡。为了加快学习进程,用户需要定义最优解。用户可以使用基于蒙特卡洛或时间差分方法的值函数方法而不是列举法,也可以考虑直接策略。

对于逆向强化学习(inverse reinforcement learning,IRL)方法,用户不需要给出奖励函数,但是需要给出各种情况下的策略代替奖励函数,它的目的是最小化当前解与最优解之间的差值。如果 IRL 过程偏离了观察到的行为,实验者需要一个应急策略帮助系统返回到正确的轨迹上。

2. 表示学习

当需要改变数据的原有格式时,机器学习方法总是保留输入数据的关键信息。这个过程可以在执行预测或者分类之前完成,这可能要求输入一些未知分布的数据。在第 5.1 和第 5.2 节介绍的聚类分析法和主成分分析法是表示学习的典型案例。实验者试图去转换原始数据到一个更适合模型输入的形式。

在某些情况下,这个方法允许系统将特征从数据中抽取出来然后进行学习,从而提高学习效率。特征学习的输入数据应该尽量的简单以减少计算的复杂度。然而,现实数据,如图形、视频、传感器数据往往是非常复杂的,实验者需要从这些数据中提取特征。传统的手动提取特征往往不仅需要昂贵的人类劳动,还需要专业知识。

对于自动、高效地提取特征,监督学习和无监督学习有不同的方法。

(1)监督学习从输入有标签的数据中提取特征,如人工神经网络、多层感知器和监督学习词典。

(2)无监督的学习从没有类标签的数据中提取特征,如字典学习、独立分量分析、自编码、矩阵分解和聚类分析。

3. 半监督学习

半监督学习是无监督学习和有监督学习的混合。在半监督学习中,实验使用的数据集是不完整的,一部分数据有标签而另一部分数据没有标签。该方法通过对有标签数据的学习,逐渐地归类无标签的数据,从这个角度来说,强化学习和表示学习都是半监督学习的子集。

大多数研究机器学习的学者发现联合使用无标签数据和小部分有标签数据可以提高学习算法的正确率。有标签的数据通常由领域专家或者物理实验产生,该过程的代价是巨大的。换言之,使用部分有标签的数据是合理的。

事实上,半监督学习更接近人类的学习方式。下面给出了半监督学习的三个基本假设。为了尽可能地利用无标签的数据,我们必须给出数据分布的假设。不同的半监督学习算法至少需要下面三个假设中的一个。

(1) 平滑性假设:越接近彼此的样本数据点,越有可能来自同一个类标签。这个也是监督学习中的一个基本假设,可以更好地决定决策边界的位置。在半监督学习中,决策边界通常位于低密度区域。

(2) 聚类假设:数据往往形成离散的集群,分在同一个集群的点更有可能共享一个标签。但是,分布在不同集群中的数据点也有可能来自同一个类标签。这种假设往往用于聚类算法中。

(3) 流形假设:流形化后的数据空间的维度往往比输入空间的低。可以通过学习有标签的数据和无标签的数据流形避免维数灾难。因此,半监督学习可以在流形中通过定义距离和密度处理数据。

5.3　机器学习算法选择与优化

本节将介绍如何选择合适的机器学习模型,以及一些策略和合理的解决方案。首先,我们阐述数据的预处理和算法的性能评估;然后,讲解过拟合和欠拟合现象;最后,给出选择机器学习算法的步骤。

5.3.1　数据预处理和算法性能评估

每个算法都有各自的适用范围,例如,对于一种数据集,有的算法表现特别优秀,而有的算法效果很不理想;然而对于另一种数据集却恰恰相反。虽然很难准确地评判哪一种算法更优秀,但是可以利用一些常见的指标来了解算法,也可以利用一些指标来分析相同数据集下的算法的优劣或者评价相似的算法。在使用数据训练模型之前,有必要对数据做一些预处理工作。

1. 数据预处理

在对数据进行分析之前,一般都会先了解数据的趋势以及数据之前的关系等,那么就需要对数据进行可视化。然而对大样本数据尤其是多维数据,将它们进行可视化是一个比较复杂麻烦的操作,因为机器最多只能显示三维图形,所以需要对数据进行预处理。

数据的质量直接影响最后训练得到模型的优劣。为了提高模型的准确率,我们需要增强输入数据的质量,可以在数据发现、数据收集、数据准备和预处理阶段完成。目的是让数据更加完整、相关和规整,提高模型的表现和交叉验证的准确率。主要方法如下。

（1）处理缺失数据：由于统计、手写等种种原因，原始的数据集并不能保证每行每列都有数据，这种情况就需要填补缺失的数据，可以利用去平均分或者去除缺失样本等方法处理缺失数据。

（2）处理不正确数据：由于机器、手写等原因，有些数据明显不正确，常见的是某个数据过大或者过小，对于这种数据需要利用拟合或者插值的方式修改该数据。

（3）规则化数据：数据集特别是大数据集，有很多特征，而每个特征的单位往往是不一样的，表现在数值上，特征和特征之间相差几个数量级都是常见的。因此，需要对数据进行归一化或者标准化处理。

（4）可视化支持：预处理过后的数据，方便了我们对数据的可视化。对于多维数据，可以将每两个特征分别可视化，或者可视化自己比较感兴趣的特征，也可以利用降维的方法先处理特征。

2. 算法性能指标

我们主要考虑以下三个算法的性能指标。

（1）准确度：反映算法在测试数据集上的表现，即是否出现过拟合或欠拟合现象。显然，对训练集的测试效果越理想，算法越优秀，是最重要的一个指标。

（2）训练时间：反映算法收敛的速度以及建立一个模型所需要的时间。显然，训练时间越短，算法越理想。

（3）线性程度：反映算法的复杂度，是算法设置本身的要求，尽可能使用低算法复杂度的算法求解问题。

3. 机器学习表现

为了量化机器学习算法的优劣，可以定义模型的表现分。该分数被归一化到区间 [0,1] 中。不同的实验者可能应用不同的权重，代表着算法的侧重点不同。通常，会将准确率设置为最高的权重，其次是训练时间，线性度一般是最不重要的甚至被忽略。

4. 模型拟合情况

既然想选择更优秀的模型，就要知道模型的优劣，因此，必须对模型的优劣做出评价。首先介绍机器学习模型容易出现的几种现象。

（1）过拟合现象：所谓过拟合（overfitting）现象，即一个模型在训练数据集上能够获得比其他模型更好的效果，但是在训练数据集外的数据集上却不能得到很好的结果。这种情况下，即使模型在训练数据集上取得了较高的准确率，但在测试数据集上性能很弱。

（2）欠拟合现象：所谓欠拟合（underfitting）现象，即一个利用训练数据集训练出来的模型，测试训练数据集时出现很大的偏差。也就是说，欠拟合模型在训练数据集上的表现很差，达不到想要的效果。

如图 5-13 所示，随着样本量的增加，训练表现分呈一定的下降趋势，而交叉验证表现分有一定程度的上升。就总体而言，训练表现分与交叉验证表现分之间的差距还是很大，训练数据的准确率远远高于交叉验证集的，这说明了训练的模型是过拟合的情况，意味着在模型训练的过程中一直在刻画着训练集的特点，并没有过多地加入噪声考虑整个数据集的情况，直接导致了在交叉验证集上的准确率较低，使模型的泛化能力很差。

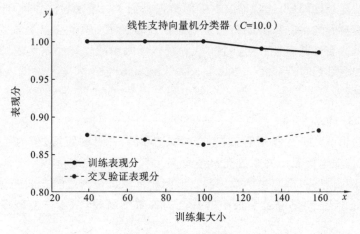

图 5-13 过拟合案例

一般的,训练得分要比交叉验证的高,因此,模型更容易陷入过拟合现象,也就是说,模型更容易表现出训练数据的特征而不是数据集的特征。更低的交叉验证表现分说明训练数据集中有更多的噪声而使其不能代表数据集。我们必须克服过拟合和欠拟合现象。

5.3.2 避免过拟合现象

过拟合的主要原因是模型过度地刻画了训练样本的分布情况,这种情况可以通过增大样本数据的量,使得训练集的分布更加分散,更具普适性,从而减少样本的偶然性,使得噪声的均值趋于 0,减小了噪声对数据整体的影响。

1. 增加训练数据

在增大训练样本量之后,训练集和交叉验证集上的差距在逐渐缩小,直至后面非常接近。增大训练数据量的方式,最简单且直接的是采集相同场景下的数据,在实验场景不允许的情况下,可以对原有的数据进行一定的改动,即采用一些人工的处理方式生成新数据。例如,在图像的检测与识别任务中,我们可以对原始数据进行镜像变换、旋转等。但是,这种方式生成的数据间的相关性比较大,因此训练出的模型会带有一定的偏向性。因此,强烈建议使用采集真实数据的方法来扩大样本量。

在不增加样本数据量的情况下,可以利用去噪算法修改和完善原始训练样本集,让噪声的均值接近 0,同时减少噪声的方差,这样也可以减少噪声对数据整体的影响,比如用小波分析去除噪声。

2. 特征筛选和降维

在样本特征数过多的情况下,特征与特征之间往往是有联系的,这些或多或少的联系会对训练模型产生影响,这也是导致模型过拟合现象的一种原因。因此,我们可以通过对样本特征的分析,发现各特征之间的内在联系,减少那些代表性较差的特征,突出代表性特征,在一定程度上缓解过拟合现象。例如,利用关联规则挖掘属性之间的关联关系,利用相关分析,发现属性之间的相关关系。

对于维度很高的样本,可以先利用关联分析或者相关分析,找出特征之间的关联关系和相关关系,然后再自动地选择特征。特征选择的主要原因是减少样本量特征维数,从而使模型的复杂度降低,这样对一些噪声数据起到了一定的过滤作用,不至于让噪声数据影响到模型的训练。从降低模型复杂度的角度出发,还包括以下方式:① 在拟合多项式模型时适当降低多项式的次数;② 在神经网络中减少神经网络的层数和每层的节点数;③ 在使用支持向量机(support vector machine,SVM)模型时增加径向基核函数核的宽复参数。

3. 数据归一化

在对正则化系数进行修正后,过拟合现象得到了一定的缓解,但这个系数是确定的,那么如何自动选择最佳的系数呢? 还有其他特征选择的方法吗? 分类器能否甄别选择出的特征对最后结果产生的效果? 以上问题可以用正则化的方法进行解决。

(1)L1 正则化:对结果影响很小的特征的权重稀疏化,对于一些特征甚至可以不赋予其权重。

(2)L2 正则化:尽量将最后的特征权重打散分布到每个特征维度上,避免权重在某些维度上过于集中的情况,以防出现权重特别高的特征。

5.3.3 避免欠拟合现象

以下两种情况下会出现欠拟合现象:① 数据集很少,训练过程和检验过程不能很好地执行;② 没有选择合适的机器学习算法。换言之,不同的数据集需要不同的机器学习算法,这种情况下解决欠拟合问题比较困难。下面给出几种方法来避免模型的欠拟合现象。

1. 改变模型参数

当使用 SVM 模型解决分类问题时,如果遇到欠拟合现象,一种解决方法是:改用人工神经网络(artificial neural network,ANN)模型重新训练数据。另一种方法是:改变 SVM 模型的核函数(将线性的改为非线性的),然后再训练模型。

2. 修正损失函数

一些机器学习问题可以被视为最小化损失函数的优化问题,损失函数代表着模型的预测和实际值之间的差距。我们考虑以下五种损失函数,图 5-14 显示了这五种损失函数对结果的影响。

(1)0—1 损失函数直接在分类问题中用来判定错的数目。但因为这是一个非凸函数,在实际中不是很实用。

(2)折页损失函数对异常点或者噪声数据不是很敏感,因此鲁棒性较强,但是没有很好的概率解释。

(3)log 损失函数能很好地表示出概率分布。但是在很多场景中尤其是在多分类场景中,如果想探究结果属于每个类别的置信度,就可以使用 log 损失函数。缺点是鲁棒性不强,相比折页损失函数对噪声的敏感性较弱。

(4)多项式损失函数对异常/噪声数据非常敏感,但是它的形式对于提升算法简单有效。

(5)感知损失函数是折页损失函数的一个变种。在进行边界附近的点的判定时,折页损失函数的惩罚力度很高。而对于感知损失函数,只要样本的判定类别结果正确,对判定边界的距离可以忽略。相比折页损失函数,感知损失函数比较简单,而由于不是

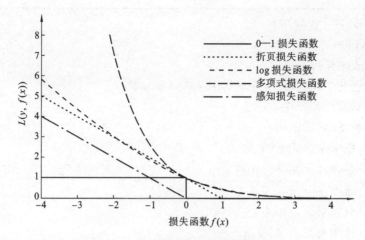

图 5-14 不同的损失函数对模型的影响

最大边界,泛化能力没有折页损失函数的强。

3. 组合方法或者其他修正

组合算法的出现,就是因为某些模型对训练数据集的表现效果不好,利用多个同样的模型组合成一个模型来提高准确率。因此,利用组合思想来改进模型甚至改进模型的训练过程来增加模型对训练数据集的显著性,缓解欠拟合现象。例如,将提升思想运用到决策树中,提高决策树预测的准确率。

5.3.4 选择合适的算法

上面多次提到模型在数据集上的表现(主要针对分类问题),何为表现好,何为表现差,需要给出定量的判断,主要有如下几种方法。

(1) 保持方法:将原始数据集划分为两部分,一部分是训练数据集,另一部分是验证数据集,模型在数据集上的表现就是模型在验证集上的准确率估计。

(2) 交叉验证:将原始数据集分为 k 个部分,依次选择一个部分作为验证集,其他部分作为训练集,模型在数据集上的表现就是模型在各验证集的准确率平均值。

(3) 自助法:在训练样本中有放回的随机抽样,抽取到的样本作为训练集,而没有选中的样本作为检验集,重复 k 次。模型在数据集上的表现就是模型在各验证集上准确率的加权均值。

给定某个数据集,下面的算法给出了如何选择合适的机器学习算法,该算法主要是基于数据集的特征和需求。算法中有五种机器学习算法被考虑。

算法 5-1 从 5 个类别中选择机器学习算法

输入:输入数据集
输出:算法类别
程序:
(1) 预处理以提高数据质量(规范化数据集可能会增加模型处理延迟);
(2) 可视化要求(基于可视化结果选择算法);
(3) 定义目标函数(关注特征属性或预期结果);

(4) 如果选择了特征属性：

(5)　选择特征相关算法(类别 1)；

(6) 否则选择预期结果：

(7)　细分整个数据集(训练数据集与测试数据集)；

(8)　数据集中是否存在标签？

(9)　如果是,则退出标签：

(10)　　选择分类算法(类别 2)；

(11)　　如果只出现部分标签：

(12)　　选择半监督学习算法(类别 3)；

(13)　　如果不存在标签：

(14)　　选择聚类算法(类别 4)；

(15) 执行获得的模型；

(16) 评估结果(进行预测)；

(17) 获得测试分数；

(18)　如果分数令人满意：

(19)　　输出结果；

(20)　如果准确度得分太低：

(21)　　选择合成算法(类别 5),转到步骤(4)；

(22) 重复预设迭代次数；

(23) 输出存疑,选择不同的数据集或降低标准。

5.4　机器学习在通信系统中的典型应用

　　本节将讨论每种机器学习技术的优缺点,并对相应算法的适用通信系统的应用进行了总结,如表 5-3 所示。接着将通信网络中的数据来源进行了分类,然后详细介绍如何将机器学习技术应用于无线通信。

表 5-3　机器学习的分类、相应的优缺点和应用场景

	特　点	缺　点	代　表算　法	应　用
监督学习	针对特定任务的,高效	需大量标记数据	线性回归,随机森林,支持向量机	无线资源分配,编码和解码设计
无监督学习	利用未标记数据	间接,准确率低	k-均值,主成分分析,潜变量模型	用户关联分析,针对恶意用户的攻击检测
强化学习	通过交互进行学习,无直接监督	解释性,需要大量计算资源	Q-学习,异步强化学习,深度强化学习 DDPG,PPO	无人机,自动驾驶,无线缓存
在线学习	不断更新,存储高效	不易受噪声数据的影响	随机梯度下降,在线凸优化	认知无线电,无人机

续表

	特　　点	缺　　点	代 表 算 法	应　　用
基于模型的学习	计算高效	函数逼近粗糙	神经网络,决策树,概率图模型	移动用户的轨迹预测,毫米波的信道建模估计
基于实例的学习	内存消耗过多	不需要学习过程	k-近邻算法	功率谱密度估计,用户需求预测

5.4.1　通信系统中的数据来源

本小节将通信系统中的数据分为无线数据、移动社交网络数据、移动视频流数据、物联网数据、生物医疗数据、企业内部数据、医疗健康数据以及群智感知数据,下面进行一一介绍。

1. 无线数据

无线用户生成的大数据包含了他们在时间和空间上不同维度的光谱活动模式的有用信息。例如,我们可以从数据范围推断数据需求总量随时间的变化、不同频率的干扰功率以及不同地点的拥塞程度分布等。利用这些频谱模式,可以有效地管理无线资源,提高系统频谱的有效性,提高用户服务质量。其中一个应用程序是通过积极主动的无线资源分配实现负载平衡。也就是说,系统操作员可以根据对移动用户分布的估计,调整不同基站发射机的发射功率、频率或方向(如通过扇形天线)。此外,系统操作员可以在预见到区域数据传输量激增时,提前调度移动基站。另一个重要的应用是无线安全监控。利用所得到的用户光谱活动模式,可以根据测量到的实时频谱使用的不匹配情况,检测到无线电环境中的异常现象。上述应用的关键挑战是从大量嘈杂的无线大数据中推导出这样的"射电图",使其能够准确地描述不同维度和尺度的频谱使用模式。

2. 移动社交网络数据

近十年来,互联网数据量激增的一个推动因素是在线社交网络。互联网技术在日常生活中的渗透,特别是近年来移动互联网的渗透,使得即时多媒体通信无处不在。现在,用户生成的社会数据数量已经达到了惊人的水平,可以预见,在未来几年里,将会保持很高的增长趋势。Twitter 的总注册用户大约在 13 亿,每日活动用户大约在 1 亿,每日推文总量超过 1.4 亿。社交网络的数据一方面表现在它与现实世界中的公共事件有着紧密的联系,例如,一场重要的体育比赛或政治竞选活动可能引发持续数日的激烈在线讨论;与此同时,频繁分享对一家新开餐厅的高分在线评价可能会在现实世界中吸引大量顾客。另一方面,移动社交网络数据包含关于个人或社会群体的内容/偏好的丰富信息。例如,我们可以从 Twitter 上推断,一群移动用户在一个著名的旅游景点,但对无线服务不满意,此时通过向附近的基站临时分配更多的带宽来改善旅游体验。在这里,主要的技术领域是阐明用户信息的真正"意义",在此基础上可以采取正确的行动。由于社交网络数据数量巨大,信息的传播形式也不同,如文字或多媒体,因此必须通过先进的机器自动化技术才能做到这一点。

3. 移动视频流数据

世界上超过 80% 的互联网搜索将是视频,如 Youtube 短片、Netflix 视频和 Facebook 直播等。与此同时,在线音乐服务也为剩下的 20％数据做出了很大贡献。这种大数据的一个独特之处是,用户对特定内容的偏好是高度相似和相关的。例如,平均每分钟有总时长 300 小时的视频被上传到 YouTube 上,访问 YouTube 的用户平均每天观看一个小时以上的视频。换言之,在互联网上传输的大部分内容都是重复和多余的。因此,可以利用用户对云内容的偏好来节省系统的有效带宽。例如,可以在边缘服务器预先缓存观看次数最多的视频,这样就不需要实时的回程数据下载。此外,通过在附近多个基站缓存视频内容,以及基站协同(形成虚拟天线阵列)来提高频谱效率,并享受移动终端的无缝切换服务。此外,从每个用户对多媒体内容的偏好可以用来预测用户未来的需求,网络运营商根据这种需求进行预测或推荐行动。在这方面,一个主要的技术挑战是准确地估计用户的偏好分布。另一个挑战是正确地为未来参考/搜索的大量视频贴上标签。在这种情况下,手工标记工作在大型网络中是不可行的,设计面向内容的无线传输需要人工智能技术。

4. 物联网数据

物联网中分布着海量的数据采集设备,一方面可以采集简单的数值型数据,如 GPS 等,又可以采集复杂的多媒体数据,如音频等。为了满足分析处理的需求,不仅需要存储当前的采集数据,还需要存储一段时间范围内的历史数据。另外,由于物联网中数据采集设备种类的多样性,所采集数据的类型也各不相同,因此物联网中采集的数据具有异构性。同时,每个数据采集设备都有地理位置,每个采集数据都有时间标签。物联网数据在采集和传输过程中会产生大量的噪声,而且在采集设备不断采集的数据集中,有价值的只是其中极少一部分的状态异常数据,而这些数据将在通信系统中广泛传播以获得新的服务体验。

5. 生物医疗数据

随着一系列高通量生物测量技术在 21 世纪初革新性的发展,生物医学领域的前沿研究也正步入大数据的信息时代。通过构建智能、高效的生物医学特有大数据的方法及理论体系,可以揭示复杂生物现象背后的本质控制机理。这不仅将决定生物科学未来的发展,更将决定谁能在医疗、新药研发、粮食生产等一系列事关国计民生与国家安全的重要战略产业发展中占领先机。

人类基因组计划的完成和测序技术的不断发展,也使大数据在该领域的应用越来越广泛。基因测序所产生的大量数据,根据不同应用需求进行专业化分析,使之与临床基因诊断相结合,对疾病的早期诊断、个体化治疗提供宝贵信息。参考华金证券股份有限公司研究所报告,目前国家基因库的原始数据量已经达到 1000 TB。可以预见,随着生物医学技术的发展,基因测序将变得更为快捷,而由此产生的生物医学大数据无疑将会不断膨胀。此外,临床医疗、医学研究所产生的数据也在快速增长。

6. 企业内部数据

企业内部数据主要来自联机交易数据和联机分析数据,这些数据大部分是历史的静态数据,并且多以结构化的形式被关系型数据库管理。生产数据、库存数据、销售数据、财务数据等构成了企业内部数据,它们将企业内部的所有活动都尽可能的信息化、数据化,用数据记录企业的每个活动。近几十年来,在提高业务部门的盈利能力方面,信息技术和数字数据功不可没。不断增加的业务数据量需要进行更有效的实时分析,以获得更多的优势。

7. 医疗健康数据

医疗数据是持续、高增长的复杂数据，蕴涵的信息价值也丰富多样。对其进行有效的存储、处理、查询和分析，大数据的应用无疑具有无尽的开发潜力。对于医疗大数据的应用，将会深远地影响人类的健康。例如，安泰保险公司为了帮助改善代谢综合征患者的生活状态，从近千名患者中选择102名进行实验。他们连续三年在一个独立的实验室工作，通过对患者60万个化验结果和18万起索赔事件的检测，以评估患者的危险因素，组合出针对个体的高度个性化的治疗方案。该实验得出结论，医生可以通过他汀类药物及减重5磅（1磅＝0.454千克）的健康指导，使得患者在未来10年的发病率减少50％。同样的，有众多医疗健康数据将会为未来人类身体和心理的健康诊疗带来巨大的帮助。

8. 群智感知数据

随着无线通信和传感器技术的高速发展，智能设备集成了越来越多的传感器，拥有越来越强大的计算和感知能力。在这样的背景下，群智感知应用走上移动计算的核心舞台，大量普通用户使用移动设备作为基本感知单元，在移动互联网进行写作，实现感知任务分发与感知数据收集利用，最终完成大规模的、复杂的社会感知任务。群智感知中，完成复杂感知任务的参与者并不需要拥有专业技能。以众包为代表的群智感知模式已成功运用于图像地理信息标记、定位与导航、城市道路交通感知、时长预测、意见挖掘等多项人力密集的应用。

5.4.2　基于监督/非监督学习的通信建模优化

根据机器学习算法是否需要人工监督，机器学习模型一般可分为三类，即监督学习、无监督学习和强化学习。

监督学习已经得到了广泛的应用和发展。应随时提供大量带有标记的数据，以便学习观察到的训练样本与预期产出之间的函数映射。监督学习的优点是收敛速度快，动作质量高，虽然它们通常需要大量的数据被手工标记，这使得数据处理更加复杂。

通信系统中应用监督式学习的可能场景可以是无线资源分配、编码器和解码器设计，其中应用程序的目标划分清晰，收集可靠的训练数据相对容易且成本较低。不受监督的学习表明，在不依赖外部资源和人力监督的情况下，有可能使用大量未标注的数据来学习基本的信息结构。无监督学习的优点是不需要事先的知识（如渠道分布信息）。然而，这是以降低精确度为代价的。无监督学习的另一个缺点是它隐含在特征提取中，特别是自动发现的基于数据驱动的信息并不总是代表现实世界的情况。鉴于上述特点，无监督学习适用于解决通信系统中用户交互、混合多重访问用户分组、恶意用户攻击检测等通信应用。

强化学习最初的设计是通过在不同的、不确定环境中的适应和交互来发现最佳的行动空间，这提供了另一种从未标记的数据中学习的方式，只要在通过尝试和错误学习的过程中给予正反馈或负反馈。与受监督/无监督的学习相比，强化学习不需要直接监督。此外，互动式学习模式还提供了学习行动的能力，从而使自己适应以获得更好的表现。强化学习的缺点是资源成本巨大。另一个缺点是缺乏可解释性，特别是由此产生的模型可能会产生令人鼓舞的性能,但是它提供了有限的能力来解释模型中间发生的事情。强化学习通常适用于无人驾驶飞行器通信、自主驾驶、移动边缘计算和无线缓存部署。

5.4.3　基于增量学习的延时敏感型通信应用

根据机器学习算法是否具有增量学习的能力,机器学习模型可以分成两个子集。

基于增量学习的算法通常在学习任务之前收集到一定数量的训练数据后对模型进行训练。这种学习方式的优点是允许更多的实时数据参与到所有可用数据的机器学习中,并且该模型一般不经常更新。增量学习的主要优点是收敛速度快。然而,增量学习可能不适合实时学习严格的延迟要求。因此,可能的应用方案是无线缓存或无线卸载。

在线学习框架通过不断改变和调整其结构和参数,使模型能够从一系列按顺序到达的数据实例中学习。在解决大规模的学习问题中,学习计划具有记忆力和很强的伸缩性。在线学习的一个显著优点是它适合实时处理,但其收敛速度是缓慢的。因此,在线学习可以用于认知动态网络或无人机运动调度。

5.4.4　基于高准确率-轻量计算的通信预测服务

根据这些方法是否能根据现有通信数据的训练预测未来的发展趋势,机器学习模型可以分成两部分,即基于实例的学习算法和基于模型的学习算法。

基于实例的学习算法使用训练数据中的整组实例来构造推理结构,并根据它一般会与相似性质的原理来预测不可见的实例。虽然训练时不需要学习阶段,所以容易推广,但在训练中主要关注的是搜索速度缓慢和内存消耗过大问题。基于实例的学习的一个显著优点是,它不需要事先的模型假设。因此,基于实例的学习适合复杂的无线场景,如频谱密度估计或用户需求预测。然而,要实现这种基于实例的学习方法,需要大量数据集。

基于模型的学习算法旨在确定或调整所设计算法的最佳参数,以便能够最大限度地降低对目标函数的成本,并最大限度地提高对看不见的测试数据的推广能力。这些模型通常受到广义函数近似的影响,但提供了更高的计算精度。基于模型的学习的主要优点是实现成本低,但需要准确的知识。基于模型的学习可以用来解决移动用户的轨迹预测、毫米波通信的信道建模估计等问题。

5.4.5　基于无监督学习的卫星数据处理

随着卫星系统支撑应用设备的快速增长,数据的传输和分析均耗费大量时间和资源。基于人工智能的卫星系统基站和终端的定位、追踪方案如图 5-15 所示,其中历史信息包含固定终端设备的运动模式和状态、固定终端设备轨迹跟踪和基站天线定位模块。终端配备了多种传感器,包括全场感知仪、变焦中/高分辨率成像仪和变光谱分辨率成像仪、GPS(位置和方向)、电子罗盘、测量计、电子测角仪、信号电平接收仪、惯性导航单元等。基于这些感知数据以及卫星天线中的历史数据,设计基于强化学习方法对这些数据进行建模和学习,找到其中的规律。所实现的人工智能方法通过对终端传感设备收集方向、角度、速度等历史信息,以及对历史数据进行自学习得到终端的位置和行为轨迹的实时情况及其预测状态。例如,强化学习中的马尔科夫决策过程、值迭代法等,确保在地球上的移动基站和终端能够采用最大的天线信号完成数据通信,使卫星系

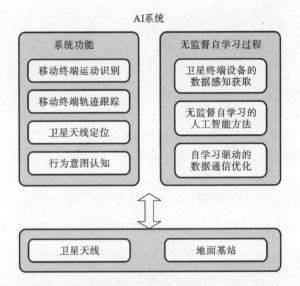

图 5-15 卫星系统基站和终端的定位、追踪架构

统中的移动通信服务受到相邻基站的通信干扰限制在一定范围之内。

1. 移动终端运动识别

当前终端配备有 GPS 接收器、电子罗盘、电子测角仪和卫星接收器,可以选择相关信号,在接收过程中将最大化接收功率。通过调节两个步进电机移动碟形天线的方位角和仰角,并且馈电处的第三个电机允许极化旋转至与接收信号对齐。在理想条件下,这些传感器应提供数据以完美地校正方位角/仰角,但由于各种原因,来自传感器的数据并不完美,这导致初始计算中产生误差。挑战在于找出误差的来源,它们如何依赖于当地的环境条件,以及如何利用机器学习来最小化这些误差。研究固定环境下卫星多元感知数据的协同策略,兼顾感知性能与资源的优化配置,以平衡系统开销和感知效率。

在研究行星环境中卫星多感知数据的协调策略时,应考虑感知性能和资源的最优分配,以平衡系统开销和感知效率。通过数据分析获得移动终端的移动轨迹状态,它包括移动终端感知数据的过滤和校正方法设计,解决了不确定性对天体中卫星,卫星和地面基站之间通信干扰引起的感知数据的影响,研究基于统计学习方法和推理机制,定义移动终端运动模型,建立分类识别模型框架,以提高移动终端的移动识别,消除感知计算过程中自组织映射和数据依赖的不确定性,提出更有效的感知决策推理机制。

在给定终端的位置(经度、纬度)和高度的情况下,固定终端将具有唯一且确定的方位角、仰角,其将指向盘朝向特定卫星。在理想条件下,采集是一个一步到位的过程。对自适应采集的需求是由方位角和仰角的不确定性(即平台的方向可能不是真的朝北,平台可能不是完全水平),以及位置误差引起的,如图 5-16 所示。另外由于天气、地面状况不好,载体会发生剧烈颠簸,这会造成卫星与地面基站由于干扰等因素引发不确定性从而对感知数据造成影响。现有设备使用软件算法来驱动指向电机在 3～7 min 完成采集。有竞争力的产品可以在不到 3 min 的时间内完成采集,研究的目标是开发支持 AI 算法的系统,以大幅缩短采集时间。

如图 5-17 所示,第一个挑战是弄清楚误差的来源,它们如何依赖于当地的环境条件,以及如何利用机器学习来最小化这些误差。第二个挑战是研究这些传感器数据的

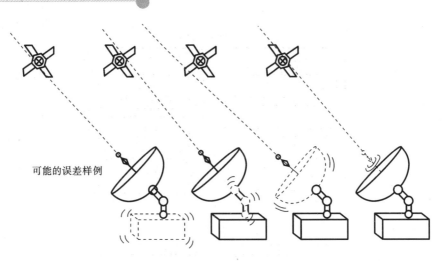

可能的误差样例

图 5-16   可能的误差来源

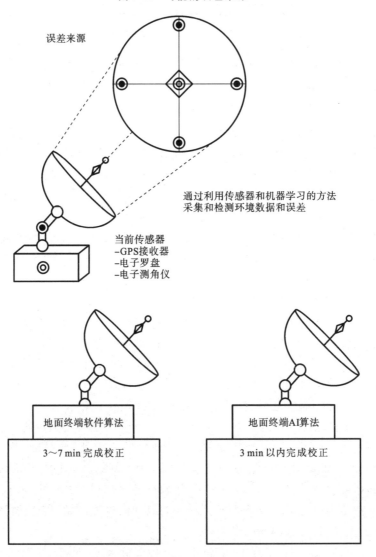

误差来源

通过利用传感器和机器学习的方法
采集和检测环境数据和误差

当前传感器
-GPS接收器
-电子罗盘
-电子测角仪

地面终端软件算法

3～7 min 完成校正

地面终端AI算法

3 min 以内完成校正

图 5-17   数据过滤与校正任务说明

融合,以进一步减少误差。针对目前传感器、GPS 接收器、电子罗盘、电子测角仪等,找出误差来源进行修正,或者通过融合这些传感器的数据相互校正以减少误差。

2. 基于多模态数据融合的误差校正

研究卫星系统感知数据采集和传输过程中所受干扰对其真实性的影响以及准确衡量采集值与真实值之间的偏差,以及实现多源多模态数据的有效融合具有很强的意义。具体包括设计感知数据特征提取方法,进一步消除数据冗余以满足系统资源和实时性要求;设计高效的训练序列和模型匹配方法对误差进行检测,并进一步得到误差的分布模型;运用估计与补偿手段提高感知数据的精确度,完成复杂卫星系统多元感知信息的有效获取。

在传统的感知系统中,运用小波变换方法识别异常数据具有积极的研究意义且取得了很多有价值的成果,然而实际应用中人体和机体的变速运动、外界干扰、环境瞬时变化等均会导致小波变换方法存在着误判的风险,而且在识别过程中,异常点的评估既不能以单传感器的瞬时异常为绝对异常特征,也不能以某一区域内的个别传感器数据异常为绝对异常特征。另外,采用多传感器间的协同决策及融合处理方法,能够增强识别的准确性并进一步对异常数据进行校正。

具体来说,首先采用小波变换对原始信号进行去噪声处理。利用小波收缩方法对高频部分的小波系数设置阈值,将绝对值较小的系数清零,而保留或者收缩绝对值较大的系数,通过对经阈值处理后的系数进行逆变换,即可完成去噪。数据进行小波降噪的过程中,拟采用自适应的动态全局阈值,其重点是在前人工作的基础上对全局阈值进行选择和改进。

因此,这里试图采用小波变换对原始信号进行去噪处理。利用小波收缩方法设置高频部分小波系数的阈值,通过对阈值处理后的系数进行逆变换,将绝对值较小的复位系数设为零,保留或缩小绝对值较大的系数完成去噪。在数据小波去噪的过程中,试图采用自适应动态全局阈值,重点是如何在以前的工作基础上选择和提高全局阈值。

在此基础上,针对人工智能系统及卫星系统的特点,以及单个传感器数据在时频上的关联和多个传感器数据在空间上的关联,设计一种时域、频域和空域相结合的异常感知数据综合协同检测与校正的方法,在单传感器上应用小波变换方法在时域和频域上对各传感器产生的数据进行判定并完成滤波,剔除传感器采集数据中受到的噪声干扰。之后,结合链路信息设定新的传输策略,提高数据传输质量以减少异常数据的出现。在现有研究基础上,设计具有 QoS 保证、容错性、抗干扰的数据传输机制,纳入传输误码率作为度量的影响因子,并在感知数据传输过程中充分挖掘多源数据的融合功效,对同区域内针对相同目标采集的数据进行融合,消除或补偿传感器的非线性误差。最后建立具有学习能力的协议模型。

无监督自学习的人工智能方法利用信息处理手段自动分析信息,从而在历史信息中找到一定的规律。学习模块先对移动目标区域捕获、移动特征提取和移动特征识别。通过无监督学习建模,先将卫星系统的感知数据信息作为输入端,经过隐藏层的学习过程对其数据进行处理,得到对项目有价值的信息。目标区域捕获环节将卫星系统有价值的区域从大量的无用信息中提取出来,特征提取环节对于有价值的目标区域信息进行目标的特征提取,特征识别模块根据历史信息的一些特征利用模式匹配、判别函数等识别理论对移动信息进行分类与描述。

无监督自学习的人工智能方法还可以针对目标应采取哪种工作模式最优,参数设置是否最优等,对目标价值评估和应激方案规划最优的系统问题,以此进行智能决策。在一个传输数据包中,由于可能同时存在多个目标,其中有些目标是用户比较关注的,如卫星速度、位置信息等,而另一些目标则可以忽略。这些目标的重要程度可以用目标偏好函数来定量表示。目标捕获环节的输出即识别向量,输入到目标偏好函数中,由系统判断卫星天线的实时定位情况和轨迹。然后系统将重要的目标提取出来并检索案例库中的案例与之进行相似度的检测。将历史决策根据修改规则,参考当下环境进行修改,进而得到拟决策向量。对拟决策向量进行决策指标的提取,通过特定算法估算对应某个探测模式、指向、谱段组合规划方案是否满足目标阈值,若不满足则循环上述过程,重新进行模式规划,直到满足目标阈值,进入下一步的参数与路径应激规划系统。参数与路径应激规划系统包括建立变化算法,得到基于参数与路径偏好向量函数并引入基于参数与路径的应激成像仿真向量,通过特定算法选择循环参数与路径规划向量,得到最佳参数与路径组合。最佳的模式、参数和路径规划方案作为最终应激决策向量,并返回修正案例库。

针对卫星系统运行不良状况产生原因的复杂性和不确定性,仅采用单一数学模型进行预测存在一定的局限性,使得态势预测的结果可信度下降。可以融合多个数学模型对终端移动态势进行定性或定量预测,并将多模型的预测结果进行合并,从而达到消除单个模型的认知"盲区"和优化预测结果的目的。设计参试目标状态数据同步分析和综合决策方法,将这些感知数据根据各自的属性划分决策级别,根据模糊统计数学原理及贝叶斯理论先验方式,依据传感器实时采集的数据计算出传感器参与决策的置信度,实现最小范围的综合决策处理。

3. 卫星天线定位

单片机发出信息,通过云台控制电路,控制云台的上下左右运动,如图 5-18 所示。为了能正确地控制天线,我们在卫星天线上安装了电子罗盘和测角传感器,它们把卫星

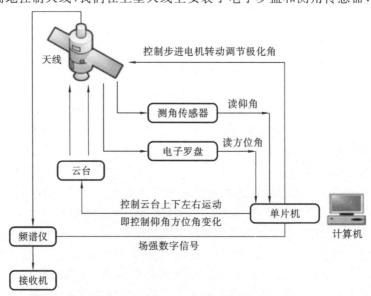

图 5-18　卫星天线定位装置

天线当前的方位角和仰角以数字量的形式传送给单片机,并与计算机传给单片机的卫星天线的参数比较,若计算出的倾角大于或小于当前实际值,编制程序控制云台动作,直到当前的实际值和计算值相等,云台停止运动,控制结束。单片机通过步进电机来控制高频头的极化角变动,高频头极化角是采用频谱仪测量的。将频谱仪一端和卫星天线高频头的信号线相连,另一端与卫星接收机相连,并将八位场强指示电路中的数字信号输入单片机,单片机可根据显示的高电平数值来判断卫星信号的场强,从而进一步去控制步进电机转动高频头,达到理想效果,最终实现卫星天线的定位目的。

移动卫星通信中,地面移动站的天线方位角和俯仰角随时间快速变化,为了建立地面基站和卫星之间的通信,就需要实现天线的定位和跟踪,以保证天线波束始终指向卫星。其中存在一个很大的挑战就是由于传感器的误差,导致定位不精确。除了找出传感器误差来源进行修正,还有一种方案是研究涉及不同传感器的替代架构。例如,如果具有厘米级别分辨率的增强型 GPS,我们可以使用几个 GPS 接收器来代替数字罗盘和测角仪,具体方案如下。

在云台上多使用几个高精度 GPS 接收器,然后进行 GPS 差分定位,来代替数字罗盘和测角仪,推测出电子罗盘和天线指向的角度。将几台 GPS 接收机安置在地面站上进行观测。根据 GPS 接收器已知的精密坐标,计算出 GPS 接收器到卫星的距离修正值,并由 GPS 接收器实时将这一数据发送出去。中断接收机在进行 GPS 观测的同时,也接收到 GPS 接收器发出的修正值,并对其定位结果进行改正,从而提高定位精度。

GPS 差分定位分为三类,即位置差分、伪距差分、相位差分。可以使用位置差分原理,通过安装在地面站上的 GPS 接收机观测 4 颗卫星后便可进行三维定位,解算出地面站的坐标。由于存在轨道误差、时钟误差、选择可用性(selective availability,SA)影响、大气影响、多径效应以及其他误差,计算出的坐标与地面站的已知坐标是不一样的。通过在地面站盘上面部署几个(如 4 个)GPS 接收器,如图 5-19 所示,得到多个 GPS 定位坐标值,从而可以精确获取地面站的坐标。此外,根据多个 GPS 定位坐标值,对比GPS 安装位置以及盘/天线的相对位置,可以估算天线的当前转角和仰角。

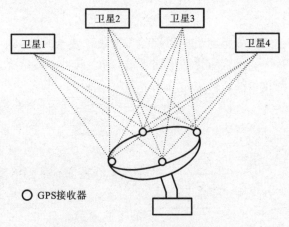

图 5-19　多 GPS 接收器差分定位

6

面向新一代通信系统的人工智能技术

　　面向新一代通信系统的人工智能技术的重点是以深度学习、强化学习和无标签学习为主导,以此促进通信网络的优化和提升。深度学习具有数据特征学习的能力,特别是在处理非结构化的数据(如图像数据、文本数据、语音数据等)时性能变得更加突出。系统需要对大量的结构化和非结构化数据进行识别和理解,建立相应的模式,当需要分析大量的难以用传统的手工特征设计方法提取特征的数据或者非结构化的数据时,深度学习方法更能体现出其优势。同时将深度学习和强化学习技术联合起来提高了处理高维输入的能力,共同解决传统方法很难处理的复杂场景问题。无标签学习为非人为干预地补充自动标签数据,引领新一代数据处理的新方法。在数据量大、速度快的通信网络环境中使用新一代人工智能技术,可以更好地帮助决策者采取正确的行动,逐渐提高系统的自动化水平。本章详细讨论深度学习、强化学习和无标签学习技术的理论和方法,同时介绍了人工智能技术在通信系统中的几种典型应用。

6.1　深度学习

　　深度学习技术在图像分类和语音识别领域取得了重大突破,这里考虑将深度学习技术运用于通信领域构建出智能化的通信系统,则会有更多的可能性。下面着重讨论深度学习的实现步骤和几种在通信系统中常用的深度学习算法。

　　深度学习的技术表面上看起来很复杂,简单来说分为三个步骤:定义神经网络架构、确定学习目标、学习,如图 6-1 所示。

　　(1) 定义神经网络架构。

　　定义神经网络架构其实就是为要解决的问题选择合适的解决方法,那么在进行图像分类时可以使用本章中介绍的卷积神经网络、深度信念网络、堆叠自编码等深度学习架构,同时还需要确定网络的层次结构设置等。这个步骤相当于定义了从输入

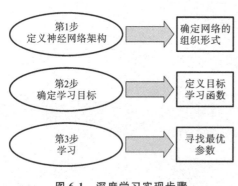

图 6-1　深度学习实现步骤

数据 x 到输出 y 的函数 f。

（2）确定学习目标。

根据要解决的问题确定学习目标,具体来说,就是需要确定使用的目标函数,最终能通过网络参数的调整找到最优的函数 f,得到最优的目标函数值。

（3）学习。

使用训练数据集对定义好的网络结构和目标函数进行训练。经过若干次的迭代,得到训练完成的网络结构。这样的网络结构能使目标函数达到最优,也就是寻找到最优的函数 f。

6.1.1　人工神经网络

人工神经网络(artificial neural network,ANN)是受到人脑结构和功能的启发而抽象出来的一种数学模型。当前,ANN 已经在模式识别、图像处理、智能控制、组合优化、机器人以及专家系统等领域获得了广泛的应用。具体来说,人工神经网络和人脑有很多相似之处,是由一组连接的输入、输出单元构成的,中间有若干层隐藏层,相互连接的节点存在相关联的权重。在训练学习阶段,能够根据预测输入元组的类标号和正确的类标号学习调整这些权重。ANN 作为模拟人脑结构的一种数据模型,在认知系统的分析应用中可以解决一些问题,本节将对人工神经网络的基本组成部分进行介绍。

1. 感知器

感知器模型是最简单的人工神经网络,由输入层和输出层组成,没有隐藏层。输入层节点用于输入数据,输出层节点用于模型的输出。感知器模型结构如图 6-2 所示。将感知器模拟成人类的神经系统,那么输入节点就相当于神经元,输出节点相当于决策神经元,而权重则相当于神经元之间连接的强弱程度。人类的大脑可以不断地刺激神经元,进而学习未知的知识,同样感知器模型通过激活函数 $f(x)$ 来模拟人类大脑的刺激。这也是人工神经网络名称的由来。

从数学的角度,每一个输入相当于事物的一个属性,属性反映事物的程度就用权重来表示,加上偏离程度就得到输入 x,用函数作用于输入 x 就得到输出 y,数学公式如下:

$$x = w_1 x_1 + w_2 x_2 + \cdots + w_n x_n + b \Rightarrow y = f(x) \tag{6-1}$$

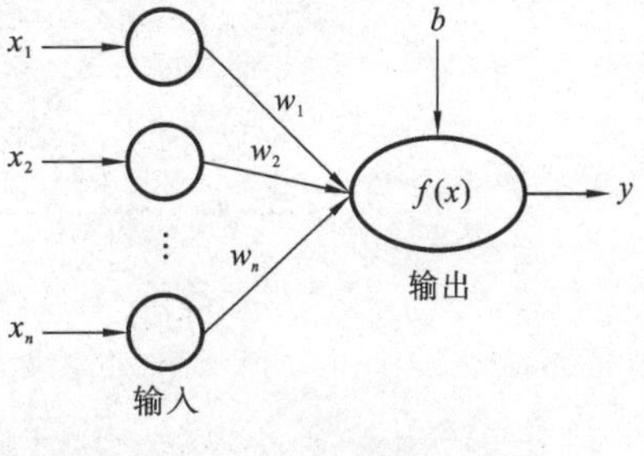

通常并不一定能得到理想的结果,严格意义上应该用 $\hat{y}$ 来表示感知器模型的输出结果,其数学表示为

图 6-2　感知器模型结构图

$$\hat{y} = f(w \cdot x)$$

式中:w 和 x 都是 n 维向量。

一般情况下,激活函数 $f(x)$ 使用 sigmoid 函数 $\sigma(x) = \dfrac{1}{1 + \mathrm{e}^{-x}}$ 或者双曲正切函数 $\tanh x = \dfrac{\mathrm{e}^x - \mathrm{e}^{-x}}{\mathrm{e}^x + \mathrm{e}^{-x}}$,函数曲线如图 6-3 所示。

显然,想要得到好的结果,需要合适的权重,但是事先又无法知道精确的权重值,因此必须在训练的过程中动态地调整权重。其权重更新公式如下:

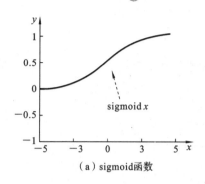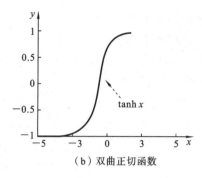

（a）sigmoid函数　　　　　　（b）双曲正切函数

图 6-3　感知器激活函数

$$w_j^{(k+1)} = w_j^{(k)} + \lambda(y_i - \hat{y}_i^{(k)})x_{ij}, \quad j = 1, 2, \cdots, n \tag{6-2}$$

式中：$w_j^{(k)}$ 是指经过 k 次循环后第 j 个输入链的权值；x_{ij} 是第 i 个训练样本中的第 j 个属性值，参数 λ 称为学习率。

学习率反映了感知器模型学习的速度，一般取值在区间 $[0,1]$，以便更好地控制循环过程中的调整量。$\lambda \to 0$ 时，新的权值会受到旧的权值的影响，学习速率慢，但是更容易找到合适的权值；$\lambda \to 1$ 时，新的权值主要受当前的调整量影响，学习速率快，但是可能出现跳过最佳权值的现象。因此，在某些情况下，往往前几次循环让 λ 大一些，而后的循环 λ 逐渐减小。

2. 多层人工神经网络

感知器模型是没有隐藏层的人工神经网络，包括一个输入层和一个输出层；而多层人工神经网络由一个输入层、一个或多个隐藏层和一个输出层组成，结构如图 6-4 所示。

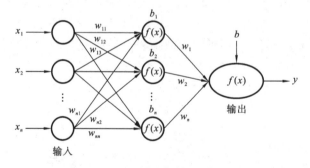

图 6-4　多层人工神经网络结构

人工神经网络基本组成单元是神经元，它具有三个基本的要素：

（1）一组连接，这个连接与生物神经元的突触相似，各连接节点上的权重表示互连的强度。若权重为正，则表示激活；若权重为负，则表示抑制。其数学表示为

$$\begin{cases} w = (w_1, w_2, \cdots, w_n) \\ w_i = (w_{i1}, w_{i2}, \cdots, w_{in}), \quad i = 1, 2, \cdots, n \end{cases} \tag{6-3}$$

（2）一个求和单元，用于求取各输入信号的加权和（线性组合），一般会加上一个偏差或者阈值 b_k。其数学表示为

$$\begin{cases} \mu_k = \sum_{j=1}^{n} w_{kj} x_j \\ \nu_k = \mu_k + b_k \end{cases} \tag{6-4}$$

（3）一个非线性激活函数,非线性映射作用是将神经元的输出映射到一定范围内
（一般为$(0,1)$或$(-1,1)$）。其数学表示为

$$y_k = f(\nu_k) \tag{6-5}$$

式中:$f(\cdot)$为激活函数。

对于人工神经网络的隐藏层个数、输入/输出和隐藏层每层的神经元个数以及每一
层神经元的激活函数选择方式,没有统一的规则,也没有针对某种类型案例的标准,需
要人为的自主选择或者根据自己的经验选择。因此,网络的选择具有一定的启发性,这
也是有些学者认为人工神经网络是一种启发式算法的原因。综合上述过程,可以得到
人工神经网络模型的一般步骤,如图 6-5 所示。

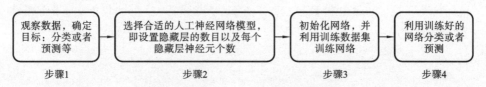

图 6-5 通用人工神经网络建模步骤

3. 前向传播和反向传播

与感知器模型一样,对于一个多层网络,关键在于确定一组层中节点间的权重,以
使网络拥有相应的功能,这样网络才具有实际应用价值。人工神经网络利用反向传播
算法解决这一问题。在介绍反向传播算法之前,我们需要先了解网络是如何前向传播
的,如图 6-6 所示。

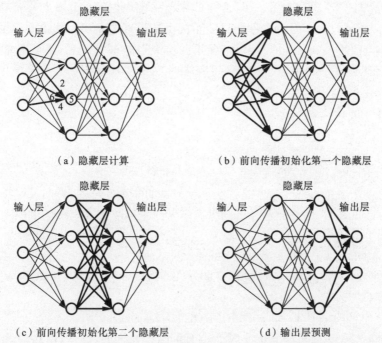

图 6-6 人工神经网络前向传播输出预测结果（两个隐藏层,每层有 4 个神经元）

1）前向传播

输入层输入数据之后向隐藏层传递,对于隐藏单元 i,其输入为 h_i^k。h_i^k 表示第 k 层
的第 i 个隐藏单元的输入,b_i^k 表示第 k 层的第 i 个隐藏单元的偏差。相应的输出状

态为

$$h_i^k = \sum_{j=1}^{n} w_{ij} x_j + b_i^k \rightarrow H_i^k = f(h_i^k) = f\left(\sum_{j=1}^{n} w_{ij} x_j + b_i\right) \tag{6-6}$$

为了方便表示,通常令 $x_0 = b, w_{i0} = 1$,则第 k 层隐单元到第 $k+1$ 层的前向传播公式为

$$\begin{cases} h_i^{k+1} = \sum_{j=1}^{m_k} w_{ij}^k h_j^k \\ H_i^{k+1} = f(h_i^{k+1}) = f\left(\sum_{j=1}^{n} w_{ij}^k h_j^k\right) \end{cases} \quad i = 1, 2, \cdots, m_{k+1} \tag{6-7}$$

式中:m_k 为第 k 层隐单元神经元个数;w_{ij}^k 为第 k 层到第 $k+1$ 层的权重向量矩阵中的元素。则最终的输出为

$$O_i = f\left(\sum_{j=1}^{m_{M-1}} w_{ij}^{M-1} H_j^{M-1}\right) \quad i = 1, 2, \cdots, m_o \tag{6-8}$$

式中:m_o 为输出单元个数(人工神经网络中可以有多个输出,但是一般都会设置成一个输出);M 为人工神经网络的总层数;O_i 为第 i 个输出单元的输出。

在人工神经网络中,每一个数据集使用唯一的权重和偏差进行修改。

2) 反向传播

式(6-7)和式(6-8)描述了神经网络的输入数据的前向传播,下面介绍神经网络的反向传播算法,以及通过学习或者训练过程更新权重 w_{ij} 的过程。我们希望人工神经网络的输出和训练样本的标准值一样,这样的输出称为理想输出。在实际应用中完全达到理想输出是很困难的,但会尽量地让实际输出接近理想输出。假设实际输出和理想输出之间的差值用 $E(w)$ 表示。那么,寻找一组恰当的权重问题,也就是求适当 w 的值,使 $E(w)$ 达到极小的问题。O_i^s 表示训练样本为 s 的情况下第 i 个输出单元的输出结果。

$$E(w) = \frac{1}{2} \sum_{i,s} (T_i^s - O_i^s)^2$$

$$= \frac{1}{2} \sum_{i,s} \left[T_i^s - f\left(\sum_{j=1}^{m_{M-1}} w^{M-1} H_j^{M-1}\right) \right]^2 \rightarrow \min E(w) \quad i = 1, 2, \cdots, m_o \tag{6-9}$$

对于每一个变量 w_{ij}^k 而言,这是一个连续可微的非线性函数,为了求得其极小值,一般都采用梯度下降法,即按照负梯度的方向不断地更新权重直到满足用户设定的条件。所谓梯度的方向,就是对函数求偏导数 $\nabla E(w)$。假设第 k 次更新后权重为 $w_{ij}^{(k)}$,如果 $\nabla E(w) \neq 0$,则第 $k+1$ 次更新权重如下:

$$\nabla E(w) = \frac{\partial E}{\partial w_{ij}^k} \Rightarrow w_{ij}^{(k+1)} = w_{ij}^{(k)} - \eta \nabla E(w_{ij}^{(k)}) \tag{6-10}$$

式中:η 为该网络的学习率,与感知器中的学习率 λ 的作用相同。

当 $\nabla E(w) = 0$ 或者 $\nabla E(w) < \varepsilon$ 时停止更新,ε 为允许的误差。将此时的 w_{ij}^k 作为最终的人工神经网络权重。我们将网络不断调整权重的过程称为人工神经网络的学习过程,而学习过程中所使用的算法称为网络的反向传播算法。

以下通过一个实例介绍 ANN 反向传播调整权重和偏差。

当更新输出层第一个神经元到第二个隐藏层权重以及第一个输出神经元的偏差

时,需要计算出前向传播的输出结果和实际结果的误差,如 3;然后计算出每个权重和偏差的梯度,如权重和偏差为 5、3、7、2、6,对应的梯度为−3、5、2、−4、−7。最后计算出更新后的权重和偏差,如 5−0.1×(−3)=5.3(0.1 为用户设置的学习率),6−0.1×(−7)=6.7。

　　输出误差将反向传播到第二个隐藏层,更新输出层和第二个隐藏层的权重及输出层的偏差,如图 6-7(c)所示。第二个隐藏层的误差将反向传播到第一个隐藏层,更新第二个隐藏层和第一个隐藏层的权重及第二个隐藏层的偏差,如图 6-7(d)所示。直到误差传播到输入层,更新第一个隐藏层和输入层的权重及第一个隐藏层的偏差,这时整个网络的权重和偏差都被更新,如图 6-7(e)所示。这种更新权值的过程在 ANN 中称为反向传播,这会在上一个权重更新中不断迭代。

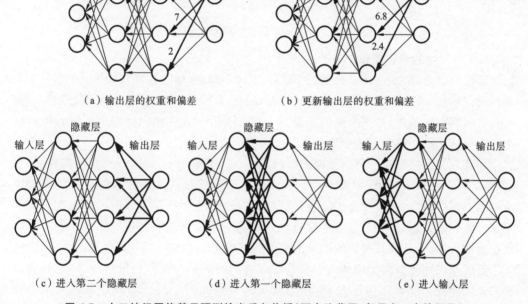

图 6-7　人工神经网络基于预测输出反向传播(两个隐藏层,每层有 4 个神经元)

　　神经网络的反向传播过程揭示了误差的传播是越来越小,这就限制了网络中隐藏层的层数,如果隐藏层层数过多,在反向传播过程中,误差将不能传递到前几层,导致无法更新相应的权值和偏差。

6.1.2　卷积神经网络

　　卷积神经网络(convolutional neural network,CNN)是一种前馈神经网络,与传统的前馈神经网络相比,采用权重共享的方法可以减少网络中权重的数量,降低计算复杂度。这样的网络结构和生物神经网络相似。卷积神经网络采用监督学习方法,在语音识别和图像领域应用广泛。认知系统需要理解数据,描述一个数据集的特征,发现数据中存在的关系和模式,建立模型并做出预测。卷积神经网络在语音识别、图像检测和识别领域表现优秀,认知计算操作的数据集是语音数据或者图像数据时,使用卷积神经网络是一个很好的选择。本节首先介绍卷积和池化操作,然后介绍 CNN 的训练过程。

卷积神经网络由多层组成,通常包括输入层、卷积层、池化层、全连接层和输出层。根据具体的应用问题,像搭积木那样选择使用多少个卷积层和池化层,以及选择分类器。LeNet-5 使用的卷积神经网络的结构如图 6-8 所示,包含 3 个卷积层、2 个池化层、1 个全连接层、1 个输出层共 7 层组成。

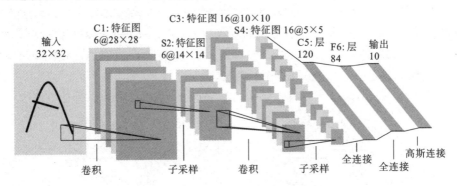

图 6-8　LeNet-5 中的卷积神经网络结构

1. CNN 中的卷积操作

建立一个处理 500×500 像素图像的人工神经网络,输入层需要设置 500×500 个神经元,假设隐藏层设置 10^6 个隐藏神经元(隐藏单元)。所有的隐藏神经元和输入神经元之间都存在连接,每一个连接设置一个权重参数。这里我们比较全连接的神经网络和部分连接神经网络权重参数的数量。

当建立全连接的神经网络处理图像时,输入层和隐藏层之间的权重参数需要 $500 \times 500 \times 10^6 (=25 \times 10^{10})$ 个,如图 6-9(a)所示。使用全连接的神经网络用于大图像的理解时会面临参数过多、计算量无法承受的问题。人在感受外界图像信息时每次只能看到部分图像的信息,但是人却能通过每次感受的局部图像理解完整的图像。借鉴人理解图像的方法,设计滤波器提取图像的局部特征应用于对整个图像的理解。

这就是使用滤波器实现输入层和隐藏层之间的局部连接。设置 10×10 的滤波器模仿人眼感受局部的图像区域,这时隐藏层的神经元间是通过滤波器和输入层中的 10×10 区域连接起来的。隐藏层有 10^6 个隐藏神经元,隐藏层和输入层之间的滤波器就有 10^6 个,所以输入层和隐藏层之间连接的权重数量就变成 $10 \times 10 \times 10^6 (=10^8)$ 个,如图6-9(b)所示。

全局连接改成局部连接已经将权重数量从 25×10^{10} 个减少到 10^8 个,但是权重数量过多、计算量巨大的问题依然没有解决。因为图像有一个固有的特性,即图像中的一部分统计特征类似于其他部分,也就是说从图像学习到的一些特征同样可以适用于图像的其他部分,因此对于图像上的所有位置,可以使用同样的学习特征。一个滤波器是一个权重矩阵,体现的是图像的一个局部特征。

同一个滤波器自然就可以应用于图像中的任何地方。10^6 个 10×10 滤波器对应的是图像中 10^6 个不同的 10×10 区域。如果这些滤波器完全相同,则将局部特征应用于整个图像,这时隐藏层神经元和输入层神经元之间使用 1 个权重参数为 100 个的滤波器,如图 6-9(c)所示。通过所有滤波器共享权重,权重数量从 25×10^{10} 个减少到 100

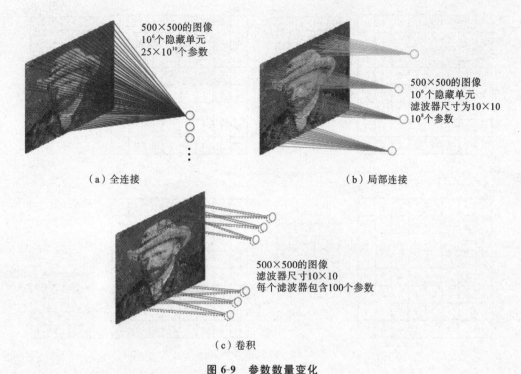

（a）全连接　　　　　　　　　（b）局部连接

（c）卷积

图6-9　参数数量变化

个,大大减少权重的数量及计算量。

这里使用的局部连接和权重共享的概念就实现了卷积操作,10×10的滤波器就是一个卷积核。一个卷积核表示图像的一种局部特征,当需要同时表示图像的多种局部特征时可以设置多个卷积核。图 6-8 中第一个卷积层使用了 6 个卷积核,通过卷积操作得到 6 个隐藏层的特征图。

我们通过图 6-10 所示的一个 8×8 的图像卷积操作详细了解卷积是如何实现的。卷积核大小 4×4,对应的特征矩阵为

$$w=\begin{pmatrix} 1 & 0 & 1 & 0 \\ 0 & 0 & 1 & 1 \\ 0 & 1 & 0 & 1 \\ 1 & 1 & 0 & 0 \end{pmatrix}$$

首先在 8×8 的图像中提取 4×4 的图像 x_1 和特征矩阵进行卷积运算,使用公式 $y_i=w\cdot x_i$ 计算得到第一个隐藏层神经元的值 y_1。卷积的步长设为 1,继续提取 4×4 的图像 x_2 进行卷积运算,得到第二个神经元的值 y_2。重复,直到图像遍历完毕,这时隐藏层所有神经元的值计算完毕,得到了对应一个卷积核的特征图。

通常计算隐藏层的属性特征图时使用激活函数。常用的激活函数有 sigmoid 函数 $\sigma(x)=\dfrac{1}{1+e^{-x}}$,双曲正切函数 $\tanh x=\dfrac{e^x-e^{-x}}{e^x+e^{-x}}$,RELU 函数 $RELU(x)=\max(0,x)$。

假设卷积层 l 的输入特征图数为 n,使用公式 $y_j=f\left(\sum\limits_{i=1}^{n}(w_{ij}\cdot x_i+b_i)\right)$ 计算卷积层 l 的输出特征图,其中 b_i 是偏差,w_{ij} 是权重矩阵中的元素,f 是激活函数。卷积层 l 包含 n 个卷积核,每一个卷积核对应一个 $n\times m$ 维的权重矩阵 w,对应 m 个滤波器,卷

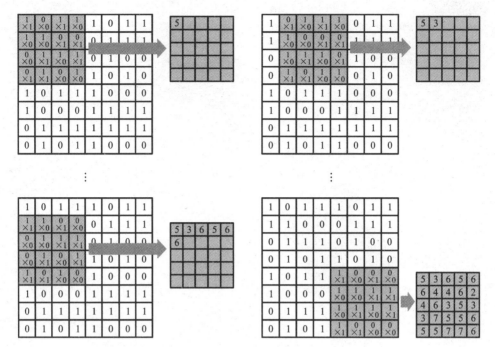

图 6-10　卷积操作示意图

积层 l 有 m 个输出特征图。

隐藏层的神经元数为 $n_y = \left(\left| \dfrac{n_{l-1}-n_k}{s} \right| +1 \right) \times \left(\left| \dfrac{m_{l-1}-m_k}{s} \right| +1 \right) \times m$，其中输入数据的大小为 $n_{l-1} \times m_{l-1}$，滤波器的大小为 $n_k \times m_k$，卷积的步长设置为 s（卷积每次移动的距离），特征图的数量为 m。卷积操作示意图（见图 6-10）中输入数据为 8×8，卷积窗口为 4×4，卷积步长为 1，特征图数为 1，隐藏层神经元数为 $n_l = \left(\left| \dfrac{8-4}{1} \right| +1 \right) \times \left(\left| \dfrac{8-4}{1} \right| +1 \right) \times 1 = 5 \times 5$。

2. 池化

通过卷积可以获得特征图或者图像的特征，但是如果直接将卷积操作提取到的特征用于分类器的训练，仍然会面临非常巨大的计算量挑战。例如，对于一个 96×96 像素的图像，假设使用 400 个卷积滤波器，卷积大小为 8×8，每一个特征图包括 $(96-8+1) \times (96-8+1)$ $(=89^2=7921)$ 维的卷积特征。由于有 400 个滤波器，所以每个输入图像样本都会得到一个 $89^2 \times 400 (=3168400)$ 个隐藏的神经元，这仍然面临巨大的计算量。

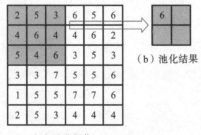

（b）池化结果

（a）池化操作

图 6-11　池化操作示意图

一般图像具有一种静态性的属性，在一个图像中，在部分区域中提取到的特征极有可能适用于另外的区域。因此，为了描述大的图像，可以采用对不同位置的特征进行聚合统计的方式。例如，可以在一定区域内计算平均值或者最大值。这样聚合获得的统计特征不仅可以降低维度，同时还会优化结果，避免出现过拟合现象。这种聚合的操作称为池化（pooling）。根据计算方法的不同,池化可以分为平均池化和最大池化。图 6-11(a)显示 6×6 图像进行 3×3 池化操作,分为四块不重合区域,其中一个区域应用最大池化计算方法。图 6-11(b)显示一个区域池化的结果,池化后获得的特征图大小是 2×2。下面通过一个案例讨论卷积神经网络中的卷积核池化操作。

近年来卷积神经网络发展迅速,卷积神经网络已经广泛运用在数字图像处理中。例如,运用这种 DeepID 卷积神经网络,人脸的识别率最高可以达到 99.15% 的正确率。这种技术可以在寻找失踪人口、预防恐怖犯罪中扮演重要的角色。图 6-12 所示的是卷积神经网络的结构示意模型。

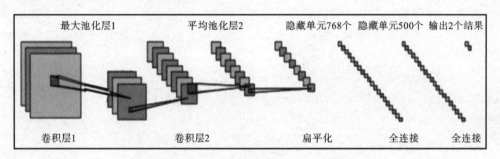

图 6-12 卷积神经网络结构示意模型

如果输入图像如图 6-13(a)所示,图像的大小为 8×6。我们使用 3×3 卷积核进行卷积操作,卷积层 1 的一个特征图大小为[(8−3)+1]×[(6−3)+1]=6×4。这里使用 3 个滤波器,对应的权重矩阵如下:

4	3	1	6	8	0	0	0
0	0	0	5	3	2	1	0
0	0	0	4	5	7	9	1
0	0	0	0	0	0	0	0
1	2	6	2	1	6	3	1
0	0	0	0	0	0	1	1

（a）输入图像

0	3	4	7	12	8
0	0	0	0	0	0
0	0	2	9	8	5
0	0	0	0	0	0

（b）经过一次卷积

−5	3	4	7	12	8
−10	−5	−7	−3	−6	−8
−3	−2	2	9	8	5
−10	−10	−10	−10	−9	−9

（c）增加偏差的结果

5	13	14	17	22	8
0	5	3	7	4	2
7	8	12	19	18	15
0	0	0	0	1	1

（d）第1个卷积层的特征图1

0	0	3	0	0	0
0	0	0	0	0	0
0	0	0	0	0	0
0	0	0	0	0	0

（e）第1个卷积层的特征图2

0	0	3	0	0	0
0	0	0	0	0	0
0	0	1	0	0	0
0	0	0	0	0	0

（f）第1个卷积层的特征图3

1		2		3	
3	7	12	0	3	0	0	3	0
0	9	8	0	0	0	0	1	0

（g）经过最大池化后的特征图

图 6-13 CNN 中卷积和池化实现步骤

$$w_1 = \begin{bmatrix} 1 & 0 & 1 \\ 0 & 0 & 0 \\ 1 & 0 & 1 \end{bmatrix}, \quad w_2 = \begin{bmatrix} 0 & 0 & 1 \\ 0 & 1 & 0 \\ 0 & 0 & 0 \end{bmatrix}, \quad w_3 = \begin{bmatrix} 0 & 0 & 1 \\ 0 & 1 & 0 \\ 1 & 0 & 0 \end{bmatrix}$$

假设偏差 $b=-10$，激活函数为 $\mathrm{RELU}(x)=\max(0,x)$。我们使用如下的几个操作得到卷积层 1 的特征图。

步骤 1：使用第一个权重矩阵 w_1 对输入数据执行卷积操作，结果如图 6-13(b) 所示。

步骤 2：图 6-13(c) 所示的是卷积结果加上偏差之后的值。

步骤 3：使用激活函数计算后得到卷积层 1 的第一个特征图，如图 6-13(d) 所示。

步骤 4：使用权重矩阵 w_2 和 w_3 重复以上步骤，得到卷积层 1 的第二个和第三个特征图，如图 6-13(e)、(f) 所示。

为了计算最大池化层的特征图，选择每个特征图中不重合的 2×2 区域中最大值进行最大池化操作。图 6-13(g) 所示的是分别在三层卷积层后经过最大池化得到的 3 个特征图。

3. 训练卷积神经网络

卷积神经网络的学习实质上是通过大量有标签数据的学习，得到输入与输出之间的一种映射关系。这种输入和输出之间的映射关系难以精确地用数学表达式表达。这种映射关系训练完成后，输入数据输入网络并经过网络的映射可以获得相应的输出数据。

卷积神经网络的训练和反向传播神经网络训练相似，分为前向传播计算输出阶段、反向传播偏差调整参数阶段。前向传播算法如算法 6-1 所示。在前向传播过程中，样本数据 x 输入卷积神经网络，逐层对输入数据进行处理，前一层的输出数据作为后一层的输入数据，最终输出结果 y'。

算法 6-1 CNN 中的前向传播

输入：样例数据

输出：计算后的输出

过程：

(1) 对 n 层的所有参数进行初始化；

(2) $p_1 = x$；

(3) for i=1,2,…,n；

(4)   if i 是卷积层；

(5)   对 p_i 执行卷积操作得到输出 q_i；

(6) $i++$；

(7) $p_i = q_{i-1}$；

(8)   endif；

(9)   if i 是池化层；

(10)   对 p_i 执行池化操作得到输出 q_i；

(11) $i++$；

(12) $p_i = q_{i-1}$；

(13)   endif；

(14) endfor；

(15) 经过计算后输出 y'。

反向传播阶段,计算输入数据 x 所得的正确的标签 y 和输出结果 y' 的误差,将误差从输出层逐层传递到输入层,同时调整参数。详细的步骤如下。

步骤 1:y 表示样本标签,y' 表示计算的输出,计算误差 $O=y-y'$,计算代价函数值 $E = \frac{1}{2} \sum_{i=1}^{N} \sum_{j=1}^{K} (y_{ij} - y'_{ij})$,其中 N 表示样本数,K 表示类别。

步骤 2:从输出层到输入层,逐层计算误差 E 对权重 w 的导数 $\frac{\partial E}{\partial w}$,使用公式 $w = w + \Delta w = w + \lambda \frac{\partial E}{\partial w}$ 更新权重。

步骤 3:使用算法 6-1 中第 2~15 行计算 y'。

步骤 4:判断是否满足反向传播的终止条件,如果满足终止训练,否则返回执行步骤 1。

LeNet-5 各层设置如下。

如图 6-8 所示,输入数据是 32×32 的图像数据,C_1 层是卷积层,使用 6 个 5×5 滤波器进行卷积操作,卷积步长为 1,输出为 6 个 28×28 特征图。特征图中每个神经元与输入中 5×5 的区域相连。C_1 层中要训练的参数为 156 个:每个滤波器有 5×5(=25)个权重参数和一个偏差参数,一共 6 个滤波器,共 (25+1)×6(=156) 个参数。

S_2 层是一个池化层,对 C_1 输出的 6 个特征图进行 2×2 最大池化操作,得到 6 个 14×14 的特征图。

C_3 使用 16 个 5×5 的卷积核对 S_2 层输出卷积,得到 16 个 10×10 个神经元的特征图。

S_4 是一个池化层,对 C_3 输出的 16 个特征图进行 2×2 最大池化操作,得到 16 个 5×5的特征图。

C_5 也是一个卷积层,包含 120 个 5×5 滤波器,得到 120 个特征图,每个特征图中的神经元与 S4 层的全部 16 个特征图的 5×5 区域相连。

F_6 层有 84 个神经元(输出层的设计,神经元数量设置为 84),与 C_5 层全相连。类似于经典的神经网络,F_6 层计算输入向量和权重向量之间的点积,另外还有一个偏置。然后将其传递给 sigmoid 函数产生单元 i 的一个状态。

6.1.3 递归神经网络

递归神经网络(recurrent neural networks,RNN)每一个时间步上包含一个 ANN 的整个层,所以 RNN 的训练类似于 ANN。RNN 是一种考虑时间序列数据特征的神经网络,能够记忆过去时间的信息并用于当前时间输出数据的计算中。训练一个 100 时间点的单层 RNN 相当于训练有 100 层的 ANN。RNN 结构示意图如图 6-14 所示。

也就是说,RNN 使用过去的输出计算当前的输出,网络结构中的相邻时间点的隐藏层之间存在连接。在当前时间点,隐藏层使用输入层的输出和隐藏层的迭代输出。

大多数的深度学习网络是前向传播网络,这就意味着信号流一次性从输入传递到输出方向。RNN 不像前向传播神经网络,而是以序列数据作为输入,输出也是序列数据。RNN 是考虑到时间序列特征的神经网络,前一个序列的输出作为下一个序列的输入。RNN 用于文本或是语音识别。隐藏层之间是相关的,隐藏层的输入,不仅包括当前输入,还包括过去时间隐藏层的输出。

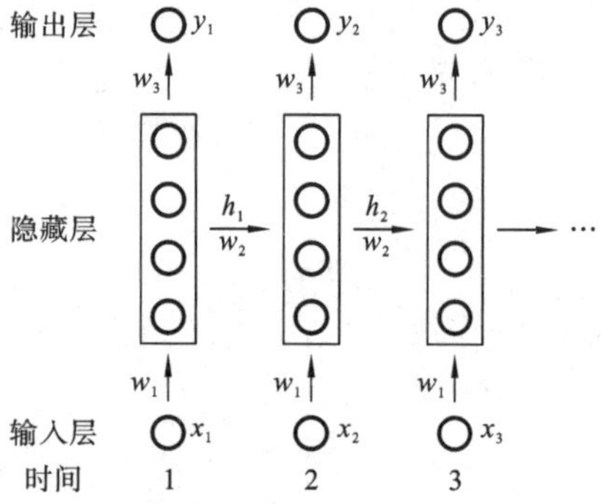

在每个时间点 t,RNN 对应一个三层的 RNN。RNN 在时间 t 的输入和输出分别用 x_t 和 y'_t 表示,隐藏层用 h_t 表示。所有的时间点使用相同的网络参数 $\theta = (w_1, w_2, w_3)$,其中输入层和隐藏层之间连接权重为 w_1,时间点 $t-1$ 的隐藏层和时间点 t 的隐藏层之间连接权重为 w_2,隐藏层和输出层之间权重为 w_3,如图 6-14 所示。

图 6-14　RNN 结构示意图

RNN 按时间顺序计算输出:时间点 t 输入为 x_t,隐藏层的值 h_t 根据当前输入层的值 x_t 和上一时间点 $t-1$ 隐藏层的值 h_{t-1} 计算得到,h_t 作为输出层的输入计算输出值 y'_t。图 6-15 显示了 RNN 和 ANN 结构的不同。

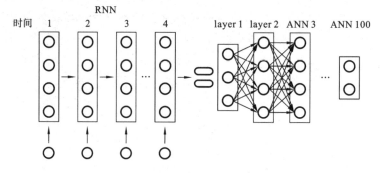

图 6-15　RNN 和 ANN 结构对比

6.1.4　堆叠自编码器和深度信念网络

1. 自编码器

自编码器(autoencoder)可以看作一种特殊的人工神经网络,训练网络阶段只有输入样本数据而没有对应的标签数据。使用自编码器输出的数据重构输入数据,并与原始的输入数据进行比较,经过多次迭代逐渐使目标函数值达到最小,也就是重构输入数据最大限度接近原始输入数据。自编码器是自监督学习,属于无监督学习。

图 6-16 所示的是采用监督学习方法学习一个圆的组成。已知一个圆 I,对应的正确答案是 O,由四个相同的扇形组成。第 1 次学习到的结果 O'_1 为四个矩形,O'_1 和 O 计算出的误差较大,误差用于在第二次学习时修改方案。第 2 次得到的结果 O'_2 为三个矩形加一个扇形,O'_2 和 O 计算出的误差减小,再次根据误差修改方案。重复前边的学习过程到第 n 次,得到的结果 O'_n 为四个扇形。

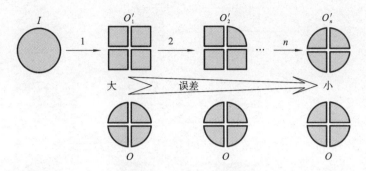

图 6-16　监督学习圆的组成

O'_n 和 O 误差达到最小,学习结束。学习的过程中,使用当前结果和正确答案计算误差,调整方案逐渐学习得到期待的答案:圆由四个相同的扇形组成,这就是监督学习方法。监督学习通俗地说就是已知问题(输入数据)和答案(标签),不断地通过调整自己的答案最终达到接近或者等于正确答案的目的。

监督学习方法在训练神经网络时,所有的输入数据(样本)对应其期望值(标签),根据当前的输出值和期望值之间的差值去调整从输出到输入各层之间的参数,经过多次迭代直到输出值和期望值之间的误差最小。如图 6-17(a)所示,监督神经网络包括输入层、一个隐藏层和输出层。输入数据 I 经过隐藏层 h 得到输出值 O',计算 O' 与 I 的标签也就是期望的输出值 O 的误差,使用随机梯度下降法改变输入 I 与隐藏层的参数,以及隐藏层 h 和输出 O 之间的参数,减小误差,经过多次迭代最终使误差最小。

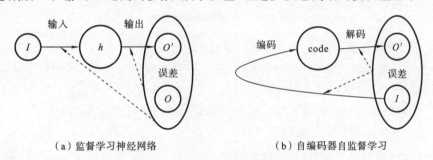

（a）监督学习神经网络　　　　　　　　（b）自编码器自监督学习

图 6-17　ANN 监督学习和自编码器自监督学习

图 6-18 所示的是使用自监督学习方法学习一个圆的组成。已知输入数据圆 I,但是不提供参考答案。怎样才能知道我们的答案对不对呢?唯一的方法是找到一个答案,然后验证一下是不是能组成圆 I。第 1 次学习得到四个矩形,进行组合的结果为 O'_1,O'_1 和 I 计算出的误差较大,根据误差修改组成方案。第 2 次学习得到三个矩形加一个扇形,进行组合后得到结果 O'_2,O'_2 和 I 计算出的误差减小,再根据误差修改组成方案。重复学习过程到第 n 次,得到四个相同扇形,进行组合后得到结果 O'_n,O'_n 和 I 误差达到最小,学习结束。在没有正确答案的情况下,找出组成圆的成分。自编码器是自监督学习,输入数据拥有双重角色:输入数据和标签数据。

2. 堆叠自编码器

堆叠自编码器(stacked autoencoder,SAE)是指输入层和输出层之间包含若干个隐藏层的神经网络,其中每个隐藏层对应一个自编码器。图 6-19 所示的为堆叠自编码器结构,包括多层自编码器和分类器。

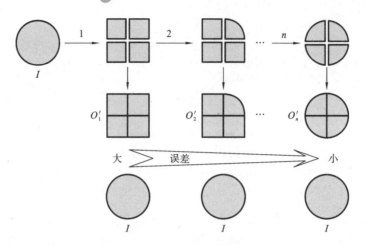

图 6-18　自监督学习圆的组成

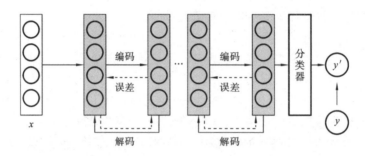

图 6-19　堆叠自编码器结构

1）多层自编码器

原始输入数据输入第一层自编码器,通过若干次编码和解码,逐渐最小化重构误差,迭代更新编码和解码参数。最终获得第一层的编码,编码是原始输入数据的特征表示,第一层网络结构建立完成。第二层自编码器和第一层的训练方式差距较大,不同的是第二层的输入数据是第一层的输出码。

训练多层编码器算法使用 n 表示层数,T_n 表示样本集中的样本数,对于每一个样本数据 x_m,$m=1,2,3,\cdots,T_n$,进行 n 次迭代。前一层的输出码作为后一层的输入,这样的多层训练将获得原始输入数据的多层特征表示,最后得到训练好的编码器的结构。

2）有监督微调

图 6-20 为堆叠自编码器训练示意图,在自编码器的最顶层添加一个分类器。实现

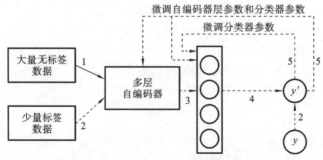

图 6-20　堆叠自编码器训练示意图

的方法是将最后一个自编码器层的特征码输入分类器,使用标签样本,通过监督学习进行微调。有监督的微调有两种实现方法:一种方法是只调整分类器的参数;另一种方法是调整分类器参数和所有自编码器层的参数。图 6-20 中标注数据 1~5 代表训练中操作的顺序,其中两个序号为 5 的操作分别代表不同的微调操作,只能二选一。SAE 微调的 5 个步骤如下。

步骤 1:使用大量的无标签数据训练多层自编码器,建立多层特征提取结构。

步骤 2:获得顶层自编码器的输出码。

步骤 3:使用少量的有标签数据,输入堆叠自编码器得到分类结果 y',使用代价函数计算 y' 和 y 误差。

步骤 4:根据代价函数判断是否可以结束。如果条件满足,则微调结束,SAE 结构训练完成;否则,转到步骤 5。

步骤 5:使用随机梯度下降法调整分类器参数(选择调整多层自编码器参数),转步骤 3。

3. 限制玻尔兹曼机

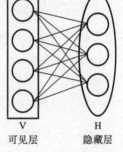

限制玻尔兹曼机(restricted Boltzmann machine,RBM)是一种可以实现无监督学习的神经网络模型,包括可见层 V 和隐藏层 H,两层之间以无向图的方式连接,同层神经元之间没有连接。这里,使用的 V 和 H 都是二值单元。RBM 的输入数据是 m 维向量 $\boldsymbol{V}$,$\boldsymbol{V}=(v_1,v_2,\cdots,v_m)$,其中 v_i 是可见层第 i 个神经元,$v_i\in\{0,1\}$。输出数据是 n 维的向量 $\boldsymbol{H}$,$\boldsymbol{H}=(h_1,h_2,\cdots,h_n)$,其中 h_j 是隐藏层第 j 个神经元,$h_j\in\{0,1\}$。单层限制玻尔兹曼机结构如图 6-21 所示。

图 6-21 单层限制玻尔兹曼机结构

4. 深度信念网络

深度信念网络(deep belief network,DBN)是 Hinton 等人 2006 年提出的一种混合深度学习模型。图 6-22(a)所示的 DBN 包括一个可见层 V、n 个隐藏层。DBN 由 n

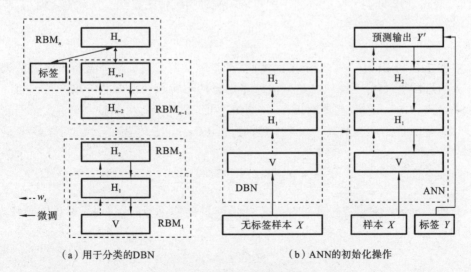

(a)用于分类的DBN   (b)ANN的初始化操作

图 6-22 深度信念网络结构

个堆叠的 RBM 组成,前一个 RBM 的隐藏层作为后一个 RBM 的可见层。原始的输入是可见层 V,可见层 V 和隐藏层 H_1 组成一个 RBM。H_1 是第 2 个 RBM 的可见层 V_2,隐藏层 H_1 和隐藏层 H_2 组成一个 RBM,依次类推,所有相邻的两层组成一个 RBM。

如图 6-22(a)所示,顶层的 RBM 中可见层和隐藏层之间是无向连接部分,称为联想记忆网络。顶层的 RBM 可见层由前一个 RBM 的隐藏层 H_{n-1} 和类别标签组成,可见层的神经元数是 H_{n-1} 层神经元数与类别数的和。DBN 的训练分为无监督的训练和有监督的微调两部分,无监督的训练部分采用大量无标签的数据逐个训练 RBM,有监督的微调部分使用少量的有标签数据微调整个网络各层的参数。

6.2 强化学习

强化学习是当进行数据输入时模型会给予一定的反馈,不同于监督学习算法仅仅只是判定输入数据是否得到正确的输出以此检查模型的优劣,其希望使用者采取合适的行动提取输入数据中的有用信息以便提高准确率,准确率作为一个回报促使使用者采取更合适的行动。在强化学习下,需要制定一个可以关联预测模型而采取相应行动的策略,输入数据做出反馈之后会直接作用到模型,模型根据反馈结果相应地做出调整。常见的应用是动态系统中的参数配置和机器人的行为控制等。下面对通信系统中常用的强化学习算法和深度强化学习算法进行介绍。

6.2.1 强化学习算法

1. 蒙特卡洛学习

蒙特卡洛学习是一类随机算法的特性的概括,其基本思想是通过大量随机样本,了解一个系统,进而得到要计算的值,即利用经验平均代替随机变量的期望。当要评估智能体的当前策略时,利用策略产生很多次试验,每次试验都是从任意的初始状态开始直到终止状态,产生一个完整的状态-动作-奖励序列:$\{s_1,a_1,r_1,\cdots,s_k,a_k,r_k\}$,其中 s 表示状态,a 表示动作,r 表示回报值。在序列第一次碰到或每次碰到一个状态 s 时,计算其衰减奖励:

$$G_t(s)=r_t+\gamma r_{t+1}+\cdots+\gamma^{k-t}r_k \tag{6-11}$$

经验是指利用对应策略做很多次试验,产生多次的数据。利用蒙特卡洛方法求状态 s 处的值函数时,分为第一次访问蒙特卡洛方法和每次访问蒙特卡洛方法。第一次访问蒙特卡洛方法是指,在计算状态 s 处值函数时,只利用每次试验中第一次访问到状态 s 时的返回值。计算状态 s 处的均值时利用 G_{11}。因此,第一次访问蒙特卡洛方法时:

$$v(s)=\frac{G_{11}(s)+G_{21}(s)+\cdots}{N(s)} \tag{6-12}$$

每次访问蒙特卡洛方法是指,在计算状态 s 处的值函数时,利用所有访问到状态 s 时的回报返回值,即

$$v(s)=\frac{G_{11}(s)+G_{12}(s)+\cdots+G_{21}(s)+\cdots}{N(s)} \tag{6-13}$$

式中:$N(s)=N(s)+1$。

根据大数定律最后更新状态价值:$v(s) \rightarrow v_\pi(s)$,$N(s) \rightarrow \infty$。

2. Q-学习

Q-学习是一种时序差分求解强化学习控制问题的方法。$Q(s,a)$指在某一时刻的s状态下($s \in S$),执行动作$a(a \in A)$获得收益的期望,环境根据代理的动作反馈相应的奖励r。主要思想就是将状态与动作构建成一张Q-table存储Q值,然后根据Q值来选取动作获得较大的收益。主要步骤如下:

(1) 随机初始化所有的状态S和动作A对应的价值Q,将终止状态对应的Q值初始化为0;

(2) 初始化s为当前状态序列的第一个状态;

(3) 用ε-贪婪法在当前状态s选择动作A;

(4) 在状态s执行当前动作A后,得到新状态s'和奖励R;

(5) 更新价值函数$Q(s,A)$:

$$Q(s,A) + \alpha[R + \gamma \max_{a_{t+1}} Q(s',a) - Q(s,A)] \tag{6-14}$$

式中:α为步长;γ为折扣因数;

(6) $s = s'$;

(7) 若s'是终止状态,当前轮迭代完毕,从步骤(2)开始新一轮迭代直到迭代轮数,否则跳转到步骤(3)。

3. 策略梯度算法

策略梯度算法中,首先系统会随机选择一个起始状态或者从一个固定的起始状态开始,然后利用策略梯度方式让系统在环境中不断进行探索,在这个过程中生成一个起始状态到终止状态的状态-动作-奖励序列:$\{s_1,a_1,r_1,\cdots,s_k,a_k,r_k\}$。在第$t$时刻,让$G_t(s) = r_t + \gamma r_{t+1} + \cdots + \gamma^{k-t} r_k = Q(s_t,a)$,从而求解策略梯度优化问题。其中,$\gamma$为折扣因数。

6.2.2 深度强化学习

1. 基于值函数的深度强化学习

在普通的Q-学习中,当状态和动作空间是离散且维数不高时可使用Q-table存储相邻状态-动作对的Q值,但是面对高维连续的状态和动作空间时,使用Q-table却难以解决。深度强化学习(deep Q-learning network,DQN)是深度学习与强化学习的结合,能够直接从高维数据中学习控制策略。深度神经网络可以自动提取复杂特征,将输入的高维度状态-动作对进行低维表示,输出则是每个动作对应的价值评估Q值。图6-23所示的是DQN的训练流程。相比值函数有以下三个特点:

(1) 在对数据进行训练的过程中加入一种经验回放(experience replay)机制,智能体在感知到环境的信息并发生交互后可以将转移样本放入回放记忆单元中。与此同时,在训练过程中随机取出一些小批量的转移样本,利用随机梯度算法不断更新网络参数。这种方式可以使样本间的关联性降低,对算法稳定性的提升也有好处。

(2) 另一个网络产生目标Q值。其中$Q(s,a|\theta_i)$是当前网络的输出,用于对当前状态-动作对的值函数进行评估;$Q(s,a|\theta_i^-)$是目标网络的输出,一般采用$Y_i = r + \gamma \max_{a'} Q(s'a'|\theta_i^-)$近似表示值函数的优化目标,即目标$Q$值。网络中的参数是在不

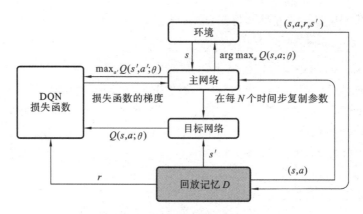

图 6-23　DQN 训练流程

断迭代中更新的,更新的方式是使目标值网络的参数等于当前值网络的参数,然后尝试减小当前 Q 值和目标 Q 值之间的均方误差直至最小。引入目标网络,在一定程度上使当前 Q 值和目标 Q 值之间的关联性相对降低,对算法稳定性的提升具有较大的作用。

(3) 将奖赏值和误差项缩小到有限的区间内,从而保证 Q 值和梯度值都是合理的,同样可以提高算法的稳定性。

2. 基于行动者-评论家的深度策略梯度方法

将传统的强化学习运用到真实场景中,如对无人机的操控,由于需要动作的连续性使得在线实时对轨迹进行抽取无法完全得到所需的动作行为特征,从而导致出现虚假的繁荣即局部最优解。因此,这里给出一种将传统强化学习中的行动者-评论家(actor-critic,AC)框架与深度策略梯度方法进行融合。

图 6-24 所示的为基于 AC 框架的深度策略梯度方法的学习结构。

图 6-24　基于 AC 框架的深度策略梯度方法的学习结构

基于 AC 框架的深度确定性策略梯度(deep deterministic policy gradient,DDPG)算法,可用于解决连续动作空间上的深度强化学习问题。DDPG 分别使用参数为 θ^μ 和 θ^Q 的深度神经网络来表示确定性策略 $a = \pi(s \mid Q^\mu)$ 和值函数 $Q(s, a \mid \theta^Q)$。其中,策略网络的作用是不断更新策略,与 AC 框架中行动者的角色相同,值网络的作用是训练状态-动作对中的值函数,同时提供策略信息,与 AC 框架中评论家的角色相同。在 DDPG 中,目标函数被定义为带折扣的奖赏和:

$$J(\theta^\mu) = E[r_1 + \gamma r_2 + \gamma^2 r_3 + \cdots] \tag{6-15}$$

根据确定性策略 $a = \pi(s \mid Q^\mu)$ 可得:

$$\frac{\partial J(\theta^\mu)}{\partial \theta^\mu} = E_s\left[\frac{\partial Q(s, a \mid \theta^Q)}{\partial a}\frac{\partial \pi(s \mid \theta^\mu)}{\partial \theta\mu}\right] \tag{6-16}$$

通过 DQN 中更新值网络的方法对评论家网络进行更新,梯度信息为

$$\frac{\partial L(\theta^Q)}{\partial \theta^Q} = E_{s,a,r,s'\sim D}\left[(y-Q(s,a\,|\,\theta^Q))\frac{\partial Q(s,a\,|\,\theta^Q)}{\partial \theta^Q}\right] \tag{6-17}$$

其中,s、a、r 分别表示状态、动作和奖励值。对目标函数进行端对端优化的方法是随机梯度下降算法。具体来说,DDPG 使用经验回放机制从 D 中取得训练数据,并将关于动作的梯度信息从评论家网络传递到行动者网络,根据式(6-17)沿着提升 Q 值的方向更新策略网络的参数。

6.3 无标签学习

本节将讨论无标签学习,首先介绍无标签学习的概念和发展历程,然后给出无标签学习在情感识别中的应用,即无标签情感识别(label-less emotion cognition,LEC)。针对少量有标签的多模态数据,训练一个模型,让系统具有初始的智能。然后,采用无标签情感认知算法,非人为干预地补充自动标签数据。LEC 的核心算法运用了熵的原理。针对大量无标签的数据,基于低熵的多模态数据相互验证算法,将无标签的数据自主加上标签并加入训练模型中,进一步提高模型的准确率,实现对无标签数据的利用。

6.3.1 无标签学习的发展历程

随着智能手机、物联网和云计算的发展,越来越多的人每天都花费大量时间与机器交互。人机交互已经成为我们生活中不可忽视的一部分。为了实现更友好和更自然的人机交互,机器需要能够理解用户的情感状态。因此,情感识别在人机交互中起到重要的作用。针对情感识别,一个重要的问题就是情感数据的获取。随着传感技术的发展,情感数据的获取变得越来越方便,比如基于 Twitter 的文本情感数据的收集、基于 YouTube 的视频情感数据的收集。一般来说,情感数据一般包括面部表情、语音、文本、生理和用户行为数据。其中语音和面部表情是被研究较多的两种模态的数据集。针对语音情感数据,研究者通过提取韵律特征、声学特征和音质特征等进行情感的识别。针对面部表情数据,研究者通过提取面部的外貌特征和几何特征进行情感识别。

然而,上面的大部分工作都是基于手工提取的特征,并不能够特别准确地反映面部表情、语音与情感之间复杂的非线性关联。随着深度学习的发展,深度学习模型在图像和语音等方面的特征提取上取得了特别好的性能。很多研究者尝试利用深度模型对情感进行识别。现有的情感识别深度模型大部分是基于已经训练好的深度网络模型(如 Alex 网络),然后利用小规模的情感数据集进行微调。因此,将深度学习模型应用于情感识别的一个挑战就是深度学习依赖于大数据,特别是大规模带标签数据集。事实上,虽然能够随时随地获取大量的情感数据,但只有一小部分情感数据是有标签的。因此,如何对采集的海量情感数据集进行标注是一个挑战性的工作。

对于情感数据来说,存在两个特点:① 情感数据中含有大量的无标签数据,针对无标签数据学习,现有的方法主要包括主动学习、被动和无标签学习以及半监督学习;② 情感数据具有多模态性,针对多模态数据的学习,主要介绍了多方位学习和共同学习。下面将介绍这几种学习方法。

(1)主动学习是交互式地请求用户获得期望的新数据的输出。其学习过程大致如

下:训练数据集包括已经打好标签的数据集 L 和没有标签的数据集 U,根据数据集 L 的特征,在 U 中选择信息最为丰富的未打标签的一组数据构成子集 C,请求标注。然后由专家标注数据集 C,并将标注好的数据集添加到数据集 L 中,开始下一次迭代。通过上面的分析可知,主动学习仍需要人工干预。对于用户情感的识别,更需要没有人为干预的标注。因此,主动学习并不适用于情感识别。

(2) 被动和无标签学习(简称 PU 学习)指的是训练集中包含少量的标记正类样本和大量未标记样本,其中未标记样本中可能包含正类样本和负类样本。PU 学习研究的是如何利用已标记的少量正类数据样本和大量未标记样本构造分类器来预测未知样本是否属于正类。而在情感识别中,由于情感数据标签的多样性,PU 学习的算法并不能直接应用于含有大量无标签数据的情感数据集。

(3) 半监督学习是一种不需要人工干预的,可以对未标签的数据自主标注,其中自主训练是一种比较常见的算法。自主训练的主要思想如下:首先,利用已有的标签数据训练得到分类器,利用分类器对未标签的数据进行标注;然后,将置信度高的未标记数据连同其预测标签一起添加到原始训练集中,并且将已经标记的数据集从没有标签的数据集删掉;最后,利用更新的数据集重新训练分类器,这个过程重复几次,直到与预定义的迭代次数相匹配。但是上述方法一般无法判断自主标签的正确性,当将错误的自主标签数据加入训练集后,会造成错误的累加。因此,自主训练也不能直接应用于情感数据的标签。

(4) 多方位学习指的是利用同一个对象的多个视角信息(如数据的多源性),来实现对数据的学习。比如对于用户的情感数据,可以从面部表情和语音两个模态进行情感的识别。

(5) 共同学习是从多角度来描述非监督学习的,其主要思想如下:在本文中,我们考虑只有两种模态的数据集,首先根据两种有标签的数据集 (X_1,Y_1) 和 (X_2,Y_2),分别得到两个分类模型 F_1 和 F_2;然后,利用这两个分类模型分别对两种模态的未标注数据进行标注;最后,将基于 F_1 分类器预测的高置信度的样本加入 X_2 训练数据集,将基于 F_2 分类器预测的高置信度的样本加入 X_1 训练数据集,并且将已经标记的数据集从没有标签的数据集删掉。这个过程重复几次,直到与预定义的迭代次数相匹配。共同训练能够基于多模态数据建立的模型相互验证,在一定程度上提高新标注数据的可信度,但是对无标签数据的筛选仍有局限性。

6.3.2 无标签学习的介绍

本小节将介绍如何对无标签的数据自主标注。假设有标签的数据集为 $x^l=(x_1^l, x_2^l,\cdots,x_n^l)$,其中 n 表示有标签数据集的个数;$x^u=(x_1^u,x_2^u,\cdots,x_m^u)$,其中 m 表示无标签数据集的个数。假设有标签的数据集对应的标签为 $y=(y_{x_1^l},y_{x_2^l},\cdots,y_{x_n^l})$。假设无标签数据的个数多于有标签数据的个数。我们的目的是对其中没有标签的数据集进行标注,并选择数据加入新的数据集,以提高情感识别的准确率。为此,从特征层和决策层两个角度出发,利用混合无标签学习对无标签数据集自主标注,并且对加入的数据集进一步筛选,以提高加入数据的置信度。具体的无标签学习过程如图 6-25 所示。

1. 基于无标签学习的决策层

对于基于无标签学习的决策层,采用预测不确定性的策略作为无标签学习选择新

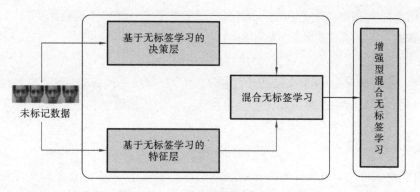

图 6-25　无标签学习

标注数据的标准,也就是只有预测不确定性较低的数据集被选中。为了评估预测的不确定性,采用熵作为度量。利用有标签的数据,基于深度卷积神经网络模型,可以得到没有标签的数据 x_i^u 的预测概率为

$$p_{x_i^u} = \{ p_{x_i^u}^1, p_{x_i^u}^2, \cdots, p_{x_i^u}^c \} \tag{6-18}$$

式中:$p_{x_i^u}^j$ 表示无标签数据 x_i^u 预测为情感类 j 的概率值;c 表示类别的个数;无标签数据 x_i^u 预测的概率熵 $E(p_{x_i^u})$ 为

$$E(p_{x_i^u}) = -\sum_{j=1}^{c} p_{x_i^u}^j \log_2 p_{x_i^u}^j \tag{6-19}$$

从上面的公式可以得知,当熵的值较小时,新标注的数据具有较低的预测不确定性。因此,可以将熵作为新标注数据在决策层选择的标准。当利用熵值确定无标签数据是否加入时,需要人工设定阈值 δ_E,即熵值 $E(p_{x_i^u})$ 大于给定阈值 δ_E 时,将无标签数据 x_i^u 加入新的训练集;反之,则不加入。

2. 基于无标签学习的特征层

对于基于无标签学习的特征层,我们给出基于相似度模型的无标签学习。假设已有标签的类别 j 的情感数据的集合为 S_j,其中 $j = 1, 2, \cdots, c$,c 表示类别的个数。例如,S_j 可定义为标签为 happy 的所有情感数据集。我们定义样本 x_i^u 与已有标签的数据集 S_j 的相似度为 $\mathrm{Sim}(x_i^u, S_j)$,即

$$\mathrm{Sim}(x_i^u, S_j) = \sum_{x_j^l \in S_j} \mathrm{e}^{-\| \boldsymbol{\Phi}(x_i^u) - \boldsymbol{\Phi}(x_j^l) \|_2} \tag{6-20}$$

式中:$\boldsymbol{\Phi}(x_i^u)$ 表示无标签数据 x_i^u 的特征向量;$\boldsymbol{\Phi}(x_j^l)$ 表示有标签数据 x_j^l 的特征向量;$\| \cdot \|_2$ 表示 2 范数,描述了无标签数据与有标签数据之间的相似度。

从上式可以得出,当 x_j^l 与已有标签的情感数据集 S_j 的距离较近时,$\mathrm{Sim}(x_i^u, S_j)$ 的值较大;相反,$\mathrm{Sim}(x_i^u, S_j)$ 的值较小。因此,可以利用相似度模型来描述基于无标签学习的特征层。相似度模型从特征层的角度描述了无标签数据 x_i^u 与有标签数据的相似度(或者距离)。与基于熵的类似,这种策略仍需要设定阈值 δ_{Sim},当 $\mathrm{Sim}(x_i^u, S_j)$ 小于设定阈值 δ_{Sim},则将无标签数据加入训练集;反之,则不加入。

3. 混合无标签学习

基于熵的度量和相似性度量分别从决策层和特征层给出了无标签数据自主标签和加入训练集的方法。但是这两种方案的缺点是都需要人工设定阈值 δ_E 和 δ_{Sim}。下面,

基于熵的度量和相似性度量,我们给出混合无标签学习,其具体过程如下:首先根据相似性度量给出与无标签数据 x_i^u 最相似的类 j,记为 δ,具体表达如下:

$$\delta = \arg \min_j \mathrm{Sim}(x_i^u, S_j) \tag{6-21}$$

因此,我们得到与 x_i^u 距离最短的类 δ;其次,根据最小熵原理,我们给出是否将无标签数据 x_i^u 和其标签 δ 加入训练集,其判断为 $p_{x_i^u}^{\delta}$ 的熵值大于其他类的熵值,其判断公式如下:

$$p_{x_i^u}^{\delta} \log_2 p_{x_i^u}^{\delta} \leqslant p_{x_i^u}^{j} \log_2 p_{x_i^u}^{j} \tag{6-22}$$
$$j \in \{1, 2, \cdots, c\}, j \neq \delta$$

因此,我们得出了混合无标签学习。从上面可以看出,混合无标签学习能够克服人工设定阈值的缺陷,并且能够充分利用无标签数据在特征层和决策层与标签数据的关系,提高加入训练集中无标签数据的置信度。

4. 增强型混合无标签学习

虽然混合无标签学习能够在一定程度上提高加入数据的置信度,但是如果将基于混合无标签学习策略加入的无标签数据均认为是完全可信的,并且重新作为新的训练数据集对模型进行训练,可能会导致训练模型错误的累加。这是因为混合无标签学习仍可能存在被错误标签,导致加入数据集的噪声比较大,从而使得误差比较大。

为了解决上面存在的问题,我们提出了增强型混合无标签学习。也就是说,当混合无标签学习自主标签的数据加入训练集时,需要对新加入的数据进行重新评估,而不是总是信任新标签的数据。具体来说,我们的评估算法如下:首先记基于混合无标签学习加入的自主标签的数据集为 z;其次,在增强型混合无标签学习中,假设每次验证 k 个自主标签的数据,记在增强型混合无标签学习中每次加入的数据集为 s,因此 $|s| = k$,其中 $|\cdot|$ 表示元素的个数。增强型混合无标签学习策略如下:对于任意的 $x_i^u \subseteq s$ 以及任意的 $(x_i^u)' \subseteq (z - s)$,增强型混合无标签学习每次加入的数据要满足如下条件:

$$E(y_{x_i^u}) \leqslant E(y_{(x_i^u)'}) \tag{6-23}$$

也就是通过重新评估来校正错误标记的数据。在具体实验的过程中,为了保持类的平衡性,针对每次迭代,对于每一类我们加入相同个数的数据。此外,设定每次迭代的过程中选择的数据按照递增的顺序进行。

6.3.3 无标签学习的应用

本小节提出了无标签情感识别。无标签情感识别指的是对大量未标记的多模态情感数据进行识别的一种学习方法。其目的是通过利用大量的无标签数据,来提高情感识别的准确率。具体来说,无标签学习从特征层和决策层两个角度出发,利用相似性模型和熵模型,提出了混合的模型对未标签的数据进行自主标注的策略。为了进一步提高所选择的数据的置信度,我们提出了增强的混合模型对自主标签的数据进行了筛选,进一步提高了所选数据的置信度。

对于无标签情感识别,其具体的流程可以分为以下五个步骤,如图 6-26 所示。

(1)定义相关的情感数据并进行采集数据,比如人脸图像和语音等多模态数据。

(2)针对少量有标签的多模态数据,使用深度卷积网络训练模型,尽可能地提高有标签数据识别的准确率。

(3)对于无标签数据,混合相似性模型和熵模型,对无标签的数据进行标注,并将

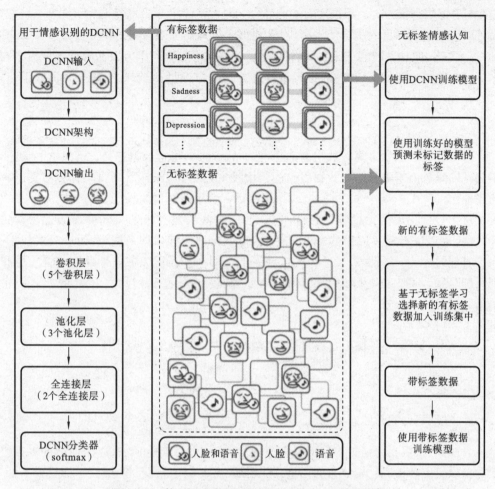

图 6-26　基于深度卷积网络和无标签学习的情感识别

其加入原来有标签的数据集。

（4）为了进一步提高加入数据的置信度，对新加入的数据进行筛选。

（5）利用带有标签的新数据重新训练模型。

总之，无标签情感识别指的是如何对无标签的数据进行标注，以及该将哪些自主标注的数据加入训练模型中。通过上面的讨论，我们得到基于无标签学习，能够实现对数据的自主标注，这不仅能够减少对标签数据的依赖，而且还能够减少在打标签时人力物力的浪费。但是对于无标签情感识别，需要解决以下两个挑战性的问题：① 应该将哪些无标签的数据进行标注，并加入训练集；② 对于多模态数据，如何实现多模态数据集的相互验证。

根据之前的讨论，语音和面部表情是进行情感识别的两个重要的模态。基于语音和面部表情的多模态的情感识别不仅可以利用语音和面部表情的预测信息，而且还能够利用对方的信息。因此，基于多模态无标签情感认知能提高情感的识别率。但是，相比于单模态的数据自主标签，多模态的数据自主标签选择更为复杂。这是因为：① 不同模态数据给出的标签可能不一致，应如何给出数据的标签；② 选择哪些自主标签的多模态数据加入训练集。

针对上面两个问题，多模态的数据情感认知具体如下：假设面部表情数据集为 xf，语音的表情数据集为 xs。根据上面的符号，可以得到 $x^l = (xf^l, xs^l)$，$x^u = (xf^u, xs^u)$。进而可以得到基于深度卷积神经网络，对于面部表情和语音的预测的熵分别为 $E(y_{xf^u})$ 和 $E(y_{xs^u})$。当基于语音和面部表情的标签不一致时，选择低熵作为数据的标签。对于自主标签的数据如何加入训练集，这与单模态数据类似，我们采用最小联合预测熵策略，其计算过程如下：

$$E(y_{x^u}) = \frac{1}{2}E(y_{xf^u}) + \frac{1}{2}E(y_{xs^u}) \tag{6-24}$$

对于自动标注的多模态数据的选择，按照式(6-24)进行数据选择。通过这种策略，不仅可以避免由于多种模态数据引起的预测冲突，而且还能够增加自动标签数据选择的正确性。

这是首次提出的无标签情感认知技术，使机器人具有情感认知的能力。依据这种方法，可以进行相关应用的开发。例如，可以设计情感识别系统，利用嵌入式技术、人工智能技术，将大数据、云平台集成在一起。另外，还可以在全互联社会将情感识别系统与物联网中的各种终端设备相连，创造出一个情感认知的生命体，贴近人们的生活。

6.4 人工智能技术在通信系统中的典型应用

本节将讨论深度学习和强化学习技术在通信系统中的应用。

6.4.1 学习驱动的无线网络

当前，个人数据通信技术获得了飞速的发展，人们对功能强大、应用便携的数据终端的要求也逐渐提高。相比有线网络，无线网络具有安装方便、移动性强、建设成本低、扩展性强、兼容性强等特点，在很多领域都得到了应用。作为顺应信息时代而生的技术，其应用领域在不断扩大。其中，无线网络在室内主要应用在医院、工厂、办公室、商场等，在室外主要有校园网络、城市交通信息网络、移动通信网络、军事移动网络等。在此基础上，5G 技术的引入将万物连接起来，这将进一步促进无线网络的发展。

另外，由于物联网技术的迅速发展，无线传感器网络(wireless sensor networks，WSNs)作为物联网感知层的核心组成部分，在各个领域得到了广泛应用。传感器网络技术集计算机、通信、微电子等多门技术，由一组分布在不同地理区域的独特或异构传感器组成，通过无线通道协同监测物理或环境状态(如温度、压力、运动和污染)，并将已收集数据传输到中心服务器，这样就可以构成一个自治的网络，可以对物理世界进行动态的智能协同感知，目前已被广泛应用于智能家具、物流管理、健康监护、交通监控等领域。与传统的无线网络相比，传感器网络中的节点数量很多，并且计算和存储能力有限、电源容量有限、通信能力有限等，这就导致了传感器网络的首要目标是合理地控制、分配流量使能源得以高效利用(由于传感器节点中的能量有限，因此需要优化能效)。而随着网络流量的增多，大量的异构数据使网络变得更复杂，增加了实现这一目标的难度，同时也对资源分配/管理以及用户体验管理提出了挑战。由此会使移动网络的架构日益多样化且复杂性不断提高，监控和管理异构化的网络会变得更加困难，这将吸引广大的研究人员将机器智能嵌入未来移动网络。

我们相信在 5G 移动和无线网络中嵌入深度学习等人工智能技术,在处理移动环境产生的异构数据中会起到良好的效果。因为对于复杂动态的移动网络来说,仅仅依靠传统的通信理论方法如凸优化、博弈论、启发式算法已经难以应对出现的各种问题。因此,利用无线网络中的大数据采用以学习驱动的方式从数据中获取抽象的相关性,同时最大限度地减少数据预处理工作量,使专家在烦琐的工作中解放出来,在智能机器的辅助下做出准确的推论和决策。

6.4.2 资源调度与深度学习

在面向具体应用的场景中,人们倾向于控制和管理用户的本地数据、基站的缓存数据和云数据库。在云端物联网的情况下,现有的数据驱动方法直接卸载计算任务,而不需要分析、处理和控制特定的基站或云端进行计算。但是,用户不能容忍这种高延迟的服务。问题是,如何从更宏观的角度进行分析,同时深入分析和控制移动流量数据,以实现超低延迟和超高可靠性的通信。常用的移动流量预测算法包括线性时间序列预测模型、非线性时间序列预测模型、神经网络时间序列预测模型、助推预测模型、灰色预测模型等。然而,这些传统方法不能有效地处理动态流量预测问题。基于 5G 网络与物联网云深度集成的智能移动流量预测与控制有望成为新型移动网络规划和动态资源配置的解决方案之一。

人工智能依靠先进的机器学习(machine learning,ML)方法,正从传统的模式识别向复杂系统的管理转变。它已经渗透到许多复杂系统的设计中。在移动网络中,如果将长短期记忆(LSTM)算法部署到不同的位置,就可以智能地预测移动流量。因为 LSTM 适用于处理和预测具有较长时间间隔和时间序列延迟的重要事件。基于 LSTM 深度学习算法,对单端云接收到的 uRLLC 移动流量进行预测,并将预测到的移动流量峰值发送到远程云。远程云感知整个网络的移动流量。基于流量自适应动态调度和分配资源,利用认知引擎和智能移动流量控制模块实现网络负载均衡。这有助于实现通信的高可靠性和低延迟,并提高用户的体验质量。

我们将联邦学习引入深度强化学习,共同参与通信和计算资源的管理和调度,着重讨论移动边缘计算系统(mobile edge computing,MEC)中的边缘缓存,如图 6-27 所示。同时,① 大大减少通过无线上行链路信道上传输的数据量;② 有认知地响应移动通信环境和蜂窝网络的情况;③ 在真实的蜂窝网络中更好地满足异构用户设备的需求;④ 保护用户个人隐私数据。近年来,随着移动内容缓存和传输技术的发展,研究者们更倾向于将流行内容缓存在中间服务器(或中间设备,网关或路由器)中,这样对相同内容的请求就无需从远程云服务器进行重复传输,可以显著减少流量的消耗。

在边缘节点内容缓存的场景下,定义内容流行度为用户的偏好内容和网络中所有用户的共同兴趣。为简单起见,假设内容流行度变化缓慢且所有内容具有相同的大小。对于每个请求,边缘节点中的深度强化学习代理可以做出缓存或不缓存的决定。如果缓存,则有代理确定替换哪个本地内容。在这个问题中,我们将所有边缘节点中的缓存替换问题建模为马尔科夫决策过程,并利用深度强化学习进行解决。云端的服务器汇集来自边缘云上的服务请求,边缘云上的服务器处理来自各个用户设备的内容请求,因为在通信网络中传输的数据类型和数量不同,因此需要动态地实现通信资源的管理和调度。

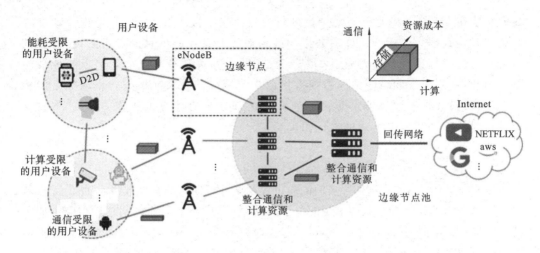

图 6-27　AI 辅助的认知移动边缘系统框架

6.4.3　无人机网络与强化学习

　　无人机在军事、公共和民用领域的作用越来越大,可以被广泛应用于"枯燥、肮脏或危险"的任务,而这些任务往往都是人类不方便或不愿意执行的任务,因此无人机应用具有广阔的前景。在执行任务的过程中,无人机具有按需灵活部署、大范围覆盖和随时悬停的优点,执行任务常常产生特殊的效果。以前无人机主要用于军事,而今它们的使用正迅速扩展到商业、科学、娱乐、农业和其他领域,如图 6-28 所示,如警务、维和、监视、快递、航拍摄影、农业、走私和无人机竞赛等。

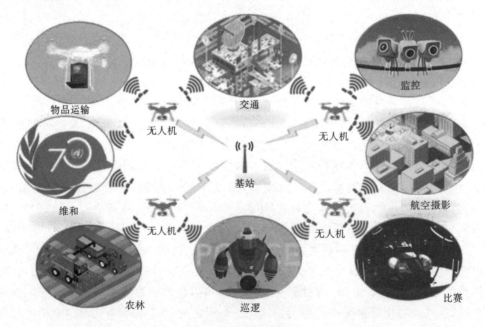

图 6-28　无人机应用

　　由于无人机需要可靠的上行链路传输以将感知获取的数据发送到核心网络,因此无人机集群网络必须进行合理的组网去支持可靠的数据传输。然而,随着无人机部署的普及,集群中多个无人机的协调工作成为一个突出的问题,使得对协作协议和控制算法的调研非常必要。目前大多数的无人机集群主要以集中式的方法进行集体工作,由诸如基站的中央控制单元去操作无人机的运行,随着任务复杂度的上升,以及无人机所处环境的复杂多变,集中控制的方式越来越难以满足实时高效控制的需求。此外,由于频谱资源有限,所以难以集中控制所有无人机。因此,在多个无人机组成的传感网络中,研究去中心化的协作方法解决无人机集群网络的设计和优化问题具有十分重要的意义。

在强化学习中,每个代理都学会通过与环境互动并从其经验中学习从而采取适当的行动。通过每个动作的执行,其获得的奖励作为学习过程的定量反馈。由于强化学习不需要用于训练的数据集,并且代理可以从在线数据中进行学习,因此它对实时应用有很强的吸引力。另外,由于其他代理的行为可以被视为环境的状态,因此也可以扩展强化学习以去中心化的方式解决多代理的优化问题。强化学习的这些特性可以很好地适用于无人机集群的应用。去中心化的组网协议来协调无人机的运动,达成无人机集群的组网。由于无人机处在动态环境中且在没有集中控制的情况下去执行实时感测任务,此时无人机需要在线地学习数据感知和数据传输的经验,这使得强化学习成为应用于无人机集群任务调度的合适方法。

另外,由于无人机的快速升级,地面基站成为一个有效的解决方案,因为它享有更好的无线电条件,并且能够通过频繁调整其位置来更好地响应流量的需求。如何利用现有的地面基站来满足动态数据请求,并最大限度地提高运营商的收益,成为最具挑战性和关键性的问题之一。在这样一个经过考虑的场景中,部署无人机的地面基站的策略可以分为以下两种类型:① 在请求出现之前预先部署无人机。根据拟议的框架,可以利用历史社会数据来预测某些领域即将提出的数据要求。如果数据挖掘处理的结果表明,数据请求将超过覆盖该区域的限频能力,则可提前向该区域部署无人机需要的频谱和带宽。这一策略的好处是提供更好的用户体验,因为它提高了网络处理能力,防止拥塞发生。② 根据实时请求移动无人机。历史社交数据总是不能准确地预测用户的需求,因为它通常是动态的。因此,实时调度更有利于提高网络能力,提高用户体验。可以进一步分析与关注领域相关的实时社会数据,如抱怨网络质量不佳的推特等,并可将更多的无人机发送到热点地区。每台无人机都能自由地在三维空间漫游,还可以根据用户的实时位置信息动态地飞行。

6.4.4　情感通信与人工智能

在物质生活日益丰富、人工智能如火如荼的今天,人们已将关注的重心从物理世界向精神世界转移,因此,人们对于情感服务的需求也日益增强。情感 AI 系统、情感计算已成为当今国内外的热门研究方向。作为情感 AI 系统的基础,情感识别和交互目前已取得很多研究成果。这些成果大多是基于用户语音或人脸表情,或者用户生理信号等信息识别用户情绪,进而给用户作出一定的反馈。很多研究者开展了相关的工作,但这些工作主要在于提高情感 AI 系统中情绪识别的准确率,但机器人给用户的情感反馈动作单一,缺乏多样性,并不具备高度响应人类情绪的能力,很少考虑到给用户提供个性化的情感服务,没有把情感作为一种可以彼此传递的信息,不够人性化。基于情感通信系统,可以在非视距模式下,将情感作为一种通信元素在用户间传递。但也存在一些缺点,缺乏 AI 技术的引入,情感识别准确率不够高,情感载体受限,只有抱枕机器人这种单一载体,不够智能性。因此,基于人工智能的情感通信应运而生,将情感作为一种通信的元素,与 AI 技术相结合,引入现有的通信领域中,深刻关注人本身的状态和需求,实现一种"以人为中心"的智能化情感通信系统。

与生理健康相比,心理健康更是保障人体健康与生活幸福的潜在因素。因此,AI 情感通信系统可以得到广泛的应用,如为无人驾驶提出新的解决方案,虚拟机器人对驾驶员的情绪进行认知,并结合驾驶员当时所处的驾驶环境,部署一种灵活的驾驶权控制转移策略,打破传统的无人驾驶壁垒,实现以人为中心的混合驾驶模式;也可以用在情感社交机器人中,为用户定制个性化的情感服务。将人工智能技术,如深度学习、无标签学习引入情感通信系统,可以有效地洞察用户内心的想法,在与用户的不断交互中成为了解用户心理的伙伴,帮助其克服心理问题,保障心理健康。

6.4.5 人工智能辅助车联网

自 1970 年以来,全球汽车数量飞速增长,汽车早已成为人们出行的最主要的交通工具。然而因为人类自身的视觉与听觉等感官能力有限,由视线遮挡、疲劳驾驶、超速行驶等原因造成的交通事故始终无法得到有效的控制。经研究报告统计,由于人为驾驶失误或错误判断造成的交通事故占所有交通事故的 90%。美国的非营利机构 Eno 交通中心公布的调查报告显示,如果能够充分利用与人为失误"绝缘"的自动驾驶技术,使车与车、车与基础设施之间能够进行通信协作,可以在很大程度上避免由于驾驶员的失误如酒驾、药物、超速等原因而造成的交通事故,另外城市交通堵塞情况也会在很大程度上减轻。

如今为了攻克上述难题,汽车领域正在经历巨大的技术变革。2012 年以来大数据技术与物联网的迅速发展,车联网(internet of vehicles,IoV)成为实现自动驾驶的必要且关键的使能技术。根据 McKinsey & Company 2016 年的一份科技报告,未来的自动驾驶汽车应兼具智能性与互联性,至 2030 年,全自动驾驶汽车将占全球汽车销量的 15%。自动驾驶汽车市场的新型业务模式可以将汽车总收益扩大约 30%。

未来的自动驾驶场景车联网,大数据和物联网的垂直应用已经吸引了学术界致力于这方面的研究,同时也引起了工业界的兴趣。但是,由于自动驾驶的严格应用要求,车联网的具体实施方法尚无定论。可以考虑将人工智能技术引入车联网从而实现车辆的认知行为,这可以促使其通过物理和网络空间中挖掘有效信息增强运输安全性和网络安全性,保护生命和财产安全。

6.4.6 人工智能辅助的信号搜索

为了建立地面基站和卫星之间的通信,需要实现设备的定位和跟踪,以保证设备的天线波束始终指向卫星。在基于上述通过无监督学习实时地得到卫星位置与轨迹追踪的结果上,兼顾网络吞吐量和能量效率的卫星系统无线资源管理方案,人工智能辅助的信号搜索是卫星与基站之间的最大信号的方向,以便随着时间的推移获得最大的奖励,即在网络资源有限的情况下提高网络吞吐量和能量效率,保证基站能够自适应接入,针对卫星系统的移动服务提供良好的用户体验(quality of experience,QoE)。

在最小化初始估计误差之后,下一步是搜索最大信号的方向。利用深度增强学习实现最大角度的选择。强化学习是一种从环境状态映射到动作的学习,目标是使智能体与环境交互的过程中获得最大的累计奖励,通常采用不断试错方法来发现最优的行为策略。强化学习的基本思想就是通过最大化智能体从环境中获得的累计奖赏值,以学习到完成任务的最优策略。进一步可以理解为:如果智能体的某个行为策略产生了令人满意的情况,获得了环境正的奖励,则代理产生并重复这个行为策略的趋势将会加强。而如果智能体的某个行为策略获得环境负回报的惩罚,则重复这个行为策略的趋势将会减弱或禁止。因此,强化学习方法更加侧重于学习解决问题的策略。

深度强化学习将具有感知能力的深度学习和具有决策能力的强化学习相结合,利用深度学习来自动学习大规模输入数据的抽象特征,并以此特征为依据进行自我激励强化学习,优化解决问题的策略。具体来说,我们利用马尔科夫决策过程对此建模。

马尔科夫决策过程通常被定义为一个四元组 (S, A, ρ, f),其中,S 为所有环境状态的集合,$s_t \in S$ 表示代理在 t 时刻所处的状态;A 为代理可执行动作的集合,$a_t \in A$ 表示代理在 t 时刻所采取的动作;$\rho: S \times A \rightarrow R$ 为奖赏函数,$r_t \sim \rho(s_t, a_t)$ 表示代理在状态 s_t 执行动作 a_t 获得的立即奖赏值;$f: S \times A \times S \rightarrow [0, 1]$ 为状态转移概率分布函数,$s_{t+1} \sim f(s_t, a_t)$ 表示代理在状态 s_t 执行动作 a_t 转移到状态 s_{t+1} 的概率。策略 $\pi: S \rightarrow A$ 是状态空间到动作空间的一个映射,表示代理在状态 s_t 选择动作 a_t,执行该动作并以概率 $f(s_t, a_t)$ 转移到下一状态 s_{t+1},同时接受来自环境反馈的奖赏 r_t。假设未来每个时间步所获的立即奖赏都必须乘以一个折扣因子 γ,则从 t 时刻开始到 T 时刻情节结束时,奖赏之和定义为

$$R_t = \sum_{t'=t}^{T} \gamma^{t'-t} r_{t'} \tag{6-25}$$

其中,$\gamma \in [0, 1]$,用来权衡未来奖赏对累积奖赏的影响。状态动作值函数 $Q^{\pi}(s, a)$ 指的是在当前状态 s 下执行动作 a,并一直遵循策略 π 到情节结束,这一过程中代理所获的累积回报表示为

$$Q^{\pi}(s, a) = E[R_t \mid s_t = s, a_t = a, \pi] = E\left\{\sum_{k=0}^{\infty} \gamma^k r_{t+k} \mid s_t = s, a_t = a, \pi\right\}$$

$$\tag{6-26}$$

将固定终端作为智能体,其状态空间为可以获得的带宽。将最大信号方向的搜索空间作为动作空间。由于在天线追踪卫星的过程中,会存在如下情况:如果天线正在跟踪卫星 A,然而还有其他候选的卫星中信号最强的卫星 B,但是追踪卫星 B 需要天线做较大的动作,而跟踪卫星 A 可以用微小的动作就能够对接,因此,固定终端所获取的收益与两方面有关:① 信号的强度;② 转动的角度。所获的收益与信号的强度成正比,与所转动的角度成反比。具体来说,其学习过程可以描述为:

(1)在每一个时刻固定终端与卫星和传感器交互得到一个高维度的观察,并利用深度学习来感知观察,以得到抽象的状态特征表示,即固定终端的信号搜索空间;

(2)基于预期回报来评价搜索各个信号动作。对于动作空间,我们考虑步进马达。也就说,动作空间中,每一个动作只有有限个下一个动作。

此处我们还需要考虑,对于天线跟踪的卫星,马达对此动作做出反应,并得到下一个观察。通过不断循环以上过程,最终可以实现最大信号方向的搜索。

第三篇

应用篇

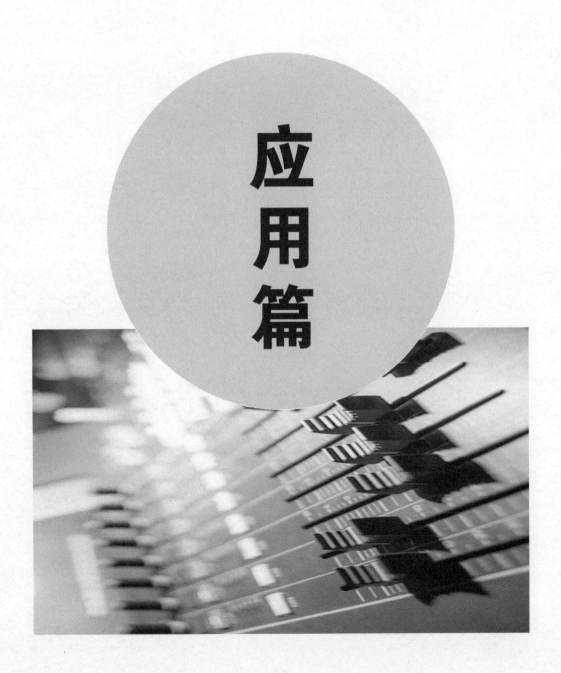

7

基于人工智能的认知无线通信

  智能移动设备日益普及而获得加速发展,全球数据流量显著增长。对于史无前例的数据量以及人工智能方面的突破,启发人们设想无处不在的计算和环境智能。这不仅能提高我们的生活质量,而且也为科学发现和工程创新提供了一个新的思路,以此推动工业界和学术界创造出智能网络,支持更多的智能移动服务让人们的生活更美好。但是,面临的问题是在大数据时代,需要对海量的大数据进行处理以及分析利用。那么如何利用大数据进一步提升通信网络的性能?如何实现以数据驱动的通信性能的提升?如何利用人工智能技术改善终端接收信号能力的问题?本章讨论基于机器学习的智能无线边缘通信,人工智能代理在无线传感器网络中的应用,自主学习的无线网络智能优化,以及卫星地面网络中的终端跟踪和天线指向,以此进一步深入理解人工智能在认知无线通信中的应用。

7.1 学习驱动的无线边缘通信

  我们正在目睹全球数据流量的显著增长,随着移动设备(如智能手机、平板电脑和传感器)的日益普及,数据流量的增长速度还将加速。根据交叉数据公司的数据,到2025 年将有 800 亿个设备连接到互联网,全球数据将达到 175 ZB。史无前例的数据量以及人工智能(AI)的最新突破,激励人们去设想无处不在的计算和环境智能,这不仅将提高我们的生活质量,而且为科学发现和工程创新提供一个平台。尤其是,这一愿景正在推动工业界和学术界大力投资于创造智能(网络)优势的技术,该优势支持新兴的应用场景,如智能城市、电子健康、电子银行、智能交通等。这也导致了一个全新研究领域即边缘学习的出现,指的是在网络边缘部署机器学习算法。将学习推向边缘的关键动机是允许快速访问由边缘设备生成的用于快速 AI 模型训练的大量实时数据,这反过来又赋予设备类人智能以响应实时事件。

  传统上,训练 AI 模型,尤其是深层模型,是计算密集型的,因此只能在功能强大的云服务器上支持。基于移动边缘计算平台发展的最新趋势,训练 AI 模型不再仅限于云服务器,而且在边缘服务器上也是负担得起的。特别地,最近由第三代合作伙伴计划(3rd generation partnership project,3GPP)标准化的网络虚拟化架构能够在边缘计算的基础上支持边缘学习。此外,最新的移动设备还配备了高性能中央处理单元或图形处理单元(如 iPhone X 中的 A11 仿生芯片),使得它们能够训练一些小型 AI 模型。

云、边缘云和设备上学习范式的共存产生了网络机器学习的分层体系结构。不同的层具有不同的数据处理和存储能力,并且迎合具有不同延迟和带宽要求的不同类型的学习应用程序。

与云和设备上学习相比,边缘学习有其独特的优势。首先,它具有最均衡的资源支持,这有助于在 AI 模型复杂度和模型训练速度之间实现最佳折中。其次,由于边缘学习接近数据源,它克服了云学习的缺点,即由于过度的传播延迟而不能处理实时数据,并且还克服了由于向云上传数据而导致的网络拥塞。此外,邻近性提供了位置和上下文感知的附加优势。最后,与设备上学习相比,边缘学习通过支持更复杂的模型以及更多聚集来自许多设备的分布式数据来获得更高的学习精度。由于边缘学习具有全方位的能力,因此可以支持广泛的人工智能模型,从而支持范围广泛的任务关键应用,如自动驾驶、救援操作机器人、避灾和快速工业控制。然而,边缘学习还处于萌芽阶段,仍然是一个很大的未知领域,面临着许多开放的挑战。

边缘学习的主要设计目标是从预设的边缘设备上的大量但高度分布的数据中快速智能地获取信息。这主要取决于边缘服务器上的数据处理以及边缘服务器和边缘设备之间的有效通信。为了从分布式数据中提取有价值的信息,可能需要将数百万到数十亿个边缘设备生成的大量数据上传到边缘服务器,这会产生过多的通信延迟。由于数据的巨大性和无线资源的稀缺性,如何在不引起过多的通信延迟的情况下充分利用人工智能模型训练中的分布式数据,对边缘学习中的无线数据采集提出了巨大的挑战。

不幸的是,最先进的无线技术无法应对挑战。其根本原因是传统的无线通信设计目标,即通信可靠性和数据速率最大化,与边缘学习的目标并不直接匹配。这意味着我们必须打破传统无线通信的设计理念,这可被视为"通信-计算分离"的方法。相反,我们应该利用边缘学习系统中的通信和学习之间的耦合。为了体现这一新理念,我们提出了一套新的边缘学习无线通信设计原则,统称为学习驱动通信。下面我们将讨论具体的研究方向,并提供具体的例子来说明这种范式转变,它涵盖了通信方面的许多关键技术,包括多址、资源分配和信号编码。所有这些新的设计都有一个共同的原则,即学习驱动通信原理——快速智能获取,可以有效地传输数据或学习相关信息,以加速和改进边缘服务器的人工智能模型训练。

在高层次上,学习驱动通信将无线通信和机器学习结合在一起,这两门学科作为独立的学科,几乎没有交叉路径。在本节中,我们讨论一些突出的研究机会,突出潜在的解决方案,以及讨论实施问题,为这个新兴和令人兴奋的领域提供一个路线图。

7.1.1 学习驱动的无线电资源管理

1. 动机与原则

在传统的通信-计算分离方法的基础上,现有的无线资源管理方法被设计成通过精细地分配诸如功率、频带和接入时间等稀缺的无线资源来最大化频谱利用率。然而,这种方法在边缘学习中不再有效,因为它不能利用后续的学习过程来进一步提高性能。这促使我们在边缘学习中提出无线资源管理方法的设计原则,以及学习驱动的无线资源管理方法。应根据传输数据的值分配无线资源,以优化边缘学习性能。

传统的无线资源管理方法假定发送的消息对于接收机具有相同的值。使总和率最大化是一个关键的设计准则。当涉及边缘学习时,速率驱动的方法不再有效,因为有些消息在训练 AI 模型时往往比其他消息更有价值。

在这一部分中，我们介绍了遵循上述学习驱动设计原则的代表性技术，称为重要性感知资源分配，它在资源分配中考虑数据的重要性。这种新技术的基本思想与机器学习中的一个关键领域有着相似之处，称为主动学习。主动学习主要是从大的未标记数据集中选择重要样本进行标记，以便用标记数据加速模型训练。一个被广泛采用的（数据）重要性度量是不确定性的。具体地说，如果数据模型预测置信度不高，那么数据样本就更不确定了。例如，被分类为"猫"的照片的正确概率为 0.7，比概率为 0.9 的猫照片更不确定。一个常用的不确定性度量是熵，这是信息论的概念。由于它的评估很复杂，一个简单的启发式替代方法是数据样本与当前模型的决策边界的距离。以支持向量机为例，决策边界附近的训练数据样本可能成为支持向量，从而有助于定义分类器。相反，一个远离边界的样本不会做出这样的贡献。

与主动学习相比，学习驱动的无线资源管理方法在易失性无线信道中面临额外的挑战。特别地，除了数据重要性之外，它还需要考虑无线电资源分配，以确保传输数据样本时的一定级别的可靠性。下面将提供一个具体的案例研究来说明。

2. 案例研究：无线数据采集的重要性感知重传

考虑一个边缘学习系统，基于支持向量机在边缘服务器上训练分类器，收集来自分布式边缘设备的数据。高维训练数据样本的获取是带宽消耗的，并且依赖于有噪声的数据信道。低码率可靠信道被分配用于精确传输小尺寸标签。边缘服务器上标签和噪声数据样本之间的不匹配可能导致学习到错误的模型。为了解决这一问题，采用相干合并的重要性感知重传来提高数据质量。无线电资源由 n 个样本（新/重传）的有限传输预算指定。

重要性感知重传是在传输预算约束下，无线资源管理方法问题可以指定为：应该为给定的数据样本分配多少重传实例？具体地，在每一轮通信中，边缘服务器应该选择获取新样本的设备或请求先前调度的设备进行重传以提高样本质量作出二元决策。给定有限的传输预算，决策需要解决接收样本的质量和数量之间的权衡。位于决策边界附近的数据对于模型训练更为关键，但是也更容易产生数据标签不匹配问题。因此，它们需要更多的重传预算以确保预先指定的对齐概率（定义为发送数据和接收数据位于决策边界的同一侧的可能性）。这种重要性感知重传方案，通过应用自适应信噪比阈值来控制重传决策。自适应是通过用样本到决策边界之间的距离的系数对阈值进行加权来实现的，这使得能够根据数据重要性智能地分配传输预算，从而可以实现最佳的质量-数量折中。

3. 研究机会

有效的无线资源管理方法在边缘学习中起着重要作用，并且上面提出的学习驱动设计原理带来了许多有趣的研究机会。下面描述了一些方法。

缓存辅助重要性感知无线资源管理方法：通过利用边缘设备的存储，可以进一步增强所开发的重要性感知无线资源管理方法的性能。利用足够的存储空间，边缘设备可以在上传之前从本地缓存的数据中预先选择重要数据，从而加快 AI 模型训练的收敛速度。然而，基于数据不确定性的传统重要性评估已经不适应于当前海量数据。如何智能地利用本地数据集的分布，将数据表示性引入数据重要性评价中，是需要解决的关键问题。

多用户无线资源管理方法用于更快的智能获取：对批量数据的训练降低了更新 AI

模型的频率,这在一定程度上减轻了服务器的负担。然而,由于不同用户之间数据存在一定的相关性,模型训练过程中会不必要地处理冗余信息,这在一定程度上降低了学习性能。因此,如何在存在用户间相关性的情况下有效地利用数据分布是多用户无线资源管理设计需要研究的课题。

在多样化场景下学习驱动无线资源管理方法:在上面给出的案例研究中,重要性感知无线资源管理假定需要上传原始数据。然而,在更一般的边缘学习系统中,从边缘设备上传到边缘服务器的不一定是原始数据样本,而是其他与学习相关的内容,这使得所呈现的数据重要性感知无线资源管理方法设计不直接适用于这些场景。因此,应该针对不同的边缘学习系统提出一组学习驱动的无线资源管理方法设计。

7.1.2　学习驱动的信号编码

1. 研究动机

在机器学习中,特征提取技术被广泛应用于原始数据的预处理,以降低原始数据的维数,提高学习性能。对于回归任务,主成分分析是识别潜在特征空间并使用它来将数据样本减少到训练模型所必需的低维特征的流行技术,从而避免模型过拟合。线性判别分析发现最大判别特征空间,以便于数据分类。此外,独立分量分析可以识别多元信号的独立特征,从而发现诸如盲源分离之类的应用。特征提取技术共有的一个共同主题是将训练数据集简化为低维特征,从而简化学习并提高性能。在特征提取过程中,过于激进和过于保守的维数都会降低学习性能。此外,特征空间的选择直接影响目标学习任务的性能。这些使得设计特征提取技术成为机器学习中一个具有挑战性但又很重要的课题。

在无线通信中,源和信道编码技术也被开发用于"预处理"传输的数据,但是用于不同的目的,即高效和可靠的传输。信源编码采样、量化和压缩信源信号,使得在信号失真的约束下,信源信号可以由最小位数来表示,这导致了率失真权衡。为了可靠地传输,信道编码在传输的信号中引入冗余,以保护它免受噪声和无线信道的干扰,这导致了速率-可靠性折中。设计联合信源和信道编码本质上涉及上述两个折中方案的联合优化。

由于两者都是数据预处理操作,因此将特征提取和源信道编码结合起来以便在边缘学习系统中实现有效的通信和学习是很自然的。这产生了学习驱动信号编码的区域,其设计原理为学习驱动信号编码原理。边缘设备上的信号编码应该通过联合优化特征提取、信源编码和信道编码来设计,以便加速边缘学习。

本小节讨论了遵循上述原理的示例技术,称为格拉斯曼模拟编码。格拉斯曼模拟编码通过子空间表示欧氏空间中的原始数据样本,该子空间可以通过将样本投影到格拉斯曼流形(子空间的空间)上而被解释为特征。

2. 案例研究:快速模拟传输和格拉斯曼学习

考虑边缘学习系统,其中边缘服务器使用具有高迁移率的多个边缘设备发送的训练数据集来训练分类器。通过设备的传输是基于时间共享和独立于没有信道状态信息的信道。所有节点都配备有天线阵列,从而产生一组窄带多输入多输出(multiple-input multiple-output,MIMO)信道。在这种情况下,我们专注于传输数据样本,这主导了数据采集过程。标签在低速率、无噪声的标签通道上传输。假设在不同边缘设备上的数据样本是基于经典混合高斯模型(Gaussian mixed model，GMM)的独立同分布，每个数据样本是向量。每个 MIMO 信道的时间校正遵循经典的克拉克模型，该模型基于富散射的假设，其中信道变化速度由归一化多普勒频移指定，并表示多普勒频移和基带采样间隔(或时隙)。在检测到边缘侧的 Grassmann 模拟编码(Grassmann analog encoding，GAE)数据之后，在 Grassmann 流形上的贝叶斯分类器被训练用于数据标记。

快速模拟传输与相干方案：一种新的设计，称为快速模拟传输，GAE 作为其关键组件，在文献中有提出用于快速边缘分类。快速模拟传输的性能是针对两种高速相干方案：数字和模拟 MIMO 传输进行基准测试的，这两种方案都采用最小均方误差(minimum mean-square error，MMSE)线性接收机，因此需要信道训练来获得所需的信道状态信息(channel state information，CSI)。两个相干方案的主要区别如下。首先，与模拟 MIMO 相比，快速模拟传输允许 CSI 免费传输。此外，在数字 MIMO 中需要量化时，快速模拟传输通过使用线性模拟调制显著地减少了传输延迟，这将延长总的传输周期。

3. 研究机会

学习驱动的信号编码是边缘学习领域的一个重要研究方向，一些研究机会如下。

(1) 梯度数据编码。在边缘的人工智能模型的训练中，特别是在联合学习的设置中，从边缘设备到边缘服务器的随机梯度的传输是整个边缘学习过程的中心。然而，所计算的梯度可能具有高维度，这是极其低效的通信。幸运的是，在文献中发现，通过利用固有稀疏结构，可以适当地截断用于更新 AI 模型的梯度，而不显著降低训练性能。这启发了梯度压缩技术的设计，减少了通信开销和延迟。

(2) 运动数据编码。运动可以由一个子空间序列表示，该子空间被转换成 Grassmann 流形上的轨迹。如何编码一个有效的通信和机器学习的运动数据集是边缘学习的一个有趣的话题。例如，相关的设计可以建立在 GAE 方法上。

(3) 通道感知特征提取。传统上，为了应对恶劣的无线衰落信道，各种信号处理技术如 MIMO 波束形成和自适应功率控制迅速发展起来。信道感知信号处理也可以与边缘学习系统中的特征提取共同设计。特别是，最近的研究已经显示了用于分类的特征提取过程和非相干通信之间的内在相似性。这就为利用信道特性进行有效的特征提取提供了可能，为信道感知特征提取提供了一个新的研究领域。

7.1.3　边缘学习部署

边缘学习的成功取决于它的实际部署，最近在几个关键支持技术方面的进步将促进这种部署。具体而言，蓬勃发展的人工智能芯片和软件平台为边缘学习奠定了物理基础。同时，MEC 为在即将到来的 5G 网络支持下的边缘学习的实现提供了实用和可扩展的网络体系结构。

1. AI 芯片

训练一个人工智能模型需要计算和数据密集处理。不幸的是，在过去几十年中，占主导地位的 CPU 在这些方面存在短板，主要有两个原因。首先，控制 CPU 发展的摩尔定律似乎是不可持续的，因为晶体管的致密化很快达到其物理极限。其次，CPU 架构不是为数字压缩而设计的。特别地，典型 CPU 中的少量内核不能支持并行计算，而将内核和内存放在单独的区域会使数据获取显著延迟。CPU 的局限性推动了 AI 定制芯片的发展。人工智能芯片有多种体系结构,其中许多都具有两个共同的特征,这对于机器学习中的数字处理至关重要。首先,人工智能芯片通常包括许多微型核,以便实现并行计算。这个数字范围从数十个设备级芯片(如华为麒麟970的20个)到数千个服务器级芯片(如 Nvidia Tesla V100 的5760个)。其次,在 AI 芯片中,内存被分配并放置在微型内核旁边,以加速数据获取。AI 芯片的快速发展将为快速边缘学习提供强大的"大脑"。

2. 人工智能软件平台

考虑到实现智能优势的共同愿景,领先的互联网公司正在开发软件平台,为边缘设备提供人工智能和云计算服务,包括亚马逊的 AWS 绿草、微软的 Azure IoT 边缘以及谷歌的云 IoT 边缘。这些平台目前依赖于强大的数据中心。在不久的将来,随着 AI 支持的关键任务应用程序变得越来越普遍,这些平台将被部署在边缘以实现边缘学习。最近,Marvell 和 Pixeom 两家公司演示了在边缘部署 Google TensorFlow 微服务,以支持许多应用程序,包括目标检测、面部识别、文本读取和智能通知。为了充分发挥边缘学习的潜力,我们希望看到互联网公司和电信运营商之间的密切合作,以开发一个高效的空中接口进行边缘学习。

3. MEC 和 5G 网络体系结构

首先,3GPP 为 5G 标准化的网络虚拟化体系结构提供了实现边缘计算和学习的平台。架构中的虚拟化层将在所有地理上分布的计算资源聚集起来,并将它们呈现为单个云,供上层的应用程序使用。不同的应用程序通过虚拟机共享聚集的计算资源。其次,5G 标准中规定的网络功能虚拟化使电信运营商能够将网络功能实现为软件组件,实现灵活性和可扩展性。其中,网络功能支持控制和消息传递,以便于选择用户平面功能、业务路由、计算资源分配和支持移动性,用于共享同一物理机器(如操作系统、CPU、内存和存储)的功能和资源。

7.2 无线传感器网络中的人工智能代理

基于大数据的深度学习技术的蓬勃发展为无线传感器网络的控制与管理提供了新思路,其中具有自主决策能力的强化学习与深度学习结合的新思想正与之契合。然而将二者结合起来的研究却寥寥无几。在基于移动代理的无线传感器网络中,移动代理在节点之间移动,采集数据,最后汇总到汇集节点,使用强化学习使得移动代理在每个节点做出决策的时候都能根据当前的形势做出判断,执行最好的行动,增强了移动代理的智能性,提高了工作效率。为了能够智能地实现无线传感器网络中的流量分配以降低能耗,提高效率,并考虑到将来的无线传感器网络的移动性将与日俱增,本节提出了一个基于深度强化学习的无线传感器网络流量控制系统,实现了智能性、自主性与可靠性。

7.2.1 相关概念

1. 面向无线传感器网络的移动代理

无线传感器网络是由传感器节点以及自组织和多跳的方式构成的,产生数据的节点称为源节点,源节点将数据直接传输到汇集节点,大量的流量汇聚到汇集节点将会产生交通拥堵,浪费无线带宽,而且消耗电池能量。研究提出了在无线传感器网络中用于

数据处理、融合、传输的移动代理模式,相对
于传统的分布式无线传感器网络,使用移动
代理的无线传感器网络能够有效规划动态
网络,提高数据收集效率,降低通信能耗,并
具有可靠性,图 7-1 所示的是使用多个移动
代理的无线传感网络。

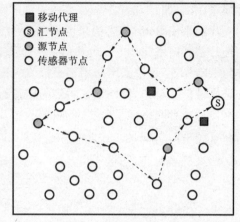

图 7-1　使用多个移动代理的无线传感器网络

　　移动代理是一种特殊的网络模块,在无
线传感器网络中不断移动,访问网络中的传
感器,包括代理标识、执行代码、访问路径和
数据空间四个部分,不同的移动代理携带不
同的信息,因此需要给每一个移动代理唯一
的标识号,执行代码存储当前移动代理所携
带的信息,访问路径是移动代理的核心,用于指示移动代理下一步怎么走,数据空间存
储从传感器节点接收的数据。在本节中,为了简化模型,我们讨论的是只有一个移动代
理的无线传感器网络。

2. 面向无线传感器网络的人工智能和深度学习

　　在深度学习技术迅速演进的今天,越来越多的领域利用深度学习技术取得了非凡
的成就。无线传感器网络技术正处于一个转折点,传统的部署、运营和管理网络系统的
方式已经不能满足当前要求,深度学习技术可以用来有效解决此类问题。Lee 提出在
给定路由节点信息的情况下,使用 3 层的神经网络学习,对无线节点进行程度分类,然
后通过采用 Viterbi 算法创建虚拟路由,该方法在灾难时期或遭遇恐怖袭击时期能够让
受到破坏的基础设施恢复通信。Mao 等人提出以边缘节点的流量模式作为输入,基于
能够实现大规模并行运算的 GPU 加速软件定义路由器,训练深度信念架构(deep be-
lief architectures,DBAs)计算下一个节点的位置,该方法极大地改进了网络流量控制。
Tang 等人提出了一个实时的深度卷积网络用于无线网状(wireless mesh network,WMN)
骨干网,并证明与现存的路由方法相比,该方法能够显著降低平均延时和包的损失率。
Mehmood 等人基于一个节能鲁棒的路由方案提出了一个人工神经网络模型,称为 ELDC。
人工神经网络在大量的包含几乎所有场景的数据集中训练,提升无线传感器网络的可靠
性和对环境的适应能力,同时能够极大地延长传感器节点的寿命。

　　从以上可以看出,深度学习技术在无线传感器网络领域可以改善网络,同时,深度
学习技术通常都是多层的网络结构,很少涉及强化学习,更不用提深度强化学习,因此,
将深度强化学习用于解决无线传感器流量控制是一种崭新的思路。

7.2.2　无线传感器网络中人工智能代理的架构与设计

　　在前文对基于代理的无线传感器网络的介绍中,可以很容易地发现移动代理和深
度强化学习中的智能体的功能原理实际上有一定程度的互通。因此,我们将深度强化
学习技术用于无线传感器网络中,实现基于移动代理的路由规划。

　　在移动代理所掌握的各种信息中,环境中各个节点的位置是最重要的,这也是智能
体的输入。假设有 n 个源节点,则输入为 $\{x_1, x_2, x_3, \cdots, x_n\}$,$x_i \in \mathbf{R}^2$,其中,$x_i$(通常是
一个二维坐标)表示节点 i 的坐标。智能体需要通过学习进行决策,输出 n 个节点的最

优顺序序列,如$\{3,5,7,\cdots,n-1\}$,表示移动代理将要执行的路径。

我们采用 Bello 等人提出的网络作为无线传感器网络中智能体的结构,智能体由一个行动者网络(actor network)和一个评论家网络(critic network)组成。行动者网络作为策略梯度,评论家网络用于函数值的近似。更确切地说,行动者网络根据当前的状态选择最佳的动作,而评论家网络则判断每一个动作的好坏。二者的结构类似,评论家网络比行动者网络多了两层全连接层,输出对行动序列的预测奖励。图 7-2 所示的是行动者网络的架构。

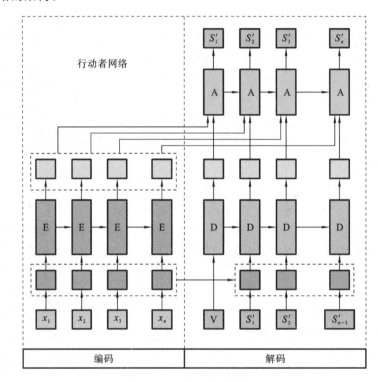

图 7-2　行动者网络架构

如图 7-2 所示,$\{x_1,x_2,x_3,\cdots,x_n\}$表示输入的源节点坐标,每一个二维坐标值$x_i$都经过线性变换,转化为$d$维的向量,然后输入由 LSTM 单元组成的编码器(图 7-2 中的 E 模块)。在解码的最开始阶段,由 LSTM 组成的解码器(图 7-2 中的 D 模块)读取一个可训练的向量(图 7-2 中的 V 模块)。编码器的输出和解码器的输出经过 Attention 机制(图 7-2 中的 A 模块)得到下一个节点的序号a'_i,根据序号寻找对应的嵌入值,将该节点作为解码器的输入a'_{i+1},循环往复,最终得到一个源节点序号的排列组合$\{a'_1,a'_2,a'_3,\cdots,a'_n\}$。在训练阶段,$a_i$来自数据集而不是解码器输出。算法 7-1 给出了行动者-评论家网络的训练过程。

算法 7-1　行动者-评论家(Actor-critic)训练

(1) 初始化行动者网络 $P(a|x,\theta)$

(2) 初始化评论家网络 $Q(r|x,a,\phi)$

(3) $for\ step=1,2,\cdots,\mathrm{M}\ do$

(4)　采样输入序列　$\mathrm{X}=\{\mathrm{x}_1,\mathrm{x}_2,\cdots,\mathrm{x}_n\}$

(5)　采样输出键　$A=\{a_1,a_2,\cdots,a_n\}$

(6)　预测输出　$A'=P(a\mid X,\theta)$

(7)　从环境中获得 A' 的回报 R

(8)　for substep$=1,\cdots,k$ do

(9)　　　$R'\leftarrow Q(X,A')$

(10)　　　$L_c\leftarrow\parallel R-R'\parallel_2^2$

(11)　　　$\phi\leftarrow\text{ADAM}(\phi,\mathbf{\nabla}_\phi L_c)$

(12)　end for

(13)　$R'\leftarrow Q(X,A)$

(14)　$g\leftarrow(R-R')\mathbf{\nabla}_\theta\log_2 P(X)$

(15)　$\theta\leftarrow\text{ADAM}(\theta,g)$

(16) end for

在训练过程中,首先通过行为预测输出,根据该输出与环境的奖励更新评论家网络,当评论家网络达到一定稳定程度,然后根据评论家网络更新行动者网络。

7.2.3　基于人工智能代理的无线传感器网络流量控制

大多数数据收集节点采用电池供电方式,由于工作环境比较恶劣,一般是一次部署终生使用,因此系统设计的一个重要目标就是高效使用数据收集节点的能量,使整个网络系统的生存周期尽可能的长。将深度强化学习用于无线传感器网络时,一个最重要的部分就是无线传感器网络的能量消耗问题。这个部分将描述无线传感器网络中的能量消耗问题,然后与深度强化学习结合,进行高效节能的流量控制。

深度强化学习的目标是使移动代理获得的总奖励最大化,对无线传感器网络来说,衡量一个算法好坏的重要评价指标是能量消耗。设移动代理的初始大小为 M_{ma}^0,第 i 个传感器节点传给移动代理的数据大小为 M_{data}^i,第 i 个节点的数据压缩率为 r_i,第 i 个节点的融合率为 p_i,其中第一次收集数据没有融合率。随着经过节点的增加,当移动代理到达第 k 个节点时的大小为

$$M_{\text{ma}}^k = M_{\text{ma}}^0 + M_{\text{data}}^1 \cdot r_1 + \sum_{i=2}^k M_{\text{data}}^i \cdot r_i \cdot p_i \tag{7-1}$$

设传感器节点 i 的发送单位数据能量为 e_{out},接收的能量为 e_{in}。传输放大器的能量为 $e_{\text{amp}}\cdot d^k$,d 是距离,k 是传输损失指数。用 M_{in}^i 表示节点 i 接收的数据包大小,用 M_{out}^i 表示发送的数据包大小,则一个传感器节点接收并发送一段数据的总能耗为

$$E(M_{\text{in}}^i,M_{\text{out}}^i)=e_{\text{in}}\cdot M_{\text{in}}^i+(e_{\text{out}}+e_{\text{amp}}\cdot d^k)\cdot M_{\text{out}}^i \tag{7-2}$$

由此推断,移动代理从第 $k-1$ 个传感器节点移动到第 k 个节点的能量消耗为

$$E_{k-1}^k=E(0,M_{\text{ma}}^{k-1})+H_{k-1}^k\cdot E(M_{\text{ma}}^{k-1},M_{\text{ma}}^{k-1})+E(M_{\text{ma}}^k,0)+e_p\cdot M_{\text{data}}^{k-1} \tag{7-3}$$

式中:H_{k-1}^k 表示从第 $k-1$ 个节点到第 k 个节点的过程中,估计的借助其他传感器节点多跳跳数;最后一项是节点 $k-1$ 的数据处理能量,e_p 是数据处理的单位能耗(数据融合能量)。

为了计算总能量消耗代价 E,我们把移动代理的行动分解为 3 步:从汇集节点到第一个传感器节点、从第一个传感器节点到最后一个传感器节点、从最后一个传感器节点回到汇集节点,总的能量消耗为

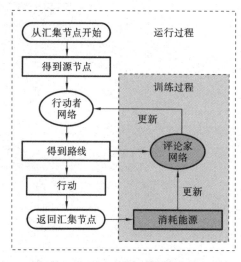

图 7-3　无线传感器网络流量控制系统

$$E = E_{\text{begin}} + \sum_{i=2}^{n} E_{i-1}^{i} + E_{\text{end}} \quad (7\text{-}4)$$

能量消耗确定后,我们以消耗能量的负值作为强化学习的奖励,以源节点的坐标为状态,以节点令牌的排列为动作。图 7-3 显示了代理如何控制无线传感器网络中的流量。MA 从接收器开始,从行动者网络获取路由路径,并在无线传感器网络中执行。当它返回到接收节点时,计算奖励(消耗的能量)以更新评论家网络,评论家网络将更新行动者网络。当训练稳定之后,图中的训练模块可以去掉。

7.2.4　实验与结果分析

为了验证算法的性能,我们在无线传感器网络中进行了仿真实验。为了简化分析,设置了一些假设条件。假设初始的每个节点都是一样的,节点的位置在仿真过程中不变,发送的数据量是固定的,汇集节点和移动代理的能量不受限制。

在所有的仿真案例中,在一个 100 m×100 m 的正方形区域内源节点随机分布,移动代理从汇集节点出发,采用多跳的方式到源节点采集数据,最后返回汇集节点。移动代理的初始大小为 500 b,每个源传感器会产生 4000 b 的数据,仿真环境的细节如表7-1 所示。

表 7-1　实验参数

参　　数	值
仿真区域	100 m×100 m
汇集节点坐标	(101,50)
传感器节点数	200
源节点数	20
信道类型	无线信道
能耗模型	电池
传输能耗	50 nJ/b
接收能耗	50 nJ/b
发射放大器	10 pJ/(b·m²)
数据处理消耗	5 nJ/b
数据压缩率	0.45

局部最近优先(local closest first, LCF)、全局最近优先(global closest first, GCF)和基于 MA 的定向扩散(MA-based directed diffusion, MADD)算法是三种传统的基于单移动代理无线传感器网络的有效路由协议。在 LCF 中,源节点每次都选择最接近当前节点的源节点。而在 GCF 中,移动代理选择最接近接收节点的源节点。类似于LCF,MADD 中 MA 在第一步从接收节点中选择最远的节点。

我们将这三种方法作为比较,并将移动代理所消耗的能量作为判断的依据。图 7-4

展示了训练过程中消耗的能量。图中 LCF、GCF 和 MADD 的 Y 轴值为平均值,因为它们不需要学习。很明显,我们提出的方法最初处于劣势,但逐渐超越其他方法,这证明了深度强化学习可以有效地解决无线传感器中能效优化问题。

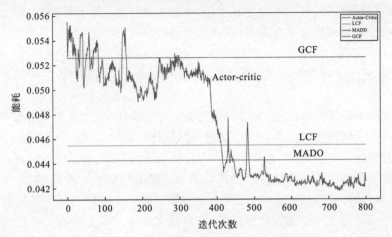

图 7-4 行动者-评论家训练过程中的能耗

我们还分析了四种方法的实际路由情况,如图 7-5 所示。通过对这两个图的分析,

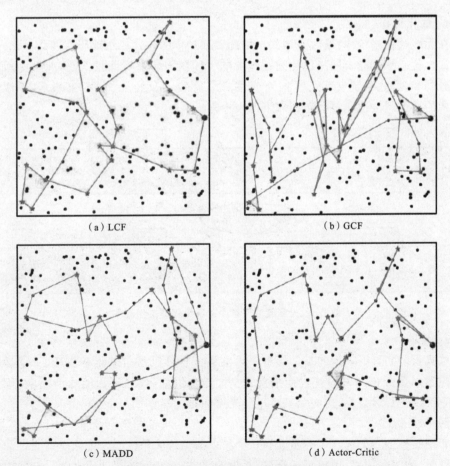

(a) LCF (b) GCF

(c) MADD (d) Actor-Critic

图 7-5 四种路由协议的移动代理拓扑图

我们可以看出 LCF、GCF 和 MADD 都有很大的缺点。它们选择路径时不考虑 WSN 中消耗的能量,直到 MA 返回到接收节点。Actor-Critic 可以估计能耗并做出决定。通过 Actor-Critic 中的代理行为,我们还可以深入分析无线传感器网络的流量信息。例如,为了降低能耗,随着移动代理量的增加,移动代理们在开始时穿越远端节点,在采集信息结束时穿越最近的点更为有利,其他三个路由协议都无法学习。

7.3　自主学习的无线网络智能优化

在无线通信系统中,通过适当的网络配置进行网络优化,这在最大化系统性能中起着重要作用。当使用传统的优化方法处理网络优化问题时,可能存在人为干预、模型无效和高复杂性的问题。因此,本节提出了一种自动学习框架,通过使用机器学习技术实现智能和自动网络优化。我们提出了在自动学习框架中的基本使用模型,包括自动模型构建、经验回放、有效的反复试验、强化学习驱动博弈。我们的目标是为解决无线通信系统中的网络优化问题提供新的范例,并帮助读者使用机器学习技术设计新的范例解决无线通信系统中的网络优化问题。

7.3.1　无线通信系统中的网络优化问题

1. 优化过程

在无线通信系统中,通过适当的网络配置或动作的方式广泛地研究网络优化问题,以便最大化系统性能。网络优化问题包含的无线网络研究层面很广泛,典型应用包括资源分配和管理、系统重新配置、任务调度和用户 QoS 优化。如图 7-6 所示,无线通信系统中的典型网络优化过程包括以下四个步骤。

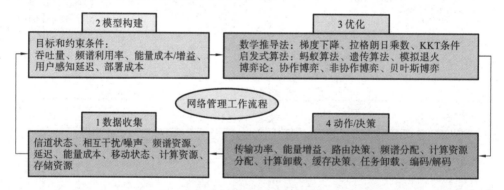

图 7-6　无线通信网络中的网络管理工作流程

1）数据收集

收集系统和周围环境的基本信息。收集的信息可以是信道状态信息、干扰、噪声、用户位置以及频谱和时间片占用信息、一些 QoS 信息(如延迟和能量消耗率,移动状态),也可以是目标信息,这些信息可用于支持优化过程。

2）模型构建

管理器构造一个包含目标函数和几个约束条件的优化模型。优化模型的目标可以是吞吐量、频谱利用率、用户感知延迟、能量消耗/增益和设施部署成本等。模型构建过程通过使用数学公式来构造,并且管理者需要知道模型中涉及的领域知识和理论。

3）优化

解决优化问题最常用的方法是基于数学推导的方法和启发式算法。前者采用数学推导过程寻找解决方案，如拉格朗日乘数和梯度下降方法。后者采用启发式邻域搜索过程来寻求最优解，包括遗传算法、模拟退火、粒子群优化和萤火虫算法等。一般来说，数学推导的方法非常适合解决显式和凸目标函数的问题，而启发式算法不需要目标函数的导数，通常能够为复杂的优化问题提供高质量的解决方案。除了这两种优化方法之外，博弈论技术，包括非合作博弈、合作博弈和贝叶斯博弈，也已成功通过与其他功能节点的交互学习自动配置策略来解决优化问题。

4）配置

依据优化结果，系统会重新配置设置或操作以调整性能。可能的配置动作或决策包括传输功率分配、能量收集调度、路由决策、频谱资源分配等。在配置完成之后，系统会再重复优化过程使系统保持在合适的工作状态下。

2. 优化困难

虽然已经广泛研究了网络优化问题，但现有的优化方法仍然面临以下三个困境。

1）人为干预

一般来说，网络优化问题中的优化模型是由具有领域知识的专家构造的，在实现中这种知识驱动模式是高成本且低效的。如果可以自动执行优化操作，在现实世界的应用中网络优化将更容易实现。然而，如何在网络优化问题中减少人为干预仍然是一个未探索的领域。

2）模型无效

随着硬件和软件技术的发展，无线通信系统正在成为一个日益复杂的系统，具备更多的用户、更多的访问方式、更复杂的功能，以及更多的网络实体之间的关系。除了传输功率和信道状态以外，系统性能也深深受到软件、硬件、干预、噪声和物理环境等因素的影响，这些因素总是难以预测和用显式的公式表示出来的。因此，为这些因素找到显示的、有效的数学公式，尤其是在上述不可预测的因素影响下找到像延迟、能量消耗速率这样的性能指标是很难的且不切实际的。在某些情况下，即使用数学模型构造了关系函数，由于理论与实际的不匹配其实现结果也远远不能令人满意。

3）高复杂性

由于优化过程的计算密集性，特别是具有高维解决方案的复杂的网络优化问题，解决复杂的优化问题可能会有高成本的时间和能量开销。在这种情况下，为满足具有延迟敏感的移动性需求应用的实时要求，算法的效率是难以接受的。即使效率是可接受的，在实际实现中连续密集的计算过程也需要高计算时间和能量成本。可以预见，无线通信系统的复杂性将会变得更高，相应的网络优化问题也将更加复杂。在未来无线网络的研究中，迫切需要开发新的有效和高效的模型来解决这些复杂的问题。

机器学习技术在处理网络问题方面表现出了它的神奇之处，如流量预测、点对点回归和信号检测。然而，在现有的工作中尚未充分讨论机器学习在处理网络优化问题中的应用。本节专注于处理无线通信系统中的网络优化问题，并提出一种自动学习框架，该框架采用强大的机器学习技术来处理传统优化方法中存在的上述问题。在自动学习框架中，提出了几种潜在的模型，包括自动模型构建、经验回放、有效的反复试验、强化学习驱动的博弈、复杂性降低和解决方案推荐。我们将讨论这些模型的基本工作流程、应用和挑战,希望这项工作可以为将来在无线通信系统中处理网络优化问题的研究提供新的范例和驱动。

7.3.2　自动学习框架

如图 7-7 所示,提出了一种自动学习框架来实现无线通信系统中的智能网络管理。与传统的网络管理方法不同,自动学习框架使用机器学习引擎来完成管理操作,并且不需要任何领域知识或数学公式来推导目标解决方案。自动学习框架的基本工作流程如下。

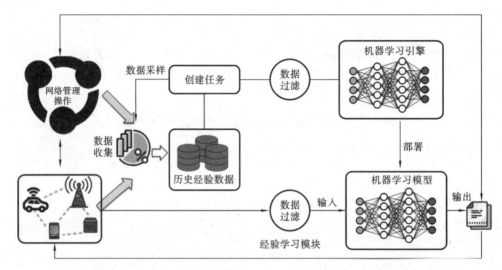

图 7-7　无线通信系统中关于网络优化问题自动学习框架

1. 数据收集

收集经验数据是构建基于机器学习的模型的先决条件,必须妥善解决。在自动学习框架中,将收集以下两种类型的数据。

(1) 系统和环境状态信息:与传统的网络管理系统相同,对于监督学习任务,需要同时收集输入数据实例和相应的标签数据。对于无监督的学习任务,只需要收集未标记的数据。

(2) 网络管理经验数据:在传统优化框架中,在优化完成之后优化经验数据将被丢弃。在自动学习框架中,将会收集基于传统模型的管理过程中的输入数据和目标输出解决方案作为历史经验数据。类似的信息还包括网络的重新配置操作和系统与环境的响应。

2. 模型训练

模型训练可用于完成模型构建和模型优化任务。在模型构建中,管理者可以创建网络优化问题任务并从历史经验数据库中获取相关数据,然后自动学习框架可以使用机器学习技术自动创建网络优化模型。当经验数据不够多时,系统可能需要进行采样来收集更多数据。注意,还需要进行数据过滤处理,因为所使用的数据质量对所获得的黑盒模型的性能有关键性影响。在数据过滤过程中的异常值、不完整数据和重复数据会被丢弃或重新定义。在模型优化中,需要对机器学习模型进行训练,以便用经验数据来解决优化问题,并且该过程类似于模型构建过程。

机器学习函数通过使用机器学习引擎实现,其中提供了不同的机器学习技术,包括监督学习、强化学习和无监督学习,将在以下部分介绍它们的具体应用模型。在训练之后,需要进行交叉验证以测试所获得模型的性能。具体来说,当学习问题是回归问题,即输出是连续的时候,性能度量是预测结果和实际输出之间的均方误差。当输出是离散决策时,问题被看作分类问题,并且性能度量可以是分类准确性。当性能不令人满意时,需要通过调整模型参数的设置来重新进行训练。

(1)模型应用:一旦学习模型被适当训练,就可以将其部署在现实的无线通信系统中。给定一个新的输入实例,它通过映射模型,可以以有效和高效的方式轻松获得相应的输出。

(2)模型部署:映射模型的部署非常容易实现。计算过程主要包括矩阵乘法和具有激活函数的非线性变换,并且它们都可以以有效的方式实现。

(3)模型改进:由于无线系统和环境的变化以及有瑕疵的训练数据,可能需要改善黑盒模型。动态调整模型可视为增量学习问题,关键步骤是更新训练样本。因此,建议定期更新训练数据集,以使所获得的模型在映射规则改变时性能良好。

7.3.3 监督学习:自动模型构建和经验回放

监督学习能够学习出一个对于给定输入数据预测输出的映射函数,并且已经成功地应用于通信系统中的点对点学习任务,如延迟预测、信道估计和信号检测。利用足够的训练数据,就可以通过训练得到从输入数据空间到输出数据空间的复杂的非线性映射函数。根据训练样本的数量,监督学习可以分为两类:小样本学习和深度学习。对于小样本学习,可能的选择包括浅层神经网络、基于内核的方法和集成学习方法。对于深度学习,可能的选择包括深度信念网络、深度玻尔兹曼机和深度卷积神经网络。

1. 自动模型构建

1)模型

基于监督学习的黑盒回归提供了解决模型无效问题的有效方法。在输入和输出之间的显式函数不可用,但有可以记录系统输入和输出样例的情况下,监督学习技术可用于训练这些函数,或输入和输出之间的其他映射模型。在这种情况下,如果获得合适的影响因素,则可以预测出合适的目标性能因子。

我们提出使用监督学习技术在网络优化问题中自动执行模型构建。如图7-8(a)所示,在传统的网络优化问题中,数学优化模型由具有领域知识的专家构建。然而,如上所述,构建出的模型可能是无效的。因此,我们提出使用黑盒建模来自动构建优化模型,如图7-8(b)所示。在自动模型构建过程中,可以使用历史输入和输出数据训练的回归模型直接回归目标函数和约束。当目标函数包含几个独立的部分时,可以首先使用有监督的学习方法来分别训练这些部分的映射函数,然后将它们整合为一个统一的函数。例如,在移动边缘计算中,边缘计算服务器中的用户感知延迟主要分为三个部分:输入缓冲器中的排队、计算虚拟机中的任务执行以及输出缓冲器中的排队。在这种情况下,我们可以通过结合黑盒时间消耗模型来构建优化模型。以同样的方式,也可以构造约束。需要注意的是,启发式算法可用于求解优化模型,因为它只需要知道每次搜索中的目标。

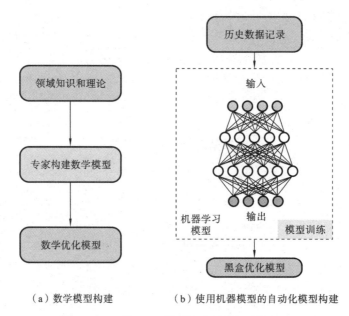

（a）数学模型构建   （b）使用机器模型的自动化模型构建

图 7-8　模型构建过程

2）挑战

实现有监督的学习需要有足够多和可靠的样本数据集来训练映射模型。在诸如网络延迟预测、能量消耗回归的情况下，可以容易地收集数据样本。然而，对于一些配置成本非常高的系统（如移动边缘云中的虚拟机资源的重新配置），在短时间内收集大量数据样本可能是不切实际的。因此，对于基于自动模型构建的网络优化问题来说，如何减少训练数据样本是至关重要的。

2. 经验回放

1）模型

对于智能生物个体，从经验中学习是提高其行为效率的常见做法。在传统的网络优化问题中，尽管系统可以重复进行优化过程，但是历史经验实际上没有被利用。通过利用监督学习技术，可以训练直接将输入参数映射到优化解决方案的学习模型。这样，可以避免高复杂度的重复优化过程，并且利用预测模型，可以以非常低的计算成本获得解决方案。快速优化经验回放模型的工作流程如图 7-9 所示，其中包括以下两个阶段。

（1）经验累积：当在网络管理器中部署优化模型时，其历史输入数据和获得的目标结果可用作经验（或训练数据）以训练监督学习模型。为了实现这一目标，首先构建了具有目标函数和约束条件的优化模型。然后进行优化过程以找到最优解。给定输入环境参数，其实现最佳性能的相应最优解将被视为监督学习模型的输出。数据收集可以通过重复采样或重新配置过程获得，并且在拥有足够的数据样本或模型的预测能力满足需求之前数据收集不会终止。

（2）经验学习：可以使用获得的数据样本适当地训练基于监督学习的解决方案预测模型。可以通过梯度下降过程使用在线模型训练过程，或者直接使用整个历史经验数据集来线下训练模型。学习模型的选择在确定模型预测性能中起着重要作用。需要强调的是，虽然深度学习与小样本学习相比具有更强的泛化能力，但并不意味着深度学习总是比小样本学习更好，因为与小样本学习相比，深度学习模型的正确训练成本要大

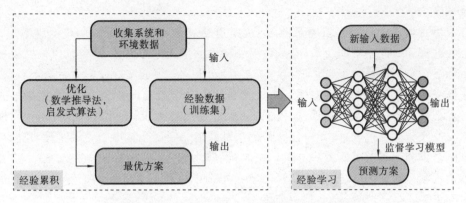

图 7-9 基于快速优化经验回放模型的工作流程

得多,并且数据样本较小时小样本学习总是优于深度学习的。

2) 应用

经验回放被视为一种基于特定模型的强化学习方法,它既可以在线训练也可以离线训练,并且需要的训练数据更少,因为训练数据都是最佳结果。通过这种方式,使用经验回放方法可以有效地实现许多资源管理应用,如用于移动边缘计算中的任务卸载决策,用于内容缓存的决策以及路由决策。

3) 挑战

要想成功实现经验回放,还需要依赖于高质量的经验数据和所采用的学习算法的逼近能力。对于没有高质量解决方案的网络优化问题,由于训练数据的不完善,所获得的预测模型可能存在偏差。此外,当解决方案的维度非常大时,即使所采用的学习模型具有强大的回归能力,也无法准确地训练出模型。因此,与传统优化结果相比,预测结果可能会产生较大的性能损失。

7.3.4 强化学习:有效的反复实验和增强驱动博弈

强化学习用于学习决策策略,自动采取行动以最大化代理在特定环境中的奖励。众所周知,强化学习可用于解决优化问题,特别是在目标函数和环境条件不可用的情况下。另一方面,推理学习技术可用于增强强化学习模型的性能。推理学习通常用于找出假设的最佳解释,可能的模型主要包括贝叶斯统计推理和模糊推理。贝叶斯优化方法是一种有效的基于统计推理学习的无需明确目标函数的问题优化方法,并且已经证明其在为训练机器学习模型提供有效和高效的框架方面具有一定的价值。

1. 高效的反复实验

1) 模型

在基于强化学习模型的决策中,代理从环境中收集系统状态和奖励,并训练马尔可夫决策过程以根据当前环境状态和奖励采取行动。通过与环境的动态交互来更新策略映射和环境转换概率。最常用的强化学习模型是 Q-学习模型,其中管理者打算利用迭代学习过程来最大化 Q 值,即

$$Q^*(s,a) \leftarrow Q(s,a) + a\left[R(s,a) + \gamma \max_{a \in A} Q(s^*,a^*) - Q(s,a)\right] \tag{7-5}$$

式中:s 和 a 分别表示系统的状态和动作;$R(s,a)$ 表示相应的奖励;A 是包含所有可能动作的集合;α 是调整学习过程的收敛速度的学习率;γ 是控制历史经验对 Q 值影响的

衰减速度。

在每次迭代中，ϵ-贪心策略通常用于决定是否接受更好的结果，ϵ是接受概率。

在处理无线网络中的决策问题时，另一种方法是训练强化学习模型，以便在没有任何目标系统模型的情况下自动做出决策。然而，强化学习的实现需要大量的重新配置，这限制了其在无线网络中的应用。通过在强化学习中集成贝叶斯学习，利用引导式搜索过程替换ϵ-贪心策略，使训练过程更加高效。更具体地说，贝叶斯优化可用于实现高效的反复实验优化过程，而无需任何目标系统模型。经过几轮历史随机实验，利用贝叶斯推断来预测问题的可能解决方案。完成新一轮实验后，将更新历史数据，然后重新开始搜索过程。这样，收敛过程中的强化学习过程可以更快，并且重新配置实验的数量将大大减少。

2）应用

在移动边缘计算和雾计算中，网络功能虚拟化技术被广泛用于为边缘计算应用提供灵活、高效的计算和存储服务。在基于网络功能虚拟化的云中，资源被划分为多个虚拟机，每个应用可以被分配相应的虚拟机，并且每个虚拟机独立地执行计算任务。众所周知，一个合适的输入产生的虚拟机的负载分配方案对移动边缘计算服务器的性能有很大影响，必须尽可能少的通过实验找出系统配置参数，因为系统的重新配置会产生额外的成本。基于贝叶斯优化的反复实验过程可以以少量实验解决此问题，并且重新配置成本会显著降低。

2. 强化学习驱动的博弈

1）模型

博弈论一直是无线网络与其他实体交互时指导其行为的有力工具。在传统的博弈论模型中，所有用户都采用基于知识的数学模型来学习最优策略，以最大化收益或效益。一般来说，当用户理性地知道如何最大化他们自己的奖励时，可以使用适当的策略更新过程重复博弈来实现纳什均衡。以类似的方式，可以通过使用具有强化学习技术的多任务学习框架来求解博弈模型。

基于强化学习的多任务学习的实现与传统博弈论模型中的策略更新过程非常相似。在每次重复中，所有代理或用户选择要做的动作并执行所选动作，观察系统的新状态和获得的奖励。随后，不断更新策略。通过重复上述过程，在整个系统中实现纳什均衡。另外，可以通过协作博弈过程来改进上述基于强化学习的博弈方法，其中用户还知道其他用户的奖励，而不仅仅是自己的奖励。通过这种方式，可以减少重复次数。

2）应用

强化学习驱动的博弈可用于设备到设备（device to device，D2D）网络和认知无线电（cognitive radio，CR）网络。在D2D网络中，设备直接相互通信而无需基站的转播。强化学习驱动的博弈可用于设计设备的通信方案以最大化其性能。在CR中，二级用户希望最大化他们自己的通信能力，但不能干扰一级用户的通信。强化学习驱动的博弈可用于设计主要用户和次要用户的频谱占用行为。

3）挑战

强化学习驱动博弈的融合可能需要大量的重新配置，与传统的基于模型的博弈模型相比，这种重新配置效率不高。因此，在这种情况下，使用有效的反复实验也是有意义的。尽可能减少采样数仍然是一个需要进一步研究的开放性问题。

7.4 卫星地面网络中的终端跟踪和天线指向

移动业务的增长给卫星地面网络带来了新的挑战。为了准确定位移动终端并快速处理数据以减轻通信压力,本节研究了基于人工智能的地面网络中的移动台和终端的指向和跟踪方法,以确保移动电台及地球上的终端能够访问最大天线信号并且最大限度减少来自相邻站或终端的通信干扰。基于 AI 的自学习(AI-based self learning,ASL)网络框架旨在支持原始采样数据的过滤和校正,移动台和终端的移动跟踪,以及无监督的卫星选择和天线调整方案。对设备和终端的历史信息数据进行深度学习,实现实时指向和跟踪,预测未来某个时间设备和终端的分布。最后,将 ASL 与现有系统进行比较显示出了其更优的性能。

7.4.1 卫星系统概述

随着卫星地面网络支持的移动业务的快速增长,数据传输和数据分析都需要越来越多的资源和时间。如何在卫星地面网络中有效实现高质量的移动业务面临着诸多挑战。特别是,越来越多的移动电台和设备及其移动的复杂性导致卫星地面网络的服务质量下降。因此,基于 AI 的数据分析以及电台和终端的移动指向和跟踪尤为重要。

许多研究都集中在分析卫星地面网络中的各种数据,以便更好地发展相关产业。Yairi 等人提出了一种基于概率降维和聚类的新型人工卫星数据驱动健康监测和异常检测方法,为卫星运营商提供了有价值的信息。Liu 等人提出了一种用于高分辨率卫星图像场景分类的多尺度深度特征学习方法,该方法被证明优于其他分配算法。但是,这些方法没有考虑大数据的影响。目前的人工智能技术能够与地理空间信息科学相结合,实现地理空间信息的大规模数据采集、智能数据分析、地理空间数据驱动应用。因此,人工智能方法可以应用于卫星地面网络的设计和运行,该方法分为三个阶段:数据采集、数据分析和反馈调整。此外,无监督学习和强化学习应用于改善卫星地面网络的移动通信服务。

在卫星地面网络中的卫星、地面站和终端之间进行通信时,必须精确地指向和跟踪移动目标。这是因为卫星、地面站或终端之间的相对运动需要及时调整卫星天线的指向以获得最佳信号接收角度。对于卫星地面网络中的移动业务,由于地面条件差,移动载波发生剧烈扰动,地面移动台与终端的天线方位角和俯仰角随时间迅速变化。为了提高卫星与地面设备或终端之间的通信性能,需要在设备和终端上实现天线的指向和跟踪,以确保天线波束始终指向合适的卫星。卫星地面网络中的指向和跟踪集成了多种技术,如数据采集和信号处理技术、惯性导航技术、精密机械设计技术、传感器技术、仿真技术、卫星通信技术、系统工程技术等。

本小节提出了一种基于人工智能的感知-交互-控制自学习框架,受卫星地面网络移动通信约束,探索以移动目标为中心的综合协作和交互式新理论和方法。首先,综合考虑多模态感知信息,通过各种类型的传感器实现对移动目标信息的全面感知。然后,建立移动指向和跟踪模型。此外,还进行了交互训练,使卫星地面网络获得了完成不同环境下通信任务的经验,使其能够实现无监督的调度任务,并独立优化资源分配。最后,构建了一整套有效的平台环境和解决方案,为卫星地面网络的移动业务提供有针对性的方法和理论基础,进一步提高了实用性。

7.4.2 基于 AI 的自学习网络框架

建立 ASL 网络框架,如图 7-10 所示,用于移动台和终端的数据过滤和校正、指向和跟踪,以及无监督式的移动台和终端的卫星选择和天线调整。该架构主要包括模式和状态识别模块、轨迹跟踪模块、天线指向模块,以及用于移动台和终端的卫星选择模块。移动台和终端配备各种传感器,包括全场感应仪、变焦介质/高分辨率成像仪和可变光谱分辨率成像仪、GPS(位置和方向)、电子罗盘、测量仪器、测角仪、接收信号电平、惯性导航装置等。基于它们的实时和历史传感数据,设计了无监督学习和强化学习,以学习和建立数据分析模型,以探索潜在的规则。测角仪和电子罗盘主要用于检测和调整台站和终端的天线角度,然后通过调整天线角度和选择最合适的卫星来优化数据传输和资源分配。GPS 惯性导航单元等用于辅助移动台和终端的指向和跟踪。结合人工智能方法,从传感器收集的历史信息如方向、角度和速度可以支持自学习,能够预测移动台或终端的未来位置,然后快速调整天线角度和在位置改变时重新选择相关卫星,以提高网络的整体通信效率。ASL 网络框架还采用了电子罗盘和测角仪,并结合嵌入式控制单元和频谱分析仪,可以更准确地实现移动台和终端的指向。此外,通过在强化学习中使用马尔可夫决策过程、价值迭代算法等,地面上的移动台和终端能够通过访问最大天线信号来完成数据通信,并且可以减少一定范围内相邻站点和终端的地面网络在移动通信服务中所受的通信干扰。

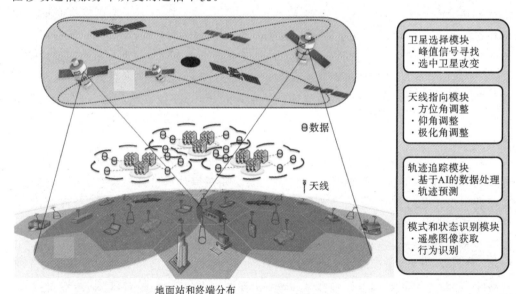

地面站和终端分布

图 7-10　ASL 网络框架

海量数据的训练对于确保指向和跟踪过程的性能特别重要。ASL 网络框架利用云处理平台来协助数据传输,即在云处理平台中编程来实现海量数据的处理和分析。利用人工智能的自学习能力,可以将数据处理和数据分析的结果反馈给相应的计算机和控制器,以实现卫星、移动台和终端的天线角度调整,以及为移动台和终端选择最佳卫星。

7.4.3　移动台和终端的指向和追踪

考虑到感知性能和资源优化,卫星地面网络中卫星多感知数据分析的协同策略可以提高网络通信性能和运行效率。为实现指向和追踪目的,我们设计了移动台和终端上的传感数据滤波和校正方法,消除了不确定性对卫星、移动台、终端之间通信过程中造成的干扰和其他因素对感知数据的影响。此外,针对移动终端的移动模式,基于统计学习方法和推理机制建立用于改善移动台或终端的移动识别的分类和识别模型。此外,消除了感知计算过程中自组织映射和数据依赖的不确定性,提出了一种有效的感知决策推理机制。

1. 移动状态识别和指向

为了实现移动台和终端的运动状态识别,首先提取该组运动数据中的关键帧。由于运动数据的高维度,局部数据是线性的,但整体是非线性的。为了将数据映射到低维流形空间并保留局部线性特征,利用局部线性嵌入的思想,提取关键帧,同时在减少运动捕获数据的维度时尝试保留运动特征。然后,基于支持向量机训练关键帧集或对关键帧进行分类,以建立关键帧与基本运动编码集之间的映射关系,从而可以将一组运动转换为一组动作编码。这样,可以根据运动编码、运动模式和状态集的映射关系来实现运动状态识别。

在识别出移动台或终端的运动状态之后,通过分析由卫星获取的遥感图像来实现指向。在获取遥感图像之前,首先需要调整卫星角度,以确保在地球轨道上一起工作的卫星可以覆盖地面的所有区域。此外,地面上的移动台或终端总是在那些卫星通信覆盖区域之内。为了正确控制卫星天线的方位角和仰角,如图7-11所示,电子罗盘和测角仪也安装在卫星天线上,它们以数字量的形式将卫星天线的当前方位角和仰角传输到嵌入式控制单元,并将该值与计算机中嵌入式控制单元中的计算值进行比较。如果它大于或小于计算值,则程序控制平移-倾斜的调整,直到当前值和计算值相等。之后,嵌入式控制单元通过步进电机控制低噪声块的极化角,并且频谱分析仪接收低噪声块的极化角的反馈信息。频谱分析仪的一侧连接到卫星天线低噪声模块的信号线,而另一侧连接到卫星接收机,并且场强指示电路的数字信号输入到嵌入式控制单元。嵌入式控制单元可根据显示级别判断卫星信号场强是否最强,控制步进电机的旋转低噪声模块达到理想效果,最终实现指向。

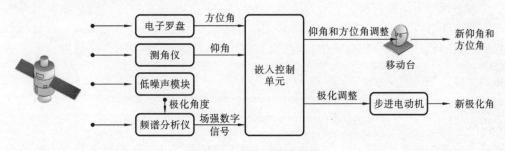

图 7-11　卫星天线的调整

在调整卫星角度后,可以收集来自地面的遥感图像,这是重要的信息来源,可以确定目标的特征,并根据目标特征实现指向。另外,指向卫星地面网络的目标需要确保遥

感图像中信息的准确和完整的提取,但是当前的遥感图像目标指向具有精度低和时间长的问题。因此,提出了一种卫星遥感图像目标定位方法,通过基于 Canny 算子的边缘检测评估指标来检测卫星遥感图像中所示的目标边缘。基于边缘检测的结果,采用目标定位方法建立变换模型,通过提取目标特征和描述实现目标定位,通过平均指向误差和标准差提高目标定位性能,保证定位结果的准确性。

2. 轨迹跟踪和行为意图识别

随着运动捕捉技术的发展,移动台和终端运动数据的采集变得更加简单和方便。移动台和终端的三维运动姿态数据可以通过所获取的信息利用不同的传感设备(如电子罗盘、GPS、单目摄像头等)直接计算。移动台或终端运动数据不仅包含丰富的运动信息,而且还是行为意图的载体。当跟踪目标时,可以基于人工智能技术分析获取的运动数据来预测其未来的轨迹,这使后期的目标跟踪更加快速和准确。因此,我们给出了一种基于移动台或终端运动数据的行为意图理解方法。历史评价数据的分析可以通过人工智能系统完成,可以总结"数值化"的经验,用于判断未来趋势。它能够实现移动台和终端天线的快速调整,以及快速选择合适的卫星,以提高框架的整体通信效率。

行为感知的主要目的是通过任务中的早期动作来预测任务意图,并对后续任务的执行进行逻辑演绎。在这个过程中,各种运动并不是相互隔离的,连续运动之间存在一些因果关系,可以通过概率网来模拟。我们采用基于概率网的推理方法,对移动台或终端的行为进行推理。首先,根据已经发生的运动执行运动情感识别,并且基于识别结果估计预期结果。然后,根据预期结果的概率估计值,对前一步中可能发生的动作进行概率推理,以实现整个过程其余部分的逆概率推理。最后,基于概率推理的结果选择最大化预期结果的可能的移动路线,这样就完成了移动台或终端的轨迹跟踪和预测。

7.4.4 卫星选择和天线调整

在卫星地面网络中,移动台与终端的天线方位角和高度将随卫星及其位置的变化而变化。为了建立稳定的地面和卫星通信,需要快速的天线指向和跟踪,以便为移动台和终端选择合适的卫星。为了达到这个目的,移动台或终端的天线波束需要指向具有峰值信号的方向。

1. 天线指向和跟踪

为了实现卫星地面网络中的天线指向和跟踪,采用无监督学习将卫星地面网络的感知数据作为数据训练的输入。考虑到传输分组可以包括多个目标数据,一些目标数据是重要的,如移动速度、位置信息等,而其他目标数据可以被忽略。这些目标数据的重要性可以使用目标偏好函数 $u(x) = \sum_{i=1}^{n} \omega_i * u_i(x)$ 来量化,其中 ω_i 是目标权重,$\sum_{i=1}^{n} \omega_i = 1$,$u_i(x)$ 是偏好值。因此,输入数据通过无监督学习过程进行处理和分类,以获得有价值的信息。然后,从大量有用和无用的信息中提取卫星地面网络的有价值信息 $V = \{v_1, v_2, \cdots, v_n\}$ 并输入目标偏好函数 $u(x)$,以及移动台和终端的实时位置及轨迹估计。之后,对有价值的目标信息进行特征提取,搜索案例库中的案例进行相似性检测,并根据历史信息的某些特征,利用模式匹配和判别函数对运动信息进行分类和描述。

根据修改规则修改当前环境,然后获得模拟决策向量。从模拟决策向量中提取决策指标,并用于估计探测模式、指向和谱段相结合的某种规划方法是否满足目标阈值,如果不满足,则重复上述过程并提出新的方法,直到满足目标阈值。利用路径和参数产生的仿真向量,采用特定的循环参数和路径规划,可以得到参数和路径的最佳组合。此外,根据模糊统计数学原理和贝叶斯理论先验方法,基于传感器实时生成的数据,计算出参与决策的传感器的权重以及实现综合决策处理的最小范围。最后,参数和路径规划方案作为最佳模式的最终决策向量返回案例库。

2. 卫星选择和天线调整

在移动台、终端和卫星的指向及跟踪方面,在考虑网络吞吐量和能量效率的同时,如何在移动台或终端和卫星之间搜索峰值信号的方向是一个具有挑战性的问题。移动台和终端的天线方位角、仰角和极化角由相应的电机调节。当电台或终端接收到最强信号时,电机设置为不运动,但当电台或终端接收到较弱信号时,需要调整电机以找到方位角、仰角和极化角。该机器学习方法用于搜索峰值信号的方向,以确保终端能够自适应地接入并为卫星地面网络中的移动业务提供良好的用户体验。

我们采用深度强化学习来实现峰值信号搜索。强化学习方法是一种从环境状态到动作的学习。目标是在与环境相互作用的过程中获得最大的累积奖励,并且经常使用反复试验方法来找到最佳的行为策略。强化学习的基本思想是通过最大化代理从环境中获得的累积奖励值来学习实现目标的最佳策略。可以进一步理解,如果代理的某种行为策略产生令人满意的情况并且获得积极的回报,则将增强产生重复行为策略的趋势。但是,如果代理的某种行为策略从环境中受到负面惩罚,那么重复行为策略的趋势将被削弱或禁止。因此,强化学习方法更侧重于学习解决问题的策略。我们使用马尔可夫决策过程建模来快速搜索峰值信号。地面站或终端充当代理,其状态空间是可用带宽,峰值信号方向的搜索空间是动作空间。

如图 7-12 所示,移动终端 T_k 在从位置 A 移动到位置 B 时将用更强的信号改变所选择的卫星。考虑到以下情况,终端到达位置 C,其天线指向卫星 S_i,存在在候选卫星中具有最强信号的卫星 S_j,但是指向 S_j 需要在宽范围内移动天线,并且指向卫星 S_i 可以通过小的电机动作完成。因此,移动台或终端的信号收益与信号强度和旋转角度有关,并且与信号强度成正比,与旋转角度成反比。为了获得峰值信号,首先收集在每个

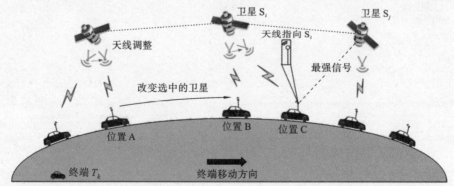

图 7-12 卫星选择

时间点与卫星和移动台或终端交互的高维感测数据。然后基于预期的返回值来评估每个信号动作(即马达运动),并且每个动作在运动空间中仅具有有限的下一个动作。最后,电机对此动作作出反应并进行下一次观察。通过连续循环上述过程,可以实现对峰值信号方向的搜索。

3. 对比和分析

下面对基于 AI 的自学习网络框架与现有的卫星天线指向和跟踪方法进行比较,并对该方法进行评估。Dybdal 等人在宽覆盖范围内与稀疏分布的域用户通信时,为有限数量的阵列天线设计了窄波束宽卫星天线的指向和跟踪技术。该技术利用伪随机码和天线跟踪技术的扩展,以提供整个覆盖区域到期望的地理位置的登记以及个体用户的获取和跟踪。此外,在已知位置发送伪随机码的地面信标用于登记整个覆盖区域。跟踪使用单个脉冲中的两个光束在一个平面中提供跟踪信息,并在正交平面中进行后续测量以确定角位置。Aubert 推出了 Astrium 的欧洲之星 E3000 天线跟踪系统,该系统显著提高了天线指向精度,并显示了天线跟踪系统的效率和稳健性,以及消除电台机动或日食过渡时的大瞬态误差的能力。Gan 等人提出了一种基于空间的增强系统与精确点定位相结合的方法,以准确指向地面终端。如表 7-2 所示,通过采用基于 AI 的数据分析,ASL 可以快速反馈数据分析结果,实现准确的轨迹预测,从而实现更高效的指向和跟踪,支持卫星地面网络中的大规模移动业务。

表 7-2 系统对比

系统	人工智能	天线调整	轨迹预测	数据感知和分析	误差处理	能耗降低	服务区域
ASL	是	主动	是	测量和深度学习	是	是	海陆
PATT	否	主动	否	测量	是	否	海陆
ATS	否	被动	否	测量	是	否	海陆
SBAS	否	主动	否	测量	否	否	海

8

基于人工智能的资源调度

近年来,随着无线通信技术、电信基础设施、数据处理和计算能力的发展,移动网络越来越受到欢迎。智能设备,如智能手机、智能机器人、可穿戴设备、无人驾驶飞行器和自动驾驶车辆,随处可见。然而,智能移动设备的增加,大大增加了移动流量。移动通信量的大幅增加,给移动网络相关的通信和计算带来了相当大的压力。在移动网络中,资源供应和资源请求要求网络具有很强的动态性,为了满足动态性,需要实现对网络状态的感知和资源动态的管理和调度。尤其是对网络边缘资源的管理和部署要求很高,良好的部署策略可以使网络对用户请求的响应延迟大大降低,提高用户的体验。因此,本章为人工智能技术对通信网络中的流量预测与资源调度提供了新的思路,研究了在网络边缘基于强化学习的资源调度、基于深度学习的流量预测与资源调度和基于边缘认知计算的业务调度。

8.1 基于强化学习的网络边缘资源调度

随着边缘计算的出现,强烈建议将一些云服务扩展到网络边缘,以便服务可以在终端用户附近实现,具有更好的性能效率和成本效率。移动人群感知被认为是一种很有前景的环境监控方式。除了将所有传感数据传输到云之外,在网络边缘托管移动人群感知数据处理服务是有效的。在这种边缘计算支持的移动人群感知中,网络具有高度动态性,因此应该以自适应方式相应地管理源。由于某些假设或先决条件的参与,传统的基于模型的资源管理方法在实际应用中受到限制。我们认为,在没有任何先验知识的情况下,引入一种非常适合网络动态的无模型方法更为理想。为此,我们引入了一种无模型深度强化学习方法,有效地管理网络边缘的资源。根据深度强化学习的设计原则,我们设计并实现了面向移动人群感知的数据处理服务管理代理。实验表明,代理可以自动学习用户移动模式,并相应地控制边缘服务器之间的服务迁移,以最小化运行任务的操作成本。

移动人群感知通过智能设备(如智能手机、车载单元)上的各种传感器连续地从不同位置采集数据。移动人群感知不是专门部署和维护数量庞大的传感器,而是利用无线连接的移动设备的普遍性,并从人群中获益。如今,许多智能设备都集成了内置传感器,能够感知来自环境的各种现象。因此,移动人群感知在城市空气质量监测、噪声水平检测、交通状况监测等大型环境监测中显示出巨大的潜力,越来越受到人们的欢迎。

边缘计算作为一种新兴的计算范式,其原理是利用网络边缘的服务器资源。移动人群感知中的数据源与人在不同的位置。边缘计算,其组成服务器(如具有蜂窝基站的服务器)也在不同地理位置分布通过处理接近其源的数据,自然能够实现性价比的提高。

在支持移动人群感知的边缘计算中,网络在资源供应和资源需求两方面具有很强的动态性。适应这种动态性,能够实时地对边缘资源进行管理是非常必要的。实际上,研究人员已经观察到了这种现象,并且提出了许多能够处理网络动态的资源管理策略。利用对用户移动的预测可动态地放置承载移动人群感知数据处理服务的虚拟机。现有的研究大多是基于模型的,具有一定的假设或先决条件,阻碍了实际部署和实际应用。

Deepmind 的 AlphaGo 击败了传奇人物李世石,这被认为是人工智能的一个新的里程碑。AlphaGo 以及改进版 Alphago Zero 设计的核心技术是深度强化学习,这是一种改进版强化学习,融合了深度学习。一旦训练有素,强化学习代理能够基于环境的实时状态执行适当的控制(如位置选择)以追求预定目标(如赢得游戏)。强化学习和深度强化学习的力量已经在具有复杂控制问题的多样化领域中见证,如机器人游戏、制造、金融等。最近的一些研究也将其引入信息和通信技术的优化,如无线网络管理、能源管理和移动数据卸载。因此,我们自然地被激励去应用它来管理移动人群感知网络边缘的资源,以响应网络动力学朝着任何期望的目标发展。

8.1.1 强化学习相关应用

强化学习是机器学习的一个重要分支,通常致力于解决具有延迟奖励时间的控制问题。与传统的机器学习算法不同,强化学习算法需要大量的历史数据集,它可以通过奖励值进行策略学习,逐步实现人的控制能力。强化学习的核心思想是智能代理接收环境状态并根据历史经验做出理想的动作。现在有各种强化学习算法,如 Q-学习(及其变体)、策略梯度、行动者-评论家算法等。

让我们以 Q-学习为例介绍强化学习的基本概念。其他强化学习算法共享相同的概念,在第 6 章中已经针对几种典型的强化学习进行了介绍。任何强化学习算法由两个阶段组成,即训练阶段和推理阶段。训练阶段通过一系列试验告诉代理人在敏捷环境下应采取哪些行动。训练阶段结束后,受训人员能够根据在训练阶段学到的经验采取适当的行动。Q 学习存储 Q 表中的经验,并在操作期间从表中选择动作。以虚拟机迁移问题为例,代理应在每个时隙根据当前网络状态,如任务需求和当前虚拟机位置,确定网络服务器之间的虚拟机放置。一旦采取迁移行动,网络进入一个新的状态,并且可以获得符合预设目标的奖励。当做出错误的决定时,代理人被惩罚;当做出正确的决定时,给予奖励。代理根据每个时隙中接收到的奖励更新 Q 表迭代。所有的历史经验都可以转换为状态之外的行动的 Q 值,并存储在 Q 表中,用于进一步的决策。代理人将逐渐获得经验,并且能够做出正确的决策,且经过良好的训练。

Q-学习算法保持所有活动状态的 Q 表。当状态空间和动作空间较大时,访问和更新 Q 表可能成为瓶颈,严重影响性能。这种现象有时也称为文学中的维数灾难。为了解决这个问题,将深层神经网络引入 Q-学习来代替 Q 表,提出了深层 Q 网络。

强化学习的优越性已经在许多领域得到验证,对于信息通信与网络也不例外。基于深度强化学习的框架,能够动态地协调网络、缓存和计算资源,从而提高智慧城市应用程序的性能;基于强化学习的多目标路由协议,可降低预期的能耗计算时间,减少端到端延迟;强化学习应用于动态多信道接入问题,可最大化预期的成功传输次数;应用博弈论和强化学习,可实现移动边缘计算中分布式资源管理和任务分配的优化决策;基于强化学习的任务调度算法,可降低数据中心大数据处理的能量消耗。

8.1.2　基于强化学习的面向移动人群感知的边缘资源管理框架

如上所述,大多数现有的边缘计算资源管理算法是基于模型的,并且在缺乏网络统计信息的情况下不适合动态网络。强化学习的力量和成功激励我们把它引入边缘计算资源管理中。作为一种无模型的方法,基于强化学习的边缘计算资源管理框架不需要关于网络动力学或统计的先验知识,它可以自动学习网络动力学,并在运行时做出相应的控制决策。在这部分,我们提供了基于强化学习的资源管理框架的详细说明,该框架由三个不同的模块组成:网络管理程序、基于强化学习的控制器和动作执行器。

(1) 网络管理程序负责监视和聚集所有网络元素的状态,包括用户移动性、请求需求、能耗、虚拟机位置、基站资源分配。这些信息对于基于强化学习的控制器做出适当决策时是必不可少的。管理程序还为网络操作员提供一个可编程接口,并处理网络操作员和基于强化学习的控制器之间的交互。

(2) 网络管理程序收集的信息作为输入发送到基于强化学习的控制器,以产生相应的控制动作作为输出。基于强化学习的控制器能够根据实时网络状态做出决策,并且可以定制成各种优化控制策略,其目标包括提高网络资源利用效率、降低能耗或提升服务质量。

(3) 每个网络节点上的动作执行器与基于强化学习的控制器通信,并相应地执行导出的动作。一旦采取行动,执行器计算在每个网络节点上获得的奖励,并将其报告回基于强化学习的控制器,以更新控制代理,从而使其更加智能和高效。

8.2　基于深度学习的流量预测与资源调度

智能移动设备的普及导致了移动通信量的大幅增加,这给与移动网络相关的通信和计算带来了相当大的压力。在 5G 所涵盖的三种应用场景中,当前智能交互服务的一个重大需求是保证超高可靠性和超低延迟的通信。目前,即使是新的数据驱动方法也难以实现超可靠、低延迟通信(ultra reliable low latency communications,uRLLC)。主要原因是 5G 和物联网云相结合的智能数据分析不够。或者,基于现有预测和卸载数据,认为基于人工智能和智能网络的移动流量预测与控制可以在宏观角度平衡网络负载,满足用户对可靠性和延迟的要求。因此,本节重点研究面向 uRLLC 业务的移动流量智能预测与控制。首先,总结了 5G(尤其是 uRLLC)支持的应用程序和服务。在此基础上,构建了基于 uRLLC 的物联网云体系结构,并对移动流量进行了讨论。在此基础上,提出了一种基于长短期记忆(long short-term memory,LSTM)的移动流量预测算法,对单模态模式下的移动流量数据进行训练,这可以对下一时刻的流量峰值进行预测。此外,还提出了一种基于物联网云的智能移动流量预测与控制架构,实时感知多站点模式下的移动流量、动态调度通信和计算资源。在实际环境下的实验中,我们提出的算法能够准确预测网络的流量,减少通信延迟,降低丢包概率。

人工智能依靠先进的机器学习方法,正从传统的模式识别向复杂系统的管理转变。在过去的几十年中,机器学习作为人工智能的主要分支,曾多次经历繁荣和衰退。然而,目前的技术水平已经渗透到许多复杂系统的设计中。在移动网络中,如果将 LSTM 算法部署到不同的位置,就可以智能地预测移动流量,这是由于 LSTM 算法适用于处理和预测具有较长时间间隔和时间序列延迟的重要事件。

基于 LSTM 深度学习算法,对单端云接收到的 uRLLC 移动流量进行预测,并将预测到的移动流量峰值发送到远程云。远程云感知整个网络的移动流量。基于流量适应动态调度和分配资源,利用认知引擎和智能移动流量控制模块实现网络负载均衡。这有助于实现通信的高可靠性和低延迟,并提高用户的 QoE。

8.2.1　基于 uRLLC 的异构物联网架构

1. 5G 的三种应用场景

3GPP 会议上定义了 5G 的三种应用场景:eMBB、mMTC 和 uRLLC,并总结了这三种场景所涵盖的应用程序,如图 8-1 所示。

图 8-1　eMBB、mMTC 和 uRLLC 的应用场景

(1) eMBB:增强移动宽带。在这个场景中,用户的体验将基于现有的移动宽带业务场景得到增强,主要试图实现理想的人际沟通。eMBB 的主要应用场景有智能家居、虚拟现实/现实、智能设备、智能建筑、视频/摄像机等,大部分场景都包含移动流量较大的移动宽带业务,如 3D/UHD 视频。为了保证移动数据流的顺利传输,需要宽带资源的支持。

(2) mMTC:大规模的机器式通信,是一个大规模的物联网。它还支持人与物之间的信息传输。其优点是成本低、能耗低、数据量小、连接数量多。mMTC 的主要应用场景是农业环境、智能计量、物流、跟踪、海量信息交互等。

(3) uRLLC:高可靠性、低延迟的通信,可以改善用户体验。这些企业对错误的容忍度很小。此外,他们需要一个非常稳定的通信网络;同时,对网络延迟有很高的要求。uRLLC 的主要应用场景有智能工厂、远程学习、无人驾驶汽车、远程手术、情感交互等;这些应用场景要求终端设备、基站和云服务器之间的可靠通信、智能计算、动态资源分配和实时调度等。

本节主要对 uRLLC 应用场景中产生的移动流量进行预测和管理。uRLLC 的优点是高可靠、低延迟和极高的可用性。在 uRLLC 业务中,用户的请求或信息传输是不可预测的,除了一些受监管的日常日志数据传输。移动通信对延迟和网络可靠性有着严格的要求。系统需要提前解决数据传输、资源分配、任务计算等问题。由于时间序列预测的优点,LSTM 是解决 uRLLC 应用场景中移动流量预测问题的一种自然方法。当然,eMBB、mMTC 和 uRLLC 同时支持一些应用程序。因此,下面提出的解决方案可以同时解决几个问题,可广泛部署在边缘云和远程云上。

2. 基于 uRLLC 的物联网-云架构

为了提高 uRLLC 的智能化、通信效率和实时交互能力,基于物联网云的基础设施和技术是必不可少的。因此,我们提出了基于 uRLLC 的物联网-云架构,如图 8-2 所示。

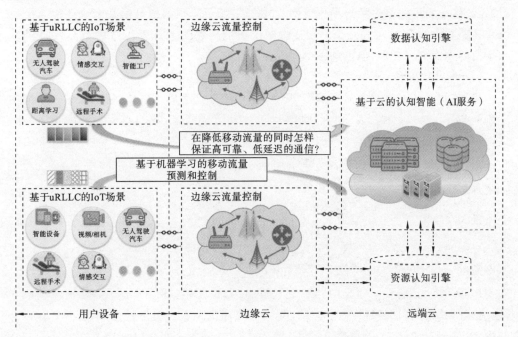

图 8-2 基于 uRLLC 的物联网-云架构

(1) 用户设备层主要覆盖针对 uRLLC 的通用物联网场景。智能设备产生类型和数据量不确定的 uRLLC 服务请求,通过无线网络卸载到边缘云。

(2) 边缘云层包含无线连接器,如基站、交换机和路由器。边缘云可用于物联网设备的无线接入,操作轻量级缓存和计算,并将复杂的计算任务卸载到远程云。它通过转发和分流网络数据,起到数据传输的作用。

(3) 远程云层是整个体系结构的中心节点。它通常包含软件定义网络控制器和人工智能服务,并提供基于云的认知智能。部署在云服务器上的资源和数据认知引擎执行移动流量预测、动态资源分配和认知计算。后面将介绍认知引擎的内部模块和功能。

设备通信和异构物联网交互产生的海量多模数据给通信信道和带宽资源带来了很大的压力。在减少移动通信量的同时,必须保证高可靠性和低延迟。只有提前识别移动流量的变化,合理安排用户请求在传输队列中的优先级,动态分配通信和计算资源,才能满足用户的 QoE。因此,在基于 uRLLC 的物联网-云架构中,使用机器学习算法进行移动流量预测和控制是保证通信高可靠性和低延迟的重要环节。

8.2.2 基于 LSTM 的移动流量预测

在 uRLLC 场景中,当用户的设备与周围环境交互时,生成大量信息(服务请求和数据)。信息以包的形式通过无线通道传输到边缘云。网络的带宽资源有限,如果用户的数据在某一时刻太多,可能会阻塞网络,影响数据传输效率。在这种情况下,可能会发生通信延迟和数据包丢失,从而降低计算的准确率。因此,移动流量必须提前预测和管理。

为了实现动态预测移动流量,使用了机器学习算法,基于 LSTM 建立了一个 uRLLC 移动流量的单边缘云预测模型,如图 8-3 所示。预测模型由几个堆叠的 Attention 机制下的 LSTM 层和一个完全连接的层组成。它的运行方式与基于 LSTM 的基础架构的相应部分类似,但增加了 Attention 机制。

1. LSTM 单元

首先,我们从实际的流量流波形串行数据中提取每个时刻的流量值,即输入数据集 $V=\{V_1,V_2,\cdots,V_t\}$。V_t 表示当前时刻 t_c 的移动流量峰值,我们想要预测的是下一时刻 t_{c+1} 的移动流量峰值 V_{t+1}。单个 LSTM 细胞的求解过程如下:

$$\begin{cases} f_t=\sigma(W_f\cdot[h_{t-1},V_t]+b_f) \\ i_t=\sigma(W_i\cdot[h_{t-1},V_t]+b_i) \\ \widetilde{C}_t=\tanh(W_C\cdot[h_{t-1},V_t]+b_C) \\ C_t=f_t\times C_{t-1}+i_t\times\widetilde{C}_t \\ o_t=\sigma(W_o\cdot[h_{t-1},V_t]+b_o) \\ h_t=o_t\times\tanh C_t \end{cases} \tag{8-1}$$

式中:f_t、C_t、h_t 分别表示遗忘门、输入门、输出门;W_i、W_f、W_C、b_i、b_f、b_C 分别表示输入门、遗忘门和输入门的权重和偏差。σ 和 $\tanh$ 是激活函数。流量特征 h_t 是单个 LSTM 的输出。

2. Attention 机制

Attention 模型在自然语言处理(natural language processing,NLP)领域具有广泛

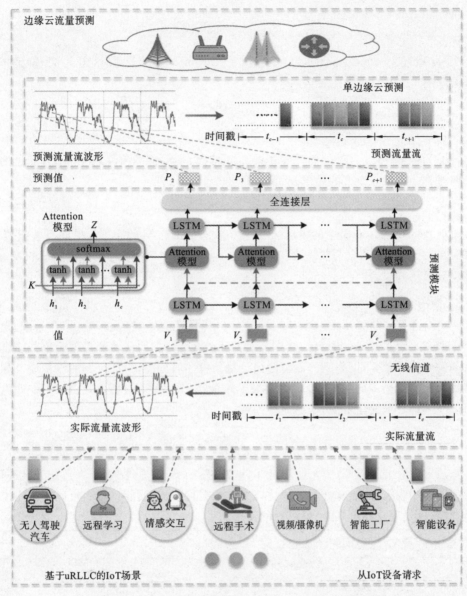

图 8-3 基于 LSTM 的单边缘云的 uRLLC 移动流量预测

的应用。它被用来改进神经网络机器翻译,是一种序列到序列(编码器到解码器)的模型。本节将介绍提高移动流量预测峰值权重的 Attention 机制,这种机制可以突出一些关键的输入特征和输出值之间的相关性。

假设第 i 层的 LSTM cell 输出是 $h^i = \{h_1^i, h_2^i, \cdots, h_t^i\}$,其中 $i \in \{1, 2, \cdots, L\}$,则 Attention 机制的中间代码 $\kappa = h^{i-1}$,表示第 $i-1$ 层的所有 LSTM cell 的输出。其中,$h_t^{i-1} = F(C_{t-1}^{i-1}, h_t^{i-2}, h_{t-1}^{i-1})$,$F(\cdot)$ 表示式(8-1)中的运算过程。当 h_t^{i-1} 输入 Attention 模型中时,使用 tanh 对它们进行权重融合操作,同时得到一个聚合状态值 m_t^i:

$$m_t^i = \tanh(W_{\kappa m}\kappa + W_{hm}h_{t-1}^i) \tag{8-2}$$

其中,$W_{\kappa m}$ 和 W_{hm} 是两个输入的权重。为了得到 m_t^i 的最大值,使用 softmax 函数对其进行归一化:

$$\mathrm{softmax}(m_t^i)_n = \frac{\exp(m_n^i)}{\sum_j \exp(m_j^i)} \tag{8-3}$$

当 m_t^i 取最大时，$\mathrm{softmax}(m_t^i)$ 可以近似为 $\mathrm{argmax}(m_t^i)$。此时，定义 α_t^i 作为 softmax(m_t^i) 在其学习方向上的映射，即

$$\alpha_t^i = \frac{\exp(\boldsymbol{\omega}_m^{\mathrm{T}} m_t^i)}{\sum\limits_{t=1}^{T} \exp(\boldsymbol{\omega}_m^{\mathrm{T}} m_t^i)} \tag{8-4}$$

其中，$\boldsymbol{\omega}_m^{\mathrm{T}}$ 为矩阵 $[W_{\kappa m}, W_{hm}]$ 的转置矩阵。α_t^i 越大，表示移动流量峰值越大，反之则越小。因此，Attention 模型的输出 z_t^i 可由式(8-5)计算得到：

$$z_t^i = \sum_t \alpha_t^i h_t^i \tag{8-5}$$

最后，将 Attention 模型的输出 z_t^i 和上一状态的 LSTM 输出 h_{t-1}^i 的联合数据值 V_t^i = concat(h_{t-1}^i, z_t^i) 作为当前状态 LSTM cell 的输入数据。这样的操作伴随 LSTM cell 计算直到第 L 层。

3. 输出层

一个全连接层将第 L 层 LSTM 计算提取到的特征 $\{h_1^L, h_2^L, \cdots, h_t^L\}$ 综合起来，得到输出序列 $P = \{P_2, P_3, \cdots, P_{t+1}\}$，其中 P_{t+1} 表示在下一时刻的移动流量预测值。结合前一时刻的峰值流量，可以得到一段时间内流量的每一时刻的值，即预测的流量波。如果能够最大化流量预测的准确率，即均方根误差最小，如式(8-6)所示，在时间段 T 内网络可以准确地分配通信资源，从而避免拥塞。

$$\mathrm{RMSE}(P, V) = \sqrt{\frac{1}{T} \sum_{i=t+1}^{T} (P_i - V_i)^2} \propto 0 \tag{8-6}$$

算法 8-1 给出了详细的基于 Attention 机制的 LSTM 的智能移动流量预测过程。该模型适用于边缘云，具有计算和通信能力。根据移动流量预测结果，可以提前完成分配和调度，满足用户高可靠性、低延迟的需求。

算法 8-1   移动流量预测的训练过程

输入：
    输入实际流量流 V；
    LSTM 层 L
    记忆时间戳 n_input
    迭代次数 epoch
    每次迭代的数据输入量 batch_size
过程
    (1) 数据标准化

$$\tilde{V}_t \leftarrow \mathrm{Rescaled}(V_t) \leftarrow \frac{V_t - E_{\min}}{E_{\max} - E_{\min}} * (\max - \min) + \min$$

    (2) 初始化隐藏层输出 h 和 LSTM 状态 o
    (3) 创建训练集并且调整输入数据
    input_X $\leftarrow \{[[\tilde{V}_1, \tilde{V}_2, \cdots, \tilde{V}_{\mathrm{n\_input}}],$

$$[\widehat{V}_2,\widehat{V}_3,\cdots,\widehat{V}_{n\_input+1}],$$

$$\cdots$$

$$[\widehat{V}_{t-n\_input-1},\widehat{V}_{t-n\_input},\cdots,\widehat{V}_{t-1}]]\}$$

input_Y$\leftarrow\{\widehat{V}_{n\_input+1},\widehat{V}_{n\_input+2},\cdots,\widehat{V}_t\}$

(4) LSTM_ Cell$\leftarrow$formula(8-1)

(5) Repeat

(6) for $i=l$ in range(L)

(7)　for step in range(n_input $*$)

(8)　　$h_t,o_t\leftarrow$LSTM_Cell(input_X$_{t-1}$,o_{t-1})

(9)　　if $i\neq L$

(10)　　　$z_t\leftarrow$formula(8-2~8-5)

(11)　　　input_ X$_t\leftarrow V_t\leftarrow$concat($h_{t-1}$,$z_t$)

(12)　　if Loss(h_{t+1},input_Y$_t$)$\propto0$

(13)　　　$\widetilde{P}\leftarrow\{h_2,h_3,\cdots,h_{t+1}\}$

(14)　　End if

(15) Until RMSE($\widetilde{P}$,V)$\propto0\leftarrow$formula(8-6)

(16) $P\leftarrow$reverse_transform($\widetilde{P}$)

8.2.3　基于 IoT-Cloud 架构的智能移动流量管理

单一边缘云只能为有限数量的人（即移动网络的一个单元）提供服务。在热门应用覆盖的大城市中，无人机集群、智能工厂、远程控制和智能交通系统涉及数千个用户或设备，需要多单元、多边缘云和远程云之间的协作和交互。

一旦接入互联网的设备数量增加，移动通信流量将不可避免地以非线性方式爆炸性增长，这违背了负载平衡和整个网络的维护，也违背了实现高可靠性和低延迟的目标。这就要求我们在单个站点的基础上，考虑多站点环境下的智能资源分配和移动流量预测与控制。因此，我们提出了基于物联网-云架构的智能移动流量控制，如图8-4 所示。

1. 物联网-云架构

物联网-云架构采用了前两节的构想，即基于 uRLLC 的物联网-云架构。在面向uRLLC 应用的大规模网络通信中，每一个单元包含不定数量的智能设备。这些设备能与小区边缘的边缘云进行通信，也能与其他边缘云进行通信。但每一个设备在一个时间片内只会选择通信质量最佳（通常选择最近）的边缘云作为自己的无线接入点，除非远程云根据网络拥塞状况提前做出调度。此时，用户将以损失一部分准确率（丢包）为代价与其他边缘云进行通信，以保证畅通的网络接入（寻求较小的延时）。

在这一预测过程中，边缘云进行了移动流量预测，并将各自的网络状况汇报给远程云。远程云就能启动移动流量控制程序，帮助实现整个网络的通信资源和计算资源的规划、调度与配置，从而实现移动流量到智能流量的转变，与用户的互动可以更高效和智能化。

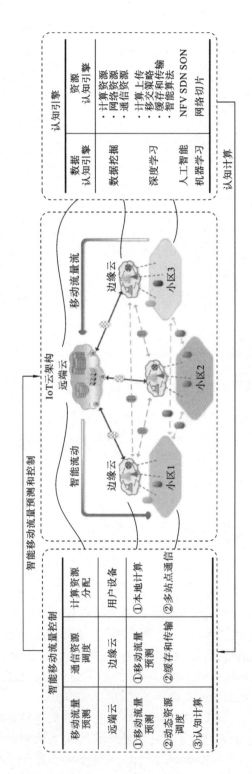

图 8-4 基于物联网-云架构的智能移动流量控制

2. 认知引擎

在边缘云和远程云中,引入认知引擎,部署了高性能的人工智能算法,存储了大量的用户数据。因此,我们可以使用边缘云上的物联网业务流和远程云。高精度的计算和数据分析任务可以支持移动流量预测。认知引擎可以分为两类:资源认知引擎和数据认知引擎。Chen 等人详细介绍了认知引擎的实现方法。

3. 智能移动流量控制

在智能移动流量控制模块中,对实现 uRLLC 所需的 3 大要素(移动流量预测、通信资源调度、计算资源分配)进行了讨论。要实现精准预测、调度和分配,必须要保证远程云、边缘云和用户设备对于各自的职能有较强的完成度。具体如下:① 用户设备可以在进行简单任务的本地计算和离线缓存时,减少骨干网的流量。此外,这些移动设备也应该具备多基站通信的能力,以便于在网络拥塞时进行网络切换。② 边缘云可以进行轻量级的缓存与转发功能,能够与周围节点和云端进行通信。此外,它能对单基站的移动流量进行预测,并根据下一时段的预测峰值,提前通知远程云作为流量高峰预警。③ 远程云可以进行复杂的认知计算、大规模的移动流量预测以及动态资源调度。在认知引擎的帮助下保障整个网络的负载均衡和稳定通信,并反馈计算结果。

1) 边缘云选择

为了实现基于 LSTM 流量预测算法的智能移动流量控制,定义了一种简单的边缘云选择算法。假设下一个时隙中每个边缘云的预测流量值为

$$\text{Traf}_i = \{\text{Traf}_1, \text{Traf}_2, \cdots, \text{Traf}_E\} \tag{8-7}$$

其中,E 表示边缘云的总数。因此,云接收到的整个网络的预测流量为

$$\text{Traf}_C = \sum_{i=1}^{E} \text{Traf}_i \tag{8-8}$$

假设 sig_i 代表用户访问每个边缘云的当前信号强度,用户访问边缘云的选择基于式(8-9)。

$$\text{Edge}_{ac} = \max\left(\left(1 - \frac{\text{Traf}_i}{\text{Traf}_C}\right) + \text{sig}_i\right) \tag{8-9}$$

这意味着用户将选择以更少的流量或更强的信号向边缘云发送请求或卸载计算任务,这有利于网络的负载平衡。

2) 速率自适应的资源分配

为了减少单边缘云的平均延迟,提高数据传输效率,定义了一个边缘单元内的流量自适应资源分配机制。因此,所有单元都可以进行并行计算,整个网络使用上面的边缘云选择机制进行更好的优化。

在流量自适应资源分配算法中,根据预测的流量动态分配每个设备的子载波功率,即

$$\text{argmax} \sum_{k=1}^{K} \sum_{n=1}^{N} \frac{c_{k,n}}{N} \log_2\left[1 + \frac{p_{k,n} \mid h_{k,n} \mid^2}{N_0 B / N}\right] \tag{8-10}$$

式中:$N_0 B/N$ 代表每个子载波的噪声功率,N 表示可用子载波的总数,B 表示系统总带宽;$c_{k,n}$ 代表指示性因素。约束 C_2 表示子载波功率分配的范围,即 $c_{k,n}=1$ 表示子载波 n 分配给设备 k,而 $c_{k,n}=0$ 表示子载波 n 没有分配给设备 k。$p_{k,n}$ 代表设备 k 的子载波 n 的分配功率,这也是需要优化的功率资源。C_4 表示时隙比例公平约束。为了保证

用户之间的公平,还引入了比例公平约束,即

$$\begin{cases} C_1: \forall k,n, p_{k,n} \geqslant 0 \\ C_2: \forall k,n, c_{k,n} \in \{0,1\} \\ C_3: \forall k, \sum_{k=1}^{K} c_{k,n} = 1 \\ C_4: R_1:R_2:\cdots:R_K = r_1:r_2:\cdots:r_K \end{cases} \tag{8-11}$$

式中:K 表示设备总数;R_k 表示设备 k 的数据速率。

设备 k 的子载波 n 的信道响应为 $h_{k,n}$,则信道响应的振幅为 $|h_{k,n}|$,信道增益矩阵为

$$\boldsymbol{H} = \{|h_{k,n}|^2, k=1,2,\cdots,K, n-1,2,\cdots,N\} \tag{8-12}$$

设备 k 的数据速率 R_k 可以用式(8-13)表示,即

$$R_k = \sum_{n=1}^{N} c_{k,n} \log_2 \left(1 + \frac{p_{k,n}|h_{k,n}|^2}{N_0 B/N}\right) \tag{8-13}$$

当网络在时隙 t 中丢失 l 时,可以很容易地得到设备 k 的实际数据速率 P_k,即

$$P_k = R_k(1-l) \tag{8-14}$$

上述优化模型的目标函数为系统容量和速率容量,即时隙 t 中边缘云的预测流量 P_t:

$$P_t = \sum_{k=1}^{K} P_k = \frac{\sum_{k=1}^{K} R_k t(1-l)}{t} = \sum_{k=1}^{K}\sum_{n=1}^{N} c_{k,n} \log_2\left(1+\frac{p_{k,n}|h_{k,n}|^2}{N_0 B/N}\right)(1-l) \tag{8-15}$$

然后,我们可以得到该单元的平均延迟 $\overline{D_{\text{total}}}$。$\overline{D_{\text{total}}}$分为两部分,包括传输延迟 $\overline{D_{\text{tran}}}$ 和传播延迟 $\overline{D_{\text{prop}}}$,即

$$\overline{D_{\text{total}}} = \overline{D_{\text{tran}}} + \overline{D_{\text{prop}}} = \frac{1}{K}\sum_{k=1}^{K}\frac{P_k t}{R_k(1-l)} + \frac{1}{K}\sum_{k=1}^{K}\frac{d_k}{P_k}$$
$$= \frac{1}{K}\sum_{k=1}^{K}\left[\frac{P_k t}{R_k(1-l)} + \frac{d_k}{P_k}\right] \tag{8-16}$$

式中:d_k 表示传输距离。

8.2.4 开放性问题

虽然我们已经讨论了针对 uRLLC 业务的移动流量预测算法和控制体系结构,但仍有许多有待解决的问题。

(1)交互地图与用户移动性预测:无线电地图是 5G 中的重要组件,帮助反馈服务区域内的无线电信号强度、信道冲突与干扰等通信元素。虽然边缘云中的节点相对固定,但移动网络环境难免发生变化,这就需要无线电地图的持续更新,让用户动态选择最优的边缘云进行通信。当然,用户的移动性也是移动流量预测的重要考虑因素之一。因为多用户的移动性轨迹预测有助于远程云提前预知某地区的人群高峰,从而将人口密集的边缘云可能接收到的移动流量调度至另一边缘云进行处理,帮助网络实现负载均衡。

(2)边缘云共享策略:由于用户的移动性、内容的流行性、uRLLC 请求的高可靠性及低延时标准相对有迹可循,因此在单基站小区中实现的移动流量预测和控制策略可

重复利用，且能共享给其他边缘云。这就需要在边缘云中部署转移学习算法，学习各基站间的交互策略和资源调度模式，帮助实现同一边缘云提前预测后续请求的内容，或其他边缘云的移动流量预测。

（3）远程云风险感知：用户的请求或数据传输存在优先级。小概率事件，如警报、通知等，可能涉及巨大财产或人身安全问题。因此，在移动流量预测和控制的过程中需要对风险进行感知（对用户发起的任务优先级进行预测），对此类任务有限配置通信和计算资源。可以在移动流量预测的基础上，在远程云上使用机器学习中的在线学习算法，如 *Q*-学习，通过对历史风险数据集的训练和学习，帮助后续对网络中的共享无线资源进行调度。

8.3 基于边缘认知计算的业务调度

在边缘计算的视野和基于人工智能的丰富认知服务的成功推动下，一种新的计算范式边缘认知计算（edge cognitive computing，ECC）是一种将认知计算应用于网络边缘的有前途的方法。与边缘计算相比，ECC 有潜力提供对用户和网络环境信息的认知，并进一步提供弹性认知计算服务，这样可以进一步提高能源效率和获得更高的体验质量。第 3 章介绍了 ECC 的体系结构，详细描述了其设计问题。本节提出了一种基于 ECC 的动态认知服务迁移机制，以深入了解认知计算与边缘计算的结合方式。为了评价这一机制，建立了一个基于移动用户行为认知的动态服务迁移实用平台。实验结果表明，提出的 ECC 体系结构具有超低的延迟和高的用户体验，同时为用户提供更好的服务，节省了计算资源，实现了高能效。

认知计算源于认知科学理论。它通过一个与机器、网络空间和人类互动的认知循环，使机器实现"大脑"的认知智能。其应用主要依赖于云上训练的机器学习模型，而实时推理请求则是由端边缘设备提出的，这是目前认知服务最常见的部署方式。这种模式存在的问题是网络运行和服务交付的延迟较大。但是，如果将认知服务部署到网络边缘上，网络对用户请求的响应延迟将大大降低，因此对训练推理机边缘部署的研究也在迅速增加。结合边缘计算和认知计算的优缺点，提出了一种结合边缘计算和认知计算的边缘认知计算新范式。

这种新的体系结构集成了边缘网络的通信、计算、存储和应用，通过认知计算可以实现数据和资源的认知。此外，它可以在附近提供个性化服务，使网络具有更深层次的、以人为中心的认知智能。

基于第 3 章提出的 ECC 网络体系结构，开发了一种使用强化学习方法、基于移动用户行为认知的动态服务迁移 ECC 平台，并进行了实验测试。与一般边缘计算架构相比，该架构可以提供更高的 QoE，无需数据和资源认知引擎，实现用户行为预测；更重要的是可以更好地指导基于流量数据和网络资源环境的服务迁移。结果表明，边缘认知计算实现了以人为中心的合理资源配置和优化的认知信息循环。

8.3.1 动态认知服务迁移机制

在 ECC 架构下，由于用户的移动性、边缘设备的异质性以及网络资源（如可用存储、计算资源和网络带宽）的动态性，我们应该提供弹性认知服务，即根据用户的个性化需求提供服务。认知计算所消耗的计算量特别大,因此在边缘部署认知计算时,要求计算资源具有更大的弹性和灵活性。本书提出的 ECC 架构不同于相关工作中提出的 ECC 架构。本书提出的 ECC 架构主要关注物联网中与人工智能相关的应用,如自动驾驶、虚拟现实、智能服装、工业 4.0、情感识别等,与传统的内容检索和移动计算问题相比,这些应用往往更加个性化,需要计算资源更具弹性和柔韧性。

为了更好地理解第 3 章所提出的 ECC 架构,我们实现了动态认知服务迁移机制。因为承载计算的设备是不同的,所以需要一个服务迁移机制。在基于 ECC 架构的动态服务迁移机制中,为了减少延迟,工作负载最好在最近的边缘设备中完成,该设备在网络边缘应具有足够的计算能力。因此,根据用户行为预测,提前迁移服务所需的某些内容或任务所需的某些作业,或者先将低分辨率的工作迁移到要移动的位置。在用户移动时,该设备上的服务分辨率将得到提升,从而提供弹性服务。

1. 服务解决方案

为了更好地解释 ECC 提供的弹性服务,定义了一个称为服务分辨率的新指标来评估用户的 QoE。针对不同的应用程序,服务解析有不同的定义。例如,情感检测依赖于情绪识别的准确率和潜伏期,二者是相互矛盾的。更高的准确率需要更多的计算资源,也具有更高的延迟。但是,当用户对准确率不敏感,更注重交互体验时,可以在不影响用户 QoE 的情况下提供低分辨率。对于视频流的应用,业务分辨率更依赖于用户获取的视频流的分辨率。表 8-1 列出了两个不同应用程序的服务解决方案。情感检测以准确率为度量,视频流以分辨率为度量,分别提供三种服务,满足用户不同需求下的 QoE,即提供弹性服务,提升用户体验。

表 8-1 为不同应用提供的服务解决方案

应 用	服务解决方案			主要度量方式
	低等质量	中等质量	高等质量	
情感检测	66.3	73.6	79.1	准确度(%)
视频流	800×600	1280×1024	1920×1080	视频分辨率(像素)

我们将从这两个应用的角度解释如何提供弹性认知计算服务。

(1)情感检测:如图 8-5 所示,我们为情感检测提供三种服务分辨率:低分辨率、中分辨率和高分辨率。在计算资源有限的情况下,我们提供低分辨率,即能使用深度神经网络 VGG 进行面部情绪识别。对于中等分辨率,我们采用 VGG 网络和 Alexnet 分别识别了面部表情和言语情感,并使用深度信念网络(deep belief network,DBN)进行了简单的决策融合。对于高分辨率,我们利用强大的计算资源,提供多模情感识别算法,并利用深度神经网络进行决策融合。对于这三种服务分辨率,计算资源消耗逐渐增加,提供的情感识别准确率也逐渐提高。

情感检测用户通常是移动用户,因此移动计算资源的动态变化是影响用户体验质量的因素之一。此外,当用户移动时,网络状态会发生变化,但在通信过程中,为了保持超高的可靠性,需要进行情绪识别。因此,有必要采用弹性计算模式来解决这一问题。以前的研究没有考虑这种需要多个计算决策的应用。同时保证情绪识别的准确率和潜伏期是一个矛盾,更高的准确率需要更多的计算资源,潜伏期更高,如表 8-2 所示。但

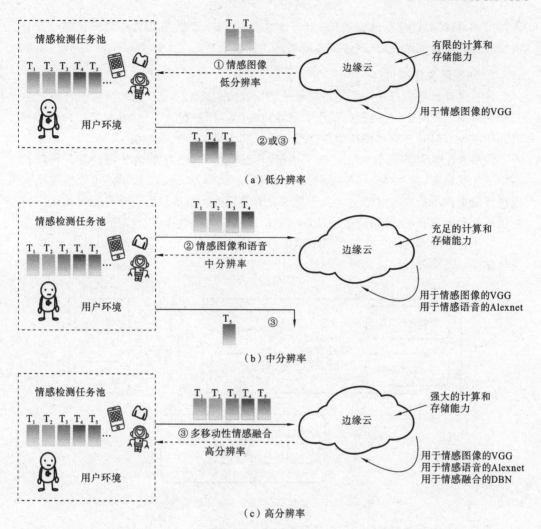

图 8-5　不同分辨率下情感检测的服务解决方案

是,当用户对准确率不敏感,更注重交互体验时,可以在不影响用户体验质量的情况下提供低分辨率。

表 8-2　情感检测中不同网络框架的准确率和延迟

算　法	准确率/(%)	延迟/ms
VGG	66.3	103.0
Alexnet＋VGG	73.6	188.4
Alexnet＋VGG＋DBN	79.1	265.3

　　(2) 视频流:与情感检测类似,我们为一个视频流应用提供三种服务分辨率,即同时考虑不同的用户需求、用户移动性和动态网络环境,分别提供不同分辨率的视频解码,并以类似方式为视频解码任务分解为多个不同的解决方案。当用户移动时,边缘设备节点根据用户的移动行为更好地判断是否进行任务迁移,以及进行任务迁移的分辨率。例如,当用户移动到另一个边缘节点时,如果不确定长期停留或短期停留,则可以先迁移低分辨率的视频解码任务。在用户长期停留的情况下,可以提供高分辨率的服

务,避免不及时的迁移和浪费资源。除了考虑用户的移动性,还应考虑迁移成本。低分辨率服务的迁移成本最低,高分辨率服务的迁移成本最高。

2. 动态服务迁移机制

何时以及如何进行迁移是动态服务迁移机制中的两个主要问题。大多数迁移机制只根据网络条件决定何时迁移,很少有迁移机制考虑用户行为。然而,根据用户行为和移动性来决定何时迁移对提高用户体验和资源利用率有很大的影响。

如图 8-6 所示,服务管理器实现了边缘节点部署其服务所需的所有功能。它包括一个服务存储库,其中存储了要提供的服务(service$_1$,…,service$_n$),如固定化压缩图像或情感识别模型。决策引擎负责决定要部署哪些服务。资源认知引擎管理异构边缘设备的计算和网络资源,并结合数据认知引擎识别用户的移动性、用户对服务解析的需求和计算任务的资源需求。决策引擎根据信息和迁移策略(基于 Q-学习)做出决策,并相应地提供动态和弹性的认知服务。

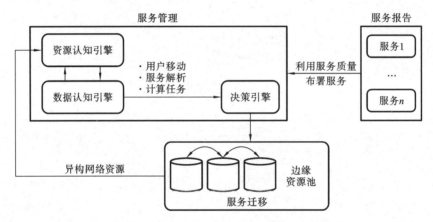

图 8-6   用于边缘云计算的服务部署架构

服务提供商即边缘节点,管理虚拟网络,假设 $\mu=\{1,\cdots,M\}$ 作为一组服务提供商;$t\in\{0,1,2,\cdots,N\}$ 表示服务请求的时间瞬间。假设边缘设备有 n 个需要迁移的服务,任务集表示为 $\mathcal{T}=\{T_1,T_2,\cdots,T_n\}$。对于迁移任务 T_i,有

$$T_i=\{\omega_i,s_i,o_i\} \tag{8-17}$$

式中:ω_i 是任务 T_i 所需的计算资源量,即完成任务所需的 CPU 周期总数;s_i 是计算任务 T_i 的数据大小,即要传递到另一个边缘节点的数据内容量,具体到本工作来说,它代表视频内容的大小或由情感检测所消耗的存储资源(如处理代码和参数);o_i 表示任务结果的数据大小。

例如,在视频解码情况下,ω_i 是视频解码所需的计算资源,s_i 是视频数据大小,o_i 是解码视频的数据大小。计算完成后,服务提供商 μ 将转码视频内容发送回用户。

(1)迁移成本:由于服务器容量大,通常无法忽略迁移虚拟服务器的流量。虚拟服务器的迁移成本取决于服务器的大小以及迁移路径上可用的带宽。例如,对于情感检测服务,迁移成本依赖于情感识别模型。对于视频流服务,迁移成本取决于解码视频的数据大小。较高的服务解决方案具有较高的迁移成本。

(2)迁移目标:最大限度地降低服务成本,同时根据用户需求、用户移动性和动态网络资源提供不同的服务解决方案,提高 QoE。对于时间 t 的一个服务请求,我们将迁

移策略 π 下的得分（用户获得体验的度量）定义为得分 $\text{Score}(x_t,\pi)$ 和成本 $\text{Cost}(x_t,\pi)$，因此优化目标可以定义为

$$\max F(x,\pi) = \sum_{t \in 0,1,\cdots,N} \text{Score}(x_t,\pi) - \text{Cost}(x_t,\pi) \tag{8-18}$$

式中：$\text{Score}(x_t,\pi) = \dfrac{R(x_t) - E(x_t)}{\text{Delay}(x_t,\pi)}$，$R(x_t)$ 是服务请求获得的服务类型，即服务分辨率，设置值 $0,1,2$，分别对应于低、中、高服务分辨率，$E(x_t)$ 是服务请求的期望值，$\text{Delay}(x_t,\pi)$ 是策略 π 下与 ω_i 和 o_i 相关的服务获取时间；成本 $\text{Cost}(x_t,\pi)$ 与 s_i 有关。

从 $\text{Score}(x_t,\pi)$ 的定义可以看出，在用户一定的延迟和一定的服务需求情况下，服务分辨率越高，获得的用户体验越高。当提供相同的服务分辨率时，用户期望值越高，得分越低。$R(x_t) - E(x_t)$ 能够很好地反映用户获得的服务与用户期望之间的关系。这意味着，如果用户的服务质量要求不高，可以提供低分辨率的服务，从而降低能耗，而不影响用户的生活质量。当用户获得的服务和用户期望确定时，获得的服务延迟越大，得分越低。

（3）最优问题公式：我们的问题可以描述为一个强化学习场景，其目标是找到一个为每个服务请求制定最佳迁移策略的代理。π^* 表示最优迁移策略可以最大化的系统回报，即

$$\pi^* = \arg \max_{\pi} \sum_{x \in \chi} F(x,\pi) \tag{8-19}$$

假设 S_i 表示时间 i 的环境状态，由当时 n 个服务的位置定义。对于一系列批请求 $\chi = \{x_1,x_2,\cdots,x_N\}$，服务迁移的目标是确定 $S_1,S_2,\cdots,S_N$，以最大化由式（8-20）定义的系统回报。

Q-学习是目前许多研究领域中应用最为广泛的强化学习方法之一。Q-学习算法的一般步骤如下。

算法 8-2　Q-学习算法

（1）初始化 $Q(S,a)$

（2）Repeat（对每一轮次）

（3）初始化状态 S

（4）Repeat（每一轮次中的每一步）

（5）使用一些策略如 ε-贪心，基于状态 S 选择一个执行的动作

（6）执行完动作后，观察回报值和新状态 S'

（7）$Q(S_t,A_t) \leftarrow Q(S_t,A_t) + \alpha(R_{t+1} + \gamma \max_a Q(S_{t+1},a) - Q(S_t,A_t))$

（8）$S \leftarrow S'$

（9）End

（10）End

将对 S_t 采取动作 a 后的奖励定义为

$$R_{t+1}^a = \text{Score}(S_{t+1}) - [\text{Score}(S_t) + \text{Cost}(S_t,S_{t+1})] \tag{8-20}$$

同样，也可以构造一个矩阵 Q 来记忆代理从环境中获得的经验。状态动作 $Q(S_t,A_t)$ 表示在状态 S_t 中采取动作 a 所带来的期望总收益。解决方案是从初始状态到最终最

优状态不断地开发,即使用算法 8-2 迭代更新。在算法的每次迭代中,代理通过接收即刻奖赏观察当前状态 S 并采取动作 a 移动到下一个状态 S',该奖励用于依据式(8-21)更新 $Q(s,a)$,然后开始下一次迭代。

$$Q(S_t,A_t) \leftarrow Q(S_t,A_t) + \alpha[R_{t+1} + \gamma \max_a Q(S_{t+1},a) - Q(S_t,A_t)] \qquad (8\text{-}21)$$

其中,α 表示学习率,它决定了新信息覆盖旧信息的程度。相比于未来的其他奖励,折扣因子 γ 对最近的奖励影响更大。

8.3.2 实验平台搭建与结果评估

为了验证所提出的体系结构,我们建立了一个 ECC 测试平台,并在用户移动性实验台上对动态服务迁移机制进行了性能评估。

为了搭建 ECC 环境,使用了几个边缘计算节点来实现情感检测和视频流的功能,如图 8-7(a)所示。自行设计的硬件以 4X ARM Cortex-A33 为核心处理器,边缘设备的算法执行需要部署 TensorFlow 环境。我们还使用了 Android 手机作为用户移动设备,设计了如图 8-7(b)所示的 Android 应用程序,实现了边缘计算节点的信号监控、任务上传、结果下载和服务迁移。图 8-7(c)说明了在 Windows 上运行的软件界面。图 8-7(d)显示了情感检测应用程序的用户界面。

在实验配置中,使用了四个边缘节点和两个服务器,即 $m=3,n=2$。在性能比较方面,将两种方案与提出的基于 ECC 的方案进行比较:① 不迁移方案,不考虑服务迁移;② 最近的迁移方案,如果需要,将服务迁移到关闭的接入点。

表 8-3 列出了实验中考虑的重要参数值。高分辨率迁移中的任务负载压缩为 256 MB,中分辨率迁移中的任务负载压缩为 128 MB,低分辨率迁移中的任务负载压缩为 64 MB。边缘节点之间的传输带宽为 5 Mb/s。

表 8-3　实验配置参数

参　数	值	描　　　述
$B_{i,j}$	5 Mb/s	云节点 SP_i 与 SP_j 之间的带宽
Q_{T_i}	100 Mcycles	完成任务 T_i 所需 CPU 循环数
O_{T_i}	1 Mb	任务 T_i 的内容大小
α	0.01	算法学习率
γ	0.8	给将来权重的折扣因子

图 8-8 和图 8-9 绘制了性能分析的实验结果。图 8-8 显示了使用深度强化学习算法的方案中不同场景的收敛性能。从图 8-8 中可以看到,在学习的开始阶段,建议方案中不同场景的总效用(累积奖励,即式(8-19)中定义的对象函数 F)非常低。随着迭代数量的增加,总效用会增加,直到达到相对稳定的值,在提供高分辨率的场景中约为 400。我们还可以观察到,不同分辨率服务的奖励在开始时几乎是相同的,在稳定阶段高分辨率获得最高的奖励,而低分辨率获得最低的奖励。因此,当用户移动到其他边缘节点时,可以先将低分辨率服务迁移到相应的边缘节点,然后在稳定阶段提供高分辨率服务。

图 8-9 显示了提供低分辨率情感检测服务的边缘节点的响应时间(表 8-2 中介绍的

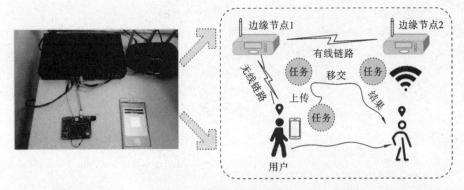

（a）硬件平台

（b）移动应用接口

get connection from : 192.168.155.2
id:60 velocity: 0.8 direction: east acceleration: (0.036, -0.987, -0.07) signal_1:-41
signal_2:-52 END processed by server1
starting reve data!
reve success!
the result is: 38.5
signal_1 is : -41
signal_2 is : -52
Do not conduct pre-handover!!!

get connection from : 192.168.155.2
id:60 velocity:1.2 direction: east acceleration: (0.045, -0.78, -0.08) signal_1:-45
signal_2:-34 END processed by server1
starting reve data!
reve success!
the result is: 38.5
signal_1 is : -45
signal_2 is : -34
Conduct the pre-handover!!!

（c）边缘节点的软件界面

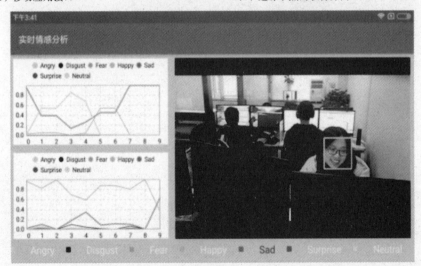

（d）情绪检测应用程序的用户界面

图 8-7   ECC 测试平台

第一种算法）。一般来说，响应时间与并发请求的数量成正比，这意味着并发请求的数量越多，平均响应时间就越长。比较不同方案下的延时，从图 8-9 可以看出，随着业务请求次数的增加，所有方案的延时都会增加，提出的基于强化学习的 ECC 架构下的方

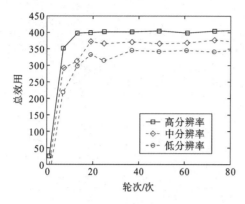

图 8-8　不同服务分辨率下的收敛性能

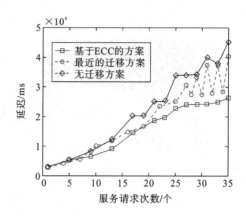

图 8-9　不同迁移方案与请求时间的延迟比较

案性能更好,延迟最小。这是因为这些服务可以在用户移动预测的基础上能更好地提前迁移到最佳位置。然而,最近的迁移方案在用户移动到另一个访问点时进行迁移服务,这将导致更长的延迟,甚至导致服务中断。从图 8-9 还可以看出,当服务请求次数大于 25 时,由于用户的移动性,延迟抖动更为严重,这三种方案的延迟差异较大。基于 ECC 的方案能够从结果中减少抖动,因为它不断地从用户的移动性中学习,而且很明显在无迁移方案下延迟时间最长。

9

基于人工智能的情感识别与通信

AI 技术已经给人们的生产生活带来了极大的便利,人们已将关注的重心从物理世界向精神世界转移,因此对于情感服务的需求也日益增强。情感 AI 系统、情感计算得到许多学者的青睐,人机交互的情感通信系统也取得了很大的进步,各种虚拟助手、服务型机器人、社交机器人等应用层出不穷。本章提出基于人工智能的情感识别与通信,将情感通信作为一种新的通信概念,并结合 AI 技术及机器人技术,三者融为一体。本章首先利用视听情感融合实现多模态的情感识别,然后提出了情感通信系统的体系架构,同时讨论了具体的算法设计,最后展示了具体的可穿戴情感机器人的应用。

9.1 视听情感融合

多模态情感识别缺乏情感状态和音频、图像特征之间明确的映射关系,所以从音视频数据中提取到有效的情感信息一直是一个很有挑战的问题。此外,对噪声和冗余数据的去除也没有得到很好的解决,导致情感识别模型常常面临低效率的问题。深度神经网络在特征提取和高度非线性特征融合方面有着非常优异的表现,跨模态的噪声建模在解决数据污染和数据冗余方面具有很大的潜力。在此启发之下,本节提出一个用于音频-视频情感识别的深度权重融合方法。首先,我们对音视频数据进行了跨模态的噪声建模,消除语音通道中的大部分数据污染和图像通道中的数据冗余。噪声建模是通过语音活动检测实现的,并且通过对齐音频和视觉数据中的语音区域来解决视觉数据中的数据冗余。然后用两个特征提取器提取语音情感特征和表情特征。语音情感特征提取器音频网络是一个 2D CNN,它的输入是图像化的梅尔频谱,表情特征提取器视频网络是一个 3D CNN,它的输入是人脸图像序列。另外,为了在小数据集上高效训练两个卷积神经网络,采用迁移学习的策略。音频网络和视频网络分别借助基于 Imagenet 的 Alexnet 预训练模型和基于 Sports-1M 数据集的 C3D-Sports-1 预训练模型进行初始化。接下来使用深度信念网络对音频网络和视频网络的输出特征进行高度非线性融合,最后使用支持向量机进行情感分类。考虑到跨模态特征融合、去噪和去冗余,开展了相关实验,实验验证了融合方法在所选数据集上可以表现出优异的性能。

9.1.1 情感识别概述

人类的情感状态受大脑控制,可以通过行为和生理特征的变化表现出来。人类日常生活中的交互是离不开情感沟通的。此外,随着科技的进步、互联网的发展和人们生活方式的改变,越来越多的人每天都在花费大量的时间与计算机直接交互。显然,人机交互已经成为我们生活不可忽视的一部分。为了在人机交互中获得更好的交互体验,我们希望人机交互系统能够展现出一种更加自然、更加友好的方式。为了达到这个目标,计算机必须具备像人一样理解人类情感状态的能力。生理指标数据不太方便获取,而且生理信号在人-人情感交流中也没起到重要的作用,所以大部分与情感识别相关的研究都是从人的行为方面去考虑的,如面部表情、语音、文本、手势等。

在面部表情、语音、文本、手势等行为模式中,语音和面部表情最接近人类情感交流方式,也是被研究较多的两个模态。因为它们在大部分情况下都具有主体同源和时间同步的特点。也就是说,在大部分情况下,在与某人交谈的时候,我们能够在听他的声音的同时看着他的脸。近年来,有很多仅仅针对语音和面部表情的单模态情感识别研究工作。这些工作从特征提取到分类算法方面都有很多优秀的方法。然而,计算机识别人类情感状态仍然面临着很大的挑战。在单模态情感识别(如单纯的语音情感识别或者表情识别)中,语音情感特征和表情特征的提取一直是一个开放性难题,目前还不存在显示的、非常确定的关于情感状态和具体特征之间的映射。事实上,这个问题同样存在于多模态情感识别中,因为多模态的情感识别是以各个单模态情感识别为基础的。对语音情感识别和面部表情识别的结果进行不同程度的融合就得到了音频-视频情感识别。

以往的研究中有很多情感状态与语音特征有关的内容,大部分研究表明,韵律特征、声学特征和音质特征包含比较丰富的情感意义,如基音周期、共振峰以及能量相关的特征。此外,以梅尔频率倒谱系数(Mel-frequency cepstrum coefficients,MFCC)等为代表的倒谱特征也经常被用在情感识别相关的研究中。Eyben 等人对人工提取的语音情感特征做了详细的研究并总结出了一个精简高效的特征集(这个特征集称为GeMAPS,包含频率参数、能量参数和谱参数共 62 个语音特征)。

在表情识别的研究中,常用的面部特征可以分为两类,即外貌特征和几何特征。外貌特征通过对局部人脸或者全脸应用图像滤波器得到,如 Gabor 小波滤波器等。而几何特征则代表人脸组成部分(如眉毛、眼睛、鼻子、嘴巴)的形状和位置,如局部二值模式特征。

此外,就单模态情感识别而言,在完成特征提取之后就要使用机器学习的方法去学习情感识别模型,当然通常都是基于某个情感语料库来学习的。常用的方法有支持向量机、支持向量回归、长短期记忆-循环神经网络、隐马尔可夫模型、混合高斯模型、人工神经网络等。

在多模态情感识别中,首先要进行情感特征提取,完成情感特征提取之后,就要做情感信息融合。大多数工作都聚焦于以下四种融合策略:特征融合、决策融合、得分融合以及模型融合。然而,这些融合方法都是浅层融合,它们无法对多模态信息之间存在的复杂非线性关联进行建模,所以很有必要设计更深层、更复杂的融合模型。

为了更好地解决特征提取和多模态融合中存在的问题,被应用在很多领域中的深度学习技术可以起到很大的作用。借助于可获取的大规模的有效训练数据集,深度学习技术在很多领域都表现出了超强的特征学习能力和数据降维能力,这样的领域包括图像处理、语音识别自然语言处理等。在这些技术中,卷积神经网络(convolutional neural networks,CNN)是最具代表性的深度学习技术之一。从最早将它用于读取支票,到频繁在计算机视觉和机器学习竞赛中使用,再到目前各领域对它的浓厚的商业兴趣,卷积神经网络在深度学习的历史中发挥了重要作用。它以稀疏交互、参数共享以及等变表示的特点在具有特定网格结构的数据(尤其是图像数据)的特征提取上表现出特别好的性能。此外,由多层受限玻尔兹曼机组成的深度信念网络可以被用作一个深度多模态情感特征融合模型。

在上述工作中,存在两个比较普遍的问题:① 虽然人工提取的特征被广泛使用,但是它们并不能有效地区分语音和表情图像中的情感信息。所以希望能够使用卷积神经网络来自动地提取原始像素中的情感特征。对于音频数据,则首先将它转换成梅尔频谱图,再输入 CNN 中学习情感特征。② 在进行多模态融合之前,要对同源的多模态数据做时间上的对齐,前面文献中提到的工作大多数都做了简单的音视频对齐,并没有充分利用语音段和静音段的区别。甚至是在单模态的语音情感识别中,也缺乏对有声段和无声段的情感贡献的研究,Eyben 等人提出的 GeMaps 虽然做了相关研究,但是它只是将无声段和有声段的平均长度及其标准差简单地包含在那 62 个特征之中,这事实上会引入一定的噪声。Kun Han、Dong Yu 等人使用极限学习机做了基于人工特征的语音情感识别,考虑到了静音段和非静音段的区别,但是他们使用的是手工提取特征,并不能充分提取语音信号中的情感表征,也没有推广到多模态的情况中。

在此启发之下,我们认为:即便是将表现情感的音频的梅尔频谱图作为 CNN 的输入,也不能原封不动地使用原始音频的频谱图。所以在计算梅尔频谱和将它转换成 RGB 三通道彩色图像之前,都要对有声段和无声段进行相应的情感权值分配。我们首先对原始音频进行语音活动检测以区分音频帧是否为静音,并为静音帧和语音帧以及视频数据中的相应面部表情帧分配 0 和 1 的情感权重。简单地说,当音频/视频数据的某个时间间隔被赋予零权重时,就将其丢弃。然后,计算梅尔频谱图及其前两个序列。接下来,按照适合相应特征提取器的格式封装音频/视频片段。最后,基于所选择的多模态情感数据集训练整个视听情感融合(audio-visual emotion fusion,AVEF)模型。

9.1.2　视听情感融合方法

如图 9-1 所示,多模态融合方法可以分为三个阶段:数据准备阶段、特征学习阶段和多模态融合阶段。① 数据准备阶段:对数据集中的原始视频和音频做了一些相关处理,以使其包含的信息量最大化,同时满足特征学习网络的输入需求。② 特征学习阶段:由两个对应的卷积神经网络组成,音频网络用来学习语音中的情感特征,视频网络用来学习面部图像中的情感特征。③ 多模态融合阶段:使用一个深度信念网络(deep belief network,DBN)对一段视频中的语音情感特征和表情情感特征进行融合,得到每个阶段的情感识别结果,并对每一段视频中的所有阶段的结果再一次融合,进而通过一个支持向量机(support vector machine,SVM)模型得到该视频的最终情感结果。

1. 数据准备

在所有的数据集中,情感视频样本的长度通常都是不一样的。这就意味着,每段视频所包含的语音序列的长度和图片的数量都各不相同,所以不应该将整段视频样本作为情感分析的最小单元。此外,处理完整的视频段也会导致实际应用程序中的实时性能下降,因此需要具有适当持续时间的分段音频/视频数据。在以前的研究中,使用了一些如 255 ms、655 ms 的分段方案。在多模态情感识别中,655 ms 的方案被证明具有

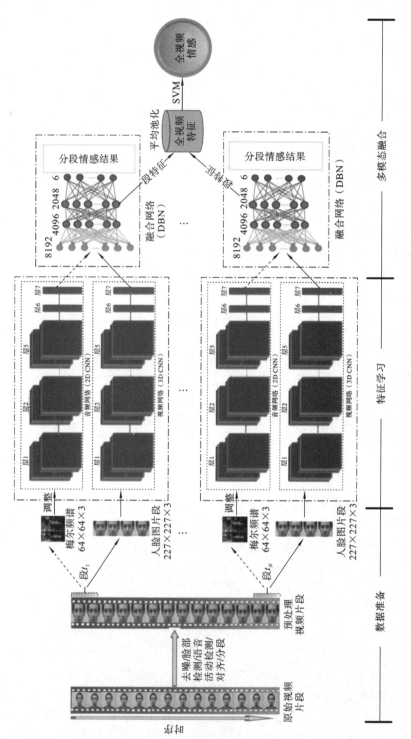

图 9-1 AVEF方法：数据准备、特征学习和多模态融合

更好的性能。因此，我们使用 655 ms 的音频/视频片段。如图 9-1 所示，音频网络需要输入音频片段的图像格式化的梅尔频谱图（包括一阶和二阶差分音频图）。视频网络需要在视频剪辑中输入面部表情的图像序列。

图 9-2 描述了样例数据的数据准备阶段。样例来自 Enterface05 数据集，标记为开心。图 9-2 中的第 1～3 行在数据准备阶段之前显示其音频波、梅尔频谱图和图片序列。在去噪、面部检测、语音活动检测和分段的过程之后，它们成为 4～6 行中的视频图片序列，持续时间为 2.7 s。数据准备后，持续时间缩短为 1.6 s。下面详细讨论音频和视频数据的准备。

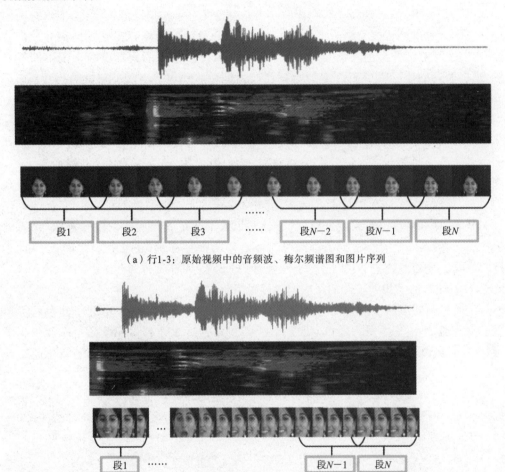

（a）行1-3：原始视频中的音频波、梅尔频谱图和图片序列

（b）行4-6：数据准备后视频段中的音频波、梅尔频谱图和图片序列

图 9-2 样例数据准备阶段

（1）音频数据。

为了方便后续的特征计算，对语音序列进行一些预处理是很有必要的。这些预处理包含统一采样率和声道转换。首先要将语音序列转换成单声道信号。对于特定的语音序列 X，一般由一个或者两个声道组成，即 $X=[X_1,\cdots,X_{Ch}]$，Ch 指的是声道数，通常是 1 或者 2。此外每个 $\boldsymbol{X}_i(i\in\{1,\cdots,Ch\})$ 是维度相同的向量，我们需要只有一个声道的语音序列，所以要做如下预处理：$X^s(n)=\dfrac{1}{Ch}\sum x_c(n),c\in\{1,\cdots,Ch\}$。然后，$X^s$

将经过一个流程，包括预加重、语音活动检测和权重分配、分段以及梅尔频谱图计算和成像。整个流程如下。

预加重：因为要在原始语音序列的基础上求其梅尔频谱图，所以首先对原始语音序列进行预加重处理，这相当于一个高通滤波器，能够降低一部分低频噪声，同时不会造成明显的语音失真。假设预加重之前的语音序列为 $x(n)$，预加重之后的语音序列是 $x_p(n)=x(n)-\mu \cdot x(n-1)$。这里 $\mu \in [0,1]$，这个参数代表的是预加重的强度——1 最强，0 最弱。常用的 μ 是 0.9 到 0.97 之间的实数，我们取了 0.97。预加重能够从一定程度上消除由唇齿效应产生的噪声。

语音活动检测和权重分配：静音段会造成很大程度的数据污染。因为梅尔频谱的计算实际上是以语音帧为原子单位的，所以无论是语句中的停顿还是首尾额外的静音段，它们的计算结果会趋近于 0。这相当于大量的几乎相同的数据被标记了不同的标签，这会向训练数据中引入严重的数据污染，同样的污染也存在于测试数据中。Segbroek 等人提出了一个比较鲁棒的语音活动检测（voice activity detection）方法，遵循他们的方法，我们用一个滑动窗口提取语音序列的多分辨率耳蜗图（multi-resolution cochleogram，MRCG）特征，并利用深度神经网络去判别当前帧是否为静音段。根据判别结果为静音段和非静音段分配情感权重：非静音段为 1，静音段为 0。我们在 Emo-DB 上做了简单的实验，结果证明端点检测能够将情感识别的全局准确率相对提高 19.7%。我们的 VAD 结果显示，Emo-DB 中语音段的比例是 70.3%。

分段：将有声段中连续段分割成了若干段，为了满足音频网络的输入需求，每段的帧数固定，为 64 帧。此外，为了保持段与段之间的准稳态性，在相邻段之间还会有 30 帧的重叠。分帧参数如下：帧长 25 ms，帧移 10 ms，然后得到了 655 ms（(25+63×10) ms），每一帧都用了相同长度的汉明窗做了平滑处理。

上述的预处理从一定程度上消除了噪声和唇齿效应，还为语音中的子片段做了情感权重分配，解决了数据污染的问题。最后需要做的就是计算每一段的短时梅尔频谱及其一、二阶差分，并将它们结合起来，形成 64×64×3 的数组。每一帧的梅尔频谱计算如下：

$$\mathrm{MelSpectrogram}_{\mathrm{frame}_t} \approx \log(\mathrm{milbank})(64)\times(\mathrm{abs}(\mathrm{rfft}(\mathrm{frame}_t))^2+0.01) \quad (9\text{-}1)$$

式中：frame_t 代表第 t 个语音帧；$\mathrm{milbank}(64)$ 代表一个梅尔频率的滤波器组，能将 20～8000 Hz 频带内的语音信号转换到梅尔频域，并分成 64 频段；rfft 代表快速傅里叶变换；abs 是求一个复数的幅值，最后加 0.01 是为了防止对 0 取对数。

上述过程得到的 $\mathrm{MelSpectrogram}_{\mathrm{frame}_t}$ 的维度是 64×1，然后对每一个段内所有帧的梅尔频谱求其对时间的二阶差分，就能够得到一个 64×3 的矩阵，最后将所有帧的计算结果进行增广，就得到了每个段的 64×64×3 的特征。一阶差分的计算方式采用了语音识别任务中常用的方法，如式（9-2）所示：

$$d_t = \frac{\sum_{n=1}^{N} n(c_{t+n}-c_{t-n})}{2\sum_{n=1}^{N} n^2} \quad (9\text{-}2)$$

其中 $n=2$，以相同的方式计算梅尔频谱图的二阶二元曲线。

现在获得扩展的梅尔频谱图，大小为 64×64×3。这样的数据可以被视为音频数据的图像表示,如图 9-3(a)所示。另外,图 9-3(b)、图 9-3(c)、图 9-3(d)是静态梅尔频谱图,分别是一阶、二阶、差分。这样的一张图片中,宽度方向代表时间,高度方向代表频率,像素颜色代表不同频带的能量。显然,梅尔频谱图与具有清晰谐波结构的线性谱图相比更为明显。但是,我们仍然可以在图 9-3(a)中找到有用的模式。图 9-3(b)在宽度方向上具有清晰的结构,而图 9-3(c)和图 9-3(d)在高度方向上具有清晰的结构。图 9-3(a)是图 9-3(b)、图 9-3(d)的组合。将扩展梅尔频谱图的图像表示为图 9-3(a),为音频网络的输入。

（a）扩展的梅尔频谱图　　（b）一阶静态梅尔频谱图　　（c）二阶静态梅尔频谱图　　（d）差分静态梅尔频谱图

图 9-3　梅尔频谱图

(2) 视频数据。

通常所使用的数据集中,视频由包含人脸的图片帧序列组成,绝大多数情况都有大面积的背景,这些内容要么与我们要关注的主题无关,要么会对我们的特征学习造成误导。为了尽可能减小这种副作用,提升最终的学习性能,需要做些预处理。所以,我们检测了左眼、右眼、鼻子、嘴巴这 4 个关键位置,并基于这 4 个位置扩展得到人脸。

前面的处理已经将语音数据做了分段,每一段的长度为 655 ms。我们标记了它在原始视频中的时间范围($T_{begin} \sim T_{end}$),然后将位于这个时间区间中的图像序列封装成一个对应的视频段。例如,某个语音段的时间区间为[100 ms, 755 ms],那么,在 30 f/s 的视频中,与之对应的图像数目应该是 $0.655 \times 30 = 20$ 个,结果进行取整操作。由于视频网络要求输入 16,因此,把每个视频段的最开始的 2 张以及最后面的 2 张图片去掉,以保证视频段具有连续的 16 张人脸图片。另一种情况,如果在某个较小的视频帧率下,开始得到的视频段包含的图片数目不足 16,假设只有 12 张,这时候需要将最开始的 2 张和最末尾的 2 张做一下简单的重复,最终的视频段便是连续的 16 帧人脸。假设我们得到的人脸图像是 $173 \times 173 \times 3$,人脸表情序列将是 $16 \times 173 \times 173 \times 3$ 的张量。如果需要,这个张量将通过双线性插值调整大小以适应视频网络。相对应的语音数据,我们将表示面部表情序列的张量表示为 v,作为视频网络的输入。

2. AVEF 模型学习

在数据准备阶段,我们已经将视频进行了预加重、语音活动检测和权重分配、人脸检测、分段等处理。我们给每个音/视频段都赋予它所属的视频的情感标签。

如图 9-1 所示,我们的学习模型分为两个相连的阶段:特征学习阶段和多模态融合阶段。两个不同的阶段各由 2 个子模型组成。其中,特征学习阶段包括音频网络和视频网络模型,多模态融合阶段包括段融合网络和全局融合网络。音频网络是一个 2D CNN,视频网络是一个 3D CNN,段融合网络是一个深度信念网络,全局融合模型是一个多分类支持向量机。其中音频网络和视频网络最后一个全连接层的输出作为深度信念网络的输入,用深度信念网络学习基于段的情感特征。深度信念网络最后一个隐藏层的输出作为多模态情感特征,并在一个完整视频上对所有段的多模态情感特征进行平均池化处理。最后,支持向量机以平均池化的结果为输入,对完整视频进行情感分析。

音频网络和视频网络的输出被送入深度信念网络,其中分别占一定比例权重(如 1:1),以学习基于段的情感特征。深度信念网络的输出被视为视听片段的多模态情感特征,然后对完整视频中所有片段的多模态情感特征进行平均合并处理。最后,SVM 将平均合并结果视为情感分析的输入,以获得最终识别结果。

在实际中,我们选择迁移学习策略来解决缺乏标记数据的问题。在以往的研究中,Zhang 等人使用基于 Imagenet 的 Alextnet 和 C3D-Sports-1M 模型分别初始化音频网络和视频网络。但是,这两个迁移存在很大的域差距。首先,Imagenet 由大量的图像组成,这些图像与梅尔频谱图非常相似;其次,用于训练 C3D-Sports-1M 模型的数据集也与人类面部表情有很大的不同。因此,为了解决这些问题,我们在多模态情感数据集中进行迁移学习。例如,如果想在 RML 数据集中训练模型,首先通过 Enterface05 数据集和 BAUM-1s 数据集初始化音频网络、可视网络和深度信念网络,然后保持每个网络的浅层。在目标数据集 RML 中从头开始训练深层,其他数据集采取类似的方式。

(1)音频网络。

音频网络是一个 2D CNN,用来估计一个语音段的情感状态。我们选择的预训练模型是基于 Imagenet 的 Alexnet,是一个 2D CNN。它总共包含 11 层,其中有 5 个卷积层(Conv1、Conv2、Conv3、Conv4、Conv5)、3 个全连接层(fc6、fc7、fc8)和 3 个最大池化层(pool1、pool2、pool5)。

用 $A(\theta^A)$ 表示音频网络模型,其中 θ^A 表示音频网络的超参数集,包含卷积层、全连接层的所有参数,需要注意的是,因为所用的数据集中共有 6 种基本情感,所以将最后一层神经元个数从 1000 修改成 6。最后一个全连接层 fc8 的输出表示对输入样本所属类别的概率预测:

$$\hat{\boldsymbol{y}}_i^A = A(a_i; \theta^A), \quad i \in \{1, 2, \cdots, K\} \tag{9-3}$$

式中:K 是样本数量;$\hat{\boldsymbol{y}}_i^A$ 是一个 6×1 的向量,每一个元素对应着的音频段样本 a_i 是某种情感的概率。因此,

$$\sum_{j=1}^c \hat{\boldsymbol{y}}_i^A(j) = 1 \tag{9-4}$$

我们基于预训练的 Alexnet 在情感音频数据集上对其进一步微调。整个微调过程就是使用反向传播算法结合随机梯度下降来调整音频网络的参数 θ^A,实际上是在解决优化问题:

$$\arg \min_{\theta^A} \sum_{i=1}^K L(\hat{\boldsymbol{y}}_i^A, y_i) \tag{9-5}$$

式中:L 是估计结果和真实分布之间的交叉熵,有

$$L(\hat{\boldsymbol{y}}_i^A, y_i) = -\sum_{j=1}^C y_i(j) \log_2(\hat{\boldsymbol{y}}_i^A(j)) \tag{9-6}$$

其中,C 表示情感的类别数。

(2)视频网络。

视频网络是用于面部表情特征的 3D CNN。我们选择的视频网络架构是 C3D-

Sports-1model。它总共包含 16 层，有 8 个卷积层（Conv1a、Conv2a、Conv3a、Conv3b、Conv4a、Conv4b、Conv5a、Conv5b）、3 个全连接层（fc6、fc7、fc8）和 5 个最大池层（pool1、pool2、pool3、pool4、pool5）。我们将视频网络表示为 $V(v;\theta^V)$，其中 v 是输入变量，而 θ^V 表示视频网络的超参数集。我们将最后一个完全连接层（fc8）中的神经元数量从 487 修改为 6。最后一个全连接层（fc8）的输出表示分类的可执行性估计。视频网络建模和优化的理论描述类似于音频网络。

（3）段融合。

我们使用深度信念网络进行基于段的深度情感特征融合。它能够学习到多模态情感特征之间的高度非线性关系。如图 9-1 所示，深度信念网络由一个显元层、两个隐元层和一个输出层组成（输出层就是 softmax 层）。隐元层用来提取融合特征，显元层用来接收输入。输入分别来自音频网络和视频网络的 fc7 层，由两个 4096 维的特征向量组成一个 8192 维的高维向量，所以深度信念网络的输入层包含 8192 个神经元。两个隐元层分别含有 4096 和 2048 个神经元，输出层所含神经元的数目等于数据集中情感类别的总数目，这里是 6。所以，深度信念网络的结构是 8192—4096—2048—6。我们训练深度信念网络的方法遵循 Hinton 等人所用的方法：即首先使用逐层贪婪的学习算法对网络进行预训练，这是一种非监督的方式；然后利用音频网络和视频网络的输出特征对网络进行有监督的训练。

（4）视频融合。

深度信念网络将音频网络和视频网络学到的语音情感特征和表情特征进行了深度非线性融合，并在最后一个隐元层中存储了 2048 维的多模态情感特征。我们构造一个新的模型，对基于段的情感特征做最后一个融合，并用来识别整段视频的情感状态。如图 9-1 所示，首先将一段视频中所有在深度信念网络中的段的第二个隐元层的特征进行一次平均池化，然后用池化结果去训练一个多分类的支持向量机模型。实际上，这个阶段可以使用多个分类器，如神经网络、极限学习机和 SVM。在此阶段，对于同样大小的数据集和特征维度，这三种方法的平均性能几乎相同，但 SVM 训练速度更快、性能更稳定且更易于实现。具体而言，最终数据集大小在千分之一以内，特征维度为 2048，因此选择的核函数是多项式的 SVM。

9.1.3　实验与结果分析

1. 实验数据集

用于评估 AVEF 方法的视听情感数据集是 RML 数据集、Enterface05 数据集和 BAUM-1s 数据集。我们在三个公开的音频-视频多模态情感数据集上对多模态情感融合网络进行性能评估，包括 RML 数据集（表演）、enterface05 数据集（表演）和 BAUM-1s 数据集（自然）。表 9-1 显示了我们使用的三个数据集。A/S 代表数据集是否为自发形式，fs_audio 是音频数据的采样率，cha_audio 是音频信道，fps_video 是视频数据的帧率，size_frame 是视频帧的大小，language 是数据集中包含的语言数，subject 代表数据集中的参与者数量。

RML 数据集：包含 720 段视频。有 8 个不同的说话人，覆盖 6 种语言，6 种基本情感：生气、厌倦、恐惧、高兴、悲伤、惊讶。音频采样率为 22050 Hz，音频数据双声道 16 位精度。所有情感都是参与者表演出来的情感。视频帧率是 30 f/s，图像尺寸是 368×

240×3 像素。

表 9-1　数据集

	A/S	fs_audio/Hz	cha_audio	fps_video/(f/s)	size_frame	language	subject
RML	A	22050	Stereo	30	368×240×3	6	8
Enterface05	A	48000	Stereo	25	720×576×3	1	43
BAUM-1s	S	48000	Stereo	30	854×480×3	1	31

Enterface05 数据集：包含 1290 段视频。有 43 个不同的说话人，只有英语一种语言，包含 6 种基本情感：生气、厌倦、恐惧、高兴、悲伤、惊讶。音频采样率为 48000 Hz，音频数据双声道 16 位精度。所有情感都是参与者表演出来的情感。视频帧率是 25 f/s，图像尺寸是 720×576×3 像素。

BAUM-1s 数据集：包含 1222 段视频。有 31 个不同的说话人，只有土耳其语一种语言，除了包含 6 种基本情感：生气、厌倦、恐惧、高兴、悲伤、惊讶之外，还包含无聊、蔑视等基本情感，此外还有不确定、思考、聚精会神等 3 种精神状态。为了和前两个数据集保持一致，并且和前人的工作进行对比，我们从中选择了包含上述 6 种基本情感的视频样本，总共 521 个。这个数据集音频采样率为 48000 Hz，音频数据双声道 16 位精度。所有情感都是参与者在某种条件的刺激下自然表现出来的。视频帧率是 30 f/s，图像尺寸是 854×480×3 像素。

2. 情感模型

在实验中，我们使用两种常用的情感模型：离散情感模型和二维情感模型。在我们的例子中，离散情感模型由 6 种情绪类别组成，包括愤怒、厌恶、恐惧、快乐、悲伤和惊喜。离散情感类别被映射到二元激励标签（高/低）和二元价（正/负）标签，如表 9-2 所示，映射方法与 Eyben 等人提出的相似。

表 9-2　映射关系

二元激励	低	厌恶，悲伤
	高	愤怒，快乐，恐惧，惊喜
二元价	负	厌恶，悲伤
	正	愤怒，快乐，恐惧，惊喜

3. 实验设置

在 AVEF 模型中，音频网络、视频网络和分段融合网络基于 TensorFlow.1 完成。最终应用 libsvm 工具箱实现情感分类。在预训练阶段，音频网络和视频网络是分开训练的，得到的 DBN 作为整体模型训练。对于离散情绪模型，使用六种不同的情感标签。对于二维情感模型，标签分别为正/负和强/弱。实验设置的细节如表 9-3 所示。

所有相关的训练集和测试集的比例约为 7∶3。为了确保训练集中的说话者不在相应的测试集中，即与目标无关的策略，我们将 LOSO 策略用于具有较少说话者的数据集，如 RML 数据集。这里 LOSO 意味着让一个说话者离开。相比之下，对于具有更多说话者的 Enterface05 数据集和 BAUM-1s 数据集，我们采用留一法策略。

表 9-3　实验设置

硬件平台	CPU	Intel(R) Core(TM) i7-5820K CPU @ 3.30 GHz		
	内存	64 GB		
	GPU	NVIDIA GTX TITAN XP（12 GB 存储）		
训练装置	网络	音频网络	视频网络	整个模型
	批大小	30	30	10
	迭代次数	500	500	500
	Dropout	0.3		
	随机动量	0.9		
	学习率	0.001		

4. 结果与分析

这里给出了三个公共数据集的实验结果，并分析了相应的结果，对分类性能进行说明。此外，还分析了整个系统的时间复杂度。

1）分类性能

进行了多重比较实验，包括离散模型的单峰情感识别、二维模型的单峰情感识别、离散模型的多模态情感识别、二维模型的多模态情感识别。在这四个实验中，我们对前面提到的两种方案在跨模态噪声消除时的多模态情感识别结果准确率进行了比较。每个实验的结果分别列于表 9-4～表 9-7 中。

表 9-4　六种情绪的单模态分类

	RML_audio	RML_visual	Enterface05_audio	Enterface05_visual	BAUM-1s_audio	BAUM-1s_visual
方案 1	68.23	71.18	80.36	55.26	39.48	52.41
方案 2	71.26	73.88	81.41	58.19	42.38	54.69

表 9-5　二维情感模型的单模态分类

	RML_audio	RML_visual	Enterface05_audio	Enterface05_visual	BAUM-1s_audio	BAUM-1s_visual
方案 1	(79.2,81.3)	(82.5,85.4)	(88.3,87.1)	(83.7,81.6)	(68.2,66.2)	(76.3,75.8)
方案 2	(81.5,83.6)	(85.1,84.1)	(89.4,88.1)	(84.6,83.9)	(73.1,74.5)	(80.1,77.8)

表 9-6　六种情绪的多模态分类

	RML	Enterface05	BAUM-1s
方案 1	80.46	83.94	57.61
方案 2	82.38	85.69	59.17

表 9-7　二维情感模型的多模态分类

	RML	Enterface05	BAUM-1s
方案 1	(83.1,87.9)	(91.2,88.6)	(77.3,79.2)
方案 2	(86.6,90.1)	(92.3,91.8)	(80.5,82.3)

表 9-4 所示的是单峰情感识别实验中全局精度的结果。表 9-5 所示的是当二元激励 - 价态维度情感模型被用于单峰情感识别实验时全局精度的结果。表 9-6 所示的是多模态情感识别实验中使用离散情感模型的全局精度的结果。要注意的是,在跨模态去噪和去除冗余之后,数据集的规模减小:RML 数据集大小更改为原始数据中样本总数的 72%,Enterface05 变为 67%,BAUM-1s 变为 76%。表 9-7 是当二元激励-价态维度情感模型被用于多模态情感识别实验时全局精度的结果。在上述结果中,由于跨模态噪声消除和冗余减少,因此方案 2 的表现优于方案 1。此外,所提出的 AVEF 方法的识别性能也与使用手动提取特征的其他工作相比性能更优。另外,为了展示各个情感类型的可识别性,我们给出了相应的混淆矩阵,涵盖了所有的情感类别,如表 9-8、表 9-9、表 9-10 所示。所有行表示实际标签,所有列代表预测标签。表 9-8、表 9-9、表 9-10 显示,强度较高的情绪似乎更容易识别,如愤怒和快乐。此外,具有相似强度的情绪很容易被错误分类,如愤怒、快乐和厌恶。

表 9-8　RML 数据集上的六种情感多模态分类的混淆矩阵

	愤怒	厌恶	恐惧	快乐	悲伤	惊喜
愤怒	**91.13**	0.00	1.13	5.52	1.37	0.85
厌恶	1.22	**79.45**	6.92	3.35	7.92	1.14
恐惧	1.32	1.01	**77.90**	1.62	13.5	4.65
快乐	7.65	2.38	1.54	**86.7**	1.27	0.46
悲伤	2.84	3.64	12.55	3.64	**76.12**	1.21
惊喜	2.35	6.32	7.99	1.34	1.40	**80.60**

表 9-9　Enterface05 数据集上的六种情感多模态分类的混淆矩阵

	愤怒	厌恶	恐惧	快乐	悲伤	惊喜
愤怒	**90.25**	0.56	0.31	5.52	1.16	2.20
厌恶	1.28	**82.36**	9.30	0.95	5.37	0.74
恐惧	1.24	6.51	**80.22**	1.28	8.75	2.00
快乐	5.62	1.86	1.13	**89.01**	1.25	1.13
悲伤	1.58	6.75	2.68	1.18	**84.95**	2.86
惊喜	5.63	2.29	3.08	6.82	1.56	**80.62**

表 9-10　BAUM-1s 数据集上的六种情感多模态分类的混淆矩阵

	愤怒	厌恶	恐惧	快乐	悲伤	惊喜
愤怒	**65.32**	3.35	4.21	15.32	4.98	6.82
厌恶	5.66	**56.11**	10.58	6.89	13.11	7.65
恐惧	6.52	10.85	**58.62**	7.95	10.32	5.74
快乐	12.96	6.23	5.85	**60.25**	7.62	7.09
悲伤	7.59	10.33	14.65	8.96	**53.18**	5.29
惊喜	11.33	5.68	6.01	15.59	2.39	**59.00**

2）时间复杂度

在我们的实验设置下，需要将近一天的时间来训练多模态识别模型。因此，实际时间成本取决于实际的硬件配置和特定的实验参数设置。一旦模型部署完成，它将在输入视频剪辑时给出相应的情感识别结果。当完成数据准备时，即完成面部表情图像和相应的梅尔频谱图（包括不同的图像）时，可以在 1 s 内处理 5 s 的视频片段。它只是看起来效果很好并且满足时间要求。然而，数据准备过程实际上需要时间，这个过程是在 Matlab 2017 上完成的。实际上，数据分析过程需要 10 倍于视频剪辑的时间。因此，整个系统的实时性能仍需提高。

5. 结果探讨

本节提出了多模态情感识别的深度加权融合架构。首先，我们对多模态数据进行跨模态噪声建模，消除了音频数据中的大部分数据污染和视频数据中的大部分数据冗余。AVEF 模型包括四个部分，即音频网络、视频网络、段融合模型和全局融合模型。音频网络和视频网络分别是 2D CNN 和 3D CNN，用作情感特征提取器。然后我们使用 DBN 对上述两个特征提取器学习的情感特征进行高度非线性融合，最后通过支持向量机进行情感分类。实验结果表明：① 基于 CNN 的特征提取在情感识别任务中优于传统的手工提取特征；② 基于 CNN 和 DBN 的特征提取和高度非线性特征融合方案可以有效地提高音视频多模态情感识别中情感特征融合的效率；③ 对视频流进行语音活动检测分割，对语音段进行分割并将其对齐成相应的面部表情序列的方法，可以有效地减少音频数据污染和视频数据冗余，从而提高情感识别的性能；④ 在较近的领域中使用语料库进行迁移学习可以有效地解决大型深层网络中数据不完整的问题，也可以加快训练过程。

9.2　基于人工智能的情感通信

本节讨论基于人工智能的情感通信，将情感作为一种通信介质在网络中传递，并通过与 AI 技术相结合，使得情感通信系统更加智能化。我们将 AI 情感通信系统应用在无人驾驶领域，提出"以人为中心"的混合驾驶，更大限度上减少交通事故的发生率。配有 AI 情感通信的无人驾驶场景中，虚拟机器人除了采集周围道路环境信息，还将采集驾驶员的多模态情感数据，对驾驶员的情绪进行认知，由此对驾驶权进行控制决策，实现驾驶员与无人车的混合驾驶。我们也将 AI 情感通信系统应用在情感社交机器人中，通过对用户的广度和深度数据采集与建模，完善对用户的生活模式的认知，为用户提供个性化的情感服务。本节对 AI 情感通信系统的应用场景、定义、特点以及架构进行详细介绍，也对数据集标注与处理的无标签学习模型和情感识别的 AI 算法模型进行详细阐述，并进行实验以验证 AI 情感通信系统中的交互延迟和情绪识别的准确率。此外，还对安全、通信服务质量、识别算法优化等开放性问题进行讨论。

9.2.1　情感通信的相关应用

1. 混合驾驶

当前的无人驾驶技术主要关注在无人车的速度、转向控制和障碍物检测以及通信方面，或者通过引入 AI 技术来增强无人车的智能性，而很少考虑驾驶员的情感认知。

本节提出 AI 情感通信系统,将其应用在无人驾驶场景中,针对驾驶员自身的生理心理条件,以及驾驶员的情绪状态,并结合驾驶员当时所处的驾驶环境,通过 AI 技术部署一种灵活的驾驶权控制转移策略。现在很多驾驶员出现交通事故,很大因素是在一些陌生或者特殊地段产生疑惑、犹豫,或者带有某种负面情绪而导致交通事故的发生。如果虚拟情感机器人能够实时检测到驾驶员的不良情绪,并将驾驶控制权交给无人车,可以大大降低交通事故的发生率,保证无人驾驶的安全。在 5G 无人驾驶中,要实现一种全局的优化,不仅要考虑车辆之间的关系以及无人车对周围道路的认知状况,更要考虑驾驶员的情感状况与后台进行情感通信的问题。我们的理念不是让无人车作为一种形态机器人,完全取代驾驶员,而是在某种情况下,代替驾驶员执行驾驶操作。但在大多数情况下,还是由驾驶员来驾驶。因为对于一个正常人来讲,如果没有视觉障碍或者残障缺陷,我们更愿意在自己力所能及时,自己开车,尤其是车里面还有自己的家人朋友时。如果在完全没有车的路上,也就是在无人车比较擅长的道路环境中,如果用户想拍窗外风景,或者想跟车里的亲人朋友聊天交流等,此时可以把控制权转交给无人车。但是什么时候由无人车来接管控制权,什么时候由用户来接管控制权,这就依赖于 AI 情感通信系统的控制决策。即虚拟情感机器人检测到驾驶员情感状态不稳定时,或者说有一些负面情绪,如犹豫、疑惑,不适合驾驶操作时,AI 就决定驾驶操作的控制权进行转移,我们把这种驾驶模式称为"混合驾驶"。图 9-4 所示的为 AI 情感通信在无人驾驶中的应用场景。

混合驾驶中的机器人是一个虚拟情感机器人,它没有一个实体,但拥有一种特殊的智能性,尤其是针对情感认知的智能性。这种机器人不是传统意义上的机器人,不是单一的只有局部优化的一个具体形象的机器人,而是一个拥有云端智能,超乎传统意义上的机器人。它在具体的应用场景中,与人之间的距离感觉是很近的,但实际上,它的智能性通过 AI 技术已经延伸到全局,具有全局的视角,然后通过对人的大脑状态以及情绪的混合认知,得到一种最佳优化的控制权转移策略,去指导更加安全的、以人为中心的人为驾驶。它并不像传统意义上的无人驾驶,以一种非常暴力性的方式完全把人的驾驶权剥夺,导致可能危害人的自身安全。混合驾驶中的虚拟情感机器人是以一种人性化的角度去设计,源于用户的情绪状态以及用户本身的意愿,利用 AI 情感通信系统,灵活实现驾驶控制权的迁移。

2. 情感社交机器人

基于广度学习和认知计算的情感社交机器人,我们把它称为 AIWAC-Robot,它可以通过采集用户的基本信息对用户进行深度建模,即通过对用户长时间的认知过程影响当前的决策。情感社交机器人可以通过广度的数据采集,以及对单一用户的长期深度数据采集,再加上无标签学习和情感识别与交互算法,提升对用户情绪识别的准确率,是一种情绪认知能力能够自我进化的社交机器人。其中,对用户数据采集之后的情感认知、识别与交互,就涉及 AI-Eomcom。情感社交机器人可以具有勇敢、稳重、真诚、善良、自信、谦逊、坚韧、进取、乐观这 9 种人格特征,能够识别人的 21 种情绪,是同用户交互的核心终端。情感社交机器人依赖 AI 情感通信手段,实现用户情绪安抚与健康调节。

我们设计了一款可以采集数据的具有情感认知的养成游戏,不断地采集深度和广度数据。情感社交机器人通过养成游戏的模式不断地升级。在开始阶段,机器人对用户不了解,随着用户跟机器人的交流和互动,两个人一起成长,机器人作为用户的朋友,

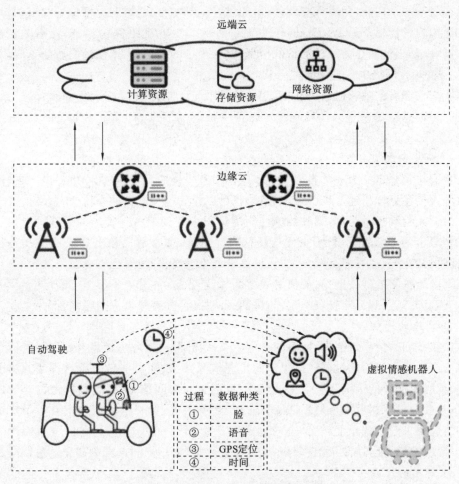

图 9-4　自动驾驶中的情感通信应用

可以通过亲密程度来评估用户与机器人的关系。此外,机器人每天都与用户言语交互、拍照等,在此养成过程中,机器人收集用户的行为与情绪并进行分析建模,通过广度学习和认知计算了解用户内心的问题,治愈用户心理状况;机器人也会监测到用户的状态,然后播放相应的声音与用户进行互动交流。养成游戏的设计需要从养成、升级和评估体系三个方面考虑。我们利用养成游戏的模式不断地升级情感社交机器人。当情感社交机器人对玩家了解到一定的程度之后会进行升级,另外解锁一些新的玩法。例如,会根据用户的专业兴趣,推荐一个适合的真实玩家与用户玩家在游戏里进行交互,两人可以互相补充。此外还需要设计一个公平的情感评估体系,评估用户的情绪和情感社交机器人的人格完美度。

情感社交机器人采集用户的广度和深度数据后,利用 AI 情感通信将数据传送到边缘云上进行数据集的标注与处理,然后再进一步传送到远端云,利用 AI 技术对用户的生活模式建模分析,并反馈给用户,从而完善对用户生活模式的认知。

9.2.2　体系架构

1. AI 情感通信的定义和特点

传统的带有情感识别的人机交互是在视距环境中支持的人机交互,通常用户和机器人同处于一个房间,距离只有几米远,通过音视频的方式,或者生理信号的识别,然后才知道用户的情感。而 AI-Eomcom 则是一种远程的非视距模式,机器并不一定看到人本身,而是把情绪作为一种通信的信息,就像传统的基于语音、视频的通信一样,并利用 AI 技术,在网络中传送。

我们在原有的情感通信工作的基础上,加上 AI 技术,得到 AI-Eomcom 这一新的理念。与情感通信一样,AI-Eomcom 也将从情感的定义、产生和传递三个方面进行阐释。

1)情感的定义

我们将情感定义为一种类似传统多媒体信息一样的元素,并在网络中像文本、语音或视频等信息那样传递。也就是说,情感也可以作为一种通信的介质,在网络信道中传输。以无人驾驶场景为例,驾驶权的控制决策很大程度上由驾驶员的情感决定。驾驶员的情感包括正面的、不影响正常驾驶行为的情感,如心情比较平静或处于开心状态中,此时的情感表现可能有嘴角上扬,说话语调饱满高昂;情感也有可能是负面的,并会影响驾驶员正常的驾驶操作,如情绪极度低落、不稳定,注意力不集中,或者处于疲劳驾驶状态,此时的表现可能有表情沮丧,讲话语调低落,并有微点头的睡眠行为。

2)情感的产生

以往我们的情感通信中,情感的产生主要从物理信息、环境信息及社交网络信息三个维度产生。物理信息主要包括用户的生理信号数据;环境信息指用户所处的周围环境,如驾驶员所处的周围路况信息、地理位置信息和时间信息,由此判断是否处于拥堵路段,驾驶员对此路段是否熟悉,时间是白天还是晚上;社交网络信息主要指用户在社交网络应用上的活跃程度。而本节提出的 AI 情感通信的产生,是在情感通信产生的三个维度的基础上,还涉及用户的多模态情感数据,如用户的语音数据和表情数据。

3)情感的传递

在我们以前的情感通信相关工作中,情感的传递或者说通信模式主要有两种,即单态模式和多态模式两种模式。单态模式下,用户和机器人之间进行沟通,机器人本身具有情感,与用户进行情感的交互;多态模式下,机器人本身不具有情感,只作为情感的一个映射媒介,实现远端用户之间的情感交流。前面所提到的两种应用场景下,情感的传递都是采用单态模式,此时的机器人(无论是虚拟的还是有具体形象的)是具有情感识别、交互与反馈的智能体。情感的传递过程中需要用到 5G 通信技术,并需要拟定具体的通信协议才能实现真正意义上的通信。

基于上述情感的定义、产生和传递,并融入 AI 技术,用户间或用户与机器人之间情感的智能通信将得以实现。顾名思义,AI 情感通信的特点主要包括以下三方面,这一点也与我们以往在情感通信方面所做的工作有所不同。

(1) AI:在以往情感通信的基础上,新加入了许多 AI 技术,来更好地实现情感通信的准确性和智能性。如无人驾驶场景中,虚拟情感机器人对于驾驶员的数据采集以及数据标注,情绪识别和交互,以及最终驾驶权的控制决策,AI 技术始终贯穿其中。

(2) 情感:我们将物理世界的沟通演化为精神世界的交流,坚持"以人为中心"的通信理念,更好地实现人性化的智能情感通信。情感作为精神世界的重要支柱,情感的通信使得距离遥远的通信双方感觉到彼此真实的存在,感受到情感和精神的交互,也使得用户的情绪得到认知与照顾。

（3）通信：正如传统的语音、文本或视频通信，此时的情感化为一种通信的介质在网络中传递。AI 情感通信系统依赖 5G 移动通信，也需要遵循既定的通信协议，并保证通信服务质量的要求，实现实时高速的通信。

2. AI 情感通信架构

在 AI 情感通信系统中，通信双方之间需要完成的任务包括：情感信号的收集；情感数据集的标注与处理；情感信号的传递；情感信号的识别和情感反馈或决策控制。采集用户的多维多模态情感数据之后，首先将情感数据传送到边缘云中进行情感数据集的标注与处理，以减少终端与远端云直接的数据流量卸载。然后将标注好的数据传输到远端云中进行情感的认知和识别，再根据 AI 识别结果，做出相应的情感反馈和决策控制。所以，我们根据需要完成的任务将系统分为五层，分别是数据采集层、数据集标注与处理层、情感通信层、AI 情感分析层和控制决策层，图 9-5 为 AI 情感通信的系统架构图。

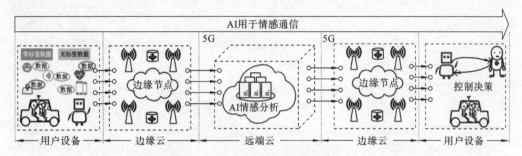

图 9-5　AI 情感通信系统架构图

（1）数据采集层：情感通信，首先要获得可以表达情感的信号。信号采集的深度和广度是可以识别正确情感的关键。用户生理数据也可能导致不同的情绪产生，生理数据的收集可以通过智慧衣等可穿戴设备采集，也可以利用手机摄像头识别用户指尖毛细血管测量用户心率，再利用 PPG 技术（photo plethys mography，一种检测人体心率的红外无损技术）分析用户心理压力情况。用户的手机数据可以提取用户最近的社交信息，包括电话日志、短信日志和在社交网络上的活跃程度等社交信息。在无人驾驶场景中，虚拟情感机器人还需要采集驾驶员的语音、脸部表情特征变化等多模态情感数据以及周围的一些环境信息，包括驾驶员当前所处的路况信息、地理位置、时间信息等。另一个应用情感社交机器人中，通过养成游戏不断收集用户各阶段的多维多模态数据，陪伴用户一起成长，能力不断进化和提升，从而为用户提供更加贴心的个性化服务。

（2）数据集标注与处理层：在数据收集的过程中，大多数情况下并不能得到像用户体检报告、医生的诊断记录这样的有标签数据。因而，用户在与系统交互的无意识过程中采集了大量的无标签数据。我们希望在不干扰用户的前提下对这些数据进行标注和处理。考虑到 AI 情感通信的应用场景对数据交互延迟、传输速度的服务质量要求高，我们在边缘云中进行数据集的标注与处理，以此减少卸载到远端云的数据量。边缘云中部署了一个具有存储和计算能力的小型服务器，靠近用户和机器人等终端设备，在大多数情况下只需要经过一跳就可以获取服务。在边缘云中利用无标签学习算法，进行通信的流量控制，减少数据卸载的同时维持 AI 情感通信系统的智能性。无标签学习算法会考虑数据加进去之后对数据集产生什么样的效果，来决定是否将无标签数据加入数据集中。如果对整个数据集有正面作用,那么考虑将数据加入数据集。此外,还要考虑数据的纯净度,为了提高数据集整体的纯净度,必须把一些不靠谱的数据排除掉。因为模棱两可、价值度不高的数据会造成错误的传播。

(3) 情感通信层:考虑到 AI 情感通信系统的关键在于准确和及时了解用户的当前情感,利用 5G 来支持更多的计算任务,只将少量的工作交给终端和边缘云完成。终端与边缘云、边缘云与远端云、远端云与用户之间多维多模态情感数据的通信和传输都依赖于情感通信层,且对于通信延迟都有很高的要求。利用 5G 移动通信技术,拟定用户与机器人、机器人与反馈用户之间的通信协议。

(4) AI 情感分析层:在远端云中部署 AI 算法来分析和处理由边缘云传递过来的多维多模态用户情感数据。远端云主要由数据中心组成,它具有强大的存储和计算分析能力,以完成 AI 情感通信系统中海量情感数据的认知分析和识别。部署的 AI 算法包括进行语音情感识别的 Alexnet DCNN+SVM 算法、进行人脸情感识别的 VGG 网络等深度学习算法。远端云分析层建立的 AI 情感分析模型,根据多维多模态情感数据,分析用户的情感。由于用户数据维度很高且多种多样,所以对用户的情感数据推断并非简单的一对一推断。如在无人驾驶中,AI 情感分析模型会根据周围的路况信息,分析驾驶员对此路况是否熟悉,是否会导致疑惑或犹豫的状态,再做进一步的决策。由于其他各方面的信息数据与情感是相关联的,所以不能把情感单独割裂开来进行推断,而是应该在一个情景里根据各方面的信息数据来推断情感,并以一个较高的置信度来推测导致这个情感的原因。所以在关联数据场景建模时,根据用户的行为碎片,将与情感相关联的事件抽取出来,挖掘其与相似用户的关联,以及与其他不同用户的关联。关联数据场景建模不仅可以得到简单的情感分类,还可以做更复杂的情景分析,分析用户的心路历程,包括用户在某个事件中情感状态的变化和转变过程,使得情感通信系统更加智能化。

(5) 控制决策层:AI 情感通信系统中,要让用户能够感受到真实的情感存在,那么在 AI 分析层识别出用户的情感后,控制决策层就需要根据用户自身特点为每个用户量身打造个性化、智能化、人性化的情感反馈。如在情感社交机器人应用中,机器人可以给处于悲伤情绪的用户拥抱、抚摸等触觉反馈。在无人驾驶场景中,根据云分析层得到的用户的情感状态和驾驶员的情感地图,以及分析出的驾驶员是否处于疑惑或犹豫状态,对驾驶权进行控制决策。根据统计学意义,将驾驶员情绪状态作为一种决策融合的加权,得到控制权转交的概率。无人车可以和驾驶员共享控制权,比如说在夜晚开车并极度疲惫的时候,无人驾驶就要有 30%～40% 的控制权;而白天驾驶员精力充沛的时候,可以完全由人来控制。

情感数据的整个转移和传递过程如图 9-6 所示,数据集输入之后,在边缘云根据输入类型利用无标签学习进行数据集的标注,然后通过 5G 通信传递到远端云,运行深度学习等 AI 情感识别算法进行情感的分析,然后再进行控制决策。

9.2.3 算法设计

1. DCNN 输入

对于语音数据的预处理,目标是要将语音转化为图像。具体来说,首先将一段语音以汉明窗长为 25 ms、窗重叠为 10 ms 处理方式进行分帧。因此,一段语音可以分为若

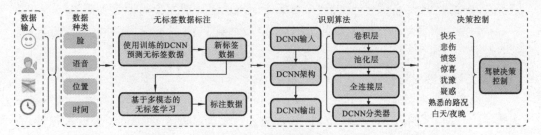

图 9-6　AI 情感通信情感数据流

干帧长为 25 ms 的语音序列,在本节中,我们假设得到 n 帧,并将每帧作为语音处理的最小单位。其次,对于每帧语音,我们对其进行快速傅里叶变换,以及使用 64 个从 20 Hz 到 8000 Hz 的梅尔滤波器组进行处理,因此,每帧语音序列转化为 64 维的列向量(每一维对应的是一个频率上的数值,总共选取了 64 个频率进行滤波,因此是一个 64 维的列向量)。进而对列向量经过对数转化后,得到需要的列向量。因此,对于一段语音,我们得到一个 $64 \times n$ 矩阵(如静态对数梅尔频谱图)。在具体的实验中,取 $n=64$,即每 64 帧作为一个片段,并且设置相邻片段之间重叠 30 帧,这样就得到了若干片段的大小为 64×64 像素的静态对数梅尔频谱图。得到的 64×64 的静态对数梅尔频谱图沿着时间轴(即帧的方向)计算出一阶(delta)和二阶(delta-delta)回归系数,具体的计算过程如下:

$$\text{delta}_t = \frac{\sum_{i=1}^{N} i(s_{t+n} - s_{t-n})}{2 \sum_{i=1}^{N} i^2} \tag{9-7}$$

式中:delta 表示一阶差分;s_{t+n} 表示静态梅尔频谱系数;N 表示窗口的大小。和上面计算方式类似,可以得到 delta-delta 系数。因此,根据静态梅尔频谱图得到了它对应的一阶、二阶梅尔频谱图,大小均为 64×64。于是,语音信号变成了 $64 \times 64 \times 3$ 的拥有三个通道(static、delta、delta-delta)对数梅尔频谱图,并将此作为 DCNN 的输入。

2. Alexnet 架构

本节中用到的 Alexnet DCNN 网络架构包括 5 个卷积层、2 个最大池化层和 2 个全连接层。卷积层的操作中,每个卷积核在输入图像空间通过卷积抽取不同的区域模式,从而得到不同的特征图。可描述为:

$$h_k^1 = f(W_k^1 \cdot s_k + b_k^1) \tag{9-8}$$

式中:h_k 表示第 k 个输出特征映射;W_k 和 b_k 分别表示第 k 个滤波器和偏差。对于每层卷积后,有一个池化层。这里采用最大池化,对卷积层得到的特征图进行下采样,从而对于卷积特征图的局部区域产生一个输出,这样一方面可以减少网络的训练参数,另一方面也会减小模型的过拟合程度。全连接层的作用是将输入向量和权重向量进行点积运算,再加上一个偏置,然后将输出通过激活函数进行处理得到最终的特征表示。最后的全连接层连接一个 softmax 分类器。输出神经元个数为情感类别数,分别为:{anger,disgust,fear,joy,sadness,surprise}。对于 DCNN 的训练,我们采用随机梯度下降(stochastic gradient descent,SGD)的训练方法。由于语音情感数据集的数据量比较少,因此,网络的初始参数在大规模 Imagenet 数据集上进行训练。具体的训练过程如下:首先初始化 Alexnet 网络参数,然后使用情感语音数据集对网络参数进行微调,最后对模型微调后得到我们需要的 DCNN 模型。基于 DCNN 模型,可以对没有标签的数据进行标注。

3. 无标签数据集标注

假设有标签的数据集为 $x^1 = (x_1^1, x_2^1, \cdots, x_n^1)$,其中 n 表示有标签数据集的个数。无标签的数据集为 $(x_1^u, x_2^u, \cdots, x_m^u)$,其中 m 表示无标签数据集的个数。假设有标签的数据集对应的标签为 $y^1 = (y_1^1, y_2^1, \cdots, y_n^1)$。在本节中,假设无标签数据集的个数多于有标签数据集的个数。我们的目的是对其中没有标签的数据集进行标注,并选择那些数据加入新的数据集中。假设没有标签的数据 x_i^u 的预测概率为:$y_{x_i^u} = \{ p_{x_i^u}^1, p_{x_i^u}^2, \cdots, p_{x_i^u}^c \}$,其中 $p_{x_i^u}^j$ 表示数据 x_i^u 预测为类别 j 的概率值,概率值求和为 1,c 表示类别的个数。

本节中,以人脸表情情感识别和语音情感识别为例,假设面部表情数据集为 xf,语音情感数据集为 xs,可以得到 $x^1 = (xf^1, xs^1), x^u = (xf^u, xs^u)$。进而可以得到基于 DCNN 的网络,对于面部表情和语音的预测的熵分别为 $E(y_{xf^u})$ 和 $E(y_{xs^u})$。当基于语音和面部表情的标签不一致时,选择低熵的标签作为数据的标签。对于自主标签的数据如何加入训练集中,与单模态数据类似,我们采用最小联合预测熵策略,其计算过程如下:

$$E(yx^u) = \frac{1}{2} E(y_{xf^u}) + \frac{1}{2} E(y_{xs^u})$$

$$= -\frac{1}{2} \sum_{j=1}^{c} p_{xf^u}^j \ln(p_{xf^u}^j) - \frac{1}{2} \sum_{j=1}^{c} p_{xs^u}^j \ln(p_{xs^u}^j)$$

$$= -\frac{1}{2} \sum_{j=1}^{c} (p_{xf^u}^j \ln(p_{xf^u}^j) + p_{xs^u}^j \ln(p_{xs^u}^j)) \tag{9-9}$$

由于基于低熵阈值的数据并不是完全可信的,可能会导致训练模型错误的累加,造成较大的误差。为了解决这个问题,当基于 DCNN 模型自主标签的数据加入训练集时,对于每次加入的数据进行重新评估,而不总是信任低熵阈值的数据。首先,将具有自主标签并添加了低熵阈值的数据集记为 z;其次,在无标签情感认知过程中,假设每次迭代加入 k 个自主标签的数据,记每次加入的数据集为 s,因此 $|s| = k$,其中 $|\cdot|$ 表示元素的个数。对于任意的 $x_i^u \subseteq s$ 以及任意的 $(x_i^u)' \subseteq (z-s)$,每次加入的数据要满足 $E(y_{x_1^u}) \leqslant E(y_{(x_1^u)'})$,也就是通过重新评估来校正错误标记的数据。在具体实验的过程中,为了保持类的平衡性,针对每次迭代,对于每一类加入相同个数的数据。此外,设定每次迭代的过程中按照递增的顺序选择数据。

9.2.4　实验与结果分析

1. 实验平台

我们为 AI 情感通信系统搭建了一个测试平台,平台包括智能手机终端、AIWAC 情感交互机器人、配有小型服务器的边缘云,以及配有浪潮大数据中心的远端云,如图 9-7 所示。实验采集的情感数据主要以语音情感数据为主,AIWAC 情感交互机器人带有语音采集模块。机器人采集了用户大量情感数据后,传输到边缘云中进行无标签数据的处理和标注,进而在远端云中运行 AI 算法进行情感识别。根据情感识别的结果,机器人与用户进行相应的情感互动。由于用户情绪状态是动态变化的，所以 AI 情感通信系统中实时的情感交互是必须的，这就要求通信链路必须具有超低延迟。AI 情感通信的另一个关键要素在于，远端云上部署的 AI 情感分析算法必须具有高可靠的用户情绪识别准确率。考虑这两个因素，实验把 AI 情感通信中情感交互的延迟和情绪识别的准确率作为指标。

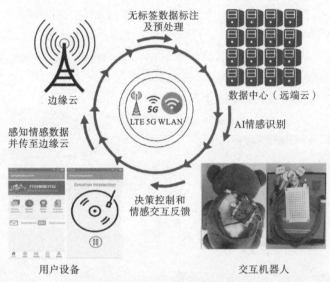

（a）系统测试台架构

（b）远端云情感识别结果

图 9-7　系统实验台

　　在搭建的实验台中，远端云的浪潮大数据中心配有 2 台管理节点和 7 台数据节点，总共可以存储 253 TB 的数据，为 AI 算法的实时性计算和分析提供了充足的硬件保障。目前设计的情感识别算法尝试识别用户 7 种情感，即生气、厌恶、恐惧、高兴、悲伤、吃惊、平静。AIWAC 情感交互机器人感知的语音数据反映了用户日常行为下的情感状态，以标签数据为基础建立的情感分析模型可以感知用户的瞬时情感状态，进一步通过对更大时间尺度的用户情感数据的汇总分析可以大致了解目标用户的心理健康状态,从而指导用户的心理调节。

2. 实验与分析

我们总共进行了 20 次实验,每次实验中,AIWAC 情感交互机器人采集用户的语音数据,进行用户语音情感的测试。实验的平均语音数据量为 53 KB,AIWAC 情感交互机器人将语音情感数据传输到远端云的平均延迟为 1428 ms,远端云中运行 AI 算法识别用户情绪的平均延迟为 580 ms,传输时间加上 AI 情感分析的总延迟为 2008 ms。延迟随数据量大小的变化如图 9-8(a)所示。由图 9-8(a)可知,AI 情感通信系统中,在网络环境比较稳定时,情感交互的延迟主要受情感数据传输至远端云的延迟的影响,总体趋势随着数据量的增加,延迟也会有所增加。在远端云上部署的 AI 算法对海量情感数据进行分析计算时,由于数据中心强大的大数据计算处理能力,以及采用的 AI 算法的优化性能好,AI 分析的延迟比较小。

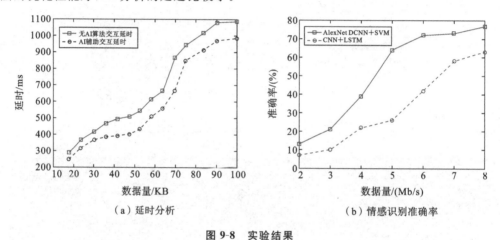

（a）延时分析　　　　　　　　（b）情感识别准确率

图 9-8　实验结果

远端云的数据中心部署了 AI 情感识别算法。在此次实验中,我们基于 Berlin 语音数据集,采用 Alexnet DCNN+SVM 的 AI 情感识别算法模型,情感识别准确率为 77.6%。与之对比,采用 CNN+LSTM 的算法模型,情感识别准确率为 62.9%,如图 9-8(b)所示。随着每秒传输的语音数据量的不断增加,情感识别的准确率也不断增加,但 Alexnet DCNN+SVM 的准确率始终高于 CNN+LSTM 算法模型的准确率。

9.2.5　开放性问题

虽然 AI 情感通信为无人驾驶、情感社交机器人等应用场景提出了新的解决方案,可以大大减少无人驾驶的交通事故等安全问题,极大地提高情感社交机器人的情感丰富性,但也带来了如隐私泄露、网络可靠性问题,以及情感大数据识别的算法优化问题等风险和挑战。

（1）隐私侵犯问题:目前最引人关注,对用户危害极大。由于采集了用户大量的广度和深度数据,一旦发生泄漏,用户的隐私暴露将非常严重。另一方面,网络监视组织可能持续监听用户环境并收集用户的敏感数据。如果用户数据被这些不法分子拿到,会对用户造成很大的伤害。

（2）网络可靠性问题:主要是指云服务的可靠性,如果出现网络中断情况,那么虚拟情感机器人所依赖的基于云计算的图像分析算法等密集计算将停止。对于此问题，一个可行的解决方案是设计一种灵活的数据处理算法，在没有网络连接时就在本地执行计算。另一种可行方案是开发深度学习芯片，将深度学习芯片集成到小型设备，实现设备上的数据处理（如苹果公司的 A11 仿生芯片和英特尔的 Movidius 神经元计算棒）。

（3）情感大数据识别算法的优化：现今，用户在对服务质量和性价比方面有越来越高的要求，服务提供方在满足这些需求的同时也给自身带来了新的挑战。具体表现在情感大数据获取、数据的隐私性和安全性，以及情感识别算法的智能性等方面。在识别准确率的评估上也有一些挑战，这是因为在传统的生理或心理（情感）识别中，训练数据和测试数据一般来自同一个语料库或者具有相同的数据分布，与个人的生理和精神世界密切相关。然而实际上从不同对象、设备和环境下所获得的情感数据存在很大差异，通常体现在生理指标、语言、情感表现方式、数据标记方案、声学信号条件等方面，这就导致了训练好的模型在另一个数据集上的性能大打折扣。因此，未来的情感大数据识别更需要关注个性化的长期模型构建，提升识别准确率，优化深度学习算法，给予用户更加智能的反馈与服务。

9.3 可穿戴情感机器人

通过将情感机器人、社交机器人、脑可穿戴以及可穿戴 2.0 集成在一起，本节提出可穿戴情感机器人。所提出的可穿戴情感机器人将服务于更广泛的人群，同时我们认为可穿戴机器人应具备时尚元素，可以提升人精神层面的健康。从硬件设计和算法设计两方面详细介绍了可穿戴情感机器人的组成与构建。此外，详细介绍了其中重要的组成部分——脑可穿戴设备。从硬件设计、脑电波数据采集和分析、用户行为感知与算法部署等方面介绍了我们在脑可穿戴领域的创新研究，实现基于脑电波数据的用户行为识别。可穿戴情感机器人通过不断地采集深度和广度数据，能够逐渐丰富用户的生活模式，使可穿戴机器人对用户的意图有所认知，进而理解用户情绪背后的行为动机。提出的生活模式的学习算法能够赋予可穿戴机器人更好的用户情感社交体验。最后，还对可穿戴机器人的应用服务场景以及一些挑战性问题进行讨论。

9.3.1 情感交互机器人介绍

人工智能（artificial intelligence，AI）被定义为"模仿人类行为认知能力的机器智能"。近年来，AI 在学术界、产业界受到持续关注，各国都投入了巨大的研发力量。根据中国产业经济信息网数据显示，全球人工智能投资已经从 2012 年的 5.89 亿美元，增至 2016 年的 50 多亿美元。预计到 2025 年，人工智能应用市场总值将达到 1270 亿美元。而随着人工智能技术的不断发展，AI 与医疗健康领域不断融合，形成了与国计民生息息相关的重要交叉学科（AI＋医疗）。到 2025 年，AI＋医疗行业将占市场规模的五分之一。中国人工智能医疗发展虽然起步稍晚，但是热度不减，在 2018 年达到 200 亿元人民币的市场规模。

AI＋医疗在人类健康诊疗的智能化发展中发挥着重要作用。2011 年，纽约大学 Langone Health 的研究人员发现，基于人工智能的肺结节（胸部 CT 图像）图像分析与匹配，比放射学家们人工标注速度快 62%～97%，从而每年节省 30 亿美元。另一项对

379 名整形外科病人的研究发现,与外科医生单独手术相比,Mazor Robotics 创造的人工智能辅助机器人技术使手术并发症减少了 5 倍,还可以使患者术后的住院时间减少 21%,为病人带来更小的痛苦和更快的恢复,为患者的健康生活提供了更加有效的保障,从而每年节省 400 亿美元。

与生理相比,心理是更重要的保障人体健康与生活幸福的潜在因素。当我们的环境缺乏稳定性或归属感时,可以通过电视、电影、音乐、书籍、视频游戏或任何其他可以提供沉浸式社交世界的东西来重现愉快的情感。人类的基本情感是可以进行依靠的,即使是面对虚拟的人工智能,如虚拟助手、传统的服务型机器人等。虚拟助手是一个可以为人类完成任务或者服务的软件代理。其中,虚拟助手使用自然语言将用户文本或语音输入与可执行命令相匹配,使用包括机器学习在内的人工智能技术不断地学习。另一方面,传统的服务型机器人(没有虚拟助手)只是提供机械式的服务,如扫地机器人、工业机器人等。

尽管虚拟助手能给人类带来一定的情感体验,但毫无疑问的是人类对实体的人工智能会有更强的情感反应。也就是说,机器人与人类越相似,人类能对机器人产生更加强烈的情感反应。因此,智能机器人主要分为社交机器人、情感机器人、可穿戴机器人等。

(1) 传统的服务机器人与虚拟助手相结合,出现了社交机器人,具有模仿人类的一种或多种认知能力,如自然语言交流。传统的社交机器人是服务机器人中的一种。通过手机 APP,它可以与人类以及其他机器人进行交互。社交机器人拥有一个虚拟助理并具有机械能力,如移动身体部位的能力。现有社交机器人专注于四大应用,即医疗保健和治疗、教育、公共场所以及家庭环境。然而,社交机器人虽然有语言交流能力并能模仿人的行为,但是并不具备很强的智能性,如认知人的情感。

(2) 情感机器人以第三人称视角,具备情感识别功能,但其人机交互模式受用户所处环境的限制,无法便捷地陪伴用户。

(3) 目前学术界已经有可穿戴机器人概念,但实际上主要指机器人外骨骼,而我们认为当前可穿戴机器人的概念是有局限性的,其应用领域不应该仅局限于残疾人。

总的来说,社交情感机器人的研究还处在初级阶段,其发展难点主要集中在以下方面。

(1) 成本:目前社交情感机器人的售价在几百至几千美元,难以推广;

(2) 智能化:目前针对机器智能的研究还处在弱 AI 阶段,并没有真正达到人类的认知能力,不能准确识别人的情绪;

(3) 人机交互界面:不够友好,尤其是坚硬的机器人外壳,阻断了人与机器的无障碍沟通;

(4) 移动性:用户在物理世界的移动范围极大,目前的社交情感机器人不具备这种大范围的移动性;

(5) 舒适性:目前的社交机器人或机器人外骨骼对用户的干扰较大,无法提供贴身的舒适体验;

(6) 服务对象:目前主要面向患病人群或特种人群,不能广泛覆盖所有人群。

以上这些不足之处导致社交情感机器人不能得到广泛应用。新一代的机器人应该具备更综合、更强大的功能,其应用范围覆盖尽可能多的人群。

如果需要解决以上的不足之处带来的挑战,必须解决如下问题:① 第三人称视角和第一人称视角灵活切换问题；② 能够高舒适地与用户合二为一，不影响用户社交和日常出行；③ 必须做到个性化，对用户进行深度建模，通过对用户长时间的认知过程影响当前的决策，不断提升机器人的智能性。

因此，本节将智能情感交互机器人、智能触觉交互设备和智能脑可穿戴设备融合为一体，以智慧衣物的方式实现一种新的可穿戴情感机器人。这是一种社交情感机器人的全新形态，基于认知计算模型来模拟人类思维过程。其中，涉及使用数据挖掘、模式识别和自然语言处理等机器学习系统来模拟人类大脑工作方式，允许机器人以越来越复杂的方式与用户进行交互。提出的多模态数据感知赋予可穿戴情感机器人强大的感知能力。以多模态数据为基础的广度学习和认知计算推动了强大的可穿戴情感机器人，实现了可穿戴情感机器人与我们的生活联系在一起。设计的可穿戴情感机器人可以通过广度的数据采集，以及对单一用户的长期深度数据采集，再加上无标签学习和情感识别与交互算法，提升对用户情绪识别的准确率。它能够在精神生活、情感呵护、医疗康复、智能陪伴等方面对人类的实际生活产生重大影响。

图 9-9 展示了可穿戴情感机器人的演进过程。虚拟助手是纯软件的应用；服务机器人会自主移动，但是没有语言能力。服务机器人可以与虚拟助手相结合，具备语言交流能力之后，从而变成一种社交机器人。但是社交机器人并不一定有很强的智能性，只会模拟人的语言。社交机器人的智能性如果需要进一步发展，就必须认知人的感觉，这就形成社交情感机器人。然而社交情感机器人不具备高舒适度和个性化，因此本节提出可穿戴情感机器人，通过引入强 AI，使机器人具备情感认知能力的同时具备便携与时尚等元素，服务于更广泛的人群，同时可以提升人在精神层面的"健康"，是一种情绪认知能力能够自我进化的社交情感机器人。表 9-11 所示的是智慧衣、社交机器人（以聊天机器人为例）、可穿戴机器人、情感机器人与可穿戴情感机器人的性能对比。

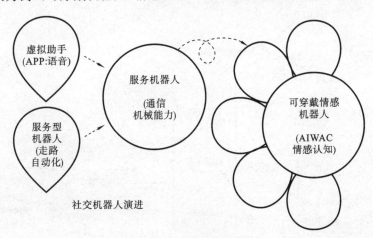

图 9-9 可穿戴情感机器人演进

表 9-11 机器人性能对比

产品名称	类别	社交性	舒适感	可用性	可水洗性	准确率	可持续性	生理指标	实时性	适用人群
智慧衣	可穿戴 2.0	无	高	非常简单	有	中	有	复杂	有	所有人

续表

产品名称	类别	社交性	舒适感	可用性	可水洗性	准确率	可持续性	生理指标	实时性	适用人群
社交机器人	社交情感机器人1.0	简单	中	简单	无	中	有	无	有	所有人
可穿戴机器人	社交情感机器人1.0	无	低	困难	无	低	有	简单	无	残疾人
情感机器人	社交情感机器人1.0	复杂	中	简单	无	中	有	无	有	所有人
AIWAC可穿戴情感机器人	社交情感机器人2.0	非常复杂	高	非常简单	有	高	有	非常复杂	有	所有人

9.3.2　架构和设计问题

1. 可穿戴情感机器人架构

基于上述讨论,本节提出的可穿戴情感机器人将智能情感交互机器人、智能触觉交互设备和智能脑可穿戴设备融合为一体,以智慧衣物的方式实现一种新的具有情感认知的可穿戴机器人,是在 Wearable 2.0 基础上进行了全新的改变。我们在第 14 章提出的 Wearable 3.0 融合了可穿戴情感机器人的设计理念。本节将详细讨论可穿戴情感机器人架构与组成部分,如图 9-10 所示。

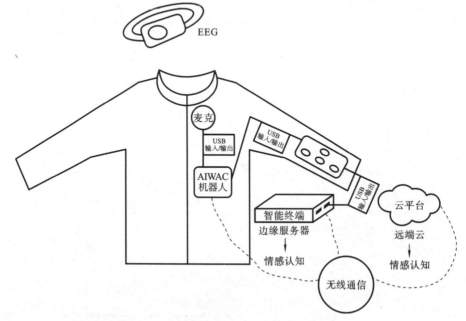

图 9-10　可穿戴情感机器人的架构和组成部分

根据人体的生理构造和用户的使用习惯设计了用于存放智能终端(如智能手机)的隔离层,方便与其他模块(AIWAC Smart Box、AIWAC 智能触觉设备、脑可穿戴设备、AIWAC 机器人、云平台)进行物理连接与交互。智能终端相当于整个系统的边缘服务器,具备可穿戴认知功能。通过智能手机能够实现不同的应用场景。此外,我们融入了Wearable 2.0 的设计理念,即 AIWAC 智能触觉设备。我们将智能终端通过AIWAC设备和智能手机进行物理连接,可进行简单的控制操作和触觉感知,从而实现触觉人机交互过程。在智慧衣的内部,部署了以 AIWAC Smart Box 为硬件核心的可穿戴情感机器人,通过与智能手机的无线通信和外接的 MIC 装置能够与用户进行视觉与语音交互。与智能触觉设备采用 USB 输入/输出方式进行物理连接后,可穿戴情感机器人就具备了丰富的触觉感知与交互功能。此外,AIWAC Smart Box 本身集成了本地的情感识别算法,具备离线情感识别与交互功能。若对情感识别、数据存取和服务质量具有较高要求时,AIWAC Smart Box 也可跳过智能终端,直接与云平台(相当于系统的远程服务器)进行无线通信,实现更为精准和多样化的可穿戴认知服务器。将情绪作为可穿戴情感机器人和云平台之间的一种通信元素进行传递,研究出了解决多模态情感通信问题的方案,以此给用户提供个性化的情感服务。

为了更好地对用户情感进行多模态感知与分析,在智慧衣的帽子处集成了智能脑可穿戴设备,能够采集用户的脑电波信号(electroencephalograph, EEG)数据。采集到的 EEG 数据通过无线通信的方式传输到后台,实现对用户细微表情变化的感知。对这些细微行为的检测一方面可以实现对用户行为模式的感知与分析,另一方面可以借助这种精准的行为感知某些高效的人机交互模式,达成良好的情感交互体验。

2. 设计问题

虽然 AIWAC 可穿戴情感机器人可给用户定制个性化服务,极大地提高用户体验,但也带来了如隐私泄露、电池寿命和网络可靠性等风险和挑战。

(1) 隐私侵犯问题:目前最引人关注,对用户危害极大。由于采集了用户大量的广度和深度数据,一旦发生泄漏,用户的隐私暴露将非常严重。另一方面,网络监视组织可能持续监听用户环境并收集用户的敏感数据。如果用户数据被这些不法分子拿到,会对用户造成很大的伤害。

(2) 机器人待机时长问题:亟待解决。由于社交机器人的移动性,无法持续连接到电源。如果电池消耗完毕,对于社交机器人依赖度高的用户来说,将会严重影响产品体验,因此对机器的能耗优化是亟待解决的关键问题。

(3) 网络可靠性问题:主要是指云服务的可靠性,如果出现网络中断情况,那么社交机器人所依赖的分析算法等密集计算将无法工作。对于此问题,一个可行的解决方案是设计一种灵活的数据处理算法,在没有网络连接时就在本地执行计算。另一种可行方案是开发机器学习芯片,将机器学习芯片集成到小型设备,实现设备上的数据处理(如苹果公司的 A11 仿生芯片和英特尔的 Movidius 神经元计算棒)。

9.3.3　硬件设计

可穿戴情感机器人主要由 AIWAC Smart Box、脑可穿戴设备和 AIWAC 智能触觉设备三大智能硬件结合可穿戴 2.0 技术有机组织而成。可穿戴情感机器人以 AIWAC Smart Box 为业务处理的硬件核心,执行业务数据接收、存储、传输等数据持久化功能,并以业务数据为依托部署了相应的情感识别算法。可穿戴情感机器人集成脑可穿戴设备,达成对用户 EEG 数据的感知,EEG 数据通过 AIWAC Smart Box 传输到云平台进行处理分析,云平台通过对 EEG 数据的分析达成对用户情感状态的感知。AIWAC 智能触觉设备以即插即用的方式灵活集成到可穿戴情感机器人中,结合可穿戴 2.0 优势使得机器人具备舒适的触觉交互能力,丰富了机器人的人机交互接口。接下来对各智能硬件的设计进行介绍。

1. AIWAC Smart Box 硬件设计

AIWAC Smart Box 能进行视觉与语音交互,同时具备丰富的触觉感知与交互功能。此外,AIWAC Smart Box 集成本地的情感识别算法,具备离线情感识别与交互功能。依托情感识别与交互系统,集成 AIWAC Smart Box 的机器人可以具有勇敢、稳重、真诚、善良、自信、谦逊、坚韧、进取、乐观这 9 种人格特征,能够识别人的 21 种情绪。AIWAC Smart Box 是实现用户情绪安抚与健康调节的重要硬件基础,其硬件核心如图9-11 所示。

图 9-11 AIWAC Smart Box 硬件设计

2. 脑可穿戴设备硬件设计

人类大脑皮层能够产生微弱的电信号,这些电信号中涵盖了大量的信息,如何在自然环境下去除诸多噪声信号,采集大脑皮层的微弱电信号,是一个复杂的问题。图9-12为单通道脑电波信号的采集实物图,图中的三个电极分别是 IN1P 脑电波信号采集电极、参考电信号电极和偏置驱动电极。

3. AIWAC 智能触觉设备设计

为了实现可穿戴情感机器人与用户更好的交互,设计了 AIWAC 智能触觉设备进行触觉交互的扩展,不局限于传统的语音交互方式。设计即插即用的方式将AIWAC智能触觉设备集成到可穿戴情感机器人或其他智能设备中,从而借助 AIWAC 智能触

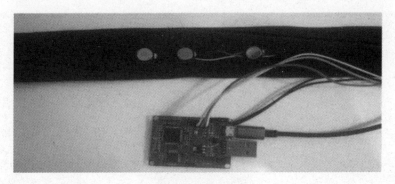

图 9-12　EEG 设备

觉设备进行基本的交互控制操作,从而实现依托可穿戴情感机器人的便捷的人机交互。

4. 可穿戴情感机器人原型

可穿戴情感机器人集成了 AIWAC Smart Box、AIWAC 智能触觉设备和 AIWAC 脑可穿戴设备,其原型如图 9-13 所示。位置 1 显示的是 AIWAC Smart Box 的语音交互模块。位置 2 显示的是 AIWAC Smart Box 的硬件核心。位置 3 显示的是集成到可穿戴情感机器人的 AIWAC 智能触觉设备。脑可穿戴设备则集成到可穿戴情感机器人的帽子部位,采用 USB 通信的方式整合到可穿戴情感机器人中。可穿戴情感机器人具备语音感知、触觉感知、EEG 感知等丰富的感知与交互手段,在此基础上达成对用户情感的多模态感知与分析,达成良好的情感交互体验。

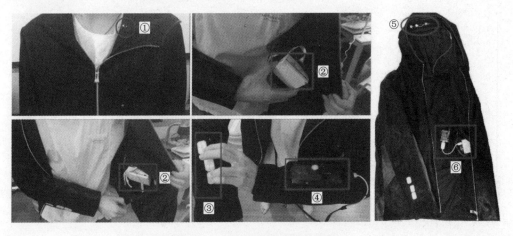

图 9-13　可穿戴情感机器人原型

我们建立了可穿戴情感机器人的测试平台,以验证情感通信机制,包括智能手机终端(边缘服务器)、可穿戴情感机器人和具有大型数据中心的远程云。实验中收集的情感数据主要是语音情感数据,而可穿戴情感机器人则有语音采集模块。在机器人收集到大量用户的情感数据后,机器人将它们发送到边缘服务器进行处理并标记为未标记数据,然后在远程云中执行情感识别的 AI 算法。根据情感识别结果(见图 9-14),实现机器人和用户的交互。由于用户情绪状态的动态变化,实时情感交互是必要的,这要求通信链路具有超低延迟。情感交流的另一个关键要素是部署在远程云或可穿戴情感机器人上的 AI 情绪分析算法必须具有高准确度的情感识别效果。

图 9-14　情感识别结果

9.3.4　算法设计

1. 基于 AIWAC Smart Box 的情感识别算法

可穿戴情感机器人中的 AIWAC Smart Box 具备精准的语音情感认知能力。它通过与用户进行日常的语音交互,采集用户的语音数据,并采用基于循环神经网络(recurrent neural network,RNN)的注意力算法实现语音情感分析。RNN 可以有效地记住相关的长上下文的特征信息。而通过在 RNN 算法框架中引入 Attention 机制,使得网络引入了新的权重池化策略,实现了语音中表现强烈情感特征部分的突出关注,网络架构如图 9-15 所示。

2. 基于脑可穿戴设备的用户行为感知

脑可穿戴设备可以实现对用户细微表情变化的感知。对这些细微行为的检测一方面可以实现对用户行为模式的感知与分析,另一方面可以借助这种精准的行为感知某些高效的人机交互模式。以眨眼检测为例介绍脑可穿戴设备对用户行为的感知。我们设计了基于幅值差分实现眨眼检测的算法。

处理的大致流程为对采集的原始 EEG 信号进行一阶差分,随后进行幅值滤波,最后根据滤波的结果进行判定。

采集时域 EEG 信号并绘制信号波形图,如图 9-16 所示。从图中可以看出,该信号在眨眼时具有较明显的幅值变化,所以可以直接利用信号时域幅值的变化来判断用户是否眨眼。首先对该信号进行一阶差分,即获得时域信号的变化率信息。为了放大峰值特征,我们进行幅值滤波,即将幅值低于 150 的数值置零。将原始信号和实际眨眼与判别的结果进行对比,可以看出在 20 次的眨眼实验中,较为准确地判别出 17 次,如图 9-17 所示。

9.3.5　生活模式建模及分析

通过不断地采集深度和广度数据,可穿戴情感机器人为用户建立生活模式,长期对用户的行为与情绪进行分析与建模,使可穿戴情感机器人对用户的认知层面更深,赋予可穿戴情感机器人更好的用户情感社交体验。下面从三个方面介绍生活模式的过程。

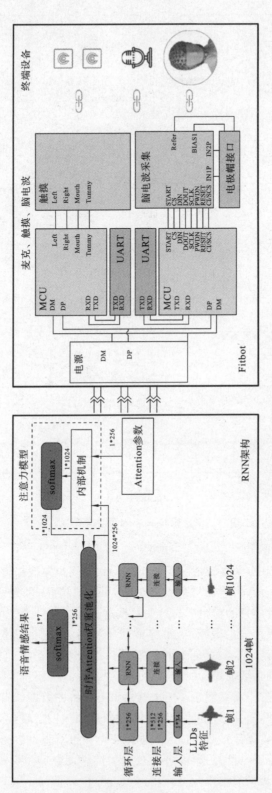

图 9-15 情感识别RNN算法的网络架构

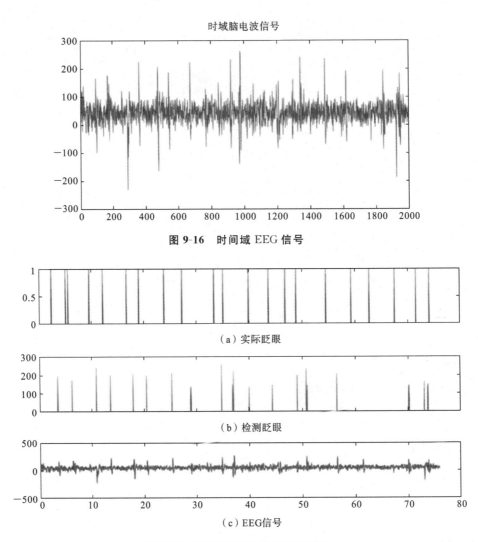

图 9-16　时间域 EEG 信号

（a）实际眨眼

（b）检测眨眼

（c）EEG信号

图 9-17　眨眼和 EEG 检测结果对比

1. 数据集标注与处理

　　在数据收集的过程中,大多数情况下并不能得到像用户体检报告、医生的诊断记录这样的有标签数据。因而,用户在与系统交互的无意识过程中采集了大量的无标签数据。我们希望在不干扰用户的前提下对这些数据进行标注和处理。

　　在深度和广度收集用户的数据后,可穿戴情感机器人使用 AI 情感通信系统将数据传送到边缘云以进行数据集的标记和处理,然后进一步传输到远端云并使用 AI 技术进行建模分析用户的生活模式,并反馈给用户,以提高其对用户生活模式的认知。

　　在数据量少的情况下,利用数学建模来判断没有标签的数据该不该加到数据集中。我们提出的无标签学习,通过相似度度量,并考虑数据加进去之后会对数据集产生什么样的效果,来决定是否将无标签数据加入数据集中。如果对整个数据集有正面作用,那么考虑将数据加入数据集。此外,还要考虑数据的纯净度。为了提高数据集整体的纯净度,必须把一些不靠谱的数据排除掉,因为模棱两可、价值度不高的数据会造成错误的传播。

2. 多维数据融合建模

基于所搭建的硬件、嵌入式控制、大数据云平台还有各种深度学习算法,通过物联网终端设备,包括情感交互机器人、手机(Android 和 iOS 应用)等,不断采集各种数据。通过用户与社交机器人的互动以及玩手机情感认知类游戏,可以采集到很多用户数据,包括图片、所处环境的背景、语音,以及所要做的事情的文本形式描述。

文本数据采用卷积神经网络来处理,主要是从这些非结构化的数据来建立深度网络,把特征提取出来。而对于结构化数据则比较容易,可以直接采用机器学习的方法,将多种机器学习模型融合,包括决策树、随机森林、聚类算法等得到鲁棒性的模型。可以根据这些模型对用户的情绪、偏好及行为进行预测。

3. 关联数据场景建模

由于用户数据维度很高且多种多样,所以对用户的数据推断并非简单的一对一推断。图像数据有很多类,如身份类数据,而确定这个人的身份之后,还要进一步根据用户所处的周围环境类数据进行推断。人物、地点、时间甚至运动类数据,这些数据都是推理的要素。由于其他各方面的信息数据与情感是相关联的,所以不能把情感单独割裂开来进行推断,而是应该在一个情景里根据各方面的信息数据来推断情感,并以一个较高的置信度来推测什么原因导致这个情感。所以在关联数据场景建模时,根据用户的行为碎片,将与情感相关联的事件抽取出来,挖掘与相似用户的关联,以及与其他不同用户的关联。

建模时,首先把多模态非结构化数据,通过简化的方式,把关键要素抽取出来。通过多维度多视角的方式在这个时间点,对一个用户的情感做了标签,那么针对同样的用户,在很多时间段,不同地点,对很多用户都做了标签后,进一步挖掘这些用户的相似度。

关联数据场景建模不仅可以得到简单的情感分类,还可以做更复杂的情景分析,如分析用户的心路历程,包括用户在某个事件中情感状态的变化和转变过程,使得可穿戴情感机器人系统更加智能化。

9.3.6 特点及应用范围

1. 特点

(1)智能性和自治性:真正智能机器人应具有智能性和自治性,能够拒绝来自用户的不健康或不道德的请求。例如,如果用户要求可穿戴情感机器人购买垃圾食品,可穿戴情感机器人可以抵制请求,并解释消费垃圾食品所带来的不良问题,可以促进可穿戴情感机器人和用户之间建立信任,提升对用户的健康监护效果。

(2)舒适性和便携性:除虚拟机器人以外的实体机器人基本不具备无限制的运动能力,因此无法做到无地域差别地陪伴用户,其运行场景受限,往往需要用户花费额外的精力来携带或者维护这一交互机器人。可穿戴情感机器人借助于 Wearable 2.0 以有机的方式融合成为可穿戴设备。机器人以衣物的方式伴随用户,具有良好的便携性。同时可穿戴情感机器人提供便捷的、多样的人机交互方式,使其具有很好的舒适性。

(3)人机交互方式多样化:目前的社交机器人以语音交互方式为主,而可穿戴情感机器人在语音交互的基础上便捷地集成了触觉交互方式,扩展了人机交互的形式,对部分特定人群(如聋哑人)提供了可用的人机交互手段。

（4）上下文情境感知和个性化追踪服务：上下文情境数据的收集有助于用户的个性化服务。通常拥有社交情感机器人的用户同时会配备有智能手机。智能手机所采集的情境感知数据与用户密切相关，且仅适用该用户本身。而可穿戴情感机器人可以从第三人称（旁观者）角度采集情境感知数据，能够实现更准确的用户活动识别。例如，社交机器人可以识别高尔夫运动员的动作，动作的标准度可以在其面板上展示。这些数据可以共享给多个用户（比如处在同一个房间的用户家人或者朋友）。

此外，可穿戴情感机器人还可以从第一人称角度收集数据并代替用户与他人交流。它会将用户的情绪以语音、文字或图像的形式展现出来，并传送其他人的信息从而进行交互。

2. 应用范围

可穿戴情感机器人在情感识别与交互的基础上，模仿人的行为，通过语音接口与用户交互。随着对用户的了解越来越深入，它将与用户一同成长，为用户提供一系列服务。表 9-12 列出了可穿戴情感机器人在家庭环境、医疗保健、教育和其他公共场所等四大领域所提供的应用服务。

表 9-12　可穿戴情感机器人应用服务场景

场景	项　目	描　述
家庭	智能家居	AIWAC 可穿戴情感机器人能够准确识别处于封闭环境的人群的情绪，防止无人监管下的精神异常和安全问题，像一个 24 小时全程跟踪陪伴的贴身管家
	留守儿童	
	空巢老人	
	独居病人	
医院	门诊、急诊	AIWAC 可穿戴情感机器人通过对病人、医生和家属的情绪识别和有效干预，减少突发疾病或医闹事故的发生。AIWAC 可穿戴情感机器人是医生的智能助手、病人的守护天使，它不仅能够营造更为人性化的医疗环境，还可以缓解紧张的医患关系
	手术室	
	住院部	
教育系统	考场监控	AIWAC 可穿戴情感机器人能够准确识别学生的情绪，帮助提高教育教学效率，减少校园意外伤害的发生。AIWAC 可穿戴情感机器人实现扩大教育机会、提高教育质量和降低教育成本三重目的；实现信息技术与教育教学的深度融合，从而形成多媒体、交互式、个性化、自适应，以学习者为中心的人才培养新模式
	校园保安监控	
	远程教学	
其他公共场所	旅游景区	AIWAC 可穿戴情感机器人面向其他高危行业、人群密集型场所和违法犯罪高发地区，结合安防监控系统采集的视频大数据，提供智能情绪识别算法和干预策略，提高安防效率，减少事故发生。公共场所良好的治安管理环境，代表着一个城市甚至是国家的文明程度
	连锁经营店铺	
	酒店	
	娱乐商业场所	

10

基于人工智能的认知物联网

物联网通过有线或无线通信技术将人与物、物与物进行连接,形成地理位置分布广泛的物物相连的互联网(即物联网以互联网为核心,提供创新型应用和服务)。到 2025年,工业无线传感、跟踪和控制设备的连接数量将接近 5 亿。因此,物联网(internet of things,IoT)应该能够透明无缝地整合大量异构终端设备(终端物联),同时为终端用户提供便捷高效的智能服务与历史数据的开放访问。如图 10-1 所示,大到电视、音响、汽车、服务机器人,小到手机、电灯、毛绒玩具一切都可以进行连接,构造万物互联的社会。本章利用人工智能技术构建了低功耗广域网,可以为用户提供更加高效便捷的智能服务。然后提出了两个认知物联网的具体应用,针对糖尿病诊疗提出了健康监护应用,可以识别用户的日常行为和情绪反应,并向家庭或医院报告异常事件。另外就未来的自动驾驶场景车联网和大数据的应用,讨论了认知车联网的一些关键设计和实施问题。最后在智慧交通、航空航天、智能物流、智慧城市等行业的一些复杂环境下的智能自主运动体的应用技术做一个概述,对当前的发展情况以及未来挑战进行了总结。

图 10-1　万物互联

10.1　基于人工智能的低功耗广域网

物联网能够透明无缝地整合大量异构终端设备(终端物联),同时为终端用户提供便捷高效的智能服务与历史数据的开放访问。这些服务使得人工智能系统能更好地监测用户及其周围环境,如智慧城市、智能家居和健康监护应用等,并使得物联网生态系统更加绿色、环保、高效,从而获得更高的成本效益。

物联网在需求和技术上的多样性导致了网络结构的异构性和设计方案的不稳定性。传统蜂窝网络虽然可提供长距离覆盖,但由于其复杂的调制和多址接入技术难以提供高能效物联。而在 IoT 不断发展的同时,IoT 通信技术也日趋成熟。根据传输距离的远近,这些技术可分为两类:一类是短距离通信技术,主要代表技术有 Zigbee、WiFi、蓝牙、Z-wave 等,智能家居是典型的此类技术的应用场景;另一类是广域网通信技术,可以满足低速率业务的需求,一般称为低功耗广域网(low-power wide-area network, LPWAN),这是当前国际上的一种物联网接入技术,自动驾驶是典型的此类技术的应用场景。而典型的无线局域网如 WiFi,虽然成本较低,但是覆盖距离非常有限。因此,低功耗广域(low-power wide-area, LPWA)技术因其在远距离、低功耗、广覆盖、低数据速率和低成本上的均衡而极具前景。低功耗广域网有两种类型:一类是在非授权频谱上工作的 LoRa、SigFox 等技术;另一类是在授权频谱上工作的 3GPP 支持的 2G、3G、4G 蜂窝通信技术,包括 EC-GSM、LTE Cat-m、NB-IoT 等。基于上述多样化的无线通信技术,本节提出了认知广域低功耗网络(Cognitive-LPWAN)。面向智慧城市、绿色物联网等异构网络,针对智能家居、健康监护、自动驾驶和情感交互等 AI 应用,实现多种 LPWAN 技术的混合,在满足用户基本需求的情况下带给用户高效便捷的智能服务。

一般而言,LPWAN 的目的是提供远距离通信,农村地区约 30 km,城市地区5 km。而且还需要满足许多物联网设备预计超过 10 年的使用时间。因此,传输范围和功耗是 LPWAN 致力于解决的问题,以适应高度可扩展的物联网应用,如智能监控基础架构,其中只有一小部分数据需要传输。为了解决这两个问题,两种可能性技术被提出。第一种是通过将信号聚焦在窄带中从而增强信噪比的超窄带技术。Chen 等人定义的窄带物联网(NB-IoT)就是这种方法的实现示例。另一种方法是利用编码增益来对抗宽带接收机中的高噪声功耗。如远距离无线通信(LoRa)技术,它通过增强能耗提高了传输距离。然而对非授权频谱上工作的无线通信技术而言,若不加以管束,极有可能与其他业务流产生信道冲突和频谱占用问题。若因此放弃使用这类技术,则会错失数以亿计的终端物联市场。而在 AI 技术日渐成熟的今天,我们有了更加强大的认知计算能力,即用户层面的业务感知、网络层面的智能传输和云端的大数据分析等能力。LPWA 技术已经在绿色物联网应用中逐渐流行起来,希望新型的 LPWAN 架构与频谱资源优化方案能对物联网生态系统做出贡献。

10.1.1 低功耗广域网技术概述

1. SigFox

2009 年,SigFox 公司提出了 SigFox 技术,创始人是法国企业家 Ludovic Le Moan,目的是专门为无线物理网服务,同时具有低功耗、低成本的特点。这是商用化速度较快的使用非授权频谱的 LPWAN 的网络技术,其核心技术使用了超窄带技术,可以为网络设备提供更低的能耗和成本代价。也就是说,从 SigFox 接入的网络设备发送的每条消息的最大长度大约为 12 B,并且每天对每个设备能发送的信息数也是有限制的,规定不能超过 150 条。此外,SigFox 的覆盖范围能够达到 13 km。

2. LoRa

SemTech 公司提出了 LoRa 技术,当前 LoRa 技术是广泛使用的 LPWAN 技术之一,工作在非授权频谱上。LoRa 无线技术的数据传输速率为 0.3～50 Kb/s,覆盖的节点数在上万甚至在上百万的数量级,电池寿命为 3～10 年,覆盖范围为 1～20 km。Lo-Ra 基于 Sub-GHz 的频段能够保证其能在低功率下进行远距离的通信,并且支持电池供电及其他收集能量的方式。由于 LoRa 无线技术的数据传输速率较低,这样可以在一定程度上使电池寿命延长,还可以增加网络的容量。同样,LoRa 信号在穿透建筑物时衰减度较小,因此这些特点可以使 LoRa 方便、高效、低成本地部署在大规模的物联网中。对于具体网络的拓扑布局由具体应用和场景设计指定,在省市中一般无线距离为 1～2 km,在郊区或者更空旷的地区,无线信号可以传播的距离更远。另外,LoRa 在通信频次低、数据量不是很大的应用中适应性更强。

3. LTE-M

LTE-M(LTE-machine-to-machine)技术是基于 LTE 演进的物理网技术,旨在基于现有的 LTE 载波满足当前物联网设备的需求。在 3GPP R12 中,Cat-0 技术被定义,其具有低成本、低功耗的特点,上下行速率为 1 Mb/s。由于覆盖范围较大,在相同的授权频谱(700～900 MHz)下,LTE-M 与其他现有的通信技术相比能够实现 15 dB 的传输增益。此外,基于 LTE-M 的网络扇区能够支持 10 万次连接。LTE-M 终端的使用寿命长达 10 年。

4. EC-GSM

EC-GSM(extended covetage-GSM)是扩展覆盖 GSM 技术,2014 年由 3GPP 主导的 GERAN(GSM EDGE radio access network)制定。这种将窄带(200 kHz)物联网技术迁移到 GSM 上,相比传统 GPRS 覆盖范围提高了 20 dB,另外制定了五大目标:提升室内覆盖性能、支持大规模设备连接、减小设备复杂性、减小功耗和延时。2015 年,EC-GSM 已经达到这五大目标。

5. NB-IoT

2015 年 8 月,3GPP RAN 立项致力于窄带无线接入全新的空口技术的研究,称为 Clean Slate CIoT,Clean Slate 方案覆盖了 NB-CIoT。NB-CIoT 由华为、高通和 Neul 联合提出,NB-LTE 由爱立信、诺基亚等厂家提出。相比现有的 LTE 网络,NB-CIoT 全新的空口技术有较大的改动。在 TSG GERAN ♯67 会议中提出的五大目标的蜂窝物联网技术中,NB-CIoT 技术是六大 Clean Slate 技术中唯一一个满足五大目标的技术。值得一提的是,NB-CIoT 的通信模块的成本显著低于 GSM 模块和 NB-LTE 模块的成本。NB-LTE 技术能够更好地与现有 LTE 兼容,并且易于部署。最终,NB-CIoT 和 NB-LTE 在 2015 年 9 月的 RAN ♯69 会议上统一为 NB-IoT。NB-IoT 是一个新型 LPWA 技术,具有海量连接、超低功耗、广域覆盖与深度覆盖、信令与数据相互触发等优势,同时也具备良好的通信网络支撑,因此拥有广阔的发展前景。NB-IoT 能够满足在180 kHz的传输带宽下支持覆盖增强(提升 20 dB 的覆盖能力)、超低功耗(5 W·h 电池可供终端使用 10 年)、巨量终端接入(单扇区可支持 50000 个连接)的非延时敏感(上行延时可放宽到 10 s 以上)的低速业务(支持单用户上下行至少 160 b/s)需求。

6. 不同低功耗广域网通信技术的比较

我们总结了无线通信技术的发展史,包括 1G、2G、3G、BLE、4G、SigFox、LoRa、

LTE-M、EC-GSM、5G、NB-IoT 等,如图 10-2 所示。很明显,目前无线通信技术正在蓬勃发展,是部署和使用混合式 LPWAN 架构的关键节点。

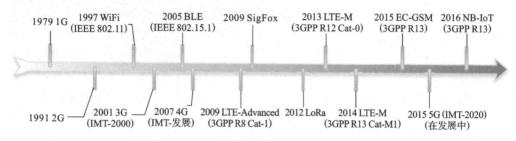

图 10-2　无线通信技术的发展

我们总结了表 10-1 中提到的 LPWA 技术的覆盖范围、频谱、带宽、数据速率和电池寿命。LTE 数据传输速率大,带宽资源和能耗高,覆盖范围最小。因此,它不适用于广域网应用。LoRa 不显示固定的频谱和带宽资源,因为它在未经授权的频段中工作,并且受其使用区域的法规的影响。因此,它不适用于移动通信,而适用于无线传感器网络通信和私人企业。低功耗是所有 LPWA 技术的主要要求,因此上述技术可让电池拥有长达 10 年的寿命。

表 10-1　LPWA 技术比较

技术	LTE-演进	窄带			Non-3GPP	
		NB-IoT		EC-GSM	LoRa	SigFox
	LTE-M	NB-LTE	NB-CIoT			
	<15 km	<15 km	<15 km	<15 km	<20 km	<13 km
频段	牌照 (7~900 MHz)	牌照 (7~900 MHz)	牌照 (8~900 MHz)	牌照 (7~900 MHz)	牌照 (867~869 MHz 或 902~928 MHz)	牌照 (900 MHz)
带宽	1.4 MHz	200 kHz	200 kHz	2.4 MHz	125 kHz,250 kHz, 500 kHz	100 kHz
数据传输速率	<1 Mb/s	<150 Kb/s	<400 Kb/s	10 Kb/s	<50 Kb/s	<100 b/s
电池寿命	>10 年	>10 年	<10 年	>10 年	<10 年	>10 年

图 10-3 比较了常用的 LPWA 技术和其他无线通信技术(如 LoRa、EC-GSM、NB-IoT、WiFi、BLE(蓝牙低功耗)和 LTE-M)的覆盖范围和数据速率。短距离和高带宽通信技术(如 WiFi)可以覆盖 100 m,数据传输速率为 100 Mb/s,适用于短距离和高带宽的应用。对于短距离、低数据传输速率的通信技术,如蓝牙和 ZigBee,其数据传输速率为 100 Kb/s 时,最高覆盖范围可达 100 m 左右,适用于短距离、低带宽的应用。UMTS、LTE 等远程、高数据传输速率通信技术,最大覆盖范围可达 10 km,数据传输速率可达 100 Mb/s,适用于长距离、高带宽的应用。GSM 的覆盖范围可达 10 km,数据传输速率接近 100 Kb/s,适用于长距离和中等带宽的应用。LoRa、NB-IoT、C-IoT、NB-CIoT 等远程低数据传输速率的通信技术覆盖范围可达 10 km,数据传输速率为 100 Kb/s,适用于长距离、低带宽的应用。

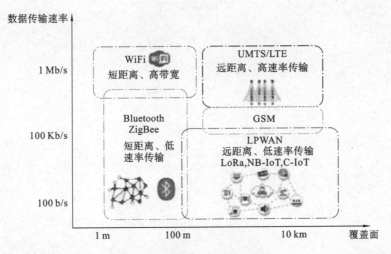

图 10-3   异构的无线通信技术

10.1.2   基于人工智能的低功耗广域网架构

本小节基于 10.1.1 小节中总结的 LPWAN 通信技术,以及这些无线通信技术所支持的 IoT 应用,结合软件定义网络与 AI 技术,提出了基于人工智能的异构低功耗广域网架构。基于人工智能的异构低功耗广域网架构,面向智慧城市、绿色物联网等异构网络,针对智能家居、健康监护、自动驾驶和情感交互等 AI 应用,实现多种 LPWAN 技术的混合,为用户提供更加高效便捷的智能服务。

1.   物联网/异构 LPWANs

由前文可知,当前的无线通信技术种类繁多,造成了物联网基础设施和应用的异构化与复杂化。图 10-3 所示的 IoT 部分给出了基于多种无线通信技术的异构物联网平台,包括 LoRa 和 SigFox 等代表的 LPWA 技术、蓝牙低功耗和 WiFi 等代表的短距离无线通信技术以及 NB-IoT、LTE、4G 和 5G 等代表的移动蜂窝通信技术。这些技术所支持的应用和覆盖区域互有交叉,在用户的生活中被广泛使用。从技术层面来说,它们甚至是可以互相替代的,但出于成本、通信性能、能耗、可移动性等方面的综合考虑,这些技术在特定的应用场景下仍各有优势。此外,图 10-3 也列出了这几种技术的覆盖范围:NB-IoT 的覆盖范围小于 15 km,Bluetooth 的覆盖范围小于 10 m,WiFi 的覆盖范围小于 100 m,LoRa 的覆盖范围小于 20 km,LTE 的覆盖范围小于 11 km,5G 的覆盖范围小于 15 km。上述覆盖范围(其他性能指标,如传输速率、带宽、传感器容量等)限制了这些技术在全领域的流行。但不同的应用或服务的需求不同,所使用的通信技术也不同。例如,BLE 常用于短距离手机或机器人通信中;WiFi 在智能家居等 WLAN (无线广域网)应用中具有成本低、传输速率快、通信稳定等优势;NB-IoT 基站可以基于 LTE 和 4G 基础设施进行搭建,并使用 LTE 频谱资源,极大地节省了推广成本,同时支持低功耗广域网应用;LoRa 因其工作于非授权频谱的优势被广泛应用于智能传感(海量传感器的互联与传输)等应用中。图 10-4 具体给出了它们支持的物联网智能应用。其中,NB-IoT 支持农业和环境监测、消费者跟踪、智慧建筑、智慧测量和智慧城市等应用;蓝牙低功耗(bluetooth low energy,BLE)支持机器与机器间的通信(machine to

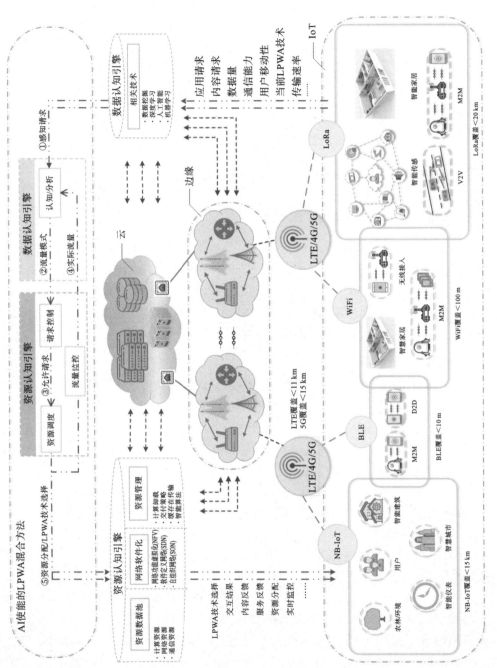

图 10-4 LPWAN架构图

machine,M2M)、设备与设备间的通信(device to device,D2D)等应用;WiFi 支持智能家居、无线接入和 M2M 通信等应用;LoRa 支持智能传感、智慧家居、车辆与车辆间的通信(vehicle to vehicle,V2V)和 M2M 通信等应用。LTE、4G、5G 作为 IoT 边缘的无线接入技术将上述最靠近用户的 IoT 小基站(NB-IoT、BLE、WiFi、LoRa 等)与边缘云相连,实现了网络接入功能。

2. 认知引擎

在边缘云与云中,引入了认知引擎,部署了高性能的人工智能算法,同时存储了大量的用户数据和物联网业务流,因此可以提供高精度计算与数据分析,为 LPWA 通信技术的选择提供云支持。认知引擎分为两种类型:资源认知引擎和数据认知引擎。

(1) 数据认知引擎:处理网络环境中实时多模态业务数据流,能够进行数据分析并能自动处理业务,同时智能化地执行业务逻辑,以及通过各种认知计算方法(包括数据挖掘、机器学习、深度学习、人工智能等)实现对业务数据和资源数据的认知,动态指导资源分配并提供认知服务。

(2) 资源认知引擎:可以通过感知异构物联网、边缘云和远程云的计算资源、通信资源和网络资源(如网络类型、业务的数据流、通信质量和其他动态环境参数),将综合资源数据实时反馈数据认知引擎。同时接收数据认知引擎的分析结果,指导 LPWA 技术选择与资源的实时动态优化和分配。

3. 基于人工智能的 LPWA 混合方法

基于人工智能的 LPWA 混合方法是提出的新型架构的重要组成部分,如图 10-4 中环形流程图所示。当物联网中的用户或设备发出请求时,业务流将通过当前的 LPWA 技术传输至物联网边缘。然后采用 LTE/4G/5G 等技术将业务流传输至边缘云(无线接入点、路由器、基站等边缘计算节点)。若其请求计算量超出了边缘云的能力,则再次由边缘计算节点转发至云。而不论是由边缘云还是云处理本次业务流,在各计算节点部署的数据认知引擎将感知本次业务流中包含的全部信息,并对感知到的请求进行整合,包括应用请求、内容请求、数据容量、通信能力、用户移动性、当前 LPWA 技术数据传输速率等。随后,数据认知引擎将对感知到的请求进行智能分析,并提取流量模式传输至资源认知引擎进行业务控制。当边缘云计算节点/云计算节点通过请求时,认知引擎将给发起请求的物联网用户或设备分配计算资源,同时决定采用何种 LPWA 无线通信技术进行信息回传。回传的信息(业务内容和控制信息)包括 LPWA 技术选择、交互结果、内容反馈、服务反馈、资源分配、实时监控等。其中,选中的 LPWA 技术将在下一次请求时沿用,直至下一次流量监控中反向传播的回馈流量模式不符合当前技术性能时被替换。具体的基于人工智能的 LPWA 混合模型将在下面详细介绍。

10.1.3　基于人工智能的低功耗广域网方法

本小节给出基于人工智能的 LPWA 混合方法的数学模型。这里,我们引入无标签学习算法进行建模。具体来说,本小节针对到达计算节点的本次业务流,提取其流量模式,加入数据认知引擎中已有的流量模式数据集中,然后综合现有数据对执行本次业务的无线通信技术进行预测和评估。假设现有流量模式数据集(即有标签的数据集)为 $x^l = (x_1^l, x_2^l, \cdots, x_n^l)$,其中 x 表示流量模式(包括通信延时、数据量、传输速率、用户移动性、计算复杂度等),n 表示标签数据的个数;到达计算节点的服务请求(业务流)数据集

（即无标签数据集）为 $x^u = (x_1^u, x_2^u, \cdots, x_m^u)$，其中 m 表示无标签数据的个数；有标签数据集对应的标签为 $y = (y_{x_1}^l, y_{x_2}^l, \cdots, y_{x_n}^l)$。假设为本次业务流分配某种无线通信技术的概率为 $y_{x_i}^u = \{p_{x_i}^{1u}, p_{x_i}^{2u}, \cdots, p_{x_i}^{cu}\}$，其中 $p_{x_i}^{ju}$ 表示流量模式 x_i^u 预测为类别 j 的概率，j 表示无线通信技术，即 $j = \{$LTE, NB-IoT, LoRa, SigFox, BLE, WiFi, 4G, 5G, $\cdots\}$，c 表示 j 的个数，则无标签数据集的通信技术预选择概率熵为

$$E(y_{x_i}^u) = -\sum_{j=1}^{c} p_{x_i}^{ju} \log_2 p_{x_i}^{ju} \tag{10-1}$$

从式（10-1）可知，熵值越小，新标注的数据（即分配业务流所使用的无线通信技术）具有较低的预测不确定性。因此，可以将熵作为 LPWA 技术预选择的标准。

然而，阈值的选择具有不确定性，即熵值较低仍有可能造成通信技术选择错误（可根据交互延时、能耗等用户体验数据直观体现）。如果本次 LPWA 技术预选择不准确，即本次流量模式作为可信数据加入现有数据集中，则可能导致后续训练模型错误的累加。具体而言，流量模式数据所对应的标签被错误标记，导致加入数据集的噪声变大，前向传播的误差变大。

为了克服上述问题，我们对业务流进行了流量监控，即每次有新数据加入训练集时，对于每次加入的数据进行重新评估，而不总是信任低阈值的数据。假设基于低熵阈值加入的自主标签数据集为 z，对于任意 $x_i^u \subseteq z$，需要满足如下条件：

$$E(y_{x_i}^u) \leqslant E(y_{x_i}^l) \tag{10-2}$$

也就是通过重新评估来矫正错误标记的数据，即通过反向传播对标签结果进行参数微调，缩小误差。

10.2 基于大数据云的智能糖尿病诊疗

无线网络和大数据技术（如 5G 网络、医疗大数据分析和物联网）的最新进展，以及可穿戴计算和人工智能的最新发展，使得开发创新糖尿病检测系统的应用成为可能。由于糖尿病患者长期遭受痛苦，设计有效的糖尿病诊断和治疗方法至关重要。基于我们的综合调查，本节将现有方法分为糖尿病 1.0 和糖尿病 2.0，它们在交流和智能方面都表现出一些不足。因此，我们的目标是设计个性化治疗方案提供可持续、经济、智能的糖尿病诊断解决方案。本节提出了 5G 智能糖尿病系统，结合最先进的技术，如可穿戴 2.0、机器学习和大数据，为糖尿病患者提供全面的感知和分析。然后，提出了 5G 智能糖尿病的数据共享机制和个性化数据分析模型。最后，构建了一个 5G 智能糖尿病测试平台，其中包括智慧衣、智能手机和大数据云。实验结果表明，该系统可以有效地为患者提供个性化的诊断和治疗建议。

10.2.1 糖尿病诊疗研究方法概述

糖尿病是一种极为常见的慢性疾病，至 2018 年 11 月，全球有近 4.22 亿成年人患有糖尿病，且患病人数在过去三十年间持续增加。更重要的是，如 Florencia 等人所述，情况会更糟，青少年也会更容易患糖尿病。由于糖尿病对身体健康和全球经济产生巨大影响，因此迫切需要改进糖尿病的预防和治疗方法。此外，各种因素都可能导致疾病，如不正常和不健康的生活方式，脆弱的情绪状态，以及社会和工作的累积压力。然

而,现有的糖尿病检测系统面临以下问题。

(1) 系统设计不合理并且难以实时收集数据。此外,它缺乏对患有糖尿病患者的多维生理指标的持续监测。

(2) 糖尿病检测模型缺乏数据共享机制和不同来源的大数据的个性化分析,包括生活方式、运动、饮食等。

(3) 没有关于预防和治疗糖尿病的持续建议和相应的监督策略。

为解决上述问题,本节提出了一种名为5G智能糖尿病系统的下一代糖尿病解决方案,该系统集成了第五代移动网络、机器学习、医疗大数据、社交网络、智慧衣、人工智能等新技术。然后,提出了5G智能糖尿病的数据共享机制和个性化数据分析模型。最后,基于智能衣、智能手机和大数据健康医疗云,构建了一个5G智能糖尿病测试平台,并给出了实验结果。此外,5G智能糖尿病中的"5G"具有双重含义:一方面,它指的是5G技术将被用作通信基础设施,以实现对糖尿病患者的生理状态的高质量和连续监测,并为这些患者提供治疗服务而不限制他们的自由;另一方面,"5G"指的是以下"5个目标",即成本效益、舒适性、个性化、可持续性和智能性。

成本效益:它是从两个方面实现的。首先,5G智能糖尿病系统让用户保持健康的生活方式,以防止用户在早期患上疾病。其次,5G智能糖尿病系统可以进行院外治疗,从而降低了治疗成本,尤其是针对长期住院治疗的患者。

舒适性:为了让患者舒适,要求5G智能糖尿病系统尽可能不干扰患者的日常活动。因此,5G智能糖尿病系统集成了智慧衣、移动电话和便携式血糖监测设备,可以轻松监控患者的血糖和其他生理指标。

个性化:5G智能糖尿病系统利用各种机器学习和认知计算算法建立个性化的糖尿病诊断,用于预防和治疗糖尿病。基于收集的血糖数据和个性化的生理指标,5G智能糖尿病系统为患者提供个性化的治疗解决方案。

可持续性:通过不断收集、存储和分析个人糖尿病信息,5G智能糖尿病系统根据患者状况的变化及时调整治疗策略。此外,为了实现数据驱动的糖尿病诊断和治疗的可持续性,5G智能糖尿病系统在患者、亲属、朋友、个人健康顾问和医生之间建立有效的信息共享。在社交网络的帮助下,患者的情绪可以得到更好的改善,以便他或她更能自我激励来及时执行治疗计划。

智能性:利用患者状态数据和网络资源的认知智能,5G智能糖尿病系统可实现糖尿病的早期检测和预防,并为患者提供个性化治疗。

下面对具体的实现细节进行讨论。

10.2.2 5G智能糖尿病系统架构

本小节将简要回顾糖尿病诊断和治疗的发展历史。糖尿病治疗的典型方法可分为两类:糖尿病1.0和糖尿病2.0。首先介绍糖尿病治疗发展史,然后提出5G智能糖尿病系统架构。详细阐述5G智能糖尿病的系统架构,通过比较显示出了5G智能糖尿病系统的优势。

1. 糖尿病治疗发展史

糖尿病1.0:血糖的获得对糖尿病的诊断至关重要。一旦血糖指标过高,就需要住院治疗。对于血糖的监测,医生和护士每天定期收集患者的指数,如瞬时血糖和餐后2

小时血糖。测量血糖用到了医疗设备,具有高检测精度。然而,糖尿病 1.0 有三个缺点:① 需要住院治疗,成本高;② 侵入式收集血糖指标会使舒适度降低,此外,仅基于血糖指数的分析导致缺乏个性化的治疗方案;③ 一旦患者出院,就不能实时地连续监测患者的状况,并且也没有有效的措施来让患者监督自己的治疗。也就是说,糖尿病 1.0 消耗大量的医疗资源,同时限制了患者的日常活动。

糖尿病 2.0:这种方法旨在自动化执行糖尿病 1.0 中手动执行的大多数步骤。糖尿病 2.0 有三个优点:① 使用可穿戴的血糖监测设备,可以自动监测血糖,而无需医生的干预;② 对于糖尿病的治疗,糖尿病 2.0 基于患者的血糖指数和其他生理数据进行智能分析,以确定药物的治疗效果,并仔细研究不同药物的效果以产生最佳个性化治疗方案;③ 糖尿病 2.0 方法也正在进行利用基因工程等现代技术最终治愈糖尿病的研究。例如,对 β 细胞的研究是为了保证这种细胞的再生,这些细胞负责在人胰腺中产生胰岛素。

总体而言,糖尿病 2.0 的目标是提高实时监测和治疗的智能性,这也扩大了患者的自主性。结合药物效果的智能分析,还可以控制治疗成本,并且可以实现持续和个性化治疗。使用非侵入式测量技术还可以减轻由糖尿病 1.0 的侵入性血糖监测引起的疼痛。然而,普通用户可能承担不起糖尿病 2.0 的费用,因为可穿戴设备通常很昂贵。例如,Medtronic(美国著名医疗器械公司)生产的一套动态血糖监测仪的售价超过 10000 美元。因此,设计可持续、经济有效且智能的糖尿病诊断解决方案至关重要。

2. 5G 智能糖尿病架构

与糖尿病 1.0 和糖尿病 2.0 的内在医院导向特征相比,5G 智能糖尿病系统实现了糖尿病的有效预防和住院治疗。生理监测不再局限于血糖检测,还包括其他关键的生理指标。采取有效措施来监控用户的现实生活和锻炼情况,以长期和可持续的方式监控用户的综合状况。5G 智能糖尿病系统的架构如图 10-5 所示,包括感应层、个性化诊断层和数据共享层三层。

(1) 感应层:该层通过血糖监测设备,Wearable 2.0 设备(即智慧衣)和智能手机收集血糖数据、生理信息、饮食信息和运动信息。可以配备血糖监测装置以进行单独的基于家庭的血糖监测。为了监测用户的生理指标,采用智慧衣收集用户的实时生理指标,如体温、心电图和血氧。关于运动和饮食监测,智能手机可以收集患者的活动数据并记录饮食统计数据。此外,我们还会在用户住院时收集数据。所有收集的数据都通过 5G 网络传送到健康医疗大数据云。

(2) 个性化诊断层:在该层中,通过利用机器学习方法联合处理患者的健康医疗大数据,以建立用于分析和预测疾病的有效个性化模型。该层包括血糖数据、生理信息、饮食和运动信息的数据融合、数据预处理,以及基于机器学习、深度学习和认知计算的认知智能模型的建议。

(3) 数据共享层:该层包括用户的社交空间和数据空间。具体地,在社交空间中,如图 10-5 所示,Eva 和 David 都是糖尿病患者。通过在线社交网络,他们彼此分享各自的糖尿病信息,然后互相激励,以对抗糖尿病。由于 Cindy 和 Bob 是 Eva 的家人,Eva 与他们分享她的疾病信息,以便处理可能的紧急情况。同时,疾病信息也与 Jack 共享,Jack 在治疗疾病方面有成功经验。Jack 作为健康顾问可以及时追踪 Eva 和 David,以便在需要时帮助他们。在数据空间中,不同的患者生活在不同的区域并将他们的个性化数据存储在不同的云中。如图 10-5 所示,Eva 和 Cindy 有很强的社会关系,然而,他

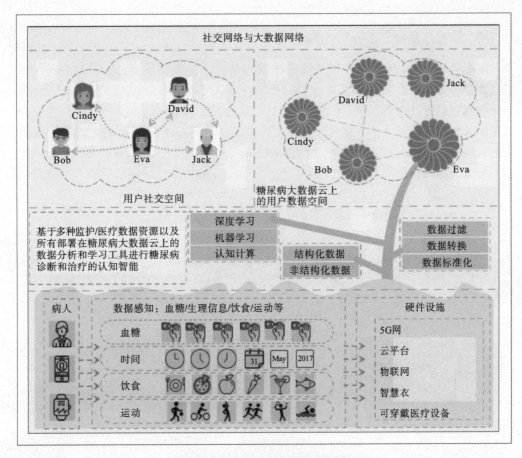

图 10-5　5G 智能糖尿病系统架构

们将数据存储在远处的不同云上。因此,当 Eva 和 Cindy 共享数据时,需要考虑通信成本。

　　表 10-2 显示了糖尿病 1.0、糖尿病 2.0 和 5G 智能糖尿病系统的优缺点,主要从成本、舒适度、网络支持、个性化、可持续性、可扩展性和治疗模式进行比较。从表 10-2 可以看出,5G 智能糖尿病系统在以下方面优于糖尿病 2.0:① 5G 智能糖尿病系统采用社交网络服务,实现亲友对患者的治疗监督;② 由于血糖指数与生理指标相关,5G 智能糖尿病系统利用生理数据、食物消耗数据和运动数据来提高糖尿病诊断及治疗的效率和性能。

表 10-2　糖尿病 1.0,糖尿病 2.0 和 5G 智能糖尿病的比较

解决方案	成本	舒适度	网络支持	个性化	持续性	延展性	治 疗 模 式
糖尿病 1.0	高	低	N/A	低	低	低	住院治疗,人工测量、人工注射
糖尿病 2.0	中	中	社交网络	高	低	低	自动智能血糖感知设备,对比药物、细胞修复、保护分析
5G 智能糖尿病	低	高	5G 网络、社交网络、大数据网络	高	高	高	利用数据分析技术,以用户导向的数据融合和智能治疗

10.2.3 数据共享和个性化分析模型

本小节介绍 5G 智能糖尿病系统的数据共享和个性化糖尿病治疗。如图 10-6 所示,5G 智能糖尿病系统集成了 5G 网络、社交网络和大数据网络,以发现云端社交关系与物理数据位置之间的互联,促进与联合社交空间和数据空间的数据共享。然后,基于机器学习和认知计算,5G 智能糖尿病系统可以通过分析与糖尿病相关的多维大数据来获得智能诊断,从而为患者提供个性化的糖尿病诊断服务。下面详细介绍数据共享机制和个性化分析模型。

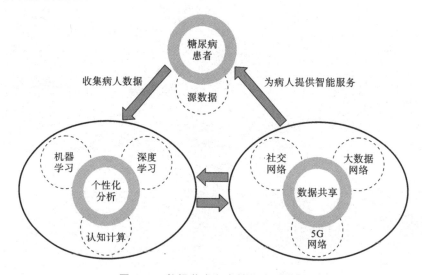

图 10-6　数据共享和个性化分析模型

1. 数据共享机制

如图 10-5 所示,患者可以同时位于两个不同的空间(即社交空间和数据空间)。社交空间源于患者、朋友、个人健康顾问和医生之间庞大而复杂的社会联系,数据空间是根据存储在不同云中的患者数据构建的。也就是说,生活在不同区域的患者可以将他们的个人数据档案存储在不同的云中,如医院云、第三方医疗云和各种边缘云。通常,位置紧密的患者可以将他们的数据放在相同的云中或两个在地理上彼此靠近的不同的云中。众所周知,患者、朋友和个人健康顾问之间的数据共享可以为疾病分析和诊断提供更有价值的数据,从而对患者进行更好护理和治疗。但是在社交空间和数据空间中以极具成本效益的方式共享数据是一个挑战问题。这是因为当在数据空间中考虑用户的移动性时,数据共享的通信成本可以在生活在不同区域的不同患者之间变化很大。因此,我们考虑以下两种数据共享案例。

● Eva 和 David 是社交网络中的好朋友,如图 10-5 所示。幸运的是,他们也选择了相同的数据中心来存储他们的数据。对于这种情况,数据共享在同一数据中心云内,通信成本较低。

● Eva 和 Cindy 是社交网络中的好朋友,但是他们住在不同的城市。对于这种情况,他们在社交空间中彼此靠近,而在数据空间中则很远。然而,Eva 有一个好朋友 Bob,而 Bob 的数据与 Cindy 的数据位于同一个数据中心。因此,Bob 相信 Cindy 并以较低的通信成本与 Cindy 共享数据。

有很多工作在于解决社交网络上的数据共享问题,但是就我们所知,还没有研究如何在大数据网络中共享数据。在这里,我们通过共同考虑两个用户的数据距离和社会关系,提出了一种创新的数据共享机制。假设特定地区有 n 名糖尿病患者。数据距离 $D=(d_{ij})_{n \times n}$ 详细说明了各种用户对的数据距离,D 是评估数据共享通信成本的重要因素,d_{ij} 表示患者 i 的数据与患者 j 在云中的数据之间的数据距离。如果患者 i 和患者 j 选择远距离处的不同云来存储他们的数据,则 d_{ij} 很大。当 $d_{ij}=0$ 时,意味着患者 i 与患者 j 选择相同的云来存储他/她的数据。社交关系 $W=(w_{ij})_{n \times n}$ 表示患者 i 和患者 j 的社会关系。如果患者 i 和患者 j 是亲密的朋友,w_{ij} 应该很大。当 $w_{ij}=0$ 时,两名患者彼此不认识。假设当 w_{ij} 很大时,更有可能发生数据共享。因此,在数据共享机制的设计中,必须最大化数据的共享,同时确保最小的通信成本。

2. 个性化数据分析模型

建立 5G 智能糖尿病系统的个性化数据分析模型是基于数据的,数据包括公共数据和个性化数据。通常,公共数据来自医院糖尿病大数据集,其中删除了用户的隐私和敏感信息。个性化数据由用户的个人数据集构成。首先使用公共数据来训练公共糖尿病诊断模型,然后可以获得基于公共糖尿病诊断模型和个性化数据的个性化数据分析模型。具体过程如下。

首先获得糖尿病患者的数据集(即用户的电子病历,EMR)。EMR 数据包括结构化数据和非结构化数据。对于结构化数据,根据医生的建议,选择与糖尿病相关的特征。对于包含文本和图像数据的非结构化数据,使用 CNN 来选择特征。然后使用特征融合和深度学习算法进行数据分析,以获得公共糖尿病诊断模型。通过这个模型,可以得到用户对糖尿病的风险评估。

最后,建立了基于多源和多维数据的个性化数据分析模型。个性化数据包括由智能手机和 Wearable 2.0 收集的用户日常生活数据(即工作、睡眠、体育锻炼和食物摄入数据),以及由医疗设备收集的血糖数据。所有这些信息都会发送到健康医疗大数据云。在云端,首先使用公共糖尿病诊断模型和转移学习来标记糖尿病的风险评估。然后,基于由医疗设备采集的血糖指数进行验证标签的校正。当获得真实糖尿病风险评估标签时,我们重新训练个性化数据以获得更强大的个性化数据分析模型。基于个性化数据分析模型,5G 智能糖尿病系统可以获得更具体和有针对性的个性化风险评估和治疗方案,可以提供详细的日常建议,指导患者改善糖尿病的自我治疗。

10.2.4　系统测试和评估

1. 系统测试平台

设计了一个系统测试平台,以验证 5G 智能糖尿病系统的可行性。在该测试平台中,我们使用血糖设备收集血糖。用户健康的相关数据由 Wearable 2.0(即智慧衣)收集。当用户在室内或室外进行锻炼时,用户饮食数据和活动数据流的统计数据也可以使用用户的智能手机收集。我们还设计了一个智能应用程序,以配合各种传感设备,为患者提供方便的服务。此外,还使用了 EPIC 实验室的数据中心开发的云平台。所有收集的数据都通过智能应用程序的界面传送到云平台。此外,分析和治疗的结果都反馈给应用程序。

2. 数据收集

我们从中国湖北省的一家医院收集健康检查数据集。如表 10-3 所示,健康检查数据集涉及 12366 人,包含 757732 个数据项。由于存在不同类型的健康检查,因此应消除与糖尿病无关的数据和特征(健康检查项目)。随后,数据用健康检查结果标记。监测人员分为两组:正常人和糖尿病患者。最后,通过以下方式格式化和预处理健康检查数据。首先,我们从数据集中排除不相关的健康检查数据;还有 716173 条数据记录在进行排除后与 9594 个不同的人相关。然后我们删除不相关的项并标记数据。标记后,获得包含 469 名糖尿病患者和 9081 名正常人的数据集。再次,填充那些可以为空的特征并转换不一致的数据。对于数据填充,采用平均值填充到实际值,以及最高频率值填充到离散值。对于数据转换,对离散值执行二进制特征转换。最后,对数据进行标准化。

表 10-3　不同数据准备阶段的统计数据

处 理 步 骤	数 据 集 变 化
(0) 原始记录	12366 个人做了体检,757732 个数据项
(1) 与糖尿病无关数据移除	9594 个病人确认,716173 条数据记录确认
(2.1) 数据整合	9594 个记录产生,每条记录包含 234 个特征
(2.2) 无效特征去除	9594 个记录确认,每条记录包含 43 个特征
(2.3) 复制数据去除	9550 个记录确认,每条记录包含 43 个特征
(3) 数据标注	469 个糖尿病记录,9081 个正常记录
(4) 数据填充	丢失值填充,数据大小无变化
(5) 数据转换	9550 个数据确认,每条记录中 50 个特征确认
(6) 数据标准化	数据大小无变化

3. 算法测试

为了验证 5G 智能糖尿病系统测试平台的性能,采用了三种典型的机器学习算法,即决策树、支持向量机(support vector machine,SVM)和人工神经网络(artificial neural network,ANN)来建立不同的糖尿病公共诊断模型。还使用整体方法来进行模型的集成,通过综合每个模型的优点获得最佳预测。决策树:将决策树算法的深度从 2 层设置为 13 层。图 10-7(a)显示了决策树的不同深度的训练集和测试集的算法的准确性。从图中可以看出,当深度为 8 时,决策树算法实现了最高的测试集精度。因此,采用深度值为 8 的树结构作为预测模型。图 10-7(b)显示了隐藏层中不同数量神经元的训练和测试集的准确度变化。如图 10-7(b)所示,当神经元的数量是 110 时,获得 ANN 的最高精度。因此,隐藏层中具有 110 个神经元的模型被用作预测模型。对于 SVM,使用了四种不同的核函数,即线性核、多核、sigmoid 内核和 RBF 内核。图 10-7(c)显示了具有不同核函数的训练和测试集的 SVM 算法的准确性的比较。如图 10-7(c)所示,利用线性核获得最佳测试集精度。因此,采用线性核作为 SVM 的预测模型。如图 10-7(d)所示,与每个单一模型相比,集成生成的组合模型产生更好的预测性能。

4. 预防和治疗建议

如图 10-8 所示,对于糖尿病患者,基于饮食、运动和社交网络中的数据共享三个方

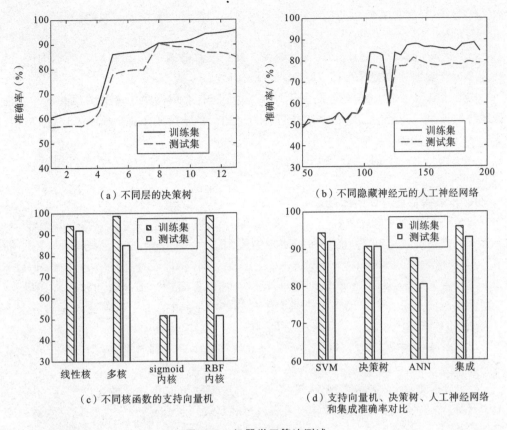

（a）不同层的决策树　　　　　　　（b）不同隐藏神经元的人工神经网络

（c）不同核函数的支持向量机　　　（d）支持向量机、决策树、人工神经网络和集成准确率对比

图 10-7　机器学习算法测试

（a）饮食　　　（b）运动　　　（c）统计数据　　　（d）社交网络

图 10-8　预防和建议

面给出相应的建议。此外,这些建议还考虑了患者的生理状态和日常饮食/运动。

（1）饮食:根据患者的血糖指数和生理状况,给出早餐、午餐和晚餐的建议,如图10-8(a)所示。此外,我们可以看到,饮食中应将粗粮、小麦粉和大米混合在一起,加入足够量的蛋白质。这是因为高纤维素、高蛋白质、低脂肪和无糖可以使血糖保持在较低水平。此外,根据患者的血糖指数,该应用程序还可提醒患者服用口服降糖药物或接受胰岛素治疗。

(2)运动:在图 10-8(b)、图 10-8(c)中,APP 跟踪患者的运动和运动数据的统计。这是因为合理参加体育锻炼可以增加患者的体质。

(3)社交网络中的数据共享:图 10-8(d)显示了社交网络中患者的数据共享。共享糖尿病数据可以有效地监督糖尿病患者并促进他们的治疗积极性,从而实现持续治疗。

10.3 认知车联网

1. 车联网目前存在的困难

目前已有论文对车联网(internet of vehicle,IoV)进行了一些研究。Kaiwartya 等人就车联网的分层架构、协议栈和网络模型提出了见解。Abboud 等人就车联网中的车辆与任何事物(vehicle-to-anything,V2X)的通信问题,以及专用短程通信(dedicated short range communication,DSRC)和移动联合通信方案进行了调查和评估。直观上,车联网被看成是可自主移动且功能强大的传感器网络,但是由于车联网的应用需求十分高,它与传统的无线传感器网络相比,仍有许多难题未被解决。

(1)高速移动性:车联网的关键元素是高速移动的自动驾驶汽车,交通路况由于其复杂性与多变性,保证自动驾驶汽车的精准性是一个重要需求。

(2)延时敏感性:在车联网中,许多通信的延时往往需要用毫秒去度量,如果一旦由于计算缓慢、带宽受限等原因导致网络阻塞和延时过长,会造成一系列危及生命的交通事故。

(3)无缝连接性:在未来的发展趋势下,人们对网络质量要求越来越高。在行驶过程中,许多计算任务需要实时分析处理,同时许多车载应用服务只有保证稳定不间断的网络连接,才能满足 QoS。

(4)数据敏感性:车内网中涉及许多车主的隐私敏感信息,需要通过特殊方式加密保护。城市交通系统也需要一个安全强健的网络环境,来保障自动驾驶的有序进行。

(5)资源有限性:车辆自组织网络虽然能够保障实时通信,但是单个车辆所拥有的计算资源和网络资源有限,需要根据大规模车辆行驶过程中的实际情况,进行实时精准的资源调度。

2. 认知车联网的优势

为了解决上述难题,需要增强车联网的全方位的智能性,因此本节提出认知车联网(cognitive internet of vehicle,CIoV),实现对未来自动驾驶场景的智能认知、控制和决策。与现有的车联网的工作相比,以人为中心的认知车联网从它的参与者中全面挖掘有效信息,通过引入分级认知引擎,对物理数据空间和网络数据空间进行联合分析,给用户最佳体验度,并提升整个交通系统的安全性能。为了便于阐述,在图 10-9 中从认识范围方面将认知车联网及其主要参与者分为车内网、车间网和车外网,它们的主要功能也有所不同。这里提出的认知车联网具有以下优势。

(1)智能认知:认知车联网通过对车内网(司机、乘客、车内智能设备等)、车间网(邻近智能车)、车外网(道路环境、蜂窝移动网络、网络边缘节点、远端云等)的认知,使得车联网具有更准确的整体决策能力,并且认知车联网能够为整个交通系统提供宏观

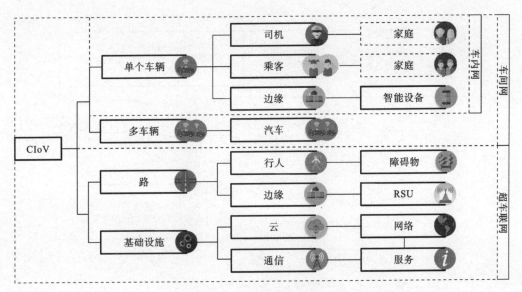

图 10-9　认知车联网中的参与者

信息和调度策略。

（2）决策可靠：在对自动/无人驾驶的研究中引入认知计算，即在车辆自动驾驶决策算法方面，能够有效地提高车辆 AI 的自主学习能力，通过感知、学习、训练、反馈的认知循环，使得车辆本身的决策更加周全和可靠。

（3）高效利用资源：通过对网络流量状态信息和实时道路状况信息的感知，利用深度学习等算法返回的决策能够帮助资源认知引擎更加有效地实现对车辆的控制，提高车联网消息共享的效率。

在市场应用方面，认知车联网所能带来的收益不仅局限在汽车市场，还在娱乐、健康工作等与人们生活的各个方面息息相关，这个特性也将驱动大量传统应用设备转型为智能嵌入式应用设备，具有巨大的市场潜力。

10.3.1　认知车联网的演进和相关工作

CIoV 是增强 IoV 认知智能的高级解决方案，为了更好地理解认知车联网的由来，本节将阐述 CIoV 与 ITS、VANET、IoV 的不同，图 10-10 给出了认知车联网的演进过程。接着进一步介绍驱动认知车联网的重要相关工作，包括无人驾驶技术、云/边缘混合架构、5G 网络切片。

1. ITS、VANET、IoV 和 CIoV

智能运输系统（intelligent transportation system，ITS）是一个广泛的构想，它在 2000 年之前就已经被提出，涉及一系列应用系统：车辆管理系统、自动车牌识别系统、交通信号控制系统等。一个典型的应用场景是将电子标签安装在车辆上，然后通过无线射频等识别技术，可以在信息网络平台提取有用的车辆的静、动态信息，然后加以利用。

无线移动通信技术的迅速发展使人们开始关注通过车与车通信的方式，以提高道路安全性和运输效率，其中备受关注的车载自组织网络（vehicular ad-hoc network，VANET）主要利用了 DSRC 通信技术。然而还有一个尚未解决的问题：由于车辆的高

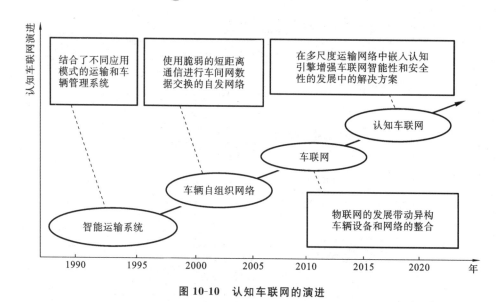

图 10-10 认知车联网的演进

速移动性,加上目前 VANET 的基础设施不够完善,导致服务连接的可靠性脆弱。

因此,单纯的 VANET 通信无法满足未来交通驾驶场景需求。云计算和物联网的发展引出了车联网的概念。在给定通信协议同时设置数据交互标准的前提下,车联网可以在车与车、车与路、车与行人以及车与互联网之间进行无线通信,完成信息交换。

2. 自动驾驶技术

近年来,新一轮的人工智能技术发展热潮方兴未艾,深度学习逐渐成为人工智能技术的重要部分。作为人工智能的垂直应用,自动驾驶技术在汽车领域备受关注。美国的非营利机构 Eno 运输中心公布的调查报告显示,运用自动/无人驾驶技术可以在很大程度上避免由于驾驶员的失误如酒驾、药物、经验不足或者超速等引起的交通事故。

以人工智能为基础的自动驾驶技术可以与车联网相互补充结合。一方面,这些技术源自于原始的真实大数据的驱动,而车辆行驶过程中产生的大量数据可以为人工智能提供足够的学习和训练基础。另一方面,随着诸如 GPU(graphics processing unit)、TPU(tensor processing unit)、FPGA(field programmable gate array)、ASIC(application specific integrated circuit)等芯片的快速发展,深度学习方法在实时处理方面的性能得到显著改善,未来将更好地为认知车联网中环境感知、决策与控制提供实时性的业务保障。目前以人工智能为基础的路径优化算法、障碍物及道路识别算法等算法的引入在自动/无人驾驶领域获得了突破性的进展。

在认知车联网中,需要考虑具备自动驾驶能力的智能自主运动体通过和附近其他车辆、道路、基础设施的信息认知与交互,相对单个自主运动体而言,能够获取更多的信息,从而大大增强对驾驶环境的感知力。

3. 云/边缘的混合架构

云计算拥有强大的计算与存储能力,可以使得软件服务部署成本降低。然而随着接入的移动设备和高质量的本地处理需求越来越多,边缘计算作为一种更贴近用户的计算框架,对云计算的功能进行了补充。Chiang 等人分别从延时约束、带宽约束、有限资源约束等角度逐条给出了在物联网背景下边缘计算范式的优势。Tran 等人对比了云无线电接入网（cloud radio access network，C-RAN）和移动边缘计算（mobile edge computing，MEC）的特点，并提出了 5G 网络中 MEC 相互协作的重要性。

云/边缘的混合架构是认知车联网的一种合理解决方案。在认知车联网的背景下，通过边缘协作可以就近提供边缘智能服务，满足许多延时敏感、需要本地处理的车载认知应用，如实时路况分析，以及驾驶员实时行为分析等。但是由于边缘云的存储和计算能力有限，无法满足长期对用户和环境进行认知的需求，此时利用非驾驶状态下的空闲时间将数据传送到云端分析处理十分必要，此外在系统初始化和远程控制方面，云端也需要与车载边缘进行通信。

4. 5G 网络切片

随着移动通信行业的演化，最近蓬勃发展的 5G 网络服务能够极大满足用户的需求，可以为其量身打造需要的服务，同时将网络与业务进行深度融合，让服务更友好、用户体验更佳。其中 5G 网络切片由于其弹性可拓展的特点，成为网络通信领域研究的焦点。网络切片可以探索和释放电信技术的潜力，提高效率、降低成本。另一方面，汽车、智慧城市、工业制造等领域对网络切片有潜在的市场需求。

5G 网络切片可满足车联网超低延时和高可靠性等其他特定应用需求。5G 网络切片本质上将运营商的物理网络划分为多个虚拟网络，然后根据不同的服务需求划分每一个训练网络，划分的标准有很多，如延时、带宽、安全性和可靠性等。通过这种方式就可以灵活地应对不同的网络应用场景。此外，通过 5G 网络切片技术，以及引入网络切片代理，可以实现网络资源共享，并将原本相互独立的网络资源进行整合和分配，从而根据特殊需求，实时动态地调度网络资源。

目前已经有部分的研究尝试将网络切片技术引入车联网中，Sun 等人提出了一种以车辆簇为单位的车联网中的网络计算资源分配算法，但没有涉及包含路边单元的核心网部分。Zhang 等人提出将网络资源提供给地面路段中的车辆共享使用，但是没有考虑 5G 网络切片服务质量中最重要的延时指标。在认知车联网中，通过引入双重认知引擎，对网络资源进行认知、控制和调度。下面将详细说明 5G 网络切片资源的认知设计问题。

10.3.2　认知车联网的架构

与传统的传感器网络相比，认识车联网对感知的精度、数据传输的稳定性、分析的实时性、决策的智能性以及对网络的可靠性等方面的要求更高，因此认知车联网的架构也更加复杂。本节提出一种满足 CIoV 需求的架构（见图 10-11），并分为感知层、通信层、认知层、控制层、应用层进行阐述。

1. 感知层

认知车联网的感知层需要对多源异构的大数据进行采集和预处理。这些数据一方面来自物理空间的多维度时空数据，另一方面来自网络空间的网络流量和资源分布数据。

与传统领域的大数据集相比，物理空间的大数据常常是非结构化的。具体来说，感知驾驶员的行为需要采集驾驶员的驾驶视频、面部表情数据等，而与车辆的精确位置和环境紧密相关的行驶路径信息需要通过多个较高精度的传感器从周围行人、车辆、环境实时采集，最终用多维度时空数据形式来描述。

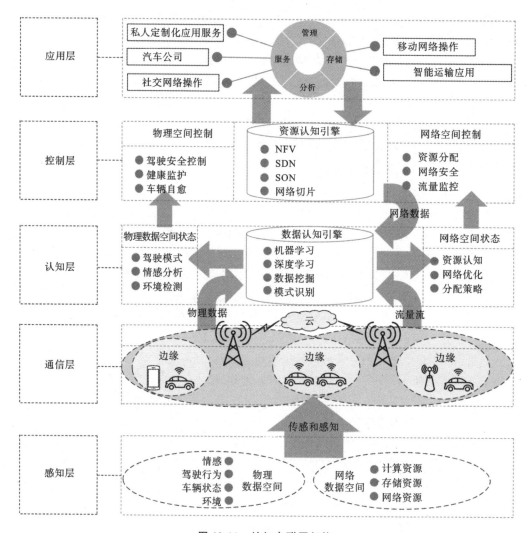

图 10-11　认知车联网架构

在网络空间中流通数据主要为运行商数据,比如 RSU 和基站等当前占用资源的信息及用户服务请求信息,用户的基本数据信息等。一般来说,收集到的原始数据集可以是非清洁的、冗余的和不一致的,因此,为了提升边缘设备的资源有效利用率,感知层可以使用合适的数据分析算法对数据进行清洁、格式化和规范化,初步提取有用信息。

2. 通信层

为了适应具有不同时效性的应用要求,认知车联网的通信层主要采用了云/边缘的混合架构,接入方式根据不同尺度需求分别采用 DSRC、3G、4G LTE、5G 等。在车内网尺度上,大部分的驾驶数据需要本地及时处理计算,因此通过车内网智能设备与车载边缘云的实时通信,可以快速处理动态信息。在满足连接性需求的前提下,车间网的通信模式以资源优化为主要目标,一方面可以通过构建相邻自主运动体之间的自组织网络或者自主运动体与路边单元的星型网络,实现快速、实时的信息交互。另一方面,当附近没有可交互单元时,也可以通过蜂窝网络进行通信。在大尺度上,云端需要集中控制整体道路交通信息,建立整个车联网的网络拓扑、路况信息及整个车联网的自主运动物体的时空服务。此外,车与云之间的通信也是必要的,如非延时敏感的车载任务可以逐渐传送到云端进行计算分析。

3. 认知层

为了与特定的业务需求相结合,提升认知车联网的智能性,在云/边缘中布署认知引擎。认知引擎可分为认知层的数据认知引擎和控制层的资源认知引擎。物理数据空间和网络数据空间向数据认知引擎供给数据。

对于物理数据空间的认知,数据认知引擎通过认知分析方法(机器学习、深度学习、数据挖掘、模式识别等),处理和分析异构数据流。具体来说,数据认知引擎利用采集的数据可以对用户的任务进行认知,如驾驶行为模式分析、情绪分析以及路况侦查等。基于对用户任务的认知,可以将任务分为实时的车载网服务和非实时的车载网服务。对于实时的车载网服务,一般部署在离用户终端比较近的边缘上;对于非实时的车载网服务,一般可以部署在离用户较远的云端。

在网络数据空间,数据认知引擎可以根据云/边缘网络中的资源分配情况的反馈,实现对计算资源、存储资源、网络资源等数据的动态认知,给出网络优化的办法和实时资源分配的策略,将分析结果调用给资源认知引擎并指导网络资源分配。具体来说,当有延迟较为敏感的任务到来时,边缘会首先检查自己是否有充足的资源来完成任务,如果没有,可以将延迟不敏感的任务迁移到云端,实现资源的重新分配,进而满足延迟敏感性任务的延迟需求。在此基础上,还可以根据业务类型及应用场景的不同部署不同的引擎,如面向海量数据采集与存储、面向驾驶行为分析、面向网络安全防护等。

4. 控制层

随着车联网规模的不断扩大,需要处理的数据及相应策略也呈指数增长,控制层将成为决定系统性能的关键因素。传统大型数据中心集中控制的办法与车联网边缘自主运动体之间的信息交互会导致较为明显的延迟,不适用于自动驾驶场景的延迟敏感性。因此,为了增强网络的稳定性、可靠性并适应具有不同时效性要求的业务类型,我们在云/边缘的不同位置部署具有不同层级的资源认知引擎。资源认知引擎的主要作用是管理和调度网络资源。主要的使能技术有网络功能虚拟化(NFV)、软件定义网络(SDN)、自组织网络(SON)、网络切片技术。

部署在边缘的资源认知引擎能够支持边缘云的数据管理,虽然边缘云可以利用的存储、处理和带宽资源是有限的,但是能够利用分布式的决策来处理底层的数据。为了满足车载认知应用的 QoS 需求,车载边缘的资源认知引擎能够负责车辆的行驶数据实时处理,实现最快的决策。部署在云端的资源认知引擎利用全局信息集中式地进行网络优化,然而大量的数据的执行是以大型集中化数据存储、处理和带宽资源为代价的,因此云端最重要的工作是监控边缘网络的资源利用情况,并实时对资源进行动态调度。此外,在突发情况时,云端接受边缘发来的警报,并利用高性能计算进行一系列紧急措施处理。通过不同层级的资源认知引擎的协作控制,达到提升整个交通系统安全性能的效果。

5. 应用层

从运作层面来说,认知车联网涉及多方协调合作,包括自动驾驶汽车制造商、移动通信运营商、社交网络提供商、智能设备制造商、软件服务提供商等。在认知车联网提供的诸多应用中,最主要两大类为私人定制化应用服务和智能交通应用。

(1) 私人定制化应用服务主要是针对汽车在行驶过程中存在安全隐患的服务,典型应用有驾驶员疲劳检测、行车指引、驾驶员情感检测等。另外,由于许多智能设备都可以接入认知车联网,许多认知应用(如移动健康监护)可以根据用户的特点进行定制化服务,这将在下一节详细阐述。

(2) 智能交通的应用包括智能驾驶以及智能交通管理等。具体来说,智能驾驶是通过车与车、车与路之间的通信,结合对驾驶员驾驶行为的认知,协助驾驶员对路况有准确的判断,最终目的是实现无人驾驶。智能交通管理指的是利用认知层分析的信息,帮助交通管理部门分析道路和车辆的使用情况,对车辆进行及时疏导,改善道路交通状况。

10.3.3 多维网络下的认知设计问题

认知车联网的关键问题在于如何充分挖掘所有参与者的信息(见图 10-9),增强物理空间的安全性和网络空间的安全性,即:① 根据私人需求提升用户体验度;② 提升交通系统的行驶安全;③ 强化网络环境的数据安全;④ 综合优化网络资源分配。由于 IoV 网络的异构性和复杂性,从尺度和主要功能的角度将 IoV 分为车内网、车间网和车外网,关注这三个网络的认知设计问题。值得注意的是,虽然这三个网络有各自独立的特性,但还是强调这三个网络的交互协作以优化整体性能。

1. 车内网认知

5G 认知网络和边缘认知计算,使得车内的可穿戴设备与车载嵌入计算设备的通信更加快捷、智能和稳定。从小尺度的范围上,驾驶员和乘客的安全和舒适度成为车内网主要考虑的问题。其次,通过对车内网认知,还可以进一步提升整个道路的交通安全性,这一点将在与车外网的交互中详细讨论。

1) 基于长期行为认知的驾驶指导

在现有的研究中,许多研究从两方面考虑了通过实时监控驾驶员来减少交通事故,一方面是对驾驶员的驾驶行为进行检测。根据美国国家公路交通安全管理局在 2012 年的调查,列出了几种典型的分心驾驶情况,如图 10-12 所示。通过对这些驾驶行为进行监督和控制,对驾驶员进行提前预警,增加驾驶员的反应时间,以此减少交通事故的发生。另一方面,通过实时监测驾驶员的疲劳状况和负面情绪指数,对疲惫的驾驶员采取警醒措施。

这两种实时监控的方法是可行并有效的,然而实际上车内网还有更多信息可以被挖掘。车内网是一个相对私人的环境,车主在车内网里的行为和心理状态可以折射车主的生活状况。在美国时间使用调查(American time use survey,ATUS)中统计了美国人在车里的平均时间,说明车辆在人们的出行中占据举足轻重的地位,因此对车内网的数据进行长期认知分析是一项十分有意义的工作。此外,Pope 等人探讨了车主的基本信息(如年龄、性别、执行能力等)对驾驶的影响,Clapp 等人探讨了车主的生活状况如因压力分心对驾驶的影响。这些均说明通过对车主私人信息的长期数据采集处理和认知,可以进一步指导车主的驾驶行为以避免交通事故的发生,并提升用户体验度,打造个性化定制服务空间。车主的行为、情绪、健康状况可以反映出一个人的当下的生活状态。认知车内网可以及时认知并协助调节用户的生活状态,给予用户生活的许多方面（如驾驶、健康、工作、娱乐、饮食）的指导。

　　具体来说，车载设备通过传感器如摄像头、导航仪、里程计等设备采集车内网的数据，主要是图片、语音、视频、生理健康数据、路程数据等，接着由车载边缘云对数据进行处理和实时分析。借助车载边缘云与其他边缘设备的资源，车载终端可以在本地完成大部分任务的实时计算。然而本地设备的存储空间毕竟有限，因此车载边缘云会利用用户离开车辆的时间将本地数据上传至用户私有云端进行处理和存储。云端通过认知计算，将用户的基本信息、驾驶行为、情绪、健康等私人数据进行分析训练并转换为个性化规则，这些规则可以反映车主的历史和当下生活状态记录（包括驾驶习惯、健康历史、出行周期等）。换句话说，车载边缘云和远端云协作，将用户的历史记录和实时信息映射成一个迭代更新的生活习惯认知表，以达到进一步指导用户的目的。特殊地，当紧急情况发生时，如检测到驾驶员正处于疲劳驾驶的状态，车载边缘会向云端发送异常消息，由于此类消息数据量小但实时性高，往往会采用移动网络的通信方式，云端会针对不同的消息类型进行紧急处理，如采取播放提示语音或音乐等措施来改善司机情绪和疲劳状态，以及将车载设备强制调整为安全自动驾驶模式等。通过长期行为认知和实时行为检测的共同作用，驾驶员的安全驾驶可以得到保障。

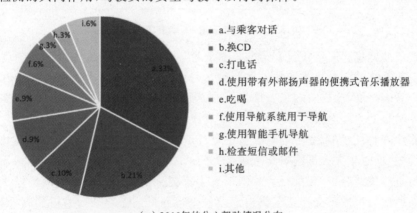

（a）2010年的分心驾驶情况分布

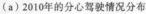

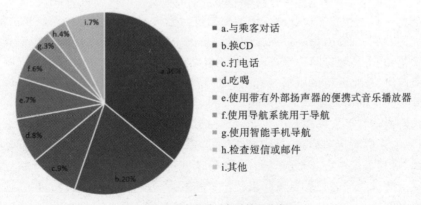

（b）2012年的分心驾驶情况分布

图 10-12　分心驾驶情况分布

　2）基于多智能设备交互的移动认知应用

　　近几年由于人工智能和芯片设计技术的迅速发展，移动智能设备的数量迅速增长，以可穿戴设备为例，预估从全球 2016 年的三百多万台设备将显著增长到 2021 年九百多万台。移动智能设备包括智能手机、增强现实头盔、智慧衣、智能手表等。在车载边缘云环境下,大多数移动智能设备延时性和可靠性的严格要求可以得到满足,同时移动智能设备可以增强车载环境的用户体验度,提供获取信息的便捷渠道。我们以移动健康监护的例子来解释车内网中基于多智能设备交互的移动认知应用,如图 10-13 所示。

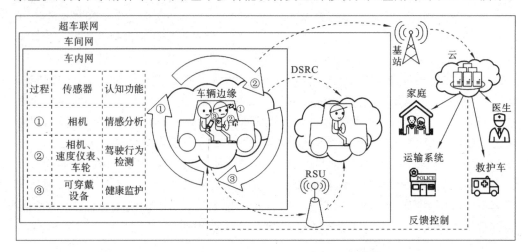

图 10-13   车辆认知应用:移动健康监护场景

　　驾驶员的健康状况不仅仅会影响自身安全,也会对车内乘客安全和其他驾驶员安全乃至交通系统的安全造成影响。在驾驶员身体不适或疲劳驾驶的情况下,驾驶员的警惕性会显著降低,反应时间也会增加,常常因此导致交通事故发生。因此,在行车过程中对驾驶员的生理健康进行监控十分重要。

　　在传统驾驶环境下,疲惫的驾驶员由于意识状态变弱,甚至无法了解自身状况而选择继续驾驶,这对车内人员的安全造成极大的威胁。为了改善这样的情形,认知车内网对驾驶员进行情绪分析、驾驶行为监测以及生理健康监测。车内网中的摄像头可以将驾驶员的面部表情数据交托给车载边缘设备进行分析。在驾驶行为检测方面,摄像头对驾驶员的眼睑状态、微点头进行检测,可以有效地发现微睡眠行为,结合嵌入传感器的方向盘和智能里程表等设备所采集的数据进行分析,对驾驶员进行提醒和预警,预防交通事故的发生。此外,每一位乘客和驾驶员的健康生理指标数据通过智慧衣等可穿戴设备采集,并上传到车载边缘进行实时分析,车载边缘通过数据认知引擎对每个用户评估健康等级,并将分析结果报告给用户的智能手机终端,同时,车内网的用户之间可以共享健康状况的可视窗口。如果在行车过程中驾驶员突感不适(如急性病突发等),车载边缘会通过智慧衣采集到的数据,及时感知到驾驶员的病危情况,及时采取安全自动驾驶模式,并向附近车辆和云端发出警报。云端会调度更多的资源(蜂窝移动网络的通信资源、远程数据中心、附近车辆、RSU 的计算资源等)对病危驾驶员开始更加深度全面的状况分析。同时云端迅速联系救护车和医生,并将分析结果传给医生,这样利用了救护车在路途中的时间为病人进行诊断分析,提高病危驾驶员的生存率。

2. 车间网认知

　　对于每一个智能车,车间网由它能进行通信与弹性资源共享的所有车辆组成。车间网的通信方式有很多种,包括通过道路边缘通信、V2V 通信、移动网络通信等。智能自主运动体是认知车联网中最重要的元素,因此将车间网抽出考虑,通过车间网协作认知,解决车辆采集的数据的不稳定以及 5G 网络资源优化分配问题。关于通过车间网中的群体协作提升交通安全的内容,将在车外网的尺度下一并考虑。

1) 基于群体认知的 IoV 稳定服务建模

由于实际道路环境的多样性,车辆所上报的环境数据具有一定误差;同时,由于车辆的高速移动特性,无线信道稳定性较差,导致车辆数据并不能及时送达,数据延时抖动性较大,从这些具有一定误差和延时抖动的数据中挖掘出有用信息成为实现车联网的关键问题。其次,车辆数据业务的分布密度在空间域和时间域上是非均匀的;从空间域上来讲,在交通高峰时段有剧烈的数据流量的变化,而在工作和休息时间数据流量小。这种车辆数据流量在时空域上的剧烈变化使得对站点部署、热点覆盖和资源分配等问题上的灵活性和智能性的需求更加迫切。总之,数据的不稳定性和对通信链路的延时及可靠性要求成为 IoV 服务建模的两大挑战。

通过车间网协作认知可以提高车联网业务建模的稳定性。认知车联网建立的车辆数据业务的理论模型包含空间、时间和移动性三个方面:空间模型刻画业务数据流发起的空间位置,时间模型刻画每个数据流随时间的动态变化,而移动性模型刻画业务空间位置的变化。在认知车联网承载数据业务时,数据业务时空分布与车联网传输服务间紧密耦合,通过引入认知计算,旨在从具有一定误差和延时抖动的车辆业务数据中通过数据挖掘手段提取出有用信息,提高理论模型的泛化能力和控制泛化误差。从车间网群体协同的角度而言,群体中智能运动体之间的相互识别可以大大增强单纯基于视觉的环境感知,其次,通过群体协作得到的共享地图建模信息也更加可靠。最终在时间和空间上实现对车辆行为的认知,建立具备时空随机特征的车辆数据业务在车联网中的传输机理,提高 IoV 服务的预测精准度,这将能够使有限的资源发挥出更为出色的服务效果。

2) 基于动态需求的 5G 网络切片资源分配优化

在交通道路上有不同的车辆类型,如私人轿车、公共轿车、货运车、救护车、警车等,不同车辆的车载设备能力(计算资源、弹性资源占比等)和实际业务需求(驾驶速度、载客容量、是否为特殊服务等)等均不相同。在认知车联网内部也有许多不同的智能应用需求,如私人定制化信息服务、安全无人驾驶系统、实时健康监护系统等。此外,在行驶中的资源需求常常是动态变化的,因此,传统的固定资源配置方式无法满足未来的驾驶环境。

5G 网络切片可以为认知车联网中不同需求的用户创建专用切片,具体来说,它可以依据不同的服务类型将虚拟网络功能放置在切片中的不同位置,包括边缘云或者核心云,这样运营商可以根据用户的业务需要定制不同的网络切片(如计费、策略控制等),不仅满足了用户需求,也是最具成本效益的方式。然而目前关于 5G 网络切片资源分配优化问题尚未有定论。在认知车联网中,我们阐述了用双重认知引擎来实现闭环优化的设计思想,如图 10-14 所示。

根据不同认知应用的需求(延时性、可靠性、弹性等),车联网的网络切片服务的请求类型也各不相同,数据认知引擎会结合当下的资源分配情况和租户实时请求两方面,利用机器学习和深度学习等方法对异构数据进行融合认知分析。接着数据认知引擎将分析得到的动态流量模式汇报给资源认知引擎。在资源认知引擎中,对综合利益和资源效率进行联合优化。首先对接入请求进行控制筛选,接着基于对网络资源的认知,进

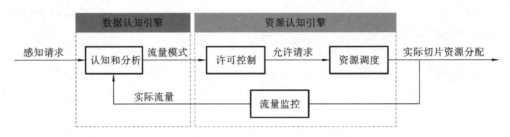

图 10-14　5G 网络切片资源认知

行资源的动态调度分配,并将调度结果反馈给数据认知引擎,实现闭环优化。引入双认知引擎进行动态调度 5G 网络切片技术,能够在满足车联网中不同的服务质量的基础上,节省总成本并提高网络资源的运用效率。

3. 车外网认知

从大尺度的范围上看,认知车联网可以采集和分析物理空间的数据,包括车内网驾驶员的数据、邻近车辆的驾驶数据、车外道路环境数据,图 10-15 给出了认知车联网中强化车外网与车内网、车间网的协作,以达到全面提升道路交通安全的方案。另一方面,由于车联网的复杂性,车联网对网络安全的可靠性要求十分严格,为了避免造成个人信息泄漏、交通事故发生和道路系统瘫痪等事件,认知车联网通过对物理空间和网络空间的联合认知,实现网络安全保护。

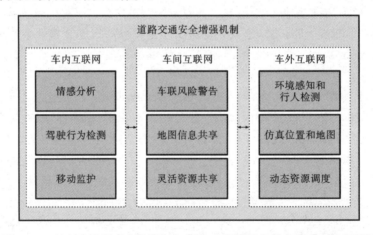

图 10-15　认知车联网中车外网与车内网、车间网协作的交通安全强化机制

1) 基于车内网、车间网和车外网协作的道路交通安全强化机制

智能自主运动体(如无人车)作为认知车联网中最重要的元素,不仅需要对周围环境有正确的感知和理解能力,还必须具备自动决策能力。在车内网的范畴,无人车需要对驾驶员的驾驶行为进行认知。如果无人车产品化,在未来一段时间人和无人车将会长期共存,人的驾驶行为需要被无人车所理解,因此研究无人车与驾驶员的协作驾驶机制显得尤为重要。在认知车联网中,每个驾驶员的驾驶状态都是需要考虑的因素,通过车内网对驾驶员的状态认知,以及附近的车间网共享信息,对疲劳状态下的驾驶员进行预警,云端也会将更多的资源分配给疲劳状态下的驾驶员,提升交通系统处理紧急情况的能力。

对于车外环境的认知而言,智能自主运动体通过自身配备的一系列传感器,如雷达、摄像头、导航仪（GPS/北斗）、智能里程计等，感知环境并收集数据，再根据观测到的数据与已有的地图完成环境建模，构造实时 2D/3D 地图，通过运动轨迹规划建模，自动决策控制运动体的行动。目前智能自主体的移动目标检测和追踪（moving object detection and tracking，MODAT）技术可以解决（多个）动态物体的检测及其轨迹跟踪，同时预测它们的未来轨迹，从而为实时避障规划提供必要的信息。此外，在车外网环境中，对行人的行为进行预测是障碍物行为预测中最为重要的一类，行人检测与行为预测是为了在复杂路况中检测出附近的行人目标，以便在后续识别过程中，根据目标的灰度、边缘、纹理、颜色和梯度直方图等特征进行分类，识别行人目标，分析行人身高、年龄等信息，并进行目标危险动作的预测。行人行为识别研究起始于 20 世纪 90 年代，在医疗康复、虚拟现实等方面有广泛的应用，主要通过监控活动者行为或周边环境来分析、推断对象行为。行为识别的核心是行为分类，有许多研究关注分类算法的性能，如 Reddy 等人把决策树和动态隐藏马尔科夫模型结合起来用于判别行为。

相互邻近的智能自主运动体可以基于群体认知，实时共享环境地图，以获得更详细、全面的感知。此外，每个智能自主运动体将自己收集的交通路径信息发送到云端，云端则根据车辆的行进路线进行交通路况报告。传统的图论方法（如 Dijkstra 算法）和数学规划方法计算量大，以致计算时间长；而且根据几何距离、道路质量等计算最优路径，不能客观描述现实交通网络的时变性。认知车联网使得实时描述交通网络成为可能，而且车联网还具备交通流量预测的功能，使得大尺度拓扑网络的建模可以更为精细。基于认知车联网实时路况更新的动态路径规划优化，以及探索群体智能运动体分布式求解的机制和算法将会成为车联网重要的研究方向。

2）基于物理空间和网络空间联合分析的网络数据安全强化机制

车联网的网络环境不同于传统的网络环境，一旦有攻击者入侵，对自动驾驶车辆进行远程控制，造成的危害难以估计，不仅威胁到驾驶员的生命财产，大规模的网络攻击甚至波及整个交通系统。因此，车联网的网络安全性十分重要。然而安全自动驾驶面临巨大挑战，首先，由于车联网业务终端复杂而多样，不同业务的流量特征无法简单地依赖传统的入侵检测模型进行提取。其次，由于车联网中搭载的设备众多，所对应的漏洞种类繁多、平台差异也较大，网络安全认知需要解决如何能够在不影响行车安全的条件下快速修补漏洞的问题。传统的漏洞扫描方式对设备和平台的依赖程度很高，并且需要快速地对漏洞进行修补，往往要投入大量的人力物力资源。

认知车联网的网络安全保护主要包括两个部分。首先，针对车内网私人化和多样化的特点，利用半监督学习算法，基于少量已标记数据生成大规模准确标记数据集，保证了模型训练的有效性，并在此基础上引入车主的私人特征加密方式（如车主的基本生物特征以及车主的惯有驾驶行为等），实现对车内网攻击的准确识别；同时，结合物理空间和网络空间联合分析，实现对威胁路径的预测，在网络空间，资源认知引擎对网络流量实施监控，数据认知引擎从资源认知引擎反馈的网络流量进行认知分析，结合物理空间中车辆对周边路况的感知数据、邻近车辆驾驶数据以及智能交通系统采集的数据（交通网络密度和车辆移动性状态）以及联合分析，为自动驾驶提供实时的反馈。一旦从物理空间发现单个车辆的驾驶轨迹有异常倾向，网络数据安全的敏感性会迅速提升，及时对网络空间的漏洞进行检测和修补。关于所涉及的更多网络安全问题，将在下一节给予几种可能的解决方案。

10.3.4 开放性问题

1. 编排与自动化

认知车联网具有大量异构接入设备,如智能车具备多个传感器,驾驶员和乘客携带多种智能设备,车外网的结构也十分复杂并需要在高速移动的网络环境中考虑高性能计算,此外不同尺度下设备的接入方式也不同。因此,不同类型的网络之间的自动协调管理是非常具有挑战性的问题。以移动健康医疗监护场景为例,认知车内网中的智慧衣通过采集和分析生理指标,已经检测到驾驶员急性病突发,此时医院云端接到来自智慧衣的报警后,如何将真实情况反馈到移动网络运营商,促使其将更多的通信和计算资源分配到具体车辆,这还涉及网络切片资源的自动编排问题。另外,驾驶员在疲劳驾驶的状态下,认知车联网框架下的智能车、行人及邻近车、道路交通系统应如何在极短的时间内自动地迅速做出正确的反应,以避免交通事故的发生。随着5G技术的发展,这些问题已经有一些探索,在CIoV的特定应用需求下,仍需要大量研究工作考虑任务编排与自动化的问题。

2. 系统性能

以独立传感器为基础的自主运动体本身的控制决策具有很大的局限性,如在恶劣天气条件下(如深夜、暴雨、雾霾等),或在复杂的路况场景下(如交叉路口、拐弯处),车载传感器的雷达或摄像头可能会出现观测精度下降的情况。如果针对这些特殊场景开发性能更强的超高精度传感器,消费者无法承受相应的成本。尽管人工智能技术提供了可能的解决途径,但目前仍然无法完全解决系统性能问题。比如在图像理解方面,深度卷积神经网络(deep convolutional neural network, DCNN)的研究取得了一定的进展,在智能驾驶领域中也证明了其应用的潜能。但是DCNN仍存在一些缺陷:一方面,深度学习技术需要大量人工标注的训练数据;另一方面,虽然通过在层次化结构中增加隐藏层的方式可以提高识别性能,但同时模型的复杂度也大大增加,最终使得模型的训练变得越来越困难。如何在人工智能技术的基础上,结合物理空间的环境协同感知技术以及网络空间的流量数据挖掘预测技术将会成为车联网的未来研究方向。

3. 隐私和安全

作为以人为核心的生态系统,认知车联网将面临各种隐私和安全的挑战。车内网存储着大量车主的私人信息:车内网中的传感器包括车主的驾驶视频与车内语音;车载社交平台中,可能会共享包括照片、位置和活动等;车载移动健康应用还会采集车主的生理健康数据。因此,认知车内网的信息十分敏感,需要额外的保护。一种可能的解决方案是利用生物特征信息进行信息加密,如在数据收集阶段,可利用虹膜和脸部识别保护设备访问,此外数据共享可以识别心率等。一些数据需要共享到远程服务器进行分析,加密过程需要与网络架构和传输协议进行协作。

通过在车载边缘云上部署机器学习能力,在边缘设备间构造一个强大的分布式对等网络,这种方法是对保护隐私敏感的认知应用程序的研究趋势之一。然而,在向认知车联网演进的过程中,必然会有许多智能性较低、计算资源有限的车载设备,这些设备更易被网络攻击者入侵,它们不仅无法充分保护自己的资源,甚至有可能危害到整个道路系统的安全。消费者往往不愿意升级那些寿命较长的车载设备。因此,考虑到大量分布式设备和系统的可靠性,打造一个安全的半自动化未来驾驶场景是十分关键的。

4. 电池问题

随着智能电网技术的飞速发展,电池可能会成为未来自动驾驶汽车的首要储能装置。在不断演进的车联网中,对电池的性能也会提出越来越高的要求。智能车载设备包含很多高功耗部件,诸如网络芯片、GPS 和持续高精度传感器等,此外考虑到驾驶体验的舒适度,保持它对乘客的隐蔽性也很重要。如今无人驾驶汽车的续航时间受到限制,主要原因在于锂离子电池技术发展还不完善,无法满足无人驾驶汽车的需要。要想解决能源效率问题,需要开发先进的能量采集技术,使得智能车辆可以从周围环境中收集能量,以便直接使用或存储在车载电池中。另一方面,研究人员正在努力寻找新材料,改进电池能量密度,减少充电时间,增强电池的性能让用户获得更好的使用体验。电池管理系统是安全可靠、成本适宜的一种可能解决方案。

10.4   智能自主运动体

近年来人工智能各分支学科(深度学习、计算机视觉、自动驾驶、认知计算、机器人技术)的发展为复杂环境下的智能自主运动体的规模应用奠定了技术基础,在智慧交通、航空航天、智能物流、智慧城市等行业均出现了潜在的解决方案。本节通过对 6 种不同自主运动体的归纳给出了智能自主运动体的定义,随后以此分类对当前智能运动体的技术、应用场景、开放性进行了讨论,让读者了解智能运动体的研究现状。

10.4.1   智能自主运动体概述

根据国际数据公司(international data corporation, IDC)对全球机器人和无人机支出指南的最新预测(见图 10-16,发布于 2018 年),2019 年全球机器人系统和无人机支出总额将达到 1157 亿美元,比 2018 年增长 17.6%。IDC 预计,到 2022 年,这一支出将达到 2103 亿美元,复合年增长率约为 20.2%。从地域方面看(见图 10-17,发布于 2018 年),2019 年中国将成为无人机和机器人系统最大的消费地区,总投资将达到 385 亿美元。亚太地区(不包括日本和中国)将成为第二大地区,消费 233 亿美元,紧随其后的是美国(172 亿美元)和西欧(130 亿美元)。

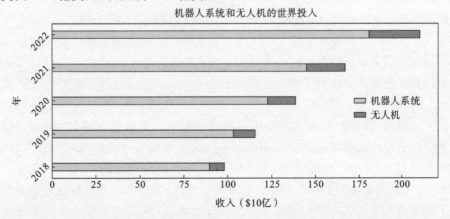

图 10-16   2018—2022 年度全球机器人与无人机发展趋势(IDC 预测报告)

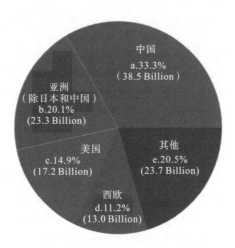

图 10-17　2019 年不同国家机器人系统和无人机分布情况（IDC 预测报告）

随着人工智能、大数据、物联网等技术的不断发展，以自动驾驶汽车、无人机、运动机器人为代表的智能运动体在复杂恶劣环境下表现出与人类相当或超越人类的能力，其自主性不断拓展。本节将这些融合了感知、认知、控制、行为与决策于一体的运动体统一定义为智能自主运动体（smart autonomous vehicle），其可能的发展方向包括：单一智能自主运动体和群体协同智能自主运动体。其关键技术包括：① 开放环境下的智能自主运动体认知建模与学习；② 环境适应的跨媒体综合推理；③ 智能自主运动体的交互模型与方法；④ 复杂环境的类人理解与自主驾驶；⑤ 群体智能自主运动体的协同理论与方法；⑥ 智能自主运动体的智能评价体系与方法。

Kunze 等人对以机器人系统为载体的自主运动体的智能性进行了讨论，以可自主运动时长这一主要指标对当前的自主运动体进行了分类，并探讨所需的关键技术，如导航和制图、感知、知识表示和推理、规划、交互和学习。Huang 等人从认知论的角度出发概述以认知机器人为代表的自主运动体的研究现状，对机器人的认知发展模式和模型进行讨论，以达成机器人对自我、运动行为和基本概念的认知能力。在这些工作中，自主运动体更多的是以机器人为载体，其智能性通过认知能力体现出来。Lu 等人对高性能自主导航无人机进行总结，重点讨论了传感器、路径规划和避障核心技术。Sha-khatreh 等人介绍了以无人机为载体的自主运动体的应用及其面临的挑战，同时探讨了当前的研究趋势，包括能耗、避障和集群协同、网络和安全相关问题。Janai 等人和 Kanellakis 等人以自动驾驶为切入点对自主运动体与计算机视觉问题相关的研究进行了综述，从识别、重建、运动估计、跟踪、场景理解和端到端学习这几个方面对自主运动体视觉认知的最新技术进行了分类整理，同时对待解决的问题和当前的研究挑战进行了讨论。回顾之前的工作构建了智能自主运动体的技术蓝图，同时探讨了智能自主运动体的不同层面，但是没有考虑到运动体的自主性给人类社会带来的潜在伦理难题。有相关工作研究过此类问题，如 Tessier 重点讨论了实现自主性所面临的技术问题、人机交互的弱点，最后对智能体的自主性所可能引起的某些伦理挑战进行了探讨。尽管如此，上述工作中缺乏关于智能自动驾驶体的定义、分类以及潜在挑战的讨论。虽然目前关于智能自动驾驶体的研究结果并不是那么系统化，但我们仍然试图将未解决的问题和挑战分类如下。

（1）智能自主运动体的定义：智能自主运动体是由计算机控制的在物理空间中运动的机器。更准确地说，智能自主运动体具备以下基本能力：① 通过传感器感知自身状态和周边环境并收集数据；② 处理并解释收集的数据，即在已有知识的基础上对数据进行处理，生成用于决策的相关知识；③ 决策，即根据已有的经验和产生的知识决定和规划自身的行为；④ 通过执行器或物理接口在物理空间中执行相应的动作行为；⑤ 与用户或其他自主运动体进行沟通和交互；⑥ 自主运动体通过从过去的经验中进行学习从而调整自己的行为，使其具备学习能力。

（2）智能自主运动体的分类：基于目前学术界和产业界的发展现状，智能自主运动体主要以自动驾驶汽车、自主航空器、无人机、水（上）下航行器、智能服务机器人以及工业机器人为其主要载体。

（3）智能自主运动的智能性：其智能性体现在三个方面：① 应急反应能力，在适当的时候对物理世界中发生的某些变化或事件做出反应的能力；② 目标达成能力，是自主运动体在既定计划下的决策能力，目的是实现一些设定给自主运动体的既定目标；③ 自主性，自主性是指在复杂多变的环境中自主运动体独立于人或其他控制器工作的能力。

（4）智能自主运动的伦理挑战：在人机共处环境下，智能自主运动体的决策自主权会带来很多技术和伦理问题，要使自主运动体造福社会，必须通过研究来解决这些问题。运动机器人作为一种典型的智能自主运动体，其自主性一直受到媒体的广泛关注，并呈现出一种拟人化的趋势（如"智能类人机器人"等），这种拟人化有可能误导人们。为此，我们在自主运动体决策能力与人类决策能力共存的前提下，将行为自主性进行合理定义，从人、机、人机交互这三个方面解决存在的技术问题，从而避免机器自主性带来的潜在风险。

根据相关定义，自主权是指将一项决定委托给授权实体从而在特定范围内采取相应的行动。一个实体或系统要具有自主性，就必须有能力根据其对外部世界、自身状态和当前形势的认知和理解，在行动过程中独立地决策以实现特定目标。作为智能自主运动体载体的自动驾驶汽车、无人机和运动机器人应具备一定的自主决策能力。对运动机器人来说，未来几年，计算机视觉、自然语音处理和运动决策将成为其发展所需关注的重点，算法、运动控制、计算机视觉和自然语言处理让机器人在视觉、语义理解等方面进一步的智能化。对自动驾驶汽车来说，已有许多研究报告展示了无人干预的自主驾驶系统取得的进展，自主且自治的驾驶系统必须能够在没有人类直接干预的情况下做出决策并对事件做出反应。对自动驾驶来说，一些基本要素是明确的，包括：感知环境的能力，利用车载设备或车联网进行分析、通信、规划和决策的能力，利用控制算法进行车辆行为控制的能力。对无人机来说，将在海、陆、空三个不同的空间环境下应用，并在通信服务、物流快递、地理测绘、安全监控等领域中发挥重要作用，并将代替人类在日常生活中执行危险、肮脏和枯燥的任务。

然而，使智能自主运动体能够在复杂场景中较长时间自主执行任务，并规避各种风险，目前还存在诸多挑战。其中一些技术难点已经被人工智能所研究，包括导航与绘图、感知、知识表示与推理、路径规划、障碍检测与规避、人机交互和自我学习。当这些技术集成到一个自主运动与控制系统中时，可以使其载体在复杂的场景中长期有效地运行。本节从自主的持久性出发，从分类、技术、应用和挑战几个方面对自主运动体的发展进行总结。

10.4.2 智能自主运动体分类

智能自主运动体已经部署在各种领域,包括太空探索、海洋测绘、航空、行业应用、交通和家居服务等场景下。根据其应用场景主要分为六种不同类型,包括:自动驾驶汽车、自主航空器、无人机、水下(上)无人器、自主服务机器人、工业机器人。

表 10-4 对智能自主运动体的应用情况进行了简单的总结概括。通过环境复杂性、任务多样性、语义理解力、动态性、可观测性、成本与危险性、交互协作能力、自主程度八个方面对不同运动体进行了对比,从低、中、高三个维度进行了特征度量。同时我们通过其运行的可持续性(日、月、年)和人工智能的智能程度(未集成、部分集成、完全集成)进行了对比。

表 10-4　智能自主运动应用概述

应用领域	特征								运行持久性	智能性					
	环境复杂性	任务多样性	语义理解力	动态性	可观测性	成本与危险性	交互协作能力	自主程度		导航与测绘	感知能力	知识表示与推理	任务计划与调度	交互智能性	学习能力
自动驾驶(陆)	M	L	M	H	M	H	M	L	日	◎	√	◎	◎	×	◎
自主航空器(太空)	L	L	L	L	H	H	L	M	年	◎	√	×	√	◎	×
无人机(空)	M	M	M	M	H	H	M	M		◎	√	◎	◎	×	×
水下(上)无人器(海)	M	L	M	M	H	H	M	M		◎	√	◎	◎	×	◎
自主服务机器人(服务)	H	H	H	L	H	L	H	M	日	√	◎	◎	√	√	◎
工业机器人(领域)	H	M	L	M	H	M	M	M		√	√	◎	×	√	◎

注:L 低,M 中,H 高,× 没有集成,◎ 部分集成,√ 完全集成。

如图 10-18 所示,对智能自主运动体的典型应用场景进行了总结,分别为海洋测绘、智能服务、行业应用、自动驾驶、无人机和太空探索 6 个方面,并对其应用的时空局限进行了界定,现对各部分进行进一步说明。

1. 海洋测绘

自主式水下航行器集成了深潜器、传感器、控制软件、能源系统、新材料与新工艺、水下智能等技术手段。由于水下通信的限制及测绘环境的复杂性,对自主式水下航行器提出了相应的要求,任务以数千公里或数月为单位。智能自主式水下航行器具备多天的自主操控能力。军事上用于反潜战、水雷战、侦察与监视和后勤支援等领域,民用

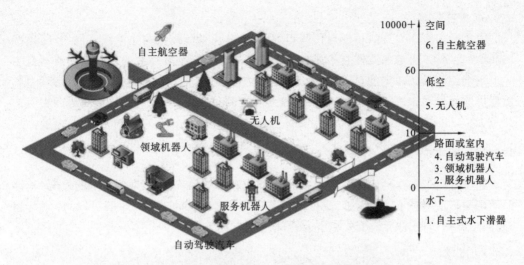

图 10-18　智能自主运动体典型应用场景

上可用于科考、深海勘探等领域。

2. 智能服务

服务机器人定义为在恶劣环境中为人类工作或与人类一起工作的服务机器人。服务机器人必须应对环境和任务的变化。服务机器人在展览馆、健康监护、商店、酒店、办公室、智能家居等环境中实现了应用部署,一定程度上实现了连续自主的运行和管理。服务机器人正在向智能自主服务机器人演进。

3. 行业应用

领域机器人会涉足森林、农业、采矿、建筑等不同领域的多样化环境。目前大多数的领域自主机器人使用基于路径的自动导航系统,这些系统遵循预先设定的路径实现有限的人工智能。另外一些领域机器人使用可视化的"重复训练"实现实时环境下的准确导航与任务执行,机器人自主地进行重复训练,当外部环境发生剧烈变化的情况下可以实现长期自主运行。

4. 自动驾驶

使用自动驾驶系统的无人汽车在公路上已累积了上百万公里的行驶里程。自动驾驶技术使用神经网络从人类的驾驶行为中学习道路图像和车辆控制之间的映射关系。同时通过引入辅助驾驶系统,如自适应巡航控制、自动泊车、盲区报警等,无人驾驶汽车通过学习能够适应更复杂的场景。

5. 无人机

无人机(unmanned aerial vehicle, UAV)是一种可以在无人驾驶的情况下飞行的飞机。目前,越来越多的无人机因其高机动性和灵活性而被民用。然而,在一些复杂的环境中,由于传统传感器的通信和感知能力的限制,无人机无法准确感知周围环境,无法正常工作。因此,高性能自主导航能力对无人机的发展和应用具有重要意义。待机时间也是阻碍无人机长期运行的另一重大原因。为了实现长时间自主飞行,无人机必须根据全球和当地的天气条件、风场和气流来规划飞行路径,并改善其自身的能量调度效率。

6. 太空探索

由于通信距离导致的极端通信延迟,高效的外星探索需要自主系统。例如,美国宇航局的"机遇号"火星探测器在火星表面已运行超过 15 年,其拥有的任务计划器和自主导航系统使其具备一定的自主运动与决策能力。任务计划器自动创建每日任务计划,然后由地面科学家进行完善,随后导航系统建立路径规划的三维模型,从而执行相应的任务。

10.4.3 技术核心

智能自主运动体的发展主要包括个体智能和群体协同智能两个方向的发展,其涉及的相关核心技术包括:传感、定位与测绘、障碍物检测与避障、导航、目标检测与追踪、路径规划、自主决策、资源协同,接下来分别作相关介绍。

1. 传感

通常情况下,运动体通过环境传感器和自我状态传感器获取自身状态和环境信息。传感器主要有 GPS、多轴加速度计、电子罗盘、激光雷达、摄像头和惯性导航系统。传统传感器的缺陷或多或少地制约着自主运动体的应用,如何利用新的方法来提高运动体状态估计的准确性和鲁棒性,越来越受到研究人员的关注。可以通过多传感器数据融合,以及融合不同类型传感器的优点获得更好的数据质量,但会带来成本问题。因此,需要有更通用的方法来提高运动体的环境感知能力,例如,视觉导航使用视觉传感器进行环境感知,可以获取更为丰富的环境信息,包括颜色、纹理等视觉信息。

2. 定位与测绘

定位与测绘的场景大致可以分为三种:无地图场景、有地图场景和实时构建地图场景。无地图场景在没有地图的环境下进行导航,运动体通过感知到的环境信息进行导航,目前常用的方法是光流法和特征跟踪法。有地图场景在系统中预先定义了环境的空间布局,运动体在运动中具有迂回和运动规划能力。此外,在某些情况下事先取得目标地区的地图是不切实际的,因此,实时绘制地图是一个可行的解决办法。实时地图构建方案在自主运动和半自主运动场景都得到了广泛的应用,随着计算机视觉与实时绘图技术的快速发展,实时地图构建方案越来越受欢迎。

3. 障碍物检测与避障

避障是自主导航中不可缺少的一部分,它可以感知障碍物的基本信息,减少意外碰撞风险,从而提高运动体的自主性。避障的基本原理是检测障碍物,运动体实时识别障碍物并计算运动体与障碍物之间的距离。当二者距离到达一定阈值时,运动体在控制模块的指令作用下进行规避,常用雷达、超声波、红外等设备进行测距或采用视觉传感器获得丰富的视觉信息,用于处理避障。

4. 导航

导航是自主运动体安全快速到达目标位置进行规划的过程,主要依赖于周边环境信息和运动体自身状态信息,包括位置、速度、航向以及起始点和目标位置等信息。目前主流导航方法分为三类:惯性导航、卫星导航和视觉导航。运动体的导航系统通过外部环境传感器、自我状态感知传感器获取的数据,进行定位、测绘、避障和路径规划的处理,最终输出连续的控制信号,指导运动体到达目标位置。随着计算机视觉技术的飞速发展,基于视觉的导航技术已日趋主流。视觉传感器可以提供丰富的实时环境信息并具有很好的抗干扰能力。

5. 目标检测与跟踪

目标检测是实现自主运动的关键,运动过程中必须对复杂环境中的各种对象进行识别,主要包括人员、其他运动体、障碍物等,从而避免可能的事故与风险。在实时环境中,目标检测的技术难度较高,任务可以通过多传感器的融合来完成高效的感知。可见光谱传感器用于白天的目标检测,而红外光谱传感器用于夜间的目标检测。热红外传感器通过识别温度差将温暖的对象与植被、道路等寒冷的对象区分开。激光雷达等传感器则提供距离信息,有助于探测物体并进行定位。多传感器方案可以提升目标检测任务的鲁棒性。

6. 路径规划

自主运动体根据能耗、时间、路径等性能指标进行路径规划,寻找最优路径。根据计算最优路径所使用的环境信息,路径规划问题可分为全局路径规划问题和局部路径规划问题。全局路径规划的目的是在预先定义的全局地图的基础上寻找最优路径。然而,全局路径规划不足以实时控制自主运动体,尤其是在运动过程中出现意外情况时,因此需要进行局部路径规划,不断从周围环境中获取传感信息实时计算可行路径。

7. 自主决策

自主决策方案包括运动决策和行为决策,运动决策涉及许多算法模型,如目标检测、兴趣点分割(车道)、运动估计、目标跟踪、目标重建,然后将这些模型整合到统一的运动控制系统中。近年来端到端自主运动决策方法受到了广泛的关注,端到端自主运动通过使用一个自适应的系统将数据输入(如摄像头图像)直接映射到动作控制行为(如转向角度、速度等)。行为决策主要是在人机交互场景下,通过对目标对象的感知做出与之匹配的行为决策,以提供优质的服务。

8. 资源协同

多智能自主运动体共存的场景下可以通过动态组网的方式形成协同集群,从而实现运动体间的信息、资源和决策共享,如图 10-19 所示,集群在架构上主要由三部分组成,即资源微云、边缘基础设施和中心云。

(1)资源微云:智能自主运动体是资源微云的组成主体,采用一定的组网策略将智能自主运动体划分为不同的簇,由此建立资源共享的微云。通信模式主要包括节点到节点通信和节点到边缘基础设施通信,资源微云以服务为导向,具有一定的生命周期。自主运动体的运动使资源微云易变,易解体,因此有必要设计有效的机制来维持资源微云的可靠性。

(2)边缘基础设施:边缘基础设施包括接入网和边缘云两大部分。接入网中的通信设备包括 RSU、蜂窝基站、无人机通信集群等。边缘云位于网络的边缘,通常位于路边单元、基站或其他地面设备中,具有传统的计算、存储和网络资源。边缘云的最大优势之一是离自主运动体较近,从而具有低延迟特性。

(3)中心云:智能自主运动体借助边缘基础设施中的接入网接入核心网,并访问位于核心网中的中心云。中心云具有逻辑上近乎无限的计算、存储和网络资源,从而具有强大的算法智能性。在图 10-19 的协同场景下,无人机作为一种自主运动体共享中心

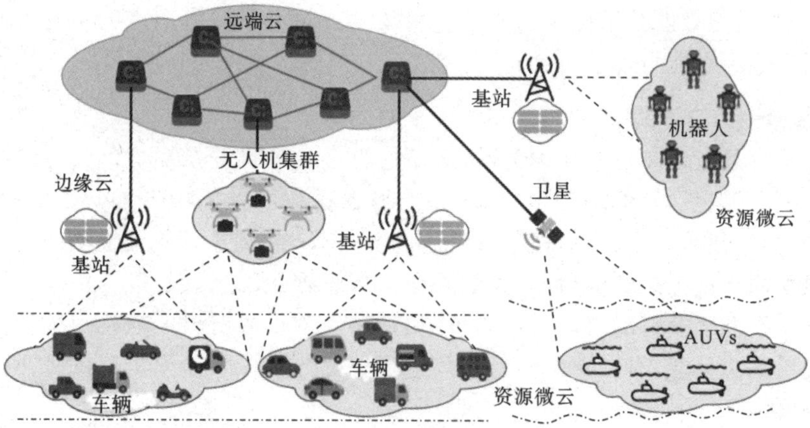

图 10-19　智能自主运动体资源协同架构

化的通信资源并传给其他自主运动体,如地面行驶的无人汽车、地面的服务机器人等。无人机集群组网形成无线接入网,被服务的自主运动体通过无线接口与无人机集群、地面基站和其他自主运动体通信。利用无人机节点的移动性和易于部署的优势,可以灵活、智能地构建临时通信网络,为其他智能自主运动体提供网络接入服务,改善目标区域网络的连接性。

10.4.4　典型应用

如表 10-5 所示,本节对以无人机和自动驾驶汽车为代表的智能自主运动体的应用按场景进行总结。

表 10-5　智能自主运动体典型应用

自主运动体种类	应用类型	说明
1. 无人机	(1) 无人机搜救	无人机搜救系统有两种类型:单无人机系统和多无人机系统。无人机系统首先确定搜索区域,然后使用配备的感知设备对目标区域进行扫描,开始搜索行动
	(2) 传感数据收集	无人机可用于从地面传感器收集数据,并将收集到的数据发送到数据中心。传感系统主要有主动传感系统和被动传感系统两种
	(3) 设备巡检	无人机在大型建设项目监控,以及输电线、燃气管道和 GSM 发射塔基础设施检查中的应用越来越广泛
	(4) 精准农业	无人机可用于作物管理和监测、杂草检测、灌溉调度、害虫检测、农药喷洒和地面传感器数据收集等农业活动
	(5) 物流	无人机可用于运输食品、包裹和其他货物,在医疗领域,无人机可以将药物、免疫接种和血样运送到特定的地方
	(6) 实时交通流量检测	无人机可以收集道路交通状况信息,与传统的环路检测器、监控摄像机、微波传感器等监控设备相比,无人机具有高度的灵活性,可以聚焦于不同路段

续表

自主运动体 种类	应用类型	说　明
1. 无人机	（7）安全监控	无人机可以用于边境监视、行人追踪、火情监视、传感器部署、多无人机联合区域监控等安全监控领域中
	（8）无线通信接入	无人机可以在紧急情况下提供无线覆盖以作为地面基站的补充，为用户提供更好的通信覆盖范围和更高的数据率
2. 无人汽车	（1）自动驾驶货车	卡车的道路环境相比城市道路复杂度更低，卡车的自主感知、决策技术通过有限的算法能够覆盖各场景。其应用可以减少伤亡事故，降低货运成本，提高生产效率
	（2）园区自动驾驶汽车	低速场景下的园区载人或载物自动驾驶方案，在园区、景区、小区、机场、度假村等提供自动泊车、站点直达、站点停靠、自动驾驶、跟车行驶、避障等功能
	（3）道路行驶	道路自动驾驶被定义为 L0～L5 级别，目前主流的自动驾驶方案还停留在 L2、L3 层面

10.4.5　未来挑战

智能自主运动体的广泛应用面临着一系列的挑战，本小节从安全性、用户隐私、异构组网、伦理问题和能耗问题几个方面对需要解决的挑战进行了说明。

1. 安全性和用户隐私

智能自主运动体系统各组成部分的脆弱性为恶意入侵者提供了广泛的攻击面，给系统带来了巨大的网络安全挑战。在通信链路层面，针对不同实体之间的通信链路，可以进行各种攻击，如窃听、会话劫持等。不同于传统的有线网络，自主运动体的组网是一个开放的无线网络，缺乏防火墙和网关等防御手段，导致其通信数据易于窃取、更改和伪造。恶意攻击和服务滥用可能导致自主运动体的组网瘫痪，从而给相关人员带来安全威胁，同时导致隐私的泄漏，所以运动体的组网应确保新加入的节点是可信任的。此外，网络的复杂性和节点的移动性使得网络安全协议的设计更具挑战性。

2. 异构组网

智能自主运动体组网的主要特点是流拓扑和链路的快速变化。运动体具有灵活机动性，可达 30～460 km/h 的速度，这种高速导致运动体与其他节点之间的链路状态快速变化，给通信协议带来了不同的设计挑战。因此，需要新的通信协议来满足自主运动体的通信需求。因为节点的高移动性，无线通信技术往往被应用到运动体的动态组网中，诸多无线通信技术可用于建立联网的通信基础设施，如 LTE、D2D、WiFi、WiMAX、ZigBee、蓝牙、RFID 等无线技术均可用于不同的应用场景。网络拓扑高度动态化，节点需要同时支持多种无线通信技术，由此带来网络的异构性，常常导致网络资源利用率低和互操作性差。虚拟化提供了一种机制，能将服务与其底层物理基础设施分离，并提高系统的整体性能。目前针对存储资源和计算资源的虚拟化技术已经成熟并取得了广泛的应用，而网络虚拟化技术仍处于探索阶段。网络虚拟化技术可以屏蔽网络设备的异构性，同时具备网络资源共享、网络资源聚合、网络资源动态分配和网络高效管理等巨大优势。软件定义网络作为一种新型网络技术为网络虚拟化的实现提供了很好的可行性。将网络虚拟化技术引入自主运动体异构组网是一种明显的趋势,为解决网络异构性问题提供了潜在方案。节点在空间上的移动性和时间上的灵活性对网络资源的动态调度提出了更高要求,网络虚拟化实现对网络资源的灵活分配,在资源调度方面具有明显优势。

3. 伦理问题

当考虑到自主运动体的自主性时,可能会出现相应的伦理问题,设计出的自主运动体所做出的决策是否符合人类的伦理道德? 或者更准确地说,这些决策是否可以被人类认为是合乎道德的? 一个具有自主决策能力的自主运动体可能会被用于需要伦理思考来指导决策的环境中,而以前伦理思考往往是由人类做出的。典型的例子是:当事故无法避免时,自主运动体如何选择受害人? 在这种情况下往往无法做出最佳决策,没有唯一标准可以作为支持或拒绝某个决策的依据。任何决策都是受道德价值和伦理约束所指导的,根据其价值观、现有的道德约束以及所处的环境,不同场景下"正确"的决策可能是不同的,甚至是冲突的。

4. 能耗问题

智能自主运动体的任务要求对主要以电池驱动的自主运动体进行高效的能耗管理。可靠、连续、智能的管理可以帮助运动体完成任务,防止不必要的损失。自主运动体的电池容量是实现持久任务的关键因素,但是随着电池容量的增加,其重量也随之增加,使得自主运动体在执行特定任务时消耗更多的能量。信息技术领域缓解无人机能耗局限性的主要研究方向有:① 电池管理;② 无线充电技术;③ 太阳能充电技术;④ 智能算法与通信技术功耗优化技术。

11

基于人工智能的 5G 触觉网络

与我们日常生活息息相关的服务设施,如手机、计算机、自动柜员机、家用电器等,以及娱乐、教育的媒介载体等都开始投入于"触觉革命"。传感技术、通信技术、大数据技术和互联网技术等的发展,促进了以触觉传感为特征的"物联网"时代的来临,这意味着人类的感知模式正在发生着继"视听"之后的"视听触"转变,这一转变对人类生存模式的影响是一个值得关注的问题。如何基于互联网中活跃着的触觉信息建立新型的认知应用模式,是我们需要思考的问题。本章首先对基于 5G 的认知触觉网络进行了介绍,然后讨论了面向 uRLLC 的 5G 触觉网络能效优化,通过建立系统效用模型实现在有限的资源下进行流量的有效调度,达到最大的系统效用。

11.1 基于 5G 的认知触觉网络

11.1.1 触觉与认知

1. 触觉

全身皮肤上分布着感觉感受器,当其受到外界温度、湿度、压力、振动等刺激时,会产生冷热、润燥、软硬、压(力)觉、痛觉、振动觉等感觉,这就是触觉。皮肤作为生命主体与外在世界交接的界面所产生的感觉,是"最古老的感觉"。早在古希腊时期,柏拉图就认为,"皮肤的感觉是全部的躯体感觉",亚里士多德将之定义为"触觉"并指出,"如果没有触觉,其他感觉就不可能存在"。"没有了触觉,人将生活在一个模糊的、麻木的世界里",现代生物学证实,皮肤与人脑源于同一组织,触觉的形成先于视觉、听觉等。触觉是人类的"第一感觉",这一点早已成为共识。触觉作为人类的"第一感觉",更重要的还在于,它是人类建构世界的起点。对于个体而言,触觉是建构生命主体与生存世界关系的重要手段。伴随着生命的成长,物质世界的种种形态,以及形态的变化过程,比如被挤压的海绵在手中慢慢膨胀等,这些都需要从触觉获得。虽然研究表明视觉是80%的信息来源,但是"在认知作用方面,触觉与视觉的关联要甚于其他任何感官,它能提供有关对象的信息。"甚至"人的视觉偏差也直接依赖于触觉信息的修正"。在生命成长过程中,个体借由触觉、视觉等其他感官的综合作用构建对物理世界的认知。

除此之外,触觉体验还被用于审美:山与水的自然之美可以通过触觉来体会;雕塑和绘画或柔滑或刚劲的线条设计、手工艺品的"质感"如玉之温润质坚等,也可以通过触觉感知。总之,触觉是人类第一感觉,基于人工智能的触觉认知是连接机器与物理世界的重要一环,而认知触觉网络则能将触觉传递到远方。

2. 触觉传感技术

触觉表现为身体在交流中肤觉的即时性与力觉的反馈性,这个特性严重限制了人类触觉信息的传达。随着人类生存能力的增强,有限的身体力量和接触空间限制了人的发展。人类对传达生命力的需求不断增强,对触觉认知系统提出了新的挑战:如何将触觉信息进行感知、存储及跨越时空地传递(触觉认知的遥操作)? 触觉传感技术是触觉信息采集的基础。从触觉出发的传感技术在演进中不断实现人"力"的放大、触觉传感范围的扩大,触觉网络成为人接触物理世界的延伸。从触觉传感出发,触觉意象的感官补偿、虚拟触觉的技术开发,表现出人类对触觉增强的尝试。典型的触觉传感技术分为以下几类。

1) 机械触觉传感技术

触觉传感技术起缘于工具的制造。原始时代,初民直接接触材料和对象,摩擦取火、打磨石器、制作陶器都靠手的力觉与肤觉的协调动作。工具是最早的触觉传感媒介,通过工具把人的力量和触觉传给对象。但是由于人和对象之间有了"器具"的阻隔,"反馈"回来的信息只有"力",而最先损耗的是温度等其他肤觉信息。15 世纪以后,随着工场手工业作坊的发展,触觉剥夺悄然而坚定;18 世纪后,纺织机械、蒸汽机、机床、蒸汽机车、轮船等的发明,手不再与器具接触,人力得到了空前放大;19 世纪后半叶,电气化时代的来临让电"能"成为动力,电子技术将"人控的自动化"转化为"数控的自动化",人既不需要去亲自触摸,也不用把身体中的力传递出去,人只需按动一个按钮,产品就会生产出来。人力实现了跨空间的无限放大,但身体与对象渐行渐远,甚至完全分离。进入 21 世纪后,随着材料科学、计算机技术、生物技术等的迅猛发展,机械触觉传感技术的发展取得了快速的进展。例如,美国明尼苏达大学的 Lee 等人利用聚二甲基硅氧烷(PDMS)作为结构材料设计了一种电容式触觉传感器,具有柔性好、灵敏度高等优点。丁俊香等人利用导电橡胶的压敏特性提出了采用整体式框架结构,节点行之间独立的非线性传感器结构,不仅有利于传感器结构的加工,而且降低了解耦算法的复杂度,结果表明基于该结构的传感器可以实现大规模三维柔性触觉的信息测量以及传感器规模的拓展。合肥工业大学的黄英等人利用力敏导电橡胶的压阻特性设计了一种柔性触觉传感器,实验证明这种触觉传感器具备检测三维力的功能,并且可以根据工作量程和灵敏度选择传感器参数。此外,触觉传感器常采用的方案还有压电式、光纤式等形式。

2) 影像触觉传感技术

通过色彩、笔触、光影的再现与模仿,协同心理的意向建构,可以使影像呈现出触觉意象。特别是电子影像技术的发明,图像的触觉意象更加直观化、切身化。电影技术的发展,可以看作是一场感官家族的约会,视觉、听觉、触觉等众感官风尘仆仆,在不同的时间经由不同的方位与路途,在影院团聚。继有声、彩色、3D 电影对视听觉的逼真模拟之后,4D 电影的贡献在于它再现了触觉。通过特效座椅,观众可以感受到影片中力觉的传递,如振动、坠落、撞击等感觉。在信号的作用下,电影观众能够产生焦虑等诸多感受,并且四肢也将产生紧张感,胸腔会产生脉冲,心跳会加速,这能让电影观众充分体验到影片中角色对应的情感反应。同样,游戏原本是面对面的身体交互活动,虚拟互动游戏正是对这种实时的触觉交互的再现。通过手柄、方向盘、摇杆、力反馈器等设备,玩家获得了触觉交互的体验。例如,穿上"3RDSpace"(TN Games 公司)的游戏背心,"中弹"具有了位置、力量和方向,"中拳"具有了振动和"疼痛"。这已不仅仅是心灵的"震惊",而且是身体实实在在的"战栗",这就是沉浸式体验"触觉意象"。

3) 数字触觉传感技术

对于人类来说,触觉影像的感官补偿仍然不过是一个权宜之计,真正意义上的触觉回归,是从触觉主体的手和皮肤的模拟开始的。20 世纪 60 年代,将现代生理学、生物学与电子技术结合起来,使用热电偶和电阻应变计模拟人类皮肤对温度和压力感觉,制作出一种电子皮肤。这种电子皮肤的流量、速度、振动等具体细节参数都可以用合适的电子装置测量得到,这样就构造了一系列高级的机械式感觉器官,并且感知能力远超过人类皮肤的界限。电子装置提供了比人的器官更为优越的人造感觉器官,这一线曙光迅速蔚为回归身体触觉交互的技术大观。以 1962 年托莫维奇和博尼的"灵巧手"为标志,这是世界上最早运用压力传感器的触觉主体,此后,机器人触觉传感技术得到深入的研究与开发,20 世纪八九十年代在工业自动化、航天、海洋、军事、医疗、护理、服务、农林、采矿等专业领域得到应用和进一步开发。21 世纪以来,医疗手术中的触觉传感技术得到运用,这种传感技术可以用来得到疾病组织的刚度,施加的力度与组织的柔软度紧密相关,极大地保证了手术操作中的安全性,另外还有触觉传感器通过控制机器人手,可以感知到病变部位的重要信息,比如在进行封闭式手术的压电三维触觉传感器等。而德国科学家菲利普·迈特纳多佛研究出了一套能让机器人拥有多种感觉的"电子皮肤",这种皮肤一方面能使机器人在面对周围环境中的温度、湿度等变化时更好地进行适应,同样也能获得实时的触觉感受。对于触觉传感技术来说,一方面将触觉对象转化为可触知的信息,另一方面使"物"成为能够接受触觉信息的对象,二者是相互的,缺一不可。最早的实验是在 1993 年进行的,麻省理工学院的研究人员开发了一种名为"Phantom"的触觉界面装置。它为主体产生指尖与各种物体交互的感觉,给人们提供前所未有的精确的触觉激励。这种技术的革命性在于,把命令式人机交互变成了触觉式人机交互,这使得远程手术的医生可以"真实地"触碰到肌体组织,在视觉与力学的综合作用下遥操作指导康复训练,在内窥镜手术中,在获得触觉反馈的同时,还能够在屏幕上看到虚拟对象的变形、流血等现象。

4) 虚拟触觉交互技术

真正意义的跨时空触觉交互,需要借助于互联网技术。1993 年,第一个连接到 Internet 上的 Mercury 允许使用者控制一台 IBM 机器人和 CCD 摄像机在充满沙子的工作空间中进行物品挖掘;2002 年 10 月 29 日,美英两国的科学家向公众展示了他们发明的网络空间里的虚拟触觉感应技术,通过网络触觉感应装置,实验双方握住机械臂,可以直接感受到千里之外的人推、拉、颤动等动作,远隔千里的人们也可以进行"隔洋握手"了,人们可以跨越空间进行触觉意义上的交互。2003 年,纽约布法罗大学虚拟现实实验室主任 Caesar Wadas 发明的"触觉传感装置",创造了无需在场就可以"实时"接触远方对象的机会。虚拟触觉交互以互动性的经验取代被动经验,"这种感知活动已经脱离了身体而转化为一种可控制的能量信息",以 Internet 为基础设施使人类自身真实的力实现了空间的跃迁,同时触觉的交互不再是心灵的意向性建构和视触觉的意象,而是实在的生命活动。

触觉技术的发展不仅使人的触觉得到了延伸,而且使"物"有了丰满的触觉,"物"也成为生命存在。人物相联、物物相联,意味着拥有丰富触觉感性的交互活动将创造一种全新的生存方式、一个全新的生存世界。人类的生命力通过数字技术转化为一种能量信息,再由拥有力、触觉交互技术的传感器输入网络空间中,人以"虚拟"的方式与虚拟环境中具有丰富触觉感性的"物"进行触觉交互。显然,触觉传感技术参与构建的"自然",将以一种人无意识地穿透的空间(触觉传感网络空间)取代人有意识地去探索的空间(自然空间)。在虚拟触觉交互的空间中,触觉传感技术为生存的背景,就像空气一样——我们感觉不到它的存在,但它又无处不在。世界成为一个触觉交互过程中生长发育的有机体,它构建出一个前所未有、生机蓬勃的社会形态和生活世界,在此,生命可以跨时空进行触觉交互。

3. 由触觉形成的认知

认知的本质是什么?这个问题一直是许多心理学家和认知科学家关注的焦点。将认知比作由计算机进行模拟基础符号的加工,后来认为它可以是网状的、并行加工的神经网络模型,研究者都在借助自然科学冷冰冰的概念和术语来诠释人类认知的本质,而往往忽略了人的"身体"在认知过程中也起着很重要的作用。传统认知心理学在解释认知的本质问题时遇到了困境。随着认知研究思潮的兴起,人们注意到认知对身体及其感觉运动系统的依赖性,并开始强调在认知过程中身体起到了很关键的作用。按照认知的观点,人类的心智和认知都是以人为基础的,它们的形成与发展有赖于身体的生理神经结构和活动方式。认知强调了以身体为基础,此处的"身体"并非仅仅指由皮肤、肌肉、骨骼和神经元等构成的解剖学意义上的身体,而是指心智化的身体。有些研究者将环境中的某些事物、语言等也看作是身体的范畴,认为它们共同构成了身体这个创造性的系统整体。认知具有一定的特征:其一,强调认知和思维会受到身体的物理属性的制约;其二,强调认知的情境性;其三,强调认知是身体与环境互动的动力系统。

触觉是人类最早发展起来的、最为基本的一种感觉,并且是人获取信息和操控环境的重要通道。身体的触觉经验可以为个体内心或人际间的概念性和隐喻性知识的发展提供一个本体的支架,我们的认知,尤其是人际知觉和自我认知,会受到触觉经验的影响。通过握手和拥抱,我们可以感觉到对方的态度。第一印象也容易受到触觉环境的影响。在谈判、求职等情境中,"触觉印象"常常发挥着无形的作用,一些广告和产品包装设计也会使用"触觉战术"。通过有意向的触摸,使得信息的获取和加工多了一种感觉通道,身体运动系统与感知觉的发展整合起来,并且二者互有影响。也就是说,身体的肌肉运动形成了人类最早的触觉,而人通过手来操纵物体则进一步提高了感觉的敏感性,促进信息的获取,并在随后更为准确地做出相应的知觉和认知判断。

与一些物体的接触经验可能激发触觉思维定势,并且这种定势的激发可带动相关概念的激活,这种激发更多的是指认知上的概念,而不是指个体自身的感受或偏好。感觉运动系统是认知的必要组成部分,人类对于世界的认识不是起源于抽象符号的加工,而是在根本上来源于身体的多重感觉经验,包括感觉运动、情绪事件以及对空间维度的加工等。由触觉等感官经验发展出来的"本体支架"描述了高级认知源于身体经验的过程,人可以借助身体动作和感觉经验获取对更为抽象的概念的初步理解。正因为如此,当通过触觉等感官运动激活了抽象概念时,相关的认知判断就容易受此触觉经验的影响。可见,触觉经验影响着人的认知判断。一般来说,触觉主要有三个维度:重量、质地和硬度。重量、质地和硬度可以无意识地影响信息的获取和管理。总之,触觉的这三个基本维度及其与身体的相互作用影响了人们的认知和决策。高级社会认知过程与身体触觉经验的联系一般反映在共同的隐喻中。

11.1.2　基于 5G 的认知触觉网络

不久的将来,5G 将进入全面应用阶段,作为新一代的网络通信基础设施,其超高速率、超高可靠性、超低延迟的通信特点为认知触觉网络的实现奠定了重要基础。本节探讨了认知触觉网络的架构,同时对认知触觉网络的各个部分提出了相应的优化和改进策略,最终达到提高触觉数据通信的可靠性并降低延迟的目的。

1. 认知触觉网络概述

5G 网络作为新一代的移动通信技术手段,其不仅表现在速度上的提升,而且更重要的是旨在构建复原能力更强的、更加一致的以及可用性更强的网络,这类网络在支持海量数据的同时,在成本方面也应该远低于目前交付联网服务的成本。未来,认知触觉网络作为一种满足更高需求的新的通信基础设施,具有超低延迟、超短传输时间、高可用性、高可靠性和高安全性。5G 为认知触觉网络无线端的接入方式提供了可行的参考方案。拥有超高可靠性和超快响应速度的认知触觉网络使得远程传输实时控制指令和物理触觉信息成为可能。

认知触觉网络的核心技术包括无线接入网(radio access network,RAN)、下一代核心网络(core network)、终端云和终端 AI。认知触觉网络相关应用中,高精确度是各应用得以实施的基本前提。高精确度的实现需要保证用户和远程终端的通信延迟被限制在毫秒的级别。认知触觉网络未来可能的应用场景包括工业自动化、自动驾驶、机器人、医疗、虚拟现实和增强现实、游戏、教育、无人自治系统和个性化制造等。例如,在医疗领域,通过使用高级的远程诊断工具,无论医生在哪,病人都可以随时随地获取专业的医疗建议。更进一步,医生可以控制病人身边的遥控机器人对病人进行治疗,因此在远程医疗中医生不仅可以获取音频和视频信息,同时还可以获取相应的触觉反馈信息。

正常情况下人对听觉、视觉和触觉的反应时间分别为 100 ms、40 ms 和 1 ms。如果在技术上解决远程交互中各感觉传递时间延迟的问题,人类就可以基于自身的知觉实现与远端对象的实时交互。这样人类不仅可以看见或听见遥远的事物,同时也可以抚摸和感知它们。但是,在实际的应用中,如果听觉信息、视觉信息和触觉感知信息的传输不一致就会导致糟糕的用户体验。例如,如果用户眼睛感知到了运动而相应的声音却发生了滞后,同时相应的触觉信息没有任何变化,感知信息传递的延迟会导致用户感知各信息的不同步,使用户获得糟糕的网络交互体验。

认知触觉网络由以下四个基本部分组成。

1)主控端

主控端由操作用户、控制设备和触觉反馈系统组成。用户利用控制设备实现对远程遥控机器人的控制。触觉反馈系统一般是触觉模拟设备,具备将触觉反馈信息模拟为实际的触觉行为。触觉反馈设备使得用户可以触摸、感知处于远程环境中的虚拟或现实对象。

2）被控端

被控端由遥控机器人、被控对象和各类触觉感知设备组成。遥控机器人接收主控端传递过来的控制指令,执行对被控对象的操作,同时被控对象生成的触觉反馈信息由触觉感知设备进行感知,然后回传给主控端。

3）传输网络

传输网络是被控端和主控端通信的媒介。传输网络的核心为 RAN 和核心网络。为了实现认知触觉网络这一愿景,以 RAN 和核心网络为通信架构的 5G 可以满足其通信方面的核心需求。

4）认知云

认知云隐藏在网络中,提供两端触觉交互所需要的认知智能,根据业务处理的特性,认知云可以位于网络的不同节点中,其中靠近终端的云节点为终端提供更为实时高效的认知智能,提升终端的响应速率和行为效率。

认知触觉网络中主控端和被控端交互的一个周期如图 11-1 所示,整个交互的逻辑包括双端的数据收集、处理以及数据在网络中的传输。端到端数据通信不仅要考虑延迟,数据通信的超高可靠性也是认知触觉网络需要满足的一个方面。

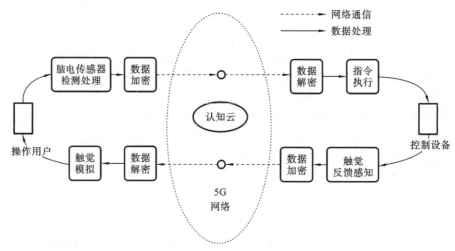

图 11-1　远程触觉交互示意图

2. 认知触觉网络优化

认知触觉网络优化分别针对主控端、传输网络和被控端进行,以求提升整体应用的效率。现基于交互周期的各个部分(见图 11-1)探讨如何提高认知触觉网络的可靠性和降低延迟。

1）超高可靠性

为了保证实时交互的响应效率,通信链路的高可靠性是必须要保证的,信息的超时重发会极大提高交互的延迟,影响交互的实时性。在基于 5G 网络的某些应用中,可接受的通信失败率需要低于 10^{-7},这就要求链路在一年中的平均中断时间不能超过 3.17 s。而在当前无线网络中,网络中断率维持在 3% 左右的链路就是一个好的链路。在未来 5G 网络中,我们不仅需要升级硬件基础设施来提高链路的可靠性,同时还需要设计更好的通信策略为应用提供满足要求的通信可靠性。显然,采用并发多链路通信策略是提高通信可靠性的一个潜在方案,如图 11-2 所示,在通信连接建立的过程中,并发建立 3 条独立的端到端通信链路,在单条链路的中断率为 3% 的情况下,3 条并发链路可以保证端到端通信的中断率降为 2.7×10^{-5}。在实际的网络环境中,由于某些关键节点的存在可能无法建立完全独立的通信链路,因此其实际的中断率会高于理论计算值,为了保证通信的可靠性,在网络部署的过程中需要进行冗余部署,尽量避免关键节点的存在。在关键节点无法避免的情况下,需要尽可能提高单节点的可靠性。

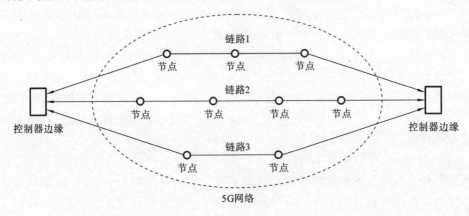

图 11-2　通信链路可靠性示意图

2) 超低延迟度

人对触觉的反应时间为 1 ms 左右,这就要求认知触觉网络应用中数据的处理与传输具有尽可能低的耗时,结合图 11-1 中触觉交互的各个阶段,可以采用如下方法降低端到端交互延迟。

● 终端数据发送和接收支持硬件加解密,减少数据加解密的运算耗时,同时保证数据传输的安全性(主控端和被控端)。

● 终端建立终端云,提升数据处理能力,减少数据处理耗时,对采集的原始触觉数据进行特征数据抽取,减少数据通信量(主控端)。

● 网络传输采用动态分包技术,对于低延迟的应用采用小包传输数据,降低传输延迟(传输网络)。

● 采用网络分片技术,按应用类型不同分配独立的网络带宽,为核心应用预留通信带宽,保证通信质量,减少数据传输过程中阻塞或超时情况的发生(传输网络)。

3) 通信安全

认知触觉网络的通信安全需要在耗费尽可能多的时间资源的前提下得到保证。安全操作可以被嵌入物理传输中,并尽可能少的增加计算开销。因此,需要重新设计满足触觉应用的加解密方式,保证端到端通信的安全性。可能的方法包括生物指纹技术和基于非对称算法的硬件加解密技术。

4) 硬件加解密

主控端和被控端交互过程中数据传输的安全性和用户隐私保护非常重要,需要对传输数据进行加密,而数据加解密的操作非常耗费运算时间,会导致整体处理时间增加。终端采用基于硬件加解密的方式可以有效降低运算时间,满足低延迟要求并保证数据传输的安全性。采用基于 RSA 算法的非对称加解密算法可以保证数据在网络中传输的安全性,但是 RSA 算法的加解密算法比较耗费运算时间,在认知触觉网络应用中会影响交互的实时性,而使用基于硬件实现的加解密方法,可以提升数据加解密的速度,在保证数据安全性的同时降低运算时间。因此,在主控端和被控端使用硬件加解密设备可以作为保障数据传输安全的一种有效手段。

5)终端云

主控端通过部署多个触觉传感器获取用户的触觉信息、姿态信息和运动信息,接着对信息进行处理提取相应的特征信息,然后结合多组特征信息分析用户当前的姿态信息,最终将姿态信息转化为对远端的控制指令。在认知触觉网络的实际应用中,要求主控端从用户原始操作信息的获取到最终控制指令的生成具有快速的处理能力。为了获得更人性化的操作体验,采用基于触觉传感器的方式检测用户操作信息的方式,但是该方式具有极其复杂的运算度,在传统方式下必然导致处理时间的增加。为了满足认知触觉网络应用中低延迟的要求,在主控端引入了终端云机制,增加主控端的处理能力,利用终端云高效、快速与智能的处理能力对触觉信息进行快速处理,达成应用所要求的低延迟的目标。

6)网络分片

网络分片是指基于各种定制化通信需求实现的一种连接服务,分片方法实现了一种对网络进行按需管理的功能。应用网络功能虚拟化和软件定义网络技术,可以实现一个灵活的、为不同层次应用提供端到端网络分片连接服务的网络。因此,基于可编程的物理基础设施,利用这些技术可以实现对 5G 网络中核心网络和无线接入网络的编程功能。这为触觉应用和其他层次的应用所要求的不同的通信需求提供了灵活的支持。网络分片在 5G 网络中实现方式如图 11-3 所示,5G 网络为不同应用分配不同的网络分片,应用使用不同的通信带宽,确保各应用的通信互不干扰。同时,网络根据应用通信的需求为其提供了不同的可靠性和延迟度服务。触觉交互应用需要满足 1 ms 的延迟通信要求,因此其具有超高可靠性和超低延迟度。音频和视频及其他类似应用需要满足实时交互通信的要求,因此其具有高可靠性和低延迟保证。其他非实时交互的应用则提供了最低要求的通信质量服务。

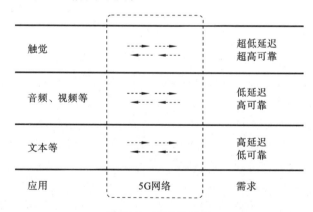

图 11-3 网络分片图

3. 基于认知触觉的行为预测

触觉交互的反应时间是 1 ms,以目前最快的光纤媒介为例,1 ms 内通信数据传输距离为 300 km,考虑数据通信的往返以及数据处理和转发的额外耗时,触觉应用的实施范围会被限制在 100 km 左右的距离,在实际的应用场景下这是不可接受的。为了解决这一问题,需设计一种用户行为预测和用户实际行为执行相结合的触觉交互机制。

在正常交互模式下,遥控机器人接收用户实际的操作指令执行相应的操作,在超时情况下,遥控机器人需要具有预测用户下一步行为的能力,从而进行连续的操作,避免出现操作抖动的情况。因此,遥控机器人终端必须具备相应的 AI 能力来处理预测任务,称这种 AI 为终端 AI。终端 AI 的行为预测能力是基于对用户的历史触觉信息和行为信息的综合认知所得到的,终端 AI 需要记录用户持续的操作记录,在超时情况下,终端 AI 对用户历史触觉信息进行认知,预测用户下一步可能的行为。不同的用户具有不同的操作行为习惯,其对应的数据也不同,因此在实际的应用中,需要使用用户自身的操作数据进行预测。即使是对应于相同的应用场景,利用用户 A 的操作数据预测用户 B 的行为都是不允许的。

11.1.3 认知触觉网络的典型应用

认知触觉网络丰富了网络中用户交互的信息维度,在娱乐、医疗和工业领域都有潜在的广泛用途,这里讨论在医疗领域的远程手术的典型应用。随着计算机、通信网络、传感器、材料、大数据和机器学习等技术的不断发展,认知触觉网络在远程医疗特别是远程手术中的应用前景得到了极大的激发。基于认知触觉网络的远程手术,将改变传统的手术模式,大城市的医疗专家可以在外地远程进行手术,对于边远和医疗资源匮乏地区,不仅可以提高一线救治成活率,还能减轻大城市医院的就医压力,有效解决目前医疗资源供需不平衡的矛盾。远程手术是远程医疗的一种,远程医疗定义为:在计算机技术,卫星通信技术,遥感、遥测和通信技术,全息摄影技术,电子技术等高新技术的支撑下,利用大医院和专科医疗中心强大的技术优势和设备优势,面向医疗条件差的偏远地区、难以立马接受诊疗的海岛或舰船上的伤病员进行远距离的诊断、治疗或者提供必要的医疗咨询。

远程手术是指医生在异地利用远程医疗技术手段,在远端为病人实时地开展手术,主要流程包括手术会诊、手术观察、手术指导和手术操作等。远程手术实际上是网络技术、计算机辅助技术、虚拟现实技术的必然发展,可以使得外科医生对远端的病人进行和本地一样的手术操作。其实质进行操作的医生通过观看现场传回的影像开展手术,其对应的动作再转化为数字信息传输到远端患者处,然后本地的医疗器械根据传回的信息进行相应的动作。

1. 远程手术的必要条件

认知触觉网络中的远程手术,是将计算机技术、通信技术、多媒体技术与先进的医疗技术进行结合。很明显,远程手术对基础设施的要求非常高,这是远程手术得以进行的必要条件,主要包括以下几部分。

1) 通信网络

高带宽的高速网络为远程手术提供了重要的信息传输通道,未来满足了严格的可靠性和延迟度要求的 5G 网络可以作为认知触觉网络的通信基础设施。在这种通信网络的支持下,现场患者的音频、视频和监控设备中的信息才能可靠、低延迟地传输到远端手术医生的接收设备中,这样医生才能充分对手术现场的实际情况有清晰的了解。

2) 全景摄像机

可以进行变焦与自动变焦,该设备与负责画面传输的系统是高度兼容的。

3）手术信息系统

患者的相关信息会以数字化的形式长期存储，手术中的相关图像资料也可以实况转播，在需要时能够方便地观看。

4）手术机器人

手术机器人的手臂配有活动支架，具有打洞、钻孔、体内爬行、切割等功能，机器人的"手"稳定性更好，可以随医师的指令任意移动，而且具有自动记忆功能，能灵活地在人体各个解剖部位实施准确定位和三维观察。

5）触觉传感设备

在患者端和医生端之间进行触觉的感知、模拟和反馈，医生能够以触觉的方式更真实地感知患者端实时的手术情况，从而有助于医生采用更准确合理的操作指令。

目前远程手术一般都需要借助于专业的外科手术机器人，主流的外科手术机器人有达芬奇、宙斯及伊索机器人。现以达芬奇手术机器人的使用为例详细介绍认知触觉网络中远程手术的应用。达芬奇手术机器人是一种基于触觉反馈的智能化手术平台，可以开展微创外科手术，目前它在世界范围内得到了广泛的应用，适合剖腹外科、心血管外科、胸心外科等进行远程遥控微创手术。该系统的手术操作部分支持 7 个自由度的操作，由外科医生在远程工作站进行遥控，整合三维成像、触觉反馈和宽带远距离控制等功能。基于触觉认知网络的远程遥控手术设计如图 11-4 所示。

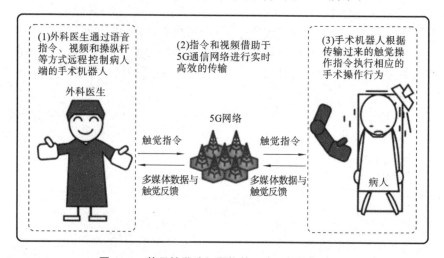

图 11-4　基于触觉认知网络的手术遥操作示意图

2. 心脏病介入诊疗案例

下面介绍针对复杂心脏疾病的介入诊疗。

《中国心血管病报告 2017（概要）》显示，我国人群死亡原因中，心血管病已居首位，高于肿瘤及其他疾病，每 5 例死亡中就有 2 例死于心血管病。复杂心脏疾病已成为危害国人健康的重大民生和社会公共卫生问题，其诊断和治疗形式异常严峻。音频、视频、图像等多媒体信息的高效传输给机器人辅助的远程手术铺垫了基石。过去的研究人员致力于研究这些多媒体信息的处理方法来尽可能减少手术过程中数据的传输时间。这些多媒体信息可以有效提供手术机器人端的周围环境信息和病人的病理信息，包括病人的病理图像、手术操作过程中机器人手臂操作的视频流、手术器械的位置等。然而，机器人辅助的远程手术由于其数据异构、连续操作、安全高效的应用特点，需要一种新型的基于终端、边缘云端和远程云端的通信机制,以及人工智能辅助的新型计算范式来实现。

针对基于机器人辅助的远程手术,我们设计了基于精准磁控的心脏介入机器人模块,该模块需要研发基于磁控的介入手术机器人系统,用于对导丝、导管的转向与推进的快速、精准控制。具体包括高精度磁场发生装置、磁性粒子结构和磁控系统运动控制算法的研究与设计,以及具有触觉感知功能的心脏介入手术机器人从动端、具有触觉增强反馈功能的心脏介入手术机器人主动端。主要分为两个子模块:① 快速精准的磁控介入模块;② 基于触觉感知与增强反馈的心脏介入机器人。

1) 快速精准的磁控介入模块

在磁力操控技术中,经特殊设计的磁性粒子在可控的静态磁场控制下完成相应的动作,因其具有非接触的特点,成为生物医疗领域一种常见的操作手段。目前,研究人员将该技术用于物质跨细胞膜运输、体液与生物组织内药物引导、微观尺度医疗器械的受力控制等方面。现有的研究成果很好地解决了磁性粒子在可控磁场下的受力与位移控制。然而在心脏介入手术中,心脏附近存在大量具有小角度分支的静脉血管,受磁性粒子设计结构与磁场发生装置控制精度的限制,磁控系统对磁性粒子的姿态控制能力较差,此因素限制了该技术在心脏疾病介入诊疗中的应用。

这里由磁力操控技术实现运动控制,磁控系统由运动执行单元、传感单元、控制单元三部分组成,各部分影响系统不同的工作指标。一方面,通过优化运动执行单元的设计结构,可以丰富磁性粒子的运动形式,使运动部件获得更加灵活的运行效果。另一方面,基于运动执行机构的准确动态模型,需要设计合理的运动控制方法,达到精确调控导丝、导管运动方向的目的。我们从运动执行单元的结构设计方法和系统磁力模型构建两方面,研究提升磁控系统中导丝、导管姿态控制精度的方法,为复杂心脏疾病介入诊疗研发精准的磁控介入模块。

2) 基于触觉感知与增强反馈的心脏介入手术机器人

心脏介入手术机器人系统采用主从式设计,其中被控端布置于患者床侧,驱动导丝、导管在患者心脏和血管内完成各种介入手术操作,并能够感知到介入手术中导丝、导管与血管和心脏壁之间的接触力;主控端布置于医生侧,由医生通过交互装置控制导丝、导管的运动,并同时获取被控端传输来的触觉信息,进而实时调整介入手术操作。下面对被控端和主控端的设计进行具体的介绍。

(1) 具有触觉感知功能的心脏介入手术机器人被控端设计。

心脏介入手术要求导丝、导管的末端能够在任意方向上进行转向,并能够在轴向上分别前进与后退。考虑到导丝、导管的末端转向具有一致性,采用磁控方式实现导丝、导管的末端转向,其中,导丝、导管分别包含具有较高弯曲刚度的主体节段以及具有较低弯曲刚度并集成微小永磁体的末端节段,并且导丝的末端节段刚度小于导管的末端节段刚度,通过调整外磁场的大小和方向,实现导丝、导管末端在任意方向上的转向以及转向幅度的控制。合理调整导丝、导管的末端节段刚度和所集成的永磁体大小,可以获得较为理想的导丝、导管协作转向运动性能。为了实现导丝、导管末端转向的闭环控制,在导丝轴心与导管壁上集成光纤布拉格光栅传感器,利用其体积小、不受磁场影响的特性,实现导丝、导管末端转向幅度的测量。

(2) 具有触觉增强反馈功能的心脏介入手术机器人主控端设计。

医生在主操控台(主控端)根据心脏介入手术过程的视触觉信息,实时操控导丝、导管的运动,其中主要包括导丝、导管的末端同步转向,导丝、导管的同步前进/后退,导管的独立前进/后退,以及导丝的前进/后退,其中,控制导丝和导管的前进/后退的交互装置需要具备触觉反馈功能。

以上是对远程心脏介入手术机器人的简单介绍,在5G的大背景下尤其需要研究者进行深入的研究以便为医生提供方便快捷的治疗方案,及时挽救患者的生命。首先,整个手术机器人系统不仅需要心脏介入手术机器人,另外还需要为手术的顺利开展提供其他技术保障,比如为了给医生在心脏介入操作过程中提供清晰、准确的三维导航信息,还需要构建实时多模态影像精确融合导航系统,为医生提供直观、清晰的血管介入三维导航信息,实现血管介入过程的增强现实快速导航。其次,由于不同的生理信号参数反映了人体组织及器官结构与功能变化特性,心脏介入手术实时多源数据采集能够提供操作过程的关键信息,不仅有助于提高手术效率,并对最佳诊疗方案以及病理问题的研究具有重要意义。最后,需要保证心脏介入诊疗数据实时远程传输。在复杂心脏疾病介入诊疗过程中,主控端和被控端的通信过程是双向的,交互过程中产生的手术数据包括三大数据流:① 控制流,即手术通信过程中为完成双方通信的控制信号;② 环境流,又具体分为病人的手术示数和周围环境的相关信息,病人的手术示数包括当前病人的各项生理指标数据(如 ECG、体温、血氧等)以及血管造影图像,周围环境的相关信息包括当前操作的环境信息,以视频的形式传输;③ 触觉流,即实施手术操作时力信号的真实传输。这些数据的实时传输需要满足超高可靠、超低延时的特点,但是远程手术交互过程中产生的海量多模态手术数据对通信信道和带宽资源产生了很大的压力。为了减少数据流量的同时能保证超高可靠、超低延时的数据传输,需要设计远程心脏介入手术诊疗仪器中超高可靠、超低延时通信模式。集成了上述技术的系统才能为患者提供安全、有效的诊疗服务,这也需要广大的研究者致力于相关的研究。

11.2 面向 uRLLC 的 5G 触觉网络能效优化

在过去的几年中,许多学者和组织考虑在网络通信中加入一种新的数据尺度,即触觉。这个新的尺度被广泛地称为触觉网络,该概念在 2014 年由 G. P. Fettweis 首次提出。未来,触觉网络将有广泛的应用场景,如实时游戏、工业自动化、交通系统、远程医疗和远程教育,为人们的生活带来便利。同时,触觉互联网提供了足够的低延迟,可用于构建实时交互系统,从而为人机交互添加新的层面。触觉网络对延时和传输提出了严格的要求,需要网络满足非常低的中断次数,非常低的延迟,并且有足够的容量允许大量的设备同时和自主地相互通信。触觉网络中,触觉通信是最重要的组成部分。以远程触觉通信为例,触觉通信的主要应用是人能够和远程环境实现实时交互,即人向远程执行设备发送控制信息,远程的执行设备能够反馈相应的触觉信息。理想的触觉通信是人能够向远程环境执行和发送控制信息,像在真实的远程环境中一样,即完全的沉浸感。理想情况下,操作者感觉到与远程环境直接相连,这称为透明。一个端对端的触觉网络,一般由主域、从域和网域三部分组成。主域由人和一个人机界面(human system interface, HSI)系统组成,HSI 通过不同的编码技术把人的操作转换成相应的控制信息。当远程的执行器与远程环境进行交互时,会反馈相应的传感器数据,并显示给人。从域由部署在远程环境中的遥操作器(即从属机器人)构成。网域是人和远程环境之间双边通信的媒介。远程执行器收到人发出的控制信号后,与环境进行交互。不同于传统的多媒体通信,触觉通信是一种双边的通信,首先对环境施加动作,通过形变或反作用力感觉环境来感测触摸。5G 移动通信系统有望在无线边缘支撑这个新兴的互联网,成为实现触觉网络的重要技术支撑。因此,考虑在严格的延时和稳定性约束条件下,利用 5G 无线通信技术实现触觉数据的无线传输是值得研究的问题。

5G 网络能够支持多种多样的应用,为了向具有不同需求的各种行业提供服务,5G 网络中引入了网络切片,网络切片的定义是一种逻辑上独立的网络分区,包含可编程资源,如网络、计算和存储资源。5G 移动网络的一个重要目标是满足多种业务服务的多样化需求。然而,不同的业务需求对网络的要求不同,一个系统不可能适合所有业务的需求,而根据特定业务的需求定制网络的成本是高昂的。因此可采用网络切片技术,将物理网络划分到不同的切片,以满足具有触觉通信请求用户所要求的服务质量。

11.2.1 系统架构

图 11-5 所示的是基于 5G 无线网络的双边触觉通信系统模型。首先,用户在本地通过 HSI 系统向远程环境中的执行器(teleoperator,TO)发出控制信号。由于用户和远程环境之间的距离较远,控制信号需要经过通信链路传输给远程环境中的触觉设备,控制执行器与远程环境产生交互,控制信息传输经过的链路为控制链路。收到控制信息后,远程执行器与环境交互产生的触觉数据又会通过类似的通信链路反馈给人,触觉数据传输经过的链路为反馈链路。系统中存在切片控制器(slice controller,SC),用来控制资源分配。由于触觉通信对延时和可靠传输的高要求,SC 会赋予触觉类型数据传输的最高优先级,为触觉通信分配 uRLLC 类型的切片,可支持超高可靠性、超低功耗通信。考虑用于触觉通信的 uRLLC 类型的切片建立在基于软件定义网络和网络功能虚拟化的 5G 网络架构上,网络中具有接入节点、转发节点、数据中心和切片控制器。虚拟化网络功能实例创建在支持网络功能虚拟化的节点上,如接入节点和数据中心。基于网络切片的概念,不同用户请求的数据流传输需要不同的服务功能链(service function chains,SFC),服务功能链包含了按顺序排列的虚拟化网络功能,并且需要请求不同资源来服务。

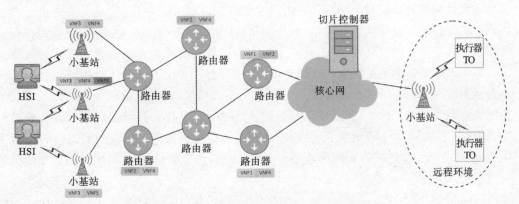

图 11-5 5G 无线网络的双边触觉通信系统模型

11.2.2 触觉网络效用公式

远程触觉通信中，最佳情况是用户具有很高的沉浸感，用户在本地操作和"亲自"在远程环境中操作没有差异。但实际情况是，由于通信系统中存在延时和不可靠性，往往会降低用户的沉浸感。本节考虑通信质量参数对触觉通信性能的影响，为评价触觉通信系统性能，系统效用定义为任务效用减去代价的形式，收益代表实现一定的触觉通信任务带来的效用，效用越高，用户满意度越高，代价表示网络代价。任务效用取决于具体任务和要实现的目标，通信代价取决于通信网络架构和通信质量。

1. 任务效用

可以将离散时间中的时刻 t 的任务效用建模为离散时间状态空间模型的输出，作为在时刻 t 状态到任务效用之间的一种映射，其中主控端控制信号作为输入向量，比如输入力的大小。状态描述系统的动态过程能够约束控制器和人的机械状态。

2. 代价

通信代价模型表示为在时刻 t 在一定动态过程的约束下的代价输出函数。一般来说，由于用户操作运动的随机性以及远程环境的未知性，确定代价输出函数和动态过程比较复杂和困难。因此，采用模型近似的方式进行研究。

远程操作控制系统的性能通常用透明度来描述，透明度可反映远程触觉通信对用户显示远程环境的准确性。理想情况下，当人与远程环境进行交互时，应该感觉像是直接与远程环境交互，这种情况称为透明。但实际情况是，通信系统中存在延时和不可靠性，往往会降低用户的沉浸感，带来透明性的衰退。

远程触觉通信系统的透明度越高，代表用户的沉浸感越强，用户满意度也越高，因此可将任务效用表示为进行触觉通信时系统的透明度带来的效用。通信传输代价定义为触觉控制任务分配一定资源量付出的代价。

11.3 面向磁悬浮触觉交互的视觉惯性导航

在虚拟和增强现实应用中，触觉反馈对于沉浸式体验至关重要。现有的磁悬浮触觉装置无机械摩擦、低惯性。然而，它们的性能受到导航方法的限制，这主要是由于难以同时采用轻量化设计获得高精度、高频率和良好稳定性的系统。在本节中，我们将视觉惯性导航定义为回归问题，并采用深度学习来进行磁悬浮交互的融合导航。首先提出了基于级联长短期记忆网络的 θ-增量学习方法，以逐步学习目标变量的增量。然后构造两个级联 LSTM 网络来分别估计位置和方向的增量，这些增量被流水线化以实现视觉惯性融合导航。此外，我们还设置了磁悬浮触觉平台作为系统测试平台。实验结果表明，基于级联 LSTM 的视觉-惯性融合导航方法在满足高灵敏度的同时保持高精度（位置和方向的平均绝对误差分别小于 1 mm 和 $0.02°$）的导航，可以用于磁悬浮触觉交互应用。

11.3.1 概述

近年来虚拟现实和增强现实的发展很大程度上促进了相关应用的进步，如外科手

术、教学系统、营销研究和互动娱乐。在这些应用中,触觉感受是用户身临其境交互体
验的重要组成部分。Berkelman 等人开发了磁悬浮触觉界面,通过笔柄或指尖探针提
供触觉反馈。此外,还部署了一种具有可调节线圈配置的新型磁悬浮触觉设备,它可以
自然地提供触觉反馈。对于这些磁悬浮触觉设备,首先获得其磁性触笔/探针的位置和
方向以对用户的交互动作进行导航,高精度和高速导航可以捕捉用户行为的微妙变化。
相反,如果无法准确、快速地获取用户的动作,触觉体验将会失真。因此,导航性能对于
提供身临其境的触觉反馈至关重要。在 Berkelman 等人的研究中,六自由度光学运动
跟踪器为磁悬浮触觉平台提供了实时位置和方向反馈。红外 LED 是通过无线连接并
被安装在用户探头的后端。然而,当探头以大角度倾斜时,红外 LED 将彼此遮挡,导致
位置信息的丢失。此外,由于无线模式中所需的电池和电子设备的质量和体积,其跟踪
模块的设计有些麻烦。Tong 等人设计了一个磁性手写笔,由几根小棒和红色标记组
成,嵌入这些小棒之间的连接处。具有两个 RGB 相机的可视模块利用了磁性手写笔的
标记,用于获得用户的交互动作。虽然这种视觉模块具有精度高、重量轻、成本低等优
点,但定位频率受到摄像机低采集频率的限制,会影响触觉感知的分辨率。此外,该视
觉模块中也存在遮挡问题。

在上述工作中,现有导航方法需要应对三个挑战以实现磁悬浮触觉交互的高质量
导航。首先,在提供高精度的同时保持高定位频率。其次,在发生遮挡问题时提高稳定
性和稳健性,即当探头以大角度倾斜或者当用户同时在操作工作空间中操作多个探针
时解决可能的遮挡问题。最后,在解决上述两个挑战的同时设计出轻巧、经济的导航
模块。

在本节中,采用融合导航方案,该方案能够利用不同的导航方法来克服上述挑战。
考虑到惯性导航具有采样频率高、稳定性好等优点,这些特性与视觉惯性导航的高精度
相辅相成,采用惯性测量单元(inertial measurement units,IMU)辅助视觉模块,从而
提高磁悬浮触觉交互的导航性能。一些研究人员已经探索了多种可视化导航方法,这
些方法可以根据图像特征是否属于状态向量的一部分进行紧耦合或松散耦合。尽管紧
耦合融合方法可以提供长期、高精度的导航,但它们通常涉及基于特定约束或优化问题
的过滤器更新,导致定位频率低。松耦合方法保持了可视模块和 IMU 的完整性,便于
其独立优化。受近期深度学习技术的成功启发,特别是递归神经网络(recurrent neural
network,RNN)的长短期记忆架构的巨大进步,我们将视觉惯性导航视为回归问题并
采用深度学习方法来执行视觉惯性导航。

在本节中,视觉和惯性模块分别参考融合导航坐标系进行校准。为了实现高速和
鲁棒的导航,我们提出了一种基于级联 LSTM 的 θ-增量学习方法,并构建了两个级联
LSTM 网络,分别用于估计位置和方向的增量。然后对估计的增量进行流水线操作以
计算移动物体的位置和方向。最后,该位置信息用于导航磁悬浮触觉交互应用。

11.3.2 问题和系统介绍

本小节首先介绍磁悬浮交互中导航方法的问题陈述。然后对系统进行概述,如图
11-6 所示。

1. 问题陈述

由于视觉导航的高精度,其通常用于捕获用户在磁悬浮交互式应用程序中的操作。

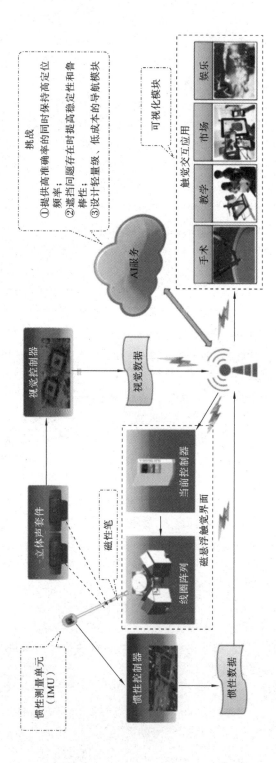

图 11-6　磁悬浮交互系统架构

然而,由于其低采样频率和相机的环境条件,其位置和方向的输出频率低且不稳定。此外,导航性能将受到影响,因为标记超出了摄像机的视野范围。

惯性导航系统(inertial navigation system,INS)是全天候的,它可以在各种环境中工作并以高频率输出运动中的数据。为了通过 INS 获得运动物体的位置和方向,应首先选择惯性导航坐标。IMU 包括加速度计和电子罗盘,连接到移动物体上用于在惯性导航坐标中收集原始加速度 a 和角速率 ω。可以通过将由 Runge-Kutta Act 方法更新的四元数转换为方位角(俯仰、滚动、偏航)来确定方向。在对位置进行积分之前,应将原始加速度 a 转换为惯性导航坐标中的运动加速度 a,通过加速度的整合可以简单地获得位置。另外,积分操作通常通过快速傅里叶变换在频域中完成,以减少由偏置和高频噪声引起的误差。虽然有些措施可以减少偏差和噪声的影响,但仍然无法完全消除计算误差。更糟糕的是,误差会随着时间的推移而累积。

考虑到视觉和惯性导航的特性是互补的,相机和 IMU 通常被融合以获得状态估计。Weiss 等人松散地耦合了视觉框架和 IMU,他们将视觉框架视为一个黑盒子,并展示了如何检测其中的故障和估计的漂移。Mourikis 等人提出了一种多状态约束卡尔曼滤波器(MSCKF)算法,该算法基于几何约束执行扩展卡尔曼滤波器(EKF)更新。除了基于滤波器的方法之外,还有基于优化的方法,如使用 Leutenegger 等人提出的非线性优化的基于关键帧的视觉惯性(OKVIS)。此外,还有秦等人提出的 VINS-Mono,这是使用预先集成的 IMU 因子的基于非线性优化的滑动窗口估计器。

上述视觉惯性导航方法已应用于各种领域的状态估计问题,如自动驾驶车辆和飞行机器人。然而,这些方法仍有许多缺点。具体而言,Weiss 等人提出的惯性和视觉处理频率分别为 75 Hz 和 25 Hz。尽管 MSCKF 具有鲁棒性和较高的存储效率,但其每帧处理时间也很长,并且其准确性较低。OKVIS 和 VINS-Mono 的准确性相对较高,但极大地牺牲了计算资源,导致了处理频率低。更糟糕的是,上述方法只能达到分米的精度。因此,这些现有的视觉惯性导航方法不适用于需要高精度和高频率的沉浸式交互体验的磁悬浮触觉交互。在本节中,将视觉惯性导航作为回归问题重新利用视觉和惯性导航,使用深度倾斜,在保持高精度的同时提高导航频率。

尽管 VINet 同样将视觉惯性测量视为序列到序列回归问题,但其融合导航频率受到低频数据流的限制,如视觉或地面真实数据流。在这项工作中,提出了一种基于级联 LSTM 的 θ-增量学习方法,以逐步学习位置和方向的增量。假设地面实况的时间步长为 T,并且用于导航估计的 θ-增量学习方法的时间步长为 t。在研究中,t 可能小于 T。从这个角度来看,基于 θ-增量学习的视觉-惯性融合导航方法可以达到比实际情况更高的频率。

2. 系统介绍

如图 11-6 所示,磁悬浮触觉交互系统由视觉采集单元、两个 IMU、视觉控制器、惯性控制器、触觉反馈接口、电流控制器、AI 服务和可视化部件组成。另外,选择东-北向坐标系作为融合导航坐标系,导航任务是捕获运动物体相对于所选坐标系的位置和方向。IMU 固定在磁性触控笔的后端。可视和惯性控制器通过以太网连接器连接到路由器,并将传感器收集的数据发送到同一局域网下的 AI 服务。

当操作员使用磁性触控笔与虚拟场景交互时,带有两个摄像头的立体声套件获取 RGB 图像,IMU 获得加速度和角速率。可视控制器用于计算磁性触笔的位置,并且使用一个惯性控制器来计算其方向。计算的位置和方向以及收集的加速度和角速率用于通过 AI 服务估计高频率磁性笔的最终位置和方向。

在 AI 服务使用所提出的基于级联 LSTM 的视觉惯性导航方法计算出磁性笔的位置和方向之后,它将导航信息发送到可视化模块。可视化模块在虚拟手写笔和虚拟对象之间执行碰撞检测,同时计算要施加在磁性手写笔上的反馈力。然后,根据计算的反馈力计算磁悬浮触觉界面的线圈阵列中的每个线圈要加载的电流。电流控制器智能地调节每个线圈的电流,使线圈阵列产生与交互过程相对应的有效磁场。最后,磁性触控笔接收与虚拟触控笔相同的力并将其传送给操作员。

11.3.3 基于级联 LSTM 的视觉惯性导航

本小节首先概述了所提出的基于级联 LSTM 的 θ-增量学习方法。然后,使用 θ-增量学习方法构建两个级联 LSTM 网络,以估计位置和方向的增量。最后,描述了基于级联 LSTM 的视觉惯性导航方法。

1. 基于级联 LSTM 的 θ-增量学习

由于视觉和惯性传感器的采样频率不同,用于导航的数据流速率不同,视觉数据的频率低于惯性数据的频率。利用多重评估数据来实现高频率的视觉惯性导航是一个具有挑战性的问题。为了解决这个问题,我们提出了一种 θ-增量学习方法,通过构建一个级联 LSTM 网络单元来逐步学习目标变量的增量,如图 11-7(a)所示。

输入序列是 $X=(x_1,x_2,\cdots,x_N)$,$1:N$ 是级联 LSTM 网络的序列的时间步长。假设 X 的相应标签是 ΔY。注意,ΔY 表示 n 次步的总增量。在某个实际应用中,如果地面实况的时间步长为 T,则融合导航的时间步长可以是 $t=T/n(n>1)$。为了实现高频导航,应该产生每个时间步 t 的预测。通过级联 n 个 LSTM 以模拟 n 个时间步的增量变化,并且每个 LSTM 用于估计一个时间步的增量。在该研究中,该方法称为 θ-增量学习,使用构建的级联 LSTM 网络来学习变量的增量以获得高频估计,并且 θ 表示要估计的目标变量。

n 个 LSTM 旨在学习它们的输入和输出之间的关系,让所有这 n 个 LSTM 共享参数并都得到了学习。这个共享模式实现了对整个级联 LSTM 网络的训练,并且每个 LSTM 被称为共享 LSTM(S_LSTM)单元。假设第 i 个 S_LSTM 的输入是 $X_i=(x_i, x_{i+1},\cdots,x_{m+i-1})$ 并且其输出是 ΔY_i,其中的 $1:m$ 表示每个 S_LSTM 的时间步长并且 $N=m+n-1$。级联 LSTM 网络的最终估计是 $\Delta \hat{Y}=\Delta \hat{Y}_1+\Delta \hat{Y}_2+\cdots+\Delta \hat{Y}_n$,图 11-7 中的 $\oplus$ 表示求和运算。根据标签 ΔY 和预测结果 $\Delta \hat{Y}$ 之间的均方误差损失,使用 Adam 优化器训练整个级联 LSTM 网络。

由于 LSTM 的自适应特性,基于级联 LSTM 的 θ-增量学习方法不需要端到端训练数据,并且每 n 步更新共享参数。此外,因其自适应特性,共享 LSTM 单元能够准确地预测一个小时间步长的增量。因此,训练的共享 LSTM 可以获得高频率和高精度的预测并可以高于训练数据的预测。另外,图 11-7 中的 Γ 表示初始化操作。Γ 的使用取决于目标变量和时间之间的关系,会在下面详细描述。

2. 基于级联 LSTM 的方向和位置评估

在磁悬浮触觉系统中,应该获取磁笔的六自由度(6 degrees of freedom,6DOF)和

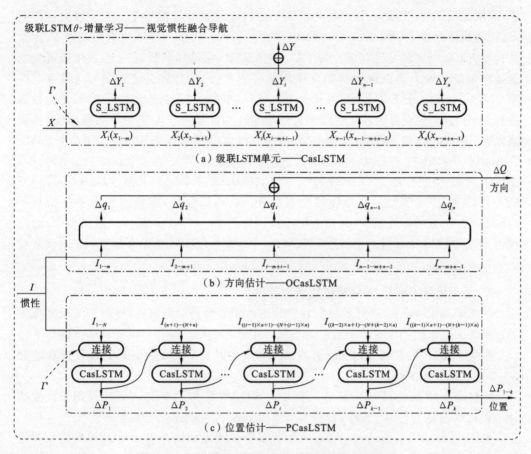

图 11-7　基于级联 LSTM 网络的视觉惯性导航架构

导航信息三自由度（3 degrees of freedom，3DOF）的位置和方向以捕获用户的交互操作。在这项工作中，通过使用基于级联 LSTM 的 θ-增量学习方法来实现视觉惯性导航。具体而言，两个级联 LSTM 网络分别经过训练，用于估计移动物体的位置和方向。考虑到 IMU 能够获得高频采样并且可视模块可以获取高精度定位信息，高频惯性数据被用作深度学习模型的输入，并采用 Tong 等人描述的视觉导航方法获得位置的基本信息。方向是通过一个具有高精度板载数字运动处理器（DMP）的惯性控制器来计算的。

（1）基于级联 LSTM 的方向估计：用于方位估计的级联 LSTM 网络称为 OCasL-STM。对于方位估计，IMU 获取的加速度和角速率 I 是 OCasLSTM 的输入，并且 n 个共享 LSTM 单元的方向总增量 ΔQ 是 OCasLSTM 的输出，如图 11-7(b)所示。因为输入是方向的一阶导数，所以 OCasLSTM 中每个共享 LSTM 单元的输出完全对应于方向的增量。因此，取向估计不需要初始化操作。在训练期间，均方误差损失函数用于更新 OCasLSTM，ΔQ 是从 n 个共享 LSTM 单元获得的 n 个增量（Δq_1，Δq_2，$\cdots$，Δq_n）的总和。在实际应用中，仅需要一个共享 LSTM 单元来预测一个时间步长的方向增量，并且当前估计方向是预测增量和前一时刻方向的总和。

（2）基于级联 LSTM 的位置估计：用于位置估计的级联 LSTM 网络称为 PCasL-STM。与 OCasLSTM 不同，位置是 PCasLSTM 输入 I 的双重积分。根据运动学理论,应该提供除加速度和角速率之外的初始速度来计算位置的增量。为了解决这个问题,将初始化操作 Γ 引入 PCasLSTM 中,如图 11-7(c)所示。对于初始化操作 Γ,位置及其相应时间的增量是已知的。为了获得初始速度,假设运动状态一定,速度或者加速度是均匀的。为了确定这种初始化操作的影响,PCasLSTM 是通过级联 k 个 CasLSTM 单元构建的,这些单位同时训练。对于第一单元,使用初始化操作 Γ 和惯性数据序列 $I_1,I_2,\cdots,I_N$ 获得的每个时间步长的增量作为其输入。对于每个后续单元,将联系先前 CasLSTM 单元的估计位置和相应的惯性数据序列作为其输入。第 i 个 CasLSTM 单位 ΔP_i 的输出是从 n 个共享 LSTM 单元获得的 n 个增量(即 $\Delta p_1,\Delta p_2,\cdots,\Delta p_n$)的总和。注意,每个 CasLSTM 的 n 个共享 LSTM 单元共享参数,而 PCasLSTM 的 k 个 CasLSTM 单元具有单独的参数配置。在训练期间,多元损失用于更新整个 PCasLSTM。在实际应用中,首先使用经过训练的 PCasLSTM 执行初始化操作,然后使用 PCasLSTM 中最后一个级联 LSTM 单元的共享 LSTM 单元来预测一个时间步长的位置增量,当前估计位置是预测增量和前一时刻位置的总和。

3. 基于级联 LSTM 的视觉惯性融合导航

在完成基于级联 LSTM 的定位和位置估计模型的线下训练后,使用训练模型为磁悬浮触觉交互系统提供准确和实时的导航。完成视觉惯性融合导航的具体步骤如下。

● 预处理:在接收到磁性触控笔的视觉和惯性数据后,AI 服务首先预处理这些数据,如格式化和标准化。

● 初始化:PCasLSTM 中最后一个 CasLSTM 单元的共享 LSTM 单元用于位置估计。首先执行整个 PCasLSTM 以获得共享 LSTM 单元的准确初始状态。

● 估计:此步骤可分为三种情况:① 如果仅接收原始加速度和角速率 I,则预测位置和方向的增量;② 如果从 I 开始接收位置数据,则预测方向的增量;③ 如果收到除 I 以外的方向数据,则预测位置的增量。

● 更新:如果接收到除 I 以外的位置和方向数据,更新磁性触控笔的位置信息(位置和方向);否则,执行"估计"步骤并通过将估计的增量和前一时刻的位置信息一起添加来更新磁性笔的位置信息。

11.3.4 实验结果

1. 系统测试

为了验证提出的基于级联 LSTM 的视觉导航方法,根据磁悬浮触觉交互应用程序建立了系统测试平台。磁悬浮触觉交互系统由视觉惯性导航模块、磁悬浮触觉界面、AI 服务和可视化模块组成。视觉惯性导航模块用于获取视觉和惯性数据。磁悬浮触觉界面包括磁性触控笔、线圈阵列和线圈驱动器模块,并且它在触觉交互应用中提供触觉反馈。AI 服务使用深度学习模型执行视觉惯性导航。此外,可视化模块用于显示虚拟场景。总之,具体的触觉交互过程如下:当用户在磁悬浮触觉界面的操作工作空间中移动磁性触控笔时,由视觉惯性模块收集或计算的视觉和惯性数据被发送到 AI 服务,该 AI 服务执行用于触觉交互的基于级联 LSTM 的视觉惯性导航。可视化模块根据导航信息实时显示虚拟心脏变形模型,同时磁悬浮触觉界面为用户提供相应的触觉反馈。

如图 11-8 所示,视觉惯性模块、AI 服务、磁悬浮触觉界面和可视化模块在同一局域网下实时通信。两个 IMU(MPU6050)固定在磁性触控笔的后端:一个用于收集原始加速度和角速率数据；另一个用于提供方向角。摄像机通过跟踪红色标记来捕获磁性触控笔的位置信息。基于级联 LSTM 的视觉惯性导航方法可以在心脏变形触觉交互应用中以 200 Hz 的频率输出磁性触控笔的位置和方向。

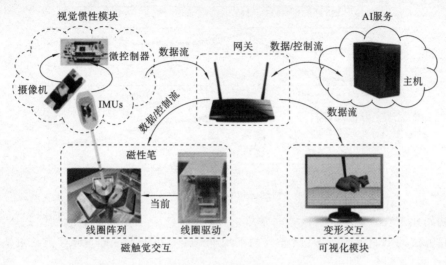

图 11-8　系统测试

　　具体的实验过程如下：首先，对所测试的系统进行了交互式心脏变形模拟，并收集了 30000 个数据。收集的数据包括加速度和角速率，以及相应的位置和方向数据，采样频率分别为 200 Hz、20 Hz 和 100 Hz。然后，将收集的数据分为训练集、验证集和测试集，比例为 8∶1∶1。基于级联 LSTM 的位置和方向估计模型在训练集上进行训练。之后，在测试集上评估训练模型。

2. 实验结果及分析

　　为了验证基于级联 LSTM 的 θ-增量学习方法的性能，我们训练了 5 个 OCasLSTM 模型，并且频率的增加比分别为 2、4、6、8 和 10。为了确保公平性，测试数据不用于训练模型。表 11-1 展示了预测和实际方向角度（俯仰、滚转和偏航）之间的平均绝对误差（mean absolute error，MAE）。

表 11-1　预测和实际方向角度之间的平均绝对误差

方　向	增加比＝2	增加比＝4	增加比＝6	增加比＝8	增加比＝10
俯仰/(°)	0.0086	0.0115	0.0136	0.0166	0.0198
翻转/(°)	0.0092	0.0113	0.0143	0.0173	0.0200
偏航/(°)	0.0050	0.0060	0.0072	0.0080	0.0105

　　从表 11-1 可以看出，虽然预测和实际方向数据之间的 MAE 值随着比率的增加而变高，但最大 MAE 值小于 0.02°。此外，图 11-9 显示了 OCasLSTM 的预测取向数据与增加比 10 和实际取向数据之间的比较，预测结果与实际结果非常接近。从表 11-1 和图 11-9 可以看出，所提出的基于级联 LSTM 的 θ-增量学习方法是可行的。

　　然后，使用三种不同的初始化方法（均匀速度 u、均匀加速度 u_a 和随机 r）训练了 3 个具有 10 个 CasLSTM 单元的 PCasLSTM 模型。图 11-10 给出了用于三种初始化方法的这 10 个 CasLSTM 单元的预测位置数据和实际位置数据之间的平均绝对误差。

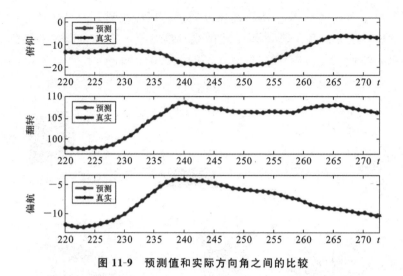

图 11-9 预测值和实际方向角之间的比较

三种初始化方法的平均绝对误差非常接近,证明了 PCasLSTM 的稳健性。此外,三种初始化方法的 10 个级联 LSTM 单元的平均绝对误差小于 1 mm,显示了我们方法的高精度。

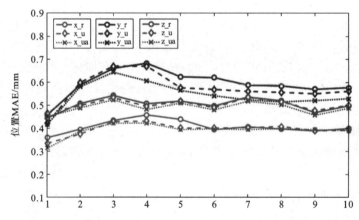

图 11-10 实际值与三种初始化方法在 10 个 CasLSTM 单元上预测值之间的平均绝对误差

因此,这种基于 LSTM 级联的视觉-惯性导航方法可以在很短的时间内产生运动物体的位置和方向估计,从而实现高频导航。在未来的研究中,可以考虑基于所提出的视觉惯性导航方法研究高精度触觉渲染方法,并将导航方法扩展到其他应用。

12

基于人工智能的无人机网络

目前轻型复合材料的技术日渐成熟,获得了广泛应用,卫星定位系统发展平稳,再加上电子与无线电控制技术在不断改进中发展,促使整个无人机(unmanned aerial vehicle,UAV)行业步入快速发展时期。由于无人机易于部署和多功能的特性,广泛应用于各个领域,执行"枯燥、肮脏或危险"的任务。因此,无人机的设计及应用吸引了研究者的关注。本章对应用无人机过程中的相关问题进行讨论,主要针对入侵无人机的多监控无人机应用,无人机集群在执行任务时如何进行业务的调度,以车辆虚拟现实(virtual reality,VR)和增强现实(augmented reality,AR)游戏为例对无人机集群如何辅助完成多任务的卸载等话题进行深入的研究,以此加强无人机网络的性能使之更适应于自然环境,以便更好地完成任务。

12.1 面向入侵无人机的多监控无人机应用设计

随着无人机技术的不断发展与成熟,无人机的应用越来越广泛。同样,无人机也带来了相应的安全隐患,特别是对低空域造成的潜在安全隐患。因此,有效对具有严格的空域安全需求的特定空域如禁飞区进行侵入无人机(hazardous unmanned aerial vehicle,H-UAV)的检测、追踪、干扰和捕获具有迫切的现实意义,本节通过引入监控无人机(monitoring UAV,M-UAV)实现这一目的。本节对实现 H-UAV 监控所存在的相关问题进行了讨论,并给出了潜在的解决方案,最后对禁飞区中多监控 UAVs(MM-UAVs)协同工作时所采用的可行通信架构进行了总结。本节对 H-UAV 监控系统的设计和实现具有显著的参考价值。

无人机当前主要应用在军用和民用领域。在军事应用方面则主要包括无人机侦查和以无人机为靶机的飞行员射击训练。在民用方面则有广泛的用途,包括航拍、快递运输、灾难救援、农业、野生动物观察、传染病监测、测绘、新闻报道、影视拍摄和电力巡检等各个方面。图 12-1 展示了几个无人机的典型应用。

伴随着无人机应用的日益普遍,相应的安全问题也逐步浮现。而无人机相关法规的缺失导致了这些安全问题日益突出。例如,2015 年白宫安全人员发现一台大疆无人机坠毁在白宫的草坪上,这一事件给白宫的安保工作带来了挑战,如果无人机被恐怖分子用于恐怖袭击活动,将会产生不可估量的后果。无人机带来的另一主要安全问题则是对机场航班的干扰,全球各地频繁出现"黑飞",对机场航班正常起降造成干扰,从而

（a）航空摄影

（b）快速传送

（c）赈灾

（d）农林

（e）地理制图

（f）电力检查

图 12-1 UAV 典型应用

导致大范围的航班受到影响。另一个比较极端的关于无人机造成安全问题的例子是借助无人机实施越狱，2017 年 7 月 7 日，美国南卡罗莱纳州一所监狱的一名犯人利用无人机运输到监狱中的工具成功实施了越狱。

如何在现有技术条件下保证无人机应用的安全性是我们需要积极思考的问题。首先，需要对具有高度安全性需求的区域设定禁飞区，如政府机构、监狱、机场等重要地区。禁飞区的实现既需要相关法规的保证，也需要技术上的支持。法规需要明确规定相应的禁飞区，并制定违反禁飞条款后所导致的后果。无人机开发商则需要从技术上实现对无人机的设定，禁止其飞入禁飞区。此外，如果在禁飞区发现 H-UAV 时又该如何处理？我们需要部署相应的 M-UAV 对 H-UAV 进行检测、跟踪、干扰和捕获。

12.1.1 H-UAV 监控设计

1. H-UAV 检测

H-UAV 可以对禁飞区和涉及国家安全的敏感区域造成安全威胁，因此及时实现对相关区域内的无人机检测是十分必要的。为了有效地定位无人机，M-UAV 需要获取 H-UAV 的海拔高度和 GPS 坐标等确切信息。主流的检测方案主要分为以下四种：
① 基于对象识别的检测技术；② 基于电磁波的检测技术；③ 基于声波的检测技术；
④ 基于红外热成像的检测技术。

1) 基于对象识别的检测技术

基于图像识别的检测技术实现对侵入特定区域内的 H-UAV 进行有效检测，后台
实现基于机器学习算法的无人机识别算法，M-UAV 以固定的频率将获取的监控图像
传输到后台，后台利用识别算法检测监控图像中是否包含有 H-UAV。该技术对后台
的识别算法具有较高的要求，需要其具有很高的健壮性和准确性，尽量避免对 H-UAV
的漏报和误报。

2) 基于电磁波的检测技术

电磁波在受到高频电磁振荡时，部分能量会以辐射方式从空间传播出去而形成电
波与磁波，电磁波是这类波的总称，也是电磁场的一种运动形态。电磁波的能量与其频
率是成正比的，即频率越高能量越大，反之亦然。电磁波的行进方向与电场、磁场之间
相互垂直。电磁波的检测需要选择合适的感测头，并预估所测电磁波的特性，包括频
率、功率、辐射方向、辐射源可能的位置等。具体的测量工作包括横向分布和纵向分布
两项，在两个分布上按一定的间隔进行采样。综合采样结果进行电磁波的检测，并最终
确定辐射源（如 H-UAV）的准确位置。

3) 基于声波的检测技术

无人机运行时会发出相应的噪声，其噪声与飞机、汽车、人类和鸟类等的声音相比
具有其自身显著的特性，可以通过识别这种声音特性实现对无人机的检测。一种声音
检测方案是使用线形预测编码方案，该方案主要用于检测声音频谱中的尖峰，无人机有
其独有的声音频谱尖峰，通过对尖峰的识别来检测无人机。另一种方案则是基于特征
检测的方案，该方案分为两个阶段。首先使用特征提取算法实现对原始音频的特征提
取，常用的特征提取算法有谐波线关联、梅尔频率倒谱系数和基于小波的特征提取等算
法。随后基于特征设计分类算法，可以采用支持向量机等成熟的机器学习算法建立分
类模型，实现对声音的分类识别。

4) 基于红外热成像的检测技术

在低空运行的无人机有其明显的发热特性，可以利用无人机发热的特性实现检测。
红外热成像技术可以有效实现对发热物体的检测。其基本原理是将接收的红外热能转
换为电子信号，随后通过对电子信号的处理生成相应的热感知图像。热红外技术具有
很好的抗干扰性，即使在极端条件（如黑暗、大雾或烟雾）下，也能实现对目标的识别。

2. H-UAV 跟踪

当检测出禁飞区存在 H-UAV 后，需要对检测出的 H-UAV 进行有效跟踪，为后续
对 H-UAV 进行干扰和捕获提供技术支撑。现从跟踪问题建模和跟踪算法设计两个方面
对跟踪的核心问题进行讨论。

1) 问题建模

使用 $M(|M|=M\in\mathbf{Z})$ 和 $N(|N|=N,\ N\in\mathbf{Z})$ 分别代表 M-UAV 和 H-UAV，其
中，H-UAV 在监控区域 $MA\in\mathbf{R}^2$ 内移动。MA 是一个无障碍物的二维区域。MA 的
面积是 $A\in\mathbf{R}$，以 $P_m(t)=(x_m(t),y_m(t))\in MA(m=1,2,3,\cdots,M)$ 来代表第 m 个 M-
UAV 在时刻 t 的位置，v^u 是 M-UAV 的最大速率。假设 H-UAV 的朝向和它们的移动
方向一样，以一个三元组 $S_n(t)=<P_n(t),\overline{\phi_n(t)},v_n(t)>(n=1,2,3,\cdots,N)$ 表示第 n 个

H-UAV 在时刻 t 的移动状态,其中 $P_n(t)$、$\overline{\phi_n(t)}$、$v_n(t)$ 分别代表它的位置、朝向和速率。$v_n(t) \in [v^{min}, v^{max}]$ 并且在该区间正态分布。$\theta^t \in [0, 2\pi]$ 是 H-UAV 的可视角度(VA):当且仅当 H-UAV 在 M-UAV 的视场角(field of view,FOV)中且 M-UAV 在 H-UAV 的 VA 中,H-UAV 才被 M-UAV 覆盖。所有的 M-UAV 都有一个通信距离 R,两个 M-UAV 之间的距离小于 R 时可以互相通信,此时,两个 M-UAV 互为邻居。所有的 M-UAV 都配备有相同的全方位摄像机。其中,r 代表摄像机覆盖被检测物体的最大距离,该参数可以通过应用程序确定,r^0 代表摄像机能够检测到被监测物体移动状态时的最大半径,该参数通过摄像机自身特性和图像处理算法确定。图 12-2 展现了全方位摄像机的覆盖模型。因为本节所提出的应用需要捕获高分辨率的正面图像并通过低分辨率的图像来确定物体的移动状态,所以可以假设 $r^0 \gg r$,摄像机的 FOV 面积是 $A^u = \pi r^2$,向量 $\overrightarrow{mn}$ 和 $\overrightarrow{nm}$ 分别代表从第 m 个 M-UAV 到第 n 个 H-UAV 和从第 n 个 H-UAV 到第 m 个 M-UAV 的向量,$d_{m,n} = d_{n,m} = |\overrightarrow{mn}| = |\overrightarrow{nm}|$ 是 m 和 n 之间的距离。$\theta_{n,m}(t)$ 是 $\phi_n(t)$ 和 $\overrightarrow{nm}$ 在时刻 t 的夹角。时间以 τ 时间片为分隔:Time$=0\tau, 1\tau, 2\tau, \cdots, t\tau, \cdots, T\tau$。开始时间片为 t,第 m 个 M-UAV 可以检测到第 n 个 H-UAV 的状态 $S_n(t)$,假设 $d_{m,n} \leqslant r^0$ 且 $S_n(t)$ 状态能够持续到该时间片结束。

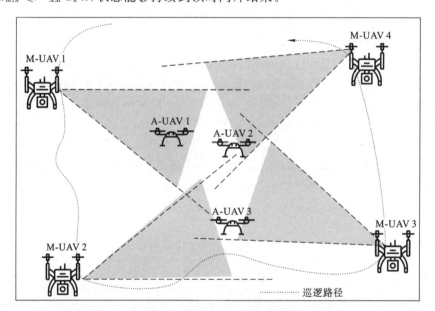

图 12-2　全方位摄像机的覆盖模型

定义一个 $m \times n$ 的矩阵 $C_{m,n}(t)$:

$$C_{m,n}(t) = \begin{cases} 1, & d_{m,n}(t) \leqslant r \text{ 且 } \theta_{n,m}(t) \leqslant \dfrac{\theta^t}{2} \\ 0, & \text{其他} \end{cases} \tag{12-1}$$

其中,$C_{m,n}(t)=1$ 意味着第 n 个 H-UAV 在 t 时间片被第 m 个 M-UAV 覆盖。然后,定义下面这个矩阵:

$$\text{Cover}_n(t) = \begin{cases} 1, & \text{if } \exists m \in \mathbb{M}: C_{m,n}(t)=1 \\ 0, & \text{其他} \end{cases} \tag{12-2}$$

问题是对 M-UAV 的位置进行调度,来最大化在 $[0\tau, T\tau]$ 时间段内被覆盖的目标

数量:

$$E^c(n) = \frac{\sum_{t=1}^{T} \sum_{n=1}^{N} \text{Cover}_n(t)}{T}$$ (12-3)

为了最大化在$[0\tau, T\tau]$时间段内被覆盖的目标数量,下面介绍一个简单的分布式在线算法,该算法主要分为3个步骤。

步骤1:M-UAV检测在$d_{m,n} \leqslant r^0$这一区域中第n个H-UAV的移动状态S_n,用N^*来表示状态集,同时,M-UAV会接收从它的邻居发出的信息,它的邻居会告诉该M-UAV它在下一时间片的位置信息,这个M-UAV邻居的位置集用M^*表示。

步骤2:根据集合M^*和N^*中的信息,该M-UAV会找出它的邻居所覆盖的目标,对于N^*中还没有覆盖到的目标,该M-UAV会查询它可能会到达的所有位置,找出它最多可以覆盖的非覆盖目标的位置。

步骤3:选择位置之后,该M-UAV会发出一条广播,该广播包含了它的选择结果,同时,该M-UAV也会飞到它所选择的位置。

目前存在图像识别以及射频定位两种主流方法确定目标移动状态的过程。而且,假设从邻居接收信息的时间远小于τ且可以忽略。

2)算法设计

基于图像识别技术,可以有效地检测出入侵特定物种的A-UAV。在后台实现了基于机器学习算法的无人机识别算法,并将获得的监控图像通过固定频率的M-UAV传输到后台。因此,后台采用识别算法来检测监控图像中是否存在A-UAV。该技术对后台的识别算法有很高的要求,因此,识别算法应具有较高的鲁棒性和准确性,很少会造成A-UAV的漏报或误报。

3. H-UAV 干扰与捕获

对H-UAV进行准确的定位与跟踪后,需要采取一定的技术手段对其进行干扰和捕获,避免其造成更恶劣的后果。同频干扰、过量功率和GPS欺骗等技术都可以对H-UAV与犯罪嫌疑人之间的通信进行有效的干扰,从而切断犯罪嫌疑人对H-UAV的控制。对H-UAV的干扰所引起的挑战性问题则是对M-UAV的同步干扰。因为M-UAV和H-UAV处于同一片空域中,对H-UAV使用的干扰措施同样会对M-UAV产生影响。一个可能的方案是M-UAV实现动态的通信频段的调整,当检测出H-UAV当前使用的通信频段后,M-UAV将其自身的通信频段调整为其他频段,从而避开H-UAV当前的频段。地面设施根据H-UAV当前通信频段生成的干扰策略则不会对M-UAV的通信产生实质性的影响。M-UAV的可行通信频段及其对应的优缺点将在之后进行详细讨论。

目前对H-UAV的捕获仍然处于物理捕获的阶段,可以让M-UAV携带相应的捕获工具实现对H-UAV的物理捕获。目前地面设施通过发送控制指令实现对H-UAV的控制和捕获还需要克服相应的技术难题。

4. 犯罪嫌疑人定位

无人机检测的另外一个主要方面则是要定位操作H-UAV的犯罪嫌疑人。实际上捕获H-UAV本身可能是没有意义的,应该发现其背后的嫌疑人。该嫌疑人可能有多个备份,一个无人机已禁用,另一个无人机可能由其他位置重新启动。但是,如何才能发现嫌疑人,以及用什么方法搜索嫌疑人? 可以借助 H-UAV 的位置以及 H-UAV 与犯罪嫌疑人之间的最大通信距离实现对犯罪嫌疑人的间接定位。如图 12-3 所示,其定位过程主要分为四个步骤进行。

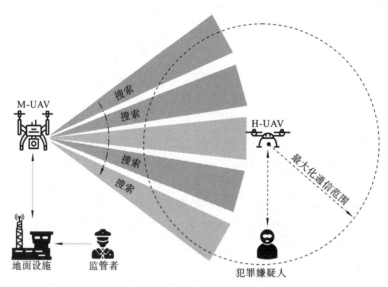

图 12-3　嫌疑犯定位示意图

(1) M-UAV 通过对 H-UAV 的跟踪实现对 H-UAV 的定位与识别,并进一步识别出 H-UAV 所对应的型号。

(2) 根据 H-UAV 的型号查询出该 H-UAV 所对应的最大通信距离。

(3) 如图 12-3 中虚线圆所示,以 H-UAV 当前位置为中心,最大通信距离为半径圈定出犯罪嫌疑人的可能范围。

(4) M-UAV 对圈定的区域进行逐步搜索,结合前文介绍的基于电磁波的检测技术和基于红外热成像的检测技术实现对犯罪嫌疑人的定位。

对无人机型号的识别依然存在许多挑战,如对 H-UAV 识别的准确度问题,当视线不好导致拍摄的 H-UAV 图像不清晰或者 H-UAV 的商标被人为遮挡或揭除的情况下,准确识别 H-UAV 的型号存在较大的难度。同时犯罪嫌疑人为了其特殊的目的也会对 H-UAV 进行改装,这会导致 H-UAV 与犯罪嫌疑人之间的实际最大通信距离出现变化,从而无法准确确定犯罪嫌疑人的大致范围。

对于 H-UAV 的改装问题,可以采用相应的法规对 UAV 的非法改装进行约束,尽量减少对 UAV 的非法改装。对 UAV 的销售进行实名登记,这样可以根据 UAV 追溯到相应的购买人,从而可以进行必要的事后追责。

12.1.2　MM-UAVs 的通信架构

利用合适的 MM-UAVs 通信架构在禁飞区中实现高效的 M-UAV 部署对实现 H-UAV 的监视具有至关重要的作用。MM-UAVs 通信架构应该是动态的,使得各 M-UAV 能以分散或集中的方式进行有效的运作。我们设计了三种可能的通信架构,分别为:M-UAV-2-G 模型、基于基础设施的 M-UAV-2-G 模型、Ad-hoc 模型。

1. M-UAV-2-G 模型

图 12-4 所示的是基于 M-UAV-2-G 模型的 MM-UAVs 通信架构,每种 M-UAV 对应一个固定样式的地面设施。M-UAV-2-G 模型具有通信架构简单、部署简单的优点,但由于 M-UAV 和地面设施进行了绑定导致其覆盖范围有限,不能进行大范围的监视。

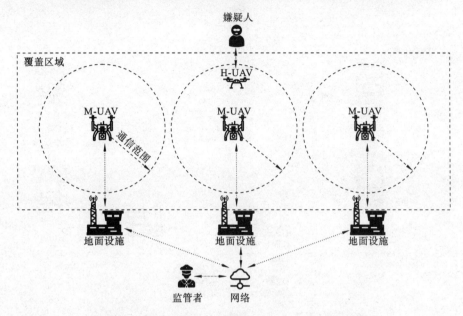

图 12-4 基于 M-UAV-2-G 模型的 MM-UAVs 通信架构

2. 基于基础设施的 M-UAV-2-G 模型

图 12-5 所示的是基于基础设施的 M-UAV-2-G 模型的 MM-UAVs 通信架构,无人机可以通过蜂窝网络、基站或卫星与地面设施通信,覆盖范围更大,但增加了通信成本。

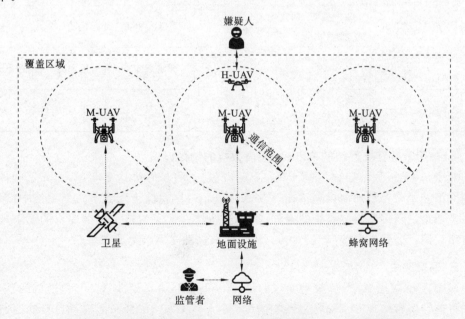

图 12-5 基于基础设施的 M-UAV-2-G 模型的 MM-UAVs 通信架构

3. Ad-hoc 模型

图 12-6 所示的是基于 Ad-hoc 模型的 MM-UAVs 通信架构,这些 M-UAV 相互连接以组织一个 Ad-hoc 网络。该模型覆盖更灵活,成本适中。

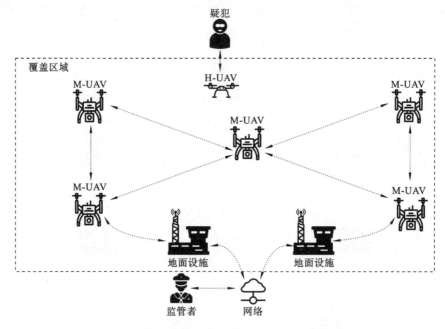

图 12-6 基于 Ad-hoc 模型的 MM-UAVs 通信架构

表 12-1 所示的是对三种通信架构的优缺点对比,根据应用场景的不同可以选择不同的架构对 M-UAV 进行部署。

表 12-1 三种通信架构的优缺点对比

架构名称	优点	缺点
M-UAV-2-G 模型	架构简单、部署简单、通信延迟低、稳定性高	覆盖范围小、灵活性低
基于基础设施的 M-UAG-2-G 模型	架构简单、覆盖范围大、稳定性高	部署成本高、通信延迟高、灵活性低
Ad-hoc 模型	覆盖范围大、灵活性高、通信延迟低	架构复杂、部署复杂、稳定性低

4. 基于软件定义网路的 Ad-hoc 通信架构的地面设施

对于 Ad-hoc 通信架构,主要问题是连接问题。为了解决这个问题,引入了软件定义的网络技术来控制地面设施。在 Ad-hoc 模式下,这就像传感器节点使用空中接口,然后类似地更新传感器节点中的编程代码,使用软件定义的技术根据用户的需求和限制更新代码。通过空中接口部署代码,让它们根据即时需求形成网络。

5. 通信路由

M-UAVs 采用 Ad-hoc 模型实现的是自组织网络,考虑到 M-UAV 续航的问题,网络中可能会经常出现 M-UAV 离线的情况,同时 M-UAV 在禁飞区也有自身的巡航模式,这两种情况均会导致网络拓扑的频繁变化,从而导致通信路由选择的变化。基于

Ad-hoc 网络的特性设计合理的路由调度算法具有重要的现实意义。

6. 通信频谱

随着 UAV 应用的日益广泛,无线频谱使用的竞争将会日益剧烈。如何在 M-UAV 和 H-UAV 共存的环境下达成对 H-UAV 通信的干扰而对 M-UAV 的通信不产生干扰,M-UAV 通信频段的选择至关重要。同时 M-UAV 通信频段的选择还要结合具体的应用场景决定。表 12-2 中对可供 M-UAV 使用频段的优缺点进行了相应的总结,为实际应用中选择适合的 M-UAV 通信频段提供指导。同样可以制定相应的政策为 M-UAV 的通信分配特定的频段,从而改善 M-UAV 通信的环境。

表 12-2　M-UAV 可用频段优缺点总结

频　　段	优　　点	缺　　点
315 MHz,433 MHz, 868 MHz,915 MHz	通信距离远、穿透性强、免费使用、受极端天气干扰小	带宽小、信号干扰大
1572.42 MHz(GPS L1) 1227.60 MHz(GPS L2)	信号干扰小、覆盖范围大、免费使用	带宽适中、受极端天气干扰、穿透性适中
2.4 GHz, 5.8 GHz	带宽大、免费使用	通信距离近、穿透性差、覆盖范围小
自定义频段	信号干扰小、灵活性高	需要申请

12.2　UAV 集群中的业务调度

UAV 的传输需要上行链路的保证以将感知获取的数据发送到核心网络,因此 UAV 集群网络必须进行合理的组网以支持可靠的数据传输。然而,UAV 集群中的多 UAV 协调工作是一个值得探讨的问题。

在本节中,首先提出一种去中心化的组网协议来协调 UAV 的运动,达成 UAV 集群的组网。由于 UAV 处在动态环境中且在没有集中控制的情况下去执行实时感测任务,此时 UAV 需要在线地学习数据感知和数据传输的经验,这使得强化学习成为应用于 UAV 集群任务调度的合适方法。在这方面,采用强化学习去解决 UAV 实时传感中存在的问题。与监督学习不同,其需要离线数据集来学习每个状态下的正确动作,强化学习中的代理(即 UAV)从实时感知的数据中进行学习,这种方法更适合于实时 UAV 调度下的应用场景。此外,强化学习不依赖于完整和准确的环境模型,使得其特别适用于像 UAV 这样计算能力有限的智能硬件。

本节将讨论强化学习应用于 UAV 集群任务调度的可能方案:

(1) 应用膨胀策略解决初始状态下 UAV 组网的问题;

(2) 利用深度强化学习解决无线信道动态分配问题,以达成对 UAV 数据发送延时问题的优化;

(3) 提供一个示例介绍如何应用以上方法来解决 UAV 集群任务调度的问题。

12.2.1　UAV 集群概述

在本节中,首先简要介绍 UAV 集群,随后描述 UAV 集群所面对的任务场景,并对任务场景给出相应的限定条件。

1. 集群网络中 UAV 的实时任务调度

如图 12-7 所示,在多元正交频分复用的集群网络中,多个 UAV 同时执行不同的实时任务,通过持续地监测它的感应区域执行传感任务,在此期间收集或生成实时传感数据。UAV 的目的是收集有效的传感数据并通过中继 UAV 和基站将数据发送回核心网络。这里,有效的传感数据是指包含任务情况的准确信息的传感数据,即 UAV 成功感知目标对象所产生的传感数据。一般来说,UAV 采集的传感数据的有效概率与 UAV 和目标区域之间的距离呈负相关。为了将传感数据传输到核心网络,UAV 选择并关联某个基站,然后该基站为其分配一个通信信道用于数据上传。根据基站的部署策略,相邻基站使用的频带可以相同或不同,频带相同的情况下则需要考虑时分复用的方法。为了保证数据传输的成功率,同时考虑到 UAV 进行数据传输的能耗,每个 UAV 在执行数据传输任务时动态决定其自身的发射功率,同样 UAV 还考虑来自障碍物对信号的阻挡和干扰。此外,每个 UAV 还确定其运动轨迹、数据感知行为和数据传输策略,以便更好地采集数据并将其传回基站。

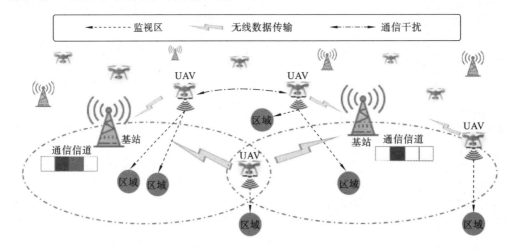

图 12-7　UAV 集群下执行实时任务调度示意图

2. UAV 集群的任务定义

在探讨本节的关键问题之前,对文中需要使用的相关术语和对象进行定义和说明,如表 12-3 所示。

表 12-3　对象及术语定义表

符号表示	说　　明
N	UAV 总数
M	基站总数
$B_i(x_{B_i}, y_{B_i})$	基站
CH_{B_i}	基站 i 的空闲信道
T-UAV	执行监测任务的 UAV
R-UAV	中继 UAV,为 T-UAV 提供中继通信
$T_i(x_{T_i}, y_{T_i})$	被监测目标

续表

符 号 表 示	说　　明
d_{min}	UAV-A 和 UAV-B 之间的最小距离,即安全距离
d_{max}	UAV 与 UAV,或 UAV 与 BS 之间的最大距离,受 UAV 最大发射功率限制
t_m	UAV 完成监测所需时间
v_s	UAV 巡航速度

　　UAV 集群通常需要对特定区域执行监测任务,初始场景下需要完成对 UAV 集群的部署组网,同时需要考虑无人机节点失效或无人机低电量场景下终止任务的情况,此时需要进行重新组网。组网完成后需要考虑处于目标监控区域上空的各 UAV 的数据传输效率,即延时效率。为了提升 UAV 的待机时长,其数据发射功率也是需要考虑的问题,需要结合 UAV 集群的组网情况进行各个 UAV 集群发射功率的动态调整。时分复用场景下会存在多个 UAV 竞争同一个通信信道的情况,如何进行高效的调度,以降低数据发送的冲突概率,这也是需要考虑的问题。

　　因此,为了使各个 UAV 以一种稳定的状态执行任务同时又满足数据传输过程中的需求,这里提出一个虚拟排斥力算法,使 UAV 稳定均匀地分布在特定区域内,并且为了减小延时和发射功率需要考虑 UAV 与基站的距离。假设在特定区域内有 n 个UAV,它们两两之间存在排斥力,这样就组成一个 $(M+N) \times (M+N)$ 的作用力矩阵 $A[M+N][M+N]$,其中 $A[i][i]=0,A[i][j]=-A[j][i]$。以特定区域的中心为原点,从西向东构建 x 轴,从南向北构建 y 轴,建立一个二维平面直角坐标系,如图 12-8 所示。初始情况下,UAV 是散乱分布的,坐标记为 (x_i,y_i),每个 UAV 受到 $M+N$ 个作用力,对自己的作用力为 0。需要计算出所受合力的大小,并且合力的方向是 UAV 需要移动的方向。为了方便计算,将所受的排斥力分解为 x 和 y 两个方向,然后分别按照两个方向来进行计算。第 i 个 UAV 在 x 轴所受的排斥力为 x_i^m,在 y 轴方向所受的

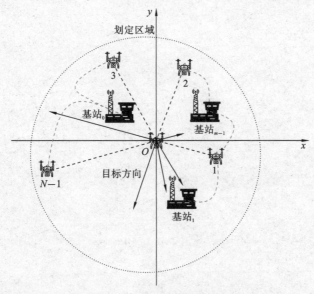

图 12-8　无人机集群的移动规划

排斥力为 y_i^m。$\dfrac{x_i-x_j}{|x_i-x_j|}$ 和 $\dfrac{y_i-y_j}{|y_i-y_j|}$ 表示所受排斥力的方向。C_1 和 C_2 是常数，分别表示 UAV 和基站对应的不同权重系数，(x_{B_k},y_{B_k}) 表示基站的坐标。此外，UAV 搜索具有可用信道的最近基站。

$$x_i^m = \sum_{j=1}^{N}\frac{C_1}{(x_i-x_j)^2}\frac{x_i-x_j}{|x_i-x_j|}+\sum_{k=1}^{M}\frac{C_2}{(x_i-x_{B_k})^2}\frac{x_i-x_{B_k}}{|x_i-x_{B_k}|} \tag{12-4}$$

$$y_i^m = \sum_{j=1}^{N}\frac{C_1}{(y_i-y_j)^2}\frac{y_i-y_j}{|y_i-y_j|}+\sum_{k=1}^{M}\frac{C_2}{(y_i-y_{B_k})^2}\frac{y_i-y_{B_k}}{|y_i-y_{B_k}|} \tag{12-5}$$

$$d_{\text{base}} = \sqrt{(\text{Array}X[i]-x_{B_k})^2+(\text{Array}Y[i]-y_{B_k})^2} \tag{12-6}$$

根据式（12-4）和式（12-5），UAV 经过移动，坐标变为 $(x_i+x_i^m,y_i+y_i^m)$，在 UAV 靠近边界区域时不再继续进行移动规划。经过多次迭代，如果每个 UAV 的位移 d_{safe} 大于 $d_{\min}$，并且每个 UAV 与基站数据库之间的距离（详见式（12-6））小于 $d_{\max}$，并且基站具有可用信道，则集群处于稳定配置，不会进一步传播。UAV 集群组网算法如算法 12-1 所示。

算法 12-1　UAV 集群调度

输入：在任意状态下的 UAV 集群
输出：在稳定状态下的 UAV 集群
(1) **function** 调度 UAV$(\text{Array }X,\text{Array }Y)$
(2) 　**for** $i=0\rightarrow N-1$ **do**
(3) 　　$\text{Tab}[i]\leftarrow 0$
(4) 　**end for**
(5) 　$\text{count}\leftarrow 0$
(6) 　**while** $(\text{count}<N)$ **do**
(7) 　　**for** $i=0\rightarrow N-1$ **do**
(8) 　　　**if** $(\text{Tab}[i]==0)$ **then**
(9) 　　　　$x_i^m\leftarrow\text{Equation}(1)$
(10) 　　　　$y_i^m\leftarrow\text{Equation}(2)$
(11) 　　　　$x_i\leftarrow x_i^m+x_i$
(12) 　　　　$y_i\leftarrow y_i^m+y_i$
(13) 　　　　寻找最近的 UAV (x_j,y_j) 到 UAV i
(14) 　　　　$d_{\text{safe}}\leftarrow\sqrt{(x_i-x_j)^2+(x_i-x_j)^2}$
(15) 　　　　**if** $(d_{\text{safe}}>d_{\min}$ **and** $d_{\text{base}}<d_{\max}$ **and** $\text{CH}_{B_k}>0)$ **then**
(16) 　　　　　$\text{Tab}[i]\leftarrow 1$
(17) 　　　　　$\text{count}\leftarrow\text{count}+1$
(18) 　　　　　$\text{CH}_{B_k}\leftarrow\text{CH}_{B_k}-1$
(19) 　　　　**end if**
(20) 　　　　**if** $((x_i,y_i)\text{ is at edge})$ **then**
(21) 　　　　　$\text{Tab}[i]\leftarrow 1$

```
(22)              count←count+1
(23)          end if
(24)         end if
(25)       end for
(26)   end while
(27)   return (Array X, Array Y)
(28) end function
```

　　另外在关键区域需要部署很多密集的 UAV 集群,这里需要人为干预。如图 12-9 所示,首先人为标记出关键区域并指出关键区域的半径。设置完成后,算法自动规划最近的 m 个 UAV 移动到区域内,然后执行 UAV 集群调度算法直至该区域内的无人机达到平衡状态。

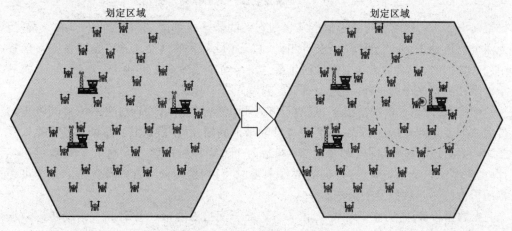

图 12-9　无人机集群的人为干预

12.2.2　任务调度和任务信道分配说明

1. UAV 任务调度说明

　　首先对时分复用下 UAV 数据发送的策略进行介绍,如图 12-10 所示,UAV 以同步迭代方式执行传感任务。在数据发送协议中,时间被划分为离散时段,并且以数据感知和数据发送作为一个循环单元,其由若干帧组成。在周期开始时,每个 UAV 确定其匹配的基站、中继 UAV、数据发射功率、上行数据传输信道,并通过控制信道将这些信息发送给信标帧中的基站。周期的其余部分分为两个连续阶段:数据感知阶段和数据传输阶段。

　　1) UAV 数据感知阶段

　　每个 UAV 对若干帧进行传感,在此期间收集传感数据。值得一提的是,由于数据处理能力有限,UAV 可能无法确定传感是否有效,但可以仅根据计算成功的传感概率来评估其性能。为了确定收集的传感数据是否有效,UAV 需要在随后的传输阶段将其传感数据发送到基站。

　　2) UAV 数据传输阶段

　　传输阶段 UAV 数据由一定数量的帧组成,UAV 将收集的传感数据传输到基站。

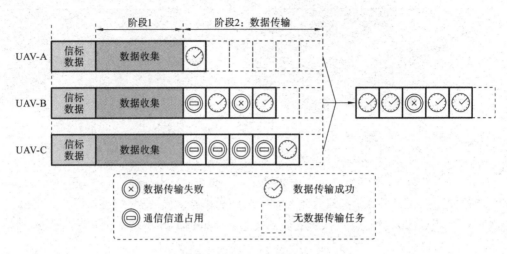

图 12-10 数据发送协议中的帧序列示例

如果两个 UAV 利用不同的子信道来感知它们的传感器数据,二者之间不会有干扰,因为两个信道是正交的。然而,当来自相同(或不同)单元的两个 UAV 尝试在同一信道中发送数据时,它们将遭受数据发送干扰。在传输阶段的每一帧中,某个 UAV 可能处于以下几种情况中的一种。

● 信道占用:在这种情况下,基站不能为 UAV 分配信道,因此,它不能将其收集的传感数据发送到基站。UAV 需要等待分配信道的帧,以便发送其收集的传感数据。

● 数据传输失败:在这种情况下,基站为 UAV 分配信道以发送其传感数据。然而,由于基站较低的信噪比,传输的数据未被成功接收,因此 UAV 需要在下一个可用帧中再次将传感数据发送到基站。

● 数据传输成功:在这种情况下,UAV 被分配信道并成功地将其收集的传感数据发送到基站。

● 无任务:在这种情况下,UAV 保持空闲而不尝试发送上行链路数据,在该周期内的先前帧中已成功发送了收集的传感数据。

由于上行链路信道资源通常很少,所以可用的上行链路信道可能不足以支持在传输阶段的每个帧中去发送它们的传感数据。为了解决这个问题,基站采用集中式信道分配机制将上行链路信道分配给 UAV,或者 UAV 可以以去中心化的方式确定它们的上行链路信道。在集中分配机制的实例中,对于每一帧基站可以分配上行链路信道以达成 UAV 总的数据传输成功率的最大化。通常情况下,在一个周期中,竞争同一信道的 UAV 数量将随着时间的推移而减少。因为某些 UAV 可能在先前帧中完成了数据的传输,并且在传输阶段的余下帧中保持空闲状态。

2. 基于深度强化学习的任务信道分配

如图 12-10 所示,在 UAV 集群中,如果 UAV 被分配用相同的信道传输传感数据,则 UAV 也可能被同一单元中的其他 UAV 干扰。因此,为了提高无人机上行链路传输的成功概率,需要解决信道分配问题,信道分配问题的优化最终可以体现在对数据发送延时问题的优化上,接下来对延时优化问题做如下定义。

对时间延迟定义为

$$T = \min \sum \left(\frac{d_{T_i q_m} x_{T_i q_m}}{v} + \frac{d_{T_i p_1} x_{T_i p_1}}{v} + \cdots + \frac{d_{T_i p_n} x_{T_i p_n}}{v} + t_m \right) \tag{12-7}$$

其中，

$$\sum_q x_{T_i q} = 1 \tag{12-8}$$

$$\frac{d_{T_i q} x_{T_i q}}{v} + \frac{d_{T_i p} x_{T_i p}}{v} + t_m \leqslant T_0 \tag{12-9}$$

$$d_{pq} > d_{\min} \tag{12-10}$$

$$\sum q_m + \sum p_j \leqslant N \tag{12-11}$$

相应的数学符号含义如下。

$x_{T_i q_m}$：第 q_m 架 UAV 对目标 T_i 点是否进行侦察，侦察则等于 1，否则等于 0。

$d_{T_i q_m}$：表示第 q_m 架 UAV 距离目标 T_i 的距离。

v：表示 UAV 的速度。

$$x_{T_i p_j} = \begin{cases} 0, & \min d_{T_i B_j} < 2 d_{\max} \\ 1, & \text{其他} \end{cases} \tag{12-12}$$

其中 $d_{T_i B_j}$ 表示 T_i 到 B_j 的距离。也就是说，当 T_i 到任意一个基站的距离超出单个 UAV 的最大发射距离 $d_{\max}$ 的 2 倍，就需要再派一架 UAV 去做中继 UAV，以保证基站可以接收来自 T_i 的监测信息。

此外，为了避免集中式调度产生的高开销，可以应用强化学习方法以去中心化的方式解决信道分配问题。由于信道规模庞大（规模为 100 左右），使其有一个巨大的状态空间，因此在这种情况下需要采用深度强化学习进行信道分配的调度学习。在深度强化学习模型中，每个 UAV 对应于一个代理，其动作是选择一组信道来传输传感数据。由于 UAV 在使用信道进行传输时只能观察信道的情况，因此将状态定义为若干先前周期的观测组合。在每个周期中，深度神经网络的输入是先前动作和状态的组合，输出是对应的 Q 值。根据所获得的 Q 值，UAV 可以选择最佳信道集合在新周期中发送传感数据。如下为根据行动者-评论家算法构造的 UAV 集群调度的具体表示：

$$Q(s,a \mid \theta^Q) = E(r_t + \gamma r_{t+1} + \gamma^2 r_{t+2} + \cdots \mid s_t = s, a_t = a, \pi) \tag{12-13}$$

γ 表示每次 UAV 进行移动后获得的奖励，其中参数 θ^Q 为深度神经网络表示值函数，s 表示状态，a 表示动作，π 表示策略函数，Q 表示折扣因子。策略函数表示为 $a = \pi(s \mid \theta^\mu)$，表示 UAV 集群规划。评估函数为 $V(s,a) = \max \sum_i^n n_{\text{chanet\_i}} \times \min \sum_i^n \text{d\_base}_i$，在 $t = T + 1$ 步得到 $\max |V(s) - V(s)'| < \alpha$，其中 d_base_i 表示每个 UAV 距离基站的距离，$n_{\text{chanel\_i}}$ 表示对应的 UAV 是否有可用的信道，若有记为 1，否则记为 0。损失函数为 $\underset{a \in A}{\arg\min}(T - T')$，表示进行新的规划之后时间延迟的变化。改进策略函数为 $\pi'(s) = \underset{a \in A}{\arg\max} Q^\pi(s,a)$。进入初始状态后，首先由策略函数根据 UAV 集群规划算法进行位置的规划，评估函数利用梯度下降法在深度神经网络中更新策略，然后由损失函数计算时间延迟，同时值函数计算奖励值，值函数在深度神经网络中优化参数 θ^Q 不断进行更新，之后改进函数进行策略的修正。如此经过几轮迭代，最终得到无人机集群在时间延迟最小时的分布，从而达到稳态。

12.2.3 UAV 集群任务调度

作为一个演示示例,在本小节中,我们将介绍如何应用强化学习方法来解决 UAV 集群中 UAV 任务调度的问题。如图 12-11 所示,考虑集群网络是由 2 个基站、5 个 UAV 和 3 个目标监测区域组成。假设这 2 个基站有 2 个信道以支持 UAV 的上行链路传输,且 2 个基站不存在频带冲突的问题。UAV 的可达监测空间被认为是以其坐标为圆心、以最大通信距离 d_{max} 为半径的圆柱形。为了有效地处理 UAV 任务规划问题,将可行的飞行空间划分为一组离散空间点,这些空间点代表一个正方形的区域。当每个 UAV 在单个决策步骤中选择当前空间点的可行相邻空间点去最大化累积奖励时,可以对网络结构进行修正,以实现对传输延时进行进一步优化。

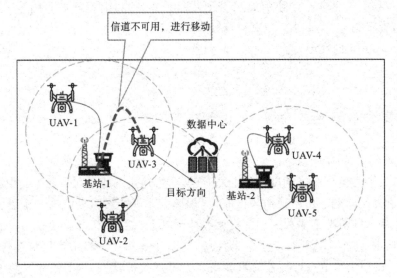

图 12-11 实验场景图

如图 12-12 所示,对一个 UAV 在不同并发负载下的数据传输性能进行了比较,结果表明,单连接的通信性能优于两个并发连接的通信性能。

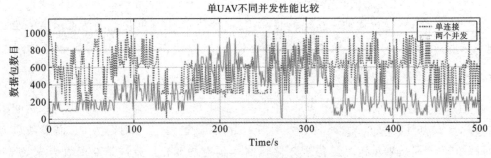

图 12-12 实验结果

12.2.4 未来的挑战

强化学习显示了其在 UAV 集群中的应用潜力,但仍然存在许多需要解决的开放问题,这些问题的解决可能会进一步推动 UAV 集群的应用和研究。下面列出了一些该领域中潜在的研究问题。

1. UAV 决策协同

当 UAV 集群需要在最短时间内感知多个任务的实时状况时，各个 UAV 可能需要协同执行任务。而集中式方法具有较高的计算复杂度，因此也需要采用分布式调度的方法进行任务协同。任务协同问题非常具有挑战性，因为每个 UAV 在选择自己的任务和决策时需要考虑其他 UAV 的任务及其可能的决策。为了解决这个问题，协同决策问题可以尝试采用强化学习算法建模。

2. UAV 认知传感

对于 UAV 的数据传感，UAV 产生的大量传感数据（如视频流）可能对传统 UAV 集群网络造成重大负担。为了保证 UAV 的数据传输效率，可以利用认知无线电使 UAV 适时性地访问 UAV 集群的可用信道。基于这一考虑，可以为 UAV 或应用建立通信的优先机制，根据优先级执行动态的信道选择，信道选择问题可以通过强化学习算法来建模。

12.3   UAV 集群中的多任务卸载

单个 UAV 与移动边缘云（mobile edge cloud，MEC）交互的方式处理移动终端用户的任务无法满足大范围人工智能应用的需求，因此我们提出面向多任务场景的 UAV 集群智能协作新架构。考虑计算、存储、通信资源的协同优化，以及通过 AI 智能决策来提升 UAV 团队的效率，本节不仅研究了一种新型 UAV 集群解决方案，更重要的是提出了将计算和通信两者融合的理念。

随着移动计算与无线通信技术的迅速发展，地面上可以通过部署边缘计算等方案满足移动终端用户的需求（quality of experience，QoE），在无人驾驶应用场景下还可以用车联网的方式做补充。当科研工作者将视角移向空中利用 UAV 在空中处理复杂任务（如自动巡航、航空拍摄、精准目标识别等）时，单个 UAV 与移动边缘云协作的架构则不再适用。一方面，UAV 小型化的特点，必然决定了 UAV 在计算、存储、通信能力方面受到限制，换句话说，在同等造价的情况下，UAV 的计算能力要劣于地面上的自动驾驶汽车；另一方面，如果由单个 UAV 与移动边缘云交互的方式处理移动终端用户的任务，则 UAV 耗能将会十分迅速，UAV 的处理效率十分低下。可见在地面上的传统架构无法直接应用到空中，UAV 场景下对新型计算架构的需求呼之欲出。

由于 UAV 具有可灵活部署和多功能的特性，UAV 的设计以及应用引起了学界的广泛关注。目前有一些文献研究了 UAV 协作提供通信覆盖的问题，如 Hu 等人研究了一种单个 UAV 辅助移动边缘云的混合系统。Mozaffari 等人提出多 UAV 作为无线基站为用户提供覆盖的高效部署方案，Lyu 等人提出了 UAV 支持的一种混合网络架构以协助 GBS，从吞吐量以及节省基础设施成本的角度验证了 UAV 辅助卸载的好处。但是这类文献没有从 AI 技术和应用角度出发探索 UAV 集群的作用。另一些文献考虑了单个 UAV 处理人工智能任务的问题，如 Zhao 等人在 UAV 上部署深度学习算法处理野火图像识别任务，然而如果面临真实情况中的大范围山火，以 2018 年 11 月加利福尼亚州大规模山火为例，那么必须需要 UAV 集群去及时完成救灾工作。

Schwarzrock 等人虽然提到了用 Swarm 智能去解决 UAV 集群的任务分配问题,但是其文章中提到的任务的概念过于宽泛,没有将任务从计算通信缓存中分离,从而无法做到资源协同优化。现有文献无疑推进了 UAV 技术的发展,针对未来大规模移动用户的场景,本节提出了多复杂任务情况下的 UAV 团队协作情形,考虑计算、存储、通信资源的优化协同,以及通过 AI 智能决策来提升 UAV 团队的效率。

如图 12-13 所示,以目前流行的 VR/AR 游戏场景为案例,随着 AI 技术的发展,移动用户数量与用户体验度的需求也在迅速增加。对于 VR/AR 混合游戏场景中,就像 Cline 描述的那样,用户可能坐在车内享受虚拟游戏带来的实时体验,这时在物理环境下,用户是高速移动的,利用可穿戴设备可以增强这种用户体验。此时部署静态的边缘计算节点无法解决用户灵活的动态实时分布,而热点区域的计算任务有可能十分庞大,这时候可灵活追踪的 UAV 就能派上用场。UAV 根据周边的物理场景的实时高清视频,进行个性化加工,提供给用户虚拟场景体验。然而 UAV 造价昂贵,并且过多的 UAV 可能会产生空中干扰,因此需要解决在满足大规模移动用户和保障高用户体验度的条件下,如何提高 UAV 使用效率的问题。下面列出了本节所提方案的几个重要特点。

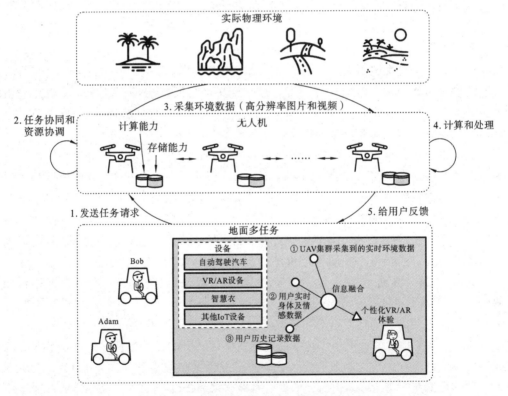

图 12-13　虚拟现实/增强现实游戏场景说明

1)多任务卸载

传统的方案只考虑了单个 UAV 处理单个任务的方案,而对于 VR/AR 应用来说,传统的单 UAV 借助移动边缘云可以缓解这个问题,但是对基础设施依赖过重,在实际中并不适用。认为一个 UAV 可以服务于多个任务,具体来说,对于一个服务于一个主任务的 UAV,虽然其他任务不是它负责的,但是它处理的结果可以以一种机会主义的方式服务于其他任务,从大规模的角度会极大提升 UAV 的使用效率。

2) UAV 团体协作

一个任务可以由多个 UAV 共同处理。UAV 网络可能组成多个动态资源,每个 UAV 在处理不同任务时的负荷不同,如果有一些 UAV 的计算资源是相对闲置的,那么它可以把部分资源给其他过载的 UAV。

3) 计算、通信、存储联合优化

一个任务的成功对计算、通信和存储能力都有一定的要求。传统的单 UAV 场景由于资源固定且受限,很可能会将 VR/AR 任务定义为一个失败的任务。若考虑多任务卸载场景下 UAV 团队协作,就可以将 UAV 团队看作一个动态的资源池,而它们的计算、通信、存储资源不仅可以内部动态灵活分布,也可以实现资源之间平衡。这是传统方案无法比拟的。

4) AI 智能决策

由于传统单 UAV 与移动边缘云交互的方案较简单,并不需要使用 AI 智能决策。然而多 UAV 团队协作下,需要对周边 UAV 的移动性和 UAV 网络的动态资源进行感知和预测,并基于此进行决策判断。这样又引出更多的开放性问题。实际上只有考虑多任务卸载场景下的 UAV 团队协作,UAV 的计算、通信、存储资源的全局联合优化才有意义。而 AI 智能决策是提高全局资源配置利用率,决定优化效果的关键技术。

综上,本节主要解决在满足大规模移动用户和保障较高的用户体验度的条件下,如何提高 UAV 的使用效率的问题。该项工作的贡献总结如下。

(1) 提供了计算和通信融合的视角:对当下的 UAV 移动网络研究现状进行了分析,目前许多研究或是从 UAV 的通信角度,或是从单个 UAV 的任务处理角度出发,但是本节从实际大规模应用考虑,将两个领域融合提出新的研究方向。

(2) 创新性地针对不同的任务类型和服务模式,搭建了 UAV 团队协作的架构。

(3) 对如何利用 AI 智能决策实现 UAV 团队协作和计算、通信、存储联合优化进行了研究并给出了建设性的方案。

12.3.1　基于 UAV 的多模态多任务(UAV-M3T)卸载架构

1. UAV 辅助的 MEC 任务卸载架构

目前一些文献如 Chen 等人提出了支持 UAV 的移动边缘云网络的任务处理方式。移动边缘云这种架构的思路是用户将任务卸载到 UAV 执行计算任务,架构如图 12-14 所示。如果 UAV 计算能力有限的情况下,可以将用户任务卸载到地面移动边缘云服务器进行计算。这样做的好处是,当用户和移动边缘云服务器之间的卸载链路质量差时,UAV 作为中继器用于帮助用户有效地将其计算任务卸载到移动边缘云服务器。

然而随着用户对服务质量的要求不断提高,支持 UAV 的移动边缘云网络无法满足一些关键场景的需求。一方面,需要执行计算的任务在荒野、沙漠和复杂的地形中(在提出的 AR 应用场景中),地面移动边缘云网络无法方便且可靠地建立,并且采用支持 UAV 的移动边缘云网络的架构无法及时处理地面移动边缘云系统被自然灾害破坏的情况。另一方面,用户移动范围巨大,即便是建立了移动边缘云,由于移动边缘云的静态特性,也很难顺利完成任务卸载,大大降低了用户的服务质量。因此,必须采用 UAV 集群协作的任务处理架构。

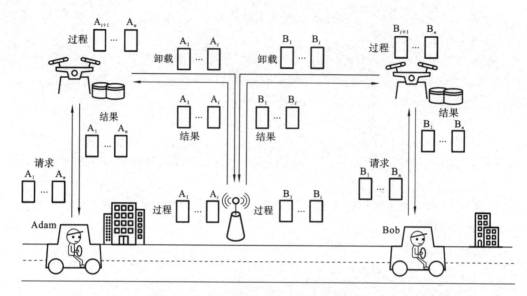

图 12-14 UAV 支持的移动边缘云服务架构

2. UAV-M3T 任务卸载架构

1) O2O 模式（一对一 UAV 任务）

最简单的是单个具备计算、通信、存储能力的 UAV 针对单个用户任务进行卸载处理，这样的模式虽然策略成本最低，但实际上无法完全发挥出 UAV 集群的优势。

值得一提的是，单个 UAV 支持的移动边缘云服务模式本质上是在 O2O 的模式中引入了移动边缘云服务器这样的后备资源。

在基于 O2O 的模式上，衍生出 O2M 模式和 M2O 模式。

2) O2M 模式（一对多 UAV 任务）

O2M 打破了 O2O 孤立处理任务的模式，通过任务复用的方式提高用户服务质量。从用户的信息私密性以及服务结果反馈的角度来说，用户可以信任从属于同一个服务提供商的 UAV 集群进行任务卸载处理的模式。

以图 12-15 所示的为例，如果采用 O2O 模式，那么用户 Adam 的任务由 UAV-A 单独处理，用户 Bob 的任务由 UAV-B 单独处理，用户 Cindy 的任务由 UAV-C 单独处理。这种方式大大降低了无人机集群的任务处理效率。以数据采集为例，实际上对于当前时间窗口下所处的空间位置邻近的用户群体任务来说，所需要加工处理的物理环境信息数据实际上是相同的，那么这时候多用户的数据采集任务就可以由单个 UAV 来完成。Adam 和 Bob 处于同一区域，那么 UAV-A 采集的数据可以传输给 UAV-B 进行计算，而 UAV-B 计算处理的任务也可以直接反馈给 Adam 和 Bob 同时使用。可以看到，O2M 模式充分利用了用户任务可复用的特性。

3) M2O 模式（多对一 UAV 任务）

M2O 模式代表多个 UAV 同时处理一个任务。以图 12-15 所示的为例，用户 Adam 的 AR 游戏任务可以分配给 UAV-A、UAV-B 以及 UAV-C 共同处理。UAV-A 采集的风景数据可以传递给 UAV-B 进行处理，如果当前单台 UAV-B 的计算资源受限无法满足用户 Adam 的总任务负荷，那么可以将部分任务卸载到 UAV-C，UAV-C 利用闲置的计算资源与 UAV-A 共同处理 Adam 的任务。通过邻近 UAV 集群协作完成全

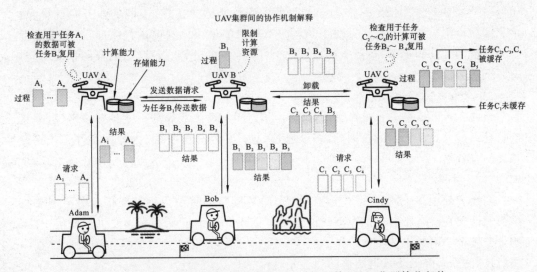

图 12-15　基于多模式多任务卸载(UAV-M3T)的 UAV 集群协作架构

局的用户服务质量和资源优化配置可以看到,M2O 模式充分利用了 UAV 集群的网络资源。

4) M2M 模式(多对多 UAV 任务)

将 O2M 模式和 M2O 模式相结合就得到了 M2M 的混合服务模式。混合服务模式是 UAV 集群协作处理多任务场景的最通用模式。多代理系统已经在通信系统中进行了研究,同时还在智能体物联网系统上进行了基于代理的实现。从服务提供商的利益角度,多 UAV 集群协作可以提升效率。在混合服务模式下,通过 UAV 集群通信协作,可以将 UAV 集群轨迹优化、任务最优卸载、网络资源配置优化。

综上,UAV 集群协作的架构虽然部署成本很高,但是可以极大地提高用户服务质量,为服务提供商带来全新的市场收益。目前已经有许多公司(如谷歌、Facebook、亚马逊和华为)推出了他们的项目,以促进 UAV 移动边缘云网络的应用,如表 12-4 所示。可以想象,未来 UAV 集群的部署成本将会下降,随着用户对服务质量的要求不断上升,超 5G(Beyond 5G,B5G)技术等不断发展,使得广泛部署 UAV 集群网络成为可能。另一方面采用 UAV 集群灭火等技术的政府组织或国防部门,或者 AR 游戏场景服务提供商获得的收益也是可观的。因此,研究 UAV 集群架构具有广泛的应用前景。

表 12-4　不同类型的任务卸载架构性能对比

架　　构	布署动态性	资源灵活性	实时性	决策智能性	成本	用户体验质量
无 UAV 的 MEC	无	中	中	有限	低	低
UAV 辅助的 MEC	有限	中	中	有限	中	中
UAV-M3T	高	高	高	高	高	高

12.3.2　UAV 集群中缓存、计算和通信的协同优化

UAV 的关键性能指标包括容量、延时、能量、可靠性以及成本效益等。用户的服务质量指的是用户对业务的满意程度,而该满意程度来自于用户对此项业务的期望实现程度,与该用户的个人喜好、所处的环境和业务本身均相关。在处理实际任务的过程

中,UAV 需要处理的任务是多模态的。考虑到业务的异构性,不同的业务对计算、通信和缓存资源的需求不同。针对于 AR 游戏场景渲染可以提前进行缓存,需要全面考虑到设备的计算和存储、通信能力。通过 UAV 集群的计算、缓存、通信资源系统部署,有以下优势。

1) 采集的信息量

即便 UAV 服务于不同的独立对象,但是对于 AR 游戏等同一业务要求来说,采集的信息可能是高度冗余的。因此,可以通过数据协同、任务复用、内容缓存等方式提升数据的有效性。

2) 实时性

在任务处理和决策的过程中,对于是 UAV 支持的移动边缘云架构,UAV 需要将采集的信息在没有压缩的情况下传回地面。如果此时由于带宽不够发生了通信中断,则任务失败。而对于多 UAV 集群协作的架构,很多决策在 UAV 集群飞行的过程中实时计算处理,降低了数据传输的通信延时。

3) 决策能力

由于单个小型化的 UAV 计算、通信、存储能力有限,因此单个 UAV 支持的网络决策能力也十分有限。多 UAV 集群协作架构可以基于网络资源和移动性,实现智能决策。其次对于决策的准确率要求极高的任务来说,可以通过集成学习来满足要求。然而若对单个 UAV 部署集成学习,由于计算成本高,则无法满足用户实时性的要求。

4) 效率

对于 AR 游戏等复杂应用场景来说,提高 UAV 的使用效率就是节约成本。一方面,通过多任务复用、内容缓存等策略可以提高数据采集和任务处理的效率;另一方面以多 UAV 数据采集协同、资源配置协同、智能决策为代表的 UAV 集群协作也可以极大提升无人机集群全局资源利用效率。

针对无人机集群缓存、通信、计算资源协同,在多用户场景下考虑到无人机之间的协作时,通过 UAV 之间的协作(如 UAV 之间通过 D2D 的连接),可以使 UAV 集群之间共享通信、计算和存储资源,增加了整体系统的吞吐量,减少了系统延时。代价是通过 UAV 之间的 D2D 通信将资源卸载到其他终端,增加了传输延时。因此,在多用户情况下,需要对传输、计算和缓存的折中关系进行研究,即协作增益和开销之间的折中。考虑从属于同一机构的 UAV 集群之间是 D2D 连接的,并且假设此时单个用户的任务由某个指定 UAV 汇总完成,以及当前只有一个用户请求 AR 游戏业务。$r_{i,j}^t$ 表示 UAV 之间的通信速率,$\beta_{i,j}^t$ 和 $\kappa_{i,j}^t$ 表示从第 i 个 UAV 卸载和缓存内容到第 j 个无人机所需的计算量。以服务于单个用户的 UAV 的延时和能耗为目标,限制条件为通信容量、计算容量和缓存容量。将请求业务的终端记为请求终端,服务于请求终端的 UAV 记为该任务的主 UAV,将主 UAV 相连的并且提供通信、计算和缓存资源的 UAV 记为服务 UAV。请求终端的延时 D^{UE} 可以表示为计算延时(包括在主 UAV 的计算延时和通过 D2D 连接卸载到其他服务 UAV 的计算延时)和通信延时(包括请求终端将任务卸载到主 UAV 的延时,主 UAV 将计算任务通过 D2D 连接卸载到其他服务 UAV 的延时,主 UAV 从服务 UAV 获取计算任务的结果或者缓存内容的延时,请求终端从主 UAV 获取计算任务结果或缓存内容的延时)。主 UAV 的 E^{UE} 可以表示为主 UAV 计算的能耗和 D2D 传输的能耗。给出的最优配置以及协同优化问题如下:

$$\underset{r,\beta,k}{\text{minmize}}(D^{\text{UE}},E^{\text{UAV}}) \tag{12-14}$$

Chen 等人研究了该优化问题的解决方案。对于此优化问题的求解,可以采用在线算法给出当无人机在相互协同条件下的最优配置。更进一步可以推广到考虑到 UAV集群的协作,多个任务同时到来时,UAV 集群对通信、计算和缓存资源进行协同优化。建模和求解过程与上述过程类似。

12.3.3　基于智能决策的 UAV 集群动态部署策略

1. 基于历史数据挖掘的自适应调整

在某时刻任务请求出现之前可以预先部署 UAV 的任务安排和资源配置,以增强用户的使用体验。以 AR 游戏场景为例,不同用户在同一标志位所请求的任务在物理环境数据方面有着极高的相似性,因此可以利用历史社交数据来预测某些领域即将提出的数据要求。如果数据挖掘处理结果表明,下一时间窗口将会有大量用户提出当前时间窗口的相似任务请求,则处于某标志位的 UAV 就会将任务处理结果缓存,准备分配给下一时间段即将到来的用户,以降低延时和能耗。

其次通过收集 UAV 集群历史时间段的轨迹数据,可以对移动性进行周期性的预测以实现资源配置优化。针对多任务场景下缓存、计算、通信资源的协同,不仅需要考虑单个无人机本身的资源,还要考虑与其邻近的无人机的资源。当无人机的移动性较高时,其可能与其他无人机的连接中断,从而造成缓存、计算、通信资源的动态变化,使得资源配置更加合理。

2. 基于实时感知的自适应调整

历史社会数据总是不能准确地预测用户的需求,因为它通常是动态的。因此,必须根据实时感知对 UAV 集群进行自适应调整。实时调度更有利于提高网络能力,提高用户体验的时效性。UAV 集群中每个个体 UAV 所经历的路径不一样,因此它们所感知的数据与学到的知识之间也有一定的差距,这样通过 UAV 之间的相互信息交互可以提升智能性。在计算、通信、存储动态变化的情况下,可以进一步分析与关注相关的实时网络情况,将更多的 UAV 发送到热点地区。通过单个 UAV 与其他 UAV 进行实时协同与轨迹优化,以满足全局网络资源平衡。当考虑多模态数据时,建立的优化问题一般是非凸非线性的优化问题,基于传统的优化方案复杂度高,耗时长。考虑到深度强化学习的高复杂性,需要设计轻量级的深度强化学习算法。另外可以将李雅普诺夫优化和深度强化学习结合在一起,进一步给出缓存、计算、通信资源的配置,如图 12-16所示。

3. 实验:基于 LSTM 的多 UAV 流量预测

本节选择对实时流量预测来进行多 UAV 协作与资源协同,重点考虑了多 UAV在有限的通信资源下如何协同资源。真实场景下玩家需要 UAV 集群中的多个 UAV同时为其提供服务,因此需要对 UAV 集群进行全局资源调度,预估下一个时间段UAV 节点负载,即对单个 UAV 节点在下一个时间段的负载预测。UAV 节点的负载状态属于时间序列的数据,可以使用递归神经网络模型对其负载情况进行预测。RNN在语义的深度表达和挖掘数据中的时序信息上具有很强的能力。但是对于资源负载变化梯度较大的地方,RNN 往往预测效果欠佳。为了使循环神经网络保持长期记忆,我

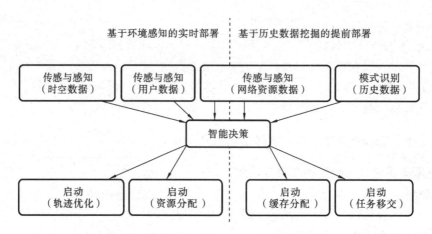

图 12-16　无人机集群的动态部署策略

们使用 LSTM 网络对 RNN 添加一些结构,避免预测模型对异常数据的依赖问题。以 UAV 通信负载的状态变化为例进行其通信负载的预测。

如图 12-17 所示,以 3 个 UAV 与一个玩家进行同步实时通信的负载为例,展示了 3 个 UAV 与同一个玩家通信的负载状态。通过对每个 UAV 负载情况的预测,玩家可以预测在后来的一段时间内每个 UAV 可能的通信负载的变化情况。以当前时间点之前一个小时的数据为参考,进行当前流量变化趋势的实时预测,具有一定的参考意义。玩家获取了各个 UAV 接下来的通信负载趋势后根据其自身任务的特性,进行灵活地任务分割,生成一系列的子任务。同时从通信、计算和延迟的角度综合考虑如何将各个子任务卸载到各个 UAV 上执行,以达成最低的任务处理延迟。

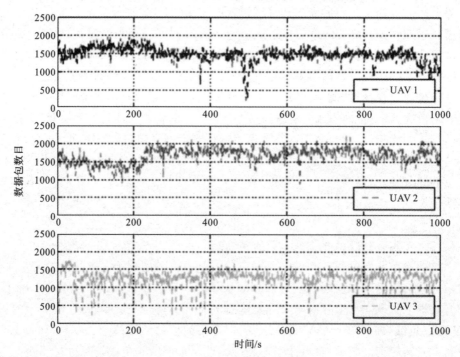

图 12-17　UAV 的并发性能比较

13

基于人工智能和通信系统的认知计算前沿应用

当前人们的生活节奏不断加快,竞争强度逐渐增加,生活压力也随之增加,在此背景下,人们的心理亚健康及病态化呈普遍趋势。由此带来诸多问题,如抑郁症、焦虑症、失眠症等,同时心理疾病的发病呈现出年轻化和大众化的趋势,这产生了一系列的社会公共卫生和安全问题。本章立足于人们的心理健康需求,结合脑可穿戴设备、智能情感交互机器人、智能触觉设备,采集用户的脑电波数据、情感数据以及触觉行为感知数据等多模态情感数据,详细介绍了 CreativeBioMan、DeepFocus 和 DeepInteraction 三个认识计算前沿应用。其中,CreativeBioMan 是使机器拥有艺术创造的能力,在一定程度上辅助人们进行绘画创作;DeepFocus 是对用户在工作、学习、娱乐和休息场景下的专注度进行评估,最终帮助用户实现专注度的增强;DeepInteraction 是利用多模态数据开展自闭症的诊疗,使自闭症儿童具备环境感知和表达增强的能力。

13.1　CreativeBioMan:基于可穿戴计算的创意游戏系统

当前的人工智能主要应用于计算和逻辑分析等理性工作中,如何让机器像人一样具有审美和创造力的问题也逐渐引起了关注。本节提出的 CreativeBioMan 创意游戏系统,就是将脑电波数据和多模态情感数据结合,再利用 AI 算法进行智能决策融合,应用于艺术创作中,旨在让艺术家从重复的劳动创作中脱离出来。为了能模仿人类艺术创作的过程,本节把算法的创意过程和人类艺术家以往的艺术作品以及创作时的情感联系起来,利用 EEG 数据分析出艺术家创作时的风格特征,再与历史作品数据集的风格特征进行匹配,根据每个艺术家独特的创造性,与通用的 AI 算法进行叠加,演化成个性化的创造算法。同时,根据云端情感识别的结果,对艺术作品的色调进行修正,让艺术家的情感充分反映在作品中,从而创作出新颖的艺术作品,让机器像人类一样能把对以往艺术和情感的理解与创造新艺术形态的能力整合在一起。本节从大脑和人体可穿戴设备的数据采集以及模型的智能决策融合产生创意作品两方面对 CreativeBio-Man 创意游戏系统的架构进行了详细介绍,并讨论了 AI 算法的模型。在此基础上,本节搭建测试平台进行实验,对系统产生的作品的逼真率进行评估。

13.1.1　机器与艺术创作

1950 年,图灵提出了"机器可以思考吗?"的问题。图灵创造了"模仿游戏",以测试计算机是否可以超临界达到它可以欺骗人类相信它也是另一个人的目的。以相同的方法，模仿游戏的相同概念可以应用于"计算机可以有创造力吗？"的辩论。相关的机器与艺术创作的工作分为两个方面：一种是在不同领域利用机器去创造的可行性；另一种是总结使机器拥有创造力的方法。

2014年，Google Deepmind团队开发了一款非常成功的创意计算机AlphaGo，是目前世界上最厉害的Go玩家。这台计算机应用深度思维来教自己如何在围棋游戏中取胜。通过分析其他游戏并反观自己玩的游戏，在2015年之后的5场与人类对决的比赛中，AlphaGo连胜5场，这是创造性计算机的一项惊人壮举。更具体地说，在第二场比赛中的第37步，AlphaGo的表现完全体现了社会心理学所定义的创造性发现的所有要求。在这一步棋中，AlphaGo最初让所有世界排名高的Go玩家都很奇怪，认为这是一个过失或错误。直到最后阶段，第37步棋的意义就显现出来，它对AlphaGo赢得比赛起了关键的作用。

IBM在2014年的SXSW大会上，与烹饪教育学院（ICE）合作，搭建了一个名为"认知烹饪（cognitive cooking）"的餐车，使用的是Watson的食谱系统。Watson结合来自如Wikipedia或ICE专属资料库30000余项食谱等数据源，可以掌握几乎所有食材的化学成分以及风味，并配合不同文化口味偏好的数据库加以分析，提出制作不同的菜色的建议。Watson餐车不仅可以制作新颖的餐饮内容，而且还具有先进的反馈机制，能非常详细地评估其制作的产品。

2016年，Logjoy公司带来了Logo设计的全新方式，创造出的Logo视觉效果与人类制作的数字图形图像相差无几。首先输入公司名称，然后为了更好地估计偏好至少选择5个为计算机提供"灵感"的预制图标。接下来，选择调色板以指导Logo颜色的选择。最后，给出了一个可选步骤，在创建过程中可以最多挑选5个包含在Logo中的图标，并根据需要添加公司标语。使用算法处理收集的信息，将结果显示在屏幕上。

目前人工智能主要应用于理性的工作领域中，尤其是在计算和逻辑分析中远远优于人类。人们通常认为，对美的欣赏和创造，是人类独有的特质。然而飞速发展的人工智能，除了对人类技巧的模仿，已经开始逐渐展现出自己独特的审美眼光和创造能力。当前的人工智能不再是只会计算数字的程序了，还可以生成包含创意性的数字图像。例如，应用神经风格转移来重新绘制Come Swim中的关键场景，以印象派绘画的风格促进了新影片的产生。还有一些作品将AI应用于时尚，使用神经网络风格生成器实时生成具有特定风格的服装图像。不管这些程序的用户终端的复杂性如何，它们都使用深度学习等人工智能算法为用户生成新颖且有价值的视觉效果。这些算法已经获得了不同程度的成功，那么问题是：生成视觉效果的深度学习算法如何更好地反映创作过程？而且，如果这些算法只在人类提供的训练数据上训练，那么创作者如何能够更多地了解创造性算法以便产生更多有想法、有目的的交互体验，从而使非专业人士和算法都受益？为了解决这个问题，在艺术创作中，利用基于脑电波和多模态情感数据为我们提供了新的思路。

基于EEG（脑电波）信号的认知生物测定学已经引起越来越多的关注。EEG信号可以检测大脑的反应并记录下一些电磁的、不可见的、不可触摸的神经震荡。每个人的EEG数据都是独特的，几乎不可能被克隆和复制。情感数据为艺术创作融入了更多人性化的元素，使创作出的作品更加具有灵魂，让机器能够"画出你的情感"。很多艺术品在创作过程中，包含一些机械的、重复单调的劳动，如果能让艺术家从重复的创作劳动中脱离出来,利用 AI 算法并根据艺术家的 EEG 数据,对艺术家创作的艺术内容进行风格的加工,并将艺术家的情感融入进去,那么艺术创作效率将得到大幅提升。同时这个过程也是让算法贴标签的过程,让算法更加智能性。此处的智能性与以前所说的智能性不一样,此处是一种创造力的智能。

基于此,本节提出 CreativeBioMan 对脑电波和多模态情感数据进行联合编码,并将之应用于创意游戏,让机器人像人一样具有创造力,如绘画和谱曲等。Creative 是指创造性的算法,BioMan 是指仿人的生物机器人,可以根据人类的认知过程采集用户的生物信息并且设计算法。它是介于机器和人类之间的一个结合的产物,是个虚拟的,具有创造力的人工智能体。创作时,艺术家先画出大致的内容,系统根据采集到的 EEG 数据并结合运动想象算法将艺术家想要创作的风格分为油画、国画、素描、漫画,并与艺术家的历史数据集进行风格特征的标签匹配,将内容与风格进行融合,创作出一幅新的具有艺术家独特风格的画作。然后系统根据采集到的多模态情感数据,进行创作时的情感分析和识别,根据情感分析结果对艺术品的线条和色调进行修正,让作品表达出作者的情感。此过程涉及的人工智能算法是需要去训练和学习的,算法根据艺术家已有的艺术作品和进行创作时采集的 EEG 数据相结合进行深度的学习。此外,系统需要对最终训练出来的算法的创意性进行评估。其中涉及主观评估的问题,需要考虑一些社会心理学的因素。这是一个多学科交叉的研究领域,需要计算机科学家、艺术家以及社会心理学家合作完成。本节通过提出的创意游戏系统来讨论深度学习和算法的创造性。如果参与深度学习的计算机科学家想要开发出更有创意性的艺术作品,应该在开发过程中把关于创造力的社会心理学观点融合进去,以便支持创造力的理论论证并通过有意的用户交互提升算法训练。CreativeBioMan 系统的最终目标便是发现和模拟人的认知机理。

13.1.2　系统架构

我们所提出的系统框架可用于帮助艺术家完成他们的艺术创作并避免重复的艺术创作过程,可广泛应用于绘画、音乐、舞蹈、雕塑、书法等领域。例如,在舞蹈动作设计过程中,系统可以根据用户的情绪状态和历史舞蹈动作帮助设计新的舞蹈;在书法创作过程中,只需要收集用户的历史书法作品,根据用户的语音交互过程获取内容,并自动生成新的书法作品。本小节详细分析了绘画领域的应用过程。

系统架构包括五个模块,即用户数据采集模块、历史创作数据集、风景数据采集模块、云处理模块和图形发布模块。首先,在系统设计过程中,考虑使用脑可穿戴设备和可穿戴衣物的情感机器人来收集数据。脑可穿戴装置是用于收集 22 个 EEG 信号通道的设备,采样率为 256 Hz。可穿戴衣物主要包括独立麦克风(MIC)、USB 输入/输出端口、嵌入式草图板和 AIWAC 机器人。我们使用 MIC 实现与用户的情感交互,并在创建时检测实时情感数据。USB 模块主要为外接电源设备系统供电。嵌入式草图板主要用于用户实时创建并获取艺术品的内容特征。

其次,对于用户的历史创作数据集,需要在一段时间内收集用户创作的不同风格的绘画,用不同的风格标注,并使用卷积神经网络来提取绘画的风格特征。第三部分是风景数据采集模块。当用户在室外并且不想创作时,可以直接使用相机拍摄而不是使用嵌入式画板,并且系统仍然可以提取艺术品的内容特征。然后,在云中部署人工智能算法,完成智能决策融合并在云中创建图稿后,将结果发送到智能终端并显示。系统架构如图 13-1 所示。机器人需要与艺术家互动,学习每个艺术家独特的创作风格,并获得一定程度的创造力。例如,当艺术家绘制卡通草图时,算法在云中执行。脑可穿戴设备和可穿戴情感机器人收集艺术家的 EEG 数据和多模态情感数据。系统识别出艺术家的创作意图后,根据历史艺术数据集,通过风格匹配,帮助艺术家添加色彩和背景,完成创作。因为系统了解艺术家的绘画风格,该系统也适用于非专业普通用户,并且还可以将普通用户在游览过程中收集的自然景观数据合并到内容特征中。

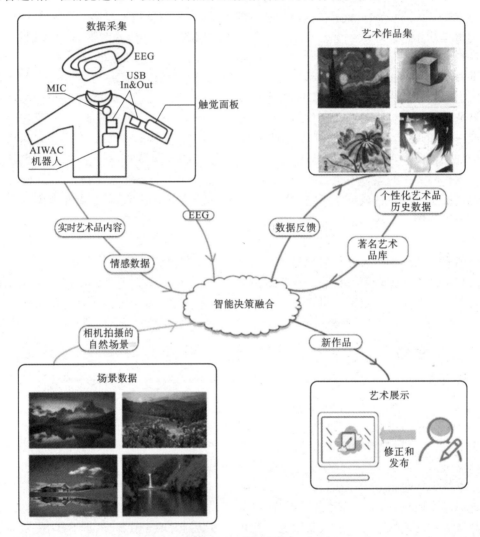

图 13-1　系统架构

1. 利用脑可穿戴设备的数据采集

1) EEG 数据

CreativeBioMan 创意游戏中,利用自主设计的脑可穿戴设备采集用户的 EEG 数据。脑可穿戴设备通过对大脑中神经元运动的读取,把人在某一时刻的生物电信号读取出来并记录。在 CreativeBioMan 创意游戏中,主要采集大脑在艺术创作时的 EEG 数据。研究表明,神经元之间进行活动而发生相互作用时,它们会在一定程度上进行放电反应,对于不同神经系统的活动产生的脑波模式不同,不同的脑波模式意味着会产生不同频率振幅的脑电波,这些脑电波就会反映大脑不同的思维状态。例如,当人处于睡眠或疲惫状态时,脑波处于 4 Hz 以下的 Delta 波;当处于放空或艺术创作时,处于 4~8 Hz 的 Theta 波;其他波形还有 Alpha 波和 Beta 波,EEG 频率模式和相应的字符如表 13-1 所示。由于本节的创意游戏需要记录用户具有创意或者进行艺术创作时刻的脑电波,因此主要采集 Theta 脑电波。另外,据研究表明,人类的艺术创造力是颞叶、额叶和边缘系统所连接而成的网络联合作用的结果,这决定了采集脑电信号时芯片放置的位置。与传统的脑波设备相比,脑可穿戴设备是轻量级的,具有小巧的体积和低成本,在没有专人辅导的情况下可以自行操作,佩戴十分灵活方便。

表 13-1 EEG 频带的特点

名称	频率/Hz	振幅	脑 状 态	意识程度	出 现 位 置
Delta	0.5~3.5	较高	深度睡眠模式	较低	正面和背面
Theta	4~8	高	浅度睡眠模式	低	内嗅皮层,海马区
Alpha	8~12	中	闭眼,放松态	中	头后部
Beta	12~30	低	思维活跃、集中,高警觉,焦虑	高	最前正面
Gamma	30~100	较低	跨模态场景处理期	较高	体感表层

2) 实时艺术创作

艺术家创作的实时艺术作品草图称为艺术作品的内容特征数据,可通过可穿戴情感机器人中配置的画板实时采集,然后将图像数据实时传递到云端。可穿戴情感机器人对于思维发散、善于即兴创作、想要捕捉某一时刻灵感闪现的艺术家来说,是很好的记录创意的工具。当艺术家外出旅游时,受到某种启发想要即兴作画,但缺乏作画工具,此时只需要有可穿戴情感机器人就可以完成创作。

3) 多模态情感数据

AIWAC BOX 是 HUST EPIC 实验室独立开发的嵌入式硬件产品。它可以用于与用户的实时语音交互、用户情绪信息的检测,以及基于人工智能算法的用户情绪状态分析。可穿戴情感机器人中部署了 AIWAC BOX 作为情感识别与交互的硬件核心,主要用于采集艺术家的多模态情感数据并将数据上传到云端。可穿戴情感机器人的周边外设主要包括通信模块、图像采集相关的摄像头模块、语音数据采集和交互相关的 MIC 及播放模块。集成 AIWAC BOX 的可穿戴情感机器人可以具有勇敢、稳重、真诚、善良、自信、谦逊、坚韧、进取、乐观这 9 种人格特征,能够识别人的 21 种情绪。情感是一幅艺术品的灵魂所在,通过可穿戴情感机器人采集的多模态数据经云端情感识别和分析后,通过调整画作的线条、色彩,为艺术品赋予了艺术家的情感。

4) 历史艺术作品数据集

历史艺术作品数据集包括每个艺术家的个人历史工作数据集。除了脑可穿戴设备和可穿戴情感机器人捕捉 EEG 数据和多模态情感数据以及内容特征数据为机器的艺术创作带来数据来源之外,还需要在系统中输入大量的原始艺术作品数据集,这些数据集根据每位艺术家不同的创作风格进行分类。利用运动想象模型对 EEG 数据进行风格特征分类之后,再与历史艺术作品数据集的风格特征进行特征匹配,从而对内容特征进行风格迁移得出具有特定风格和内容的艺术作品。通过把历史数据集和 EEG 数据以及情感数据相结合的方式进行算法的学习和训练,系统可以生成特定的情感主题和风格的绘画作品,这既是一种数字游戏,也是展现人工智能创造力的一种方式。艺术品数据集整合了著名艺术家的数据,形成了丰富的作品数据库。它可以为普通用户推荐风格特征,并与用户的 EEG 运动想象力风格相匹配,以提取风格特征。

对于那些不喜欢学习绘画的普通用户而言,当他们外出旅游时,会遇到美丽的自然风光,想要即兴创作,这时除了上述四种数据外,还可以加入用户手机或相机拍摄的自然风景数据。该数据用于提取特征数据,如当时当地的天气条件和季节。自然景观数据可以丰富内容特征的提取和重建。

2. 智能决策融合与创意游戏制作

在获取 EEG 数据,以及实时艺术创作的内容特征数据和多模态情感数据之后,需要将数据高效快速地传输到云端进行智能决策融合。首先,云端运用运动想象算法对 EEG 数据进行风格特征分类,分析出艺术家创作时想要创作的风格,将风格特征分为 4 类,即油画、国画、素描和漫画。然后与上传到云端的历史艺术作品数据集进行风格特征匹配,EEG 数据匹配到对应的历史艺术作品数据集中的风格后,系统将确定此次艺术创作的具体风格。内容特征由采集到的艺术家实时创作的作品草图确定,云端中部署的 VGG-19 网络算法将对内容和风格特征进行特征提取与重建,融合成一幅具有特定内容与风格的艺术作品。此外,云端 AI 算法还包括:基于 Attention 的循环神经网络(Recurrent neural networks,RNN)算法,进行情感数据的识别和分析;RNN 可以有效地记住相关的长上下文的特征信息。而通过在 RNN 算法框架中引入 Attention 机制,使得网络引入了新的权重池化策略,实现了语音中表现强烈情感特征部分的突出关注。云端识别出艺术家创作时的情感后,对已经具有内容和风格的艺术品进行修正,利用线条和色块的变化来表达艺术家创作时的心境。例如,用平滑柔和的线条,较大块面或边缘平滑线条的暖色调表达创作时一种安稳的情绪;用杂乱交叠的线条或冷色调表达创作时躁动不安的情绪。系统运用云端的 AI 算法修正线条、色块的布局,以及整体色调的经营,来控制艺术品所传达出的情绪或情感。如果是素描作品,就是用黑白灰层次的变化与对比来表达作者想要表达的情绪。经云端智能决策融合创作出的作品,还需要快速地反馈到智能终端显示给用户。

AI 算法产生的新艺术作品也会加入历史艺术作品数据集中,丰富历史艺术作品数据集中艺术家独特的数据。CreativeBioMan 系统随着跟艺术家交互相处的时间越长,对艺术家的了解程度也会随之加深,因此算法将不断得到进化,系统也不断进化,系统的创造性不断得到增强,从而帮助艺术家创作出更加新颖的作品。

13.1.3 算法模型

CreativeBioMan 系统的创造力很大程度上取决于云端部署的 AI 算法的性能。本小节主要采用基于运动想象模型对 EEG 数据进行风格分类,然后利用 VGG-19 网络算法进行风格重建和内容重建并融合成一幅新的艺术作品。情感数据的分析和识别采用 RNN 中的 Attention 机制提高了情绪识别的准确率,系统根据情绪识别结果对已生成的艺术品进行色彩和线条的修正,将情感融入作品中。系统的算法流程如图 13-2 所示。

1. EEG 数据处理及运动想象模型

共空间模式在基于 EEG 的脑机接口(brain computer interface,BCI)研究中是一种常见方法,要求数据集具有标签,即每次实验已知其类别。对于脑信号的分类任务即判

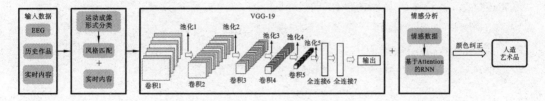

图 13-2 算法流图

定想象运动的方向中,已知单次实验收集到的数据是大小为 $N \times P$ 的矩阵,记为 $\boldsymbol{E}_i$。其中 N 是信号采集时的通道数,P 是单个通道的采样点数,而 i 表示第 i 类。若第 i 类共有 M 次实验,则会有 M 个 $\boldsymbol{E}_i$ 矩阵。不同于传统求类别协方差的平均归一化方法,本小节将同类别的 M 个 $\boldsymbol{E}_i$ 矩阵在行向量方向连接,从而得到第 i 类的整个 EEG 信号数据 $\boldsymbol{T}_i$,大小为 $N \times (M \times P)$。然后,根据第 i 类别的 $\boldsymbol{T}_i$ 矩阵求对应的空间协方差,即

$$C_i = \frac{\boldsymbol{T}_i \boldsymbol{T}_i^{\mathrm{T}}}{\mathrm{Tr}(\boldsymbol{T}_i \boldsymbol{T}_i^{\mathrm{T}})} \tag{13-1}$$

$i \in \{1, 2\}$,利用空间模式方法求得这两类的空间滤波矩阵 $\boldsymbol{W}$,其使得公式(13-2)和公式(13-3)成立:

$$\boldsymbol{W}^{\mathrm{T}} \boldsymbol{C}_1 \boldsymbol{W} = \boldsymbol{\Lambda}_1 \tag{13-2}$$

$$\boldsymbol{W}^{\mathrm{T}} \boldsymbol{C}_2 \boldsymbol{W} = \boldsymbol{\Lambda}_2 \tag{13-3}$$

由于本小节中的艺术品风格是四分类问题,这里选取 1 对 1 策略去构建多分类的空间模式。将 4 个类别两两进行组合看作两分类进行处理,将会得到 6 个空间滤波矩阵 $\boldsymbol{W}$。每个空间滤波矩阵均选取最好的 6 个列向量,每个列向量则可以看作是一个滤波器,共有 $6 \times 6 = 36$ 个列向量。所以最终得到 $36 \times N$ 的混合空间滤波矩阵 $\overline{\boldsymbol{W}}$。需要注意,这里要将 $\overline{\boldsymbol{W}}$ 保存下来。在实验验证时,测试数据直接利用训练集得到的混合空间滤波矩阵进行滤波,使用最终得到的混合空间滤波 $\overline{\boldsymbol{W}}$ 对单次实验 EEG 数据 $\boldsymbol{E}_i$ 进行滤波,得到

$$\boldsymbol{X}_i = \overline{\boldsymbol{W}} \boldsymbol{E}_i \tag{13-4}$$

然后对空间滤波后的信号 $\boldsymbol{X}_i$ 进行特征提取。首先对 $\boldsymbol{X}_i$ 的行向量求方差,由于 EEG 信号在个体上差异,某些特征值差异较大,所以再对方差取对数缓和数据之间的差异性,即

$$v_i = \log(\mathrm{var}(\boldsymbol{X}_i)) \tag{13-5}$$

v_i 为单次实验 $\boldsymbol{E}_i$ 的特征向量,共有 6 个特征元素,即每个样本含 6 个特征值,然后使用 LSTM 进行训练构建分类器。

2. 基于 VGG-19 的艺术作品内容和风格处理模型

艺术作品的处理在于提取出艺术家艺术品中独特的创作风格,另外为了同类作品的引申,同时也提取出作品的内容,然后进行艺术品的创作。这里使用 VGG-19 网络算法进行风格与内容的特征提取与重建,其中包含了 16 个卷积层和 5 个池化层。在内容特征功能的提取方面,利用 5 层的卷积神经网络进行卷积操作,在每层卷积层后进行平均池化处理,最后生成内容特征矩阵。对于风格特征提取,首先得到输入到网络进行处理后的某一层的所有特征图,每一层都会有大量的特征映射,然后对这些特征映射两两作内积,求出风格特征矩阵,包含了图片的纹理信息以及颜色信息。内容与风格特征提

取完成之后,进行艺术画作的创作。将风格特征和内容特征以及白噪声图像一起输入 VGG-19 网络中,采用梯度下降的优化方法求解总损失函数,如求解公式(13-6)的最小值,不断更新 x,通过白噪声图像的输出结果,通过 VGG-19 网络算法对结果进行修正,以减小总损失为目标,最终得到一幅基于艺术家创作内容的画作。

$$L_{total}(\pmb{p},\pmb{a},\pmb{x})=\alpha L_{content}(\pmb{p},\pmb{x})+\beta L_{style}(\pmb{a},\pmb{x}) \tag{13-6}$$

式中:$L_{content}(\pmb{p},\pmb{x})$ 表示内容损失;$L_{style}(\pmb{a},\pmb{x})$ 表示风格损失;α,β 表示影响因子。

3. RNN 中的 Attention 机制情感分析模型

Attention 即为注意力,人脑对于不同部分的注意力是不同的。基于 Attention 机制的模型本质是一个相似性的度量,当前的输入与目标状态越相似,那么当前输入的权重就会越大,说明当前的输出越依赖于当前的输入。受 Attention 机制的启发,该网络引入了新的权重池化策略,主要为了关注语音中能表现强烈情感特征的部分。对每一时间帧而言,将 RNN 网络的输出与 Attention 参数向量 μ 的乘积作为内部网络框架的输出。可以将这种操作理解为,对提取出的语音帧特征进行打分,衡量每一帧语音对于最终情感判别的贡献。这里引用 softmax 函数来计算 Attention 机制的参数 α_t,α_t 定义为

$$\alpha_t = \frac{\exp(\pmb{\mu}^T y_t)}{\sum\limits_{t=1}^{T}\exp(\pmb{\mu}^T y_t)} \tag{13-7}$$

因此,Attention 模型的输出为

$$z = \sum\limits_{t=1}^{T}\alpha_t y_t \tag{13-8}$$

不同的时域波形信号可以对应不同的权重大小,在信号情感信息集中区域,α_t 相对较大;在空白帧或不具备情感信息的区域,α_t 相对较小。基础声学特征经过 RNN 与 Attention 的运算,最后经过池化层和 softmax 函数映射为离散的情感特征标签。

13.1.4 实验设计与结果

1. 系统实验台

本小节将为 CreativeBioMan 系统搭建实验台,包括脑可穿戴设备、可穿戴情感机器人以及云端的数据中心,如图 13-3 所示。选取 TI 公司生产的 ADS1299-8 芯片作为脑电波信号采集芯片,CH559L 作为主控芯片。可穿戴情感机器人集成了 AIWAC BOX、智能画板、MIC 语音采集交互模块,采用无线通信的方式与整个系统进行数据通信。云端的浪潮大数据中心配有 2 台管理节点和 7 台数据节点,总共可以存储 253 TB 的数据,为 AI 算法的实时性计算和分析提供了充足的硬件保障。

由于学术界几乎没有利用 EEG 信号分析创造力的研究,所以本实验所使用的所有数据均自己建立,需要同时采集用户的 22 路 EEG 信号、情感数据和艺术创作作品集。该数据集的建立基于 9 位艺术创作者进行,均为艺术学院绘画系的学生。每位测试者需要在艺术创作的过程中佩戴 HUST EPIC 自主研发的 22 路脑可穿戴设备以及可穿戴情感机器人进行 EEG 数据和情感数据的采集,同时对测试者的创作过程进行监控,每次持续时间为 8~15 min。

EEG 信号的采样频率为 512 Hz,每一位测试者进行三次创作过程的 EEG 信号采

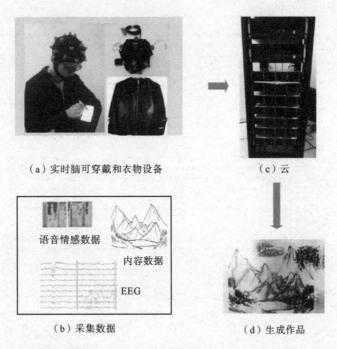

（a）实时脑可穿戴和衣物设备　　　　（c）云

语音情感数据

内容数据

EEG

（b）采集数据　　　　　（d）生成作品

图 13-3　系统实验台

集。同时,基于可穿戴情感机器人进行用户的情感识别,获得用户的情感数据后,可以根据用户的情感状态微调最终作品的色调值。若用户情绪比较积极阳光,则将作品的色调设置为暖色调;反之,则设置为较冷色调。

每次测试结束后,用户需要对自己的整个创作过程的信号打上标签,标记出在绘画过程中所想要绘出的绘画风格,数据集用于训练用户对于不同种类的绘画风格的想象分类模型,以匹配用户历史作品中该绘画种类的风格特征。构建的这些数据集用于用户个性化创造过程的训练。

对于每一位用户,首先对 22 路 EEG 信号进行数据预处理,采用 $f_z=50$ Hz 的 5 阶低通巴特沃斯滤波器滤除高频成分,实时 EEG 信号如图 13-4 所示。首先对 EEG 信号进行分帧处理,窗口大小为 256,使用短时离散傅里叶变换,提取 EEG 信号的各类节律波段;然后分别求取 δ、θ、α 和 β 波的能量值、近似熵、最大 Lyapunov 指数和 Kolmogorov 熵作为 EEG 信号特征;最后输入 LSTM 网络进行分类并得到相应的标签结果。

收集用户 5～10 幅不同绘画风格的作品,并标记每张作品的绘画风格标签,标签分为四类,分别为油画、国画、素描和漫画。采用直方图均衡化方法得到在整个亮度范围内具有相同分布的亮度图像。将用户历史作品中的每一幅作品调整为同一大小,然后上传至服务器。

2. 实验结果及分析

通过搭建上述平台,建立数据集之后,CreativeBioMan 系统可生成具有用户风格的绘画作品。本节从系统生成的作品效果图和艺术作品创建的逼真率对所提出的系统进行评估。

用户的数据集通过风格迁移模型生成的艺术创作作品如图 13-5 所示。左边为用户实时创作的绘画作品,中间为根据 EEG 信号的标签值获取到的对应的风格画作,右

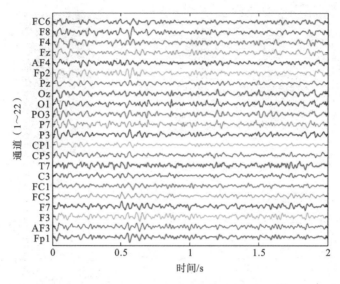

图 13-4　实时测试 EEG 波形图

图 13-5　CreativeBioMan 艺术作品

边为生成的绘画作品。

　　艺术作品的创作逼真率定义为将计算机生成的画作与真正的艺术家的创作混合在一起,由其他画家进行辨别和挑选,若其他画家无法选择出正确的计算机创作的画作,则认为计算机拥有与画家相近的创作能力,即创作逼真率很高。具体地,创作逼真率可

以用数学公式表示为

$$\text{life\_like} = \frac{\sum_{i=1}^{n} \sum_{j=1}^{m} \text{goal}_{i,j}}{n \times m} \times \text{non\_machine} \times 100\%$$ (13-9)

式中：$\text{goal}_{i,j}$表示如果第 i 个判定者找出 j 个测试集中的计算机创作的画作，则为 0，否则为 1；m 表示有 m 个测试集；n 表示有 n 个判定者；non_machine 表示测试集中非计算机画作所占的比重。

实验结果如图 13-6(a)所示，在对 10 位测试者的艺术作品测试实验中，8 位测试者对应的系统的创作逼真率都高于 60%，7 号测试者对应的逼真率高达 85%，结果表明我们所搭建的系统的创造力整体较高。图 13-6(b)反映了 CreativeBioMan 系统延时，其中传输延时起主导作用，模型测试延时接近于 0。

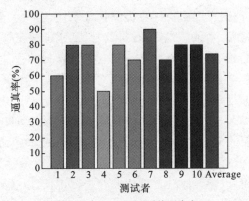

（a）CreativeBioMan系统逼真率

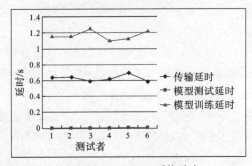

（b）CreativeBioMan系统延时

图 13-6　实验结果

13.2 DeepFocus：多场景行为分析下的深度脑电波和情绪编码

专注度评估在我们的生产生活中意义重大，在教育、医疗、自动驾驶等领域可以发挥相当重要的作用，辅助人们完成心理状态的自动评估并进行相应的预警。然而，在现有的研究中还存在诸多问题，如数据模态单一，建模简单，导致算法实际应用困难，无法具体应用于实际场景。为了解决以上问题，本节提出一个新的专注度评估系统 Deep-Focus，引入多模态数据和多场景建模的方式进行分析，并考虑基于用户的情感数据进行标签修正,全面评估用户一天的专注度变化情况,另外对用户的专注度进行增强。基于提出的 DeepFocus 评估框架,还构建了全新的专注度评估系统,将算法部署在实际应用中,可以进行学生的专注度检测和增强。可以预见在不久的将来,这套算法可以很好地探究人们的内心世界,准确全面地评估用户的专注度信息,帮助人们更好、更高效地工作、学习和生活。

13.2.1 专注度

专注度是指身处于一定的环境时选择性地集中于执行某方面的任务而忽略其他事物的一个认知过程,在很多认知活动中都起着很重要的作用。在专注状态下,人才能集中注意力认识事物,深入地思考问题。反之,如果很难集中注意力,那么就会出现学习困难、冲动易怒、不自律等情况,严重者在特殊领域可能会酿造重大事故。对于小孩子来说,注意力缺失严重的很可能患有注意力缺失过动症,会对生活造成重大影响。在很多特殊的操作作业中,如医生做手术、飞行员驾驶、工程师精密仪器维护,需要无时无刻地处于一种高度专注的状态才能在一定程度上避免意外的发生。根据英国心理学家 BroadBent 提出的过滤器模型可知,当人们面对来自外界大量的、冗杂的信息时,人体会选择一种过滤器来进行调节,通过高级阶段的分析只选择其中的一部分信息进行加工而去识别和存储。那么,人们是如何在复杂动态的环境下面对冗杂的信息选择性地集中注意力于某一方面的事物,这样的行为受什么因素的影响,在注意力集中时会有什么样的表现,这是一个值得研究的问题。一般情况下,在谈及注意力时,常常会将重点放在专注度的评估方面,以便及时地发现问题并进行矫正,以达到应有的做事效果。这种方式下,监测者会耗费巨大的体力而且不能对目标对象的专注度情况做到全面而客观的判断,同时仅凭这种表象的观察并不一定能准确地判断学生的专注情况,因此很多学者致力于专注度评估方面的研究并且取得了一定的成果。

之前的研究评估了不同场景下的专注程度,以及相应任务的不同生理特征或运动。综上所述,传统专注度评估系统的思想和实现方法如图 13-7 所示。传统专注度评估的研究分三个层次进行:在第一层,根据用户的行为进行评估,一些研究人员针对计算机桌面场景和驾驶场景进行评估;在第二层,根据用户的生理特征指标进行评估,主要用于教学场景;在第三层,寻找相应活动的来源,探索内部生理特征,将 EEG 用于评估,主要应用于实验室场景。总的来说,传统专注度评估系统主要有以下特征:

(1)采用的数据类型单一,仅凭以上一两项数据类型不能对专注程度做出准确的判断。虽然以上提及的数据在以往的研究都出现过,但是研究者在各自的研究中往往只关注于使用其中的一两项数据类型做出专注程度的判定。然而,注意力的集中会伴随着感知觉、记忆、思维、想象等一系列的心理特征的发生,并在一种特定的场景下基于脑电波信号的呈现、生理指标的变化以及行为动作而做出的一系列反应,仅凭其中一两项数据判定显然是不合适的。

(2)预设场景单一,研究的重点在一些很特殊的场景而忽略了日常领域。就像上文中所提到的,以往的研究大多关注汽车驾驶领域或者课堂教学以及远程在线教学等,而专注度作为一个人的特性,对它的衡量应该涉及日常的大多数情况,而这两个方面涉及的点太过狭窄,不能对一个人的专注程度形成全方位的认知,因此不能进行后续的提醒、增强等工作。

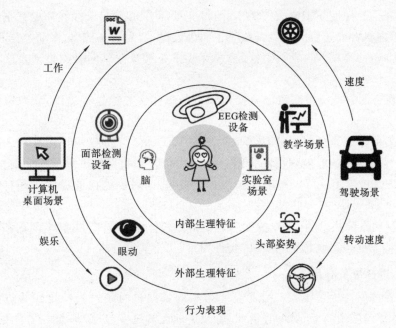

图 13-7　传统专注度评估系统

（3）研究方法单一，算法不够成熟，大多数仅仅停留于学术研究而没有相应的应用实现。以往研究中基于用户的行为表现、生理特征对专注度的评估算法大多采用的是基本的处理算法和简单的机器学习算法，这样的处理方式难以深度提取出与注意力相关的特征，因此无法满足复杂多变环境下用户行为和生理数据的动态变化情况做出专注程度的衡量。

为了解决上述问题，本节提出一个 DeepFocus 系统用于在多场景下基于多模态数据的复杂专注度评估，分为三个标签，包括 Very Attentive、Attentive 和 Inattentive。为了实现对一个人的专注度形成整体的认知，本节提出的框架中的多场景基本覆盖一天中涉及的主要活动，包含学习、工作、娱乐和休息场景，多模态数据的类型是 EEG、人脸图像和眼动信号，其中来源于可穿戴设备的 EEG 信号可以挖掘出专注度特征和情感数据特征，来自视频监控的人脸图像可得到眼睛大小、嘴巴张开大小、嘴巴宽度等特征，来自眼动仪的眼动信号可以得到瞳孔偏移位置、眼睛凝视区域、眼睛位置、眨眼次数等情况，还有在特定场景下的行为表现。本节的核心是提出了一套专注度的研究方法，并仔细阐述了算法的实现思路，目的是以一种非侵入式的友好的方式对用户的专注度进行评估，然后实现自我完善和发展。

13.2.2　DeepFocus 系统的演进

传统专注度评估系统存在诸多问题，因此基于历史专注度评估系统的研究现状和研究成果，提出一个全新的系统 DeepFocus，该评估系统的输入不再是单模态的数据，模型深度也不再只是简单的一类模型，需要深度融合多模型进行综合评估。

在传统专注度评估系统向 DeepFocus 系统演进的过程中，有以下几个方面做出极大的改变和优化。

1. 多模态数据收集

到目前为止，大多数研究都是基于单模态数据。一些研究使用了眼动数据。有研究人员开展了专注度与脑电波图的工作,其主要工作集中在选择和提取数据特征。因此,本节考虑整合上述所有信息并收集了面部数据、行为表现数据、眼动数据和 EEG 数据,如图 13-8(a)所示。基于眼动仪、脑可穿戴设备和摄像机同时收集来自三种模式的用户数据。

(1)现有的眼动仪设备可以直接对用户的瞳孔和视线进行追踪,获取眼睛运动的相关数据。

(2)脑可穿戴设备可以直接读取用户的 EEG 信号,EEG 可以反映在大脑皮层或头皮表面神经细胞的电生理活动。EEG 信号中包含了大量的生理与疾病信息,在临床医学中,EEG 信号不仅可以用来诊断某些脑疾病,同时也能据此提供一些有效的治疗手段。

(3)利用摄像机,捕捉用户的面部表情特征和行为动作信息,对于面部和肢体表现的关键点特征进行提取,得出相关的特征向量,用于建模分析。

2. 多场景行为分析

现有专注度评价系统大部分是基于采集的数据进行某一类特定实验进行算法设计,如设计键盘敲击实验、数学计算实验、反应速度测试实验等,基本脱离了实际的生活经验,并且没有考虑实际的应用场景和算法部署问题,只是停留在理想的学术实验之中,这一点显然是不合理的,所以要和实际的生活场景相结合。另外,评估专注度不能只是关注一小段时间,而是最好能全天候地进行监测,不论用户处于什么状态都能够匹配最合适的模型进行评估,为用户生成每日专注度评估报告,并结合用户一天中不同时间的专注度数据,给出相应的建议和指导,这是一个评估系统应该包含的基本功能。

如图 13-9 所示,为了更加全面、合理地分析用户在不同时间的专注度程度,将用户一天所处的状态划分为四类场景,分别为工作场景、学习场景、娱乐场景和休息场景,这四类应用场景基本包含了用户一天中所处的所有状态。对不同的生活场景,建立不同的数据集,建立数据集时根据不同场景分配不同的任务。对每一类场景的数据集分别进行建模分析,建立四类专注度评估模型。

为了实时匹配用户的评估模型,需要对用户所处的生活场景进行分类,因此需要设计场景分类算法。另外,对于用户在特定的场景中,可以设计用户的行为算法,用来分析用户的行为模式,得到相关的特征向量。比如用户在驾车过程中,实时提取用户在单位时间内转动方向盘的次数、汽车速度变化情况等指标,通过对指标的综合考虑得出用户的专注度情况。

3. 深度脑电波和情感编码

下面给出"深度编码脑电波和情感数据"的概念,即基于用户 EEG 数据编码,通过传统的特征提取和深度卷积神经网络获取用户的专注度标签。

对于情感数据编码,目前还没有相关论文提到情感与专注度之间的关系。相关脑科学研究表明,人在不同的情感状态下,做事情的专注程度是不同的。比如当一个人在开心的时候,他会比较难以沉下心来学习;而在愤怒的情况下,他的专注度则比较高。

大脑皮层主要负责人的较高级认知和情感功能,主要包含额叶、顶叶、枕叶和颞叶。情感的产生是人对认知到的客观事物价值的主观感受,认知是情感表现的基础,还可以引导情感的走向。研究表明,当人处于积极情绪中时,左前脑脑电波活动较强;当处于

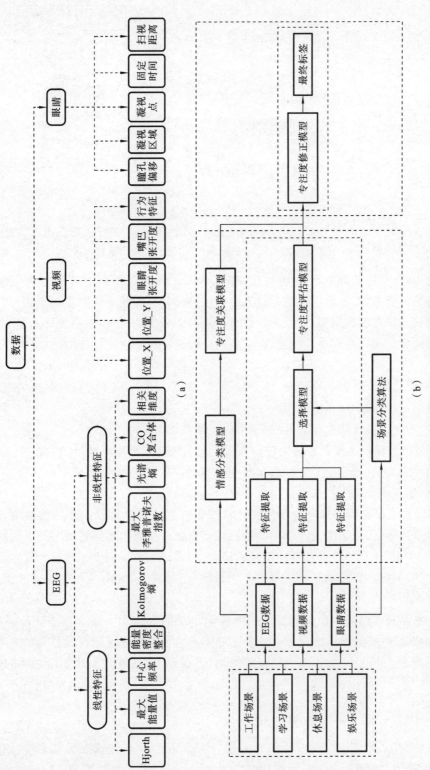

图 13-8 DeepFocus 系统的数据分类和数据流模型

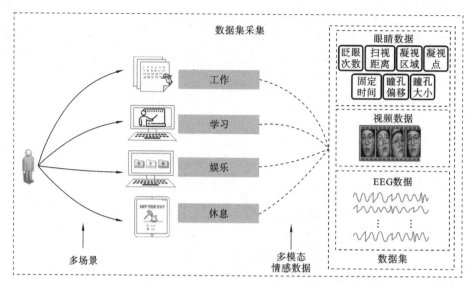

图 13-9　典型的 DeepFocus 应用场景：工作、学习、娱乐和休息

消极情绪中时，右前脑脑电波活动较强，并且 Alpha 频段在情绪中起到了重要作用。目前脑科学研究中，基于脑电波信号对人的情感进行分类的相关研究有一定的成果，学术界也能找到官方的数据集，所以对情感分类是可以做到的，比较常用的研究方法还是提取节律波特征和一些非线性特征，在采集用户脑电波信号后，可以同时对用户情感进行分析。

最后，建立用户情感与专注度之间的关联模型，使得情感标签可以映射到用户的专注度标签上，起到辅助修正的作用。

综上，对比传统专注度评估系统，本节提出的系统做了以下改进：

（1）提出多场景多模态专注度评估系统。该系统首先根据采集到的数据自主地判断所属的场景类别，确定场景之后选用对应的模型进行专注度评估，模型中结合多个维度的数据，实现多模态专注度的评估。

（2）结合多模态数据集进行专注度评估。针对上述所说的专注度评估系统，需要自建一套多场景、多模态的专注度相关数据采集方案。考虑到实际场景中的典型情况，针对工作、学习、休息及娱乐这四种不同的场景下，同步地采集多模态数据。具体地，对应于上述的场景分类，分别基于手写数字、阅读学习材料、视频引导和游戏四个任务采集数据。

（3）挖掘专注度与多模态数据、情感、不同场景的深层次关系。整个评价系统建立了不同模态数据与专注度之间、情感与专注度之间、不同场景与专注度之间的模型。通过模型内部相关参数从而挖掘模态数据、情感、不同场景与专注度之间的内在关系。

13.2.3　DeepFocus 系统的架构

图 13-8(b)展示了 DeepFocus 系统完整的体系框架，主要包括数据集采集、场景分类模型、四类专注度评估模型、情感分类模型、情感与专注度关联模型、专注度修正模型。下面将详细介绍该框架的组成部分。

1. 数据集采集

实验设备包括计算机、摄像机、brain-link 意念头箍、神念科技的脑箍以及 22 路电极帽(备注:这些设备连接到同一台计算机,以保证数据是在相同时间戳获取数据)。

场景的设置主要包括:

(1) 工作场景——手写数字。手写数字场景在设置中,提供了纸和笔。要求实验者在 20 min 内手写数字(每 10 min 休息一次),从 1 开始顺序写下去。如果中途出现错误,则从 1 开始重新写。

(2) 学习场景——阅读学习材料。任务场景采取的是学习相关资料并完成相应练习题的方式,为实验者提前准备好难度不同的学习材料。实验者需要在指定时间内完成对材料的学习,并完成相应练习题。实验时间为 20 min,前 15 min 为学习时间,后 5 min 完成练习题。

(3) 休息场景——视频引导。由于是休息场景,因此选取较为舒缓的视频材料作为情景引导。观看时间仍然为 20 min。

(4) 娱乐场景——游戏。实验者在计算机上玩打地鼠游戏,并会计算游戏的准确率。打地鼠游戏难度不等,时长为 20 min,期间可以休息。最后,通过音频刺激,去引导实验者的情感启发。选取不同氛围的歌曲拼接在一起,能更显著地引导实验者情感的变化。

2. 专注度标签

对于专注度,使用 0~100 来衡量不同程度的专注度得分,根据不同得分,专注度为三个程度:Very Attentive、Attentive、Inattentive。考虑到在实验者旁边进行实时地打标签会对实验者的专注度造成干扰,因此采用视频录制,若干个评估者通过回看录像,每隔 1.5 s 打一个标签。实验期间,实验者佩戴神念科技的脑箍,将神念产品给出的专注度标签也加入标签数据当中。并且,实验者本身的自我报告也十分重要。实验者根据录像对自己进行回顾式专注度评估。

3. 场景分类模型

使用多场景的数据进行建模,可以使系统更加丰富并且全面地运用在各个领域中。其中的难点是如何智能地通过采集的数据得到用户所处的场景,这里通过使用者的背景来判断场景,以及根据采集到的数据相似程度判断场景,但都需要通过实验验证其是否有效。方案一是通过摄像头拍摄使用者的背景,对背景图像进行分隔,通过物品的识别和提取,以及物品的相关性粗略地判断使用者的场景。需要使用的关键技术有图像分隔、图像识别和关联分析等技术。方案二是通过将采集到的脑电波信号与数据库中的四个场景的脑电波信号进行相似度对比,定义测试者的场景为与之最相近的场景。可以使用的分类方法有 KNN、聚类等,定义相似度的方法可以选择欧式距离、余弦距离。

4. 基于 EEG 信号的专注度评估模型

(1) 数据采集:使用脑可穿戴设备采集代表工作、学习、休息和娱乐 4 个场景的数据。

(2) 数据预处理:对数据进行降采样处理,使用带通滤波器滤除低频、高频成分以及工频干扰,去伪迹(眼电、心电及肌电干扰)。

（3）特征提取：利用短时傅里叶变换（STFT）将脑电波信号从时域转换到频域，并提取各类节律波（α、β、δ、θ、γ 波），求节律波的平均能量、功率谱等，得到各类线性和非线性特征。

（4）专注度评级建模。

① 基本机器学习数据分析方法：在数据量不够、特征数量小的情况下比较适用，需要手动选择特征，比如提取节律波，计算功率谱、能量平均值等。多元线性回归：使用线性迭代、分段回归或者最小二乘法进行求解。特征选择结束后使用支持向量回归进行分类。

② 深度学习数据分析方法：需要训练大量的上万级别的参数，所以需要比参数数量多几倍的数据，数据采集工作量巨大，不需要手动选择特征，可以通过短时傅里叶变换后，将数据图像化，通过卷积进行自动特征提取。可以考虑使用的网络有长短期记忆网络、循环神经网络和卷积神经网络。

5. 基于视频和眼睛数据的专注度评估模型

首先对视频信号进行分帧，以 1.5 s 为窗口大小。对人脸图像进行预处理（灰度化、去除噪声），然后进行面部特征提取，基于面部特征点坐标集合计算眼睛大小、嘴巴张开大小、嘴巴宽度、眼睛张开程度、嘴巴张开程度、嘴角上下朝向，最终获得 160 维人脸表情特征向量 X。根据眼动仪设备（此处直接使用第三方硬件进行数据集的建立），可以直接测出瞳孔偏移位置、眼睛凝视区域、眼睛位置、眨眼次数、注视点、注视时间和次数、眼跳距离、瞳孔大小等数据。在得到上述数据特征后，直接利用 SVM 模型进行专注度标签分类，得到专注度标签。

6. 情感数据模型

对于用户的情感数据，可用于专注度的标签修正。相关研究表明，人在不同的情感状态下，专注度存在较大的差异。因此，需要探究情感与专注度的关系。首先基于 EEG 信号研究情感分类问题。具体算法如下：

（1）将眼电图信号作为噪声参考信号，利用线性动力系统（linear dynamic system，LDS）对 EEG 信号进行去噪；

（2）利用带通滤波得到 0.5～30 Hz 的信号；

（3）提取 β、θ、α、δ 和 γ 五种节律波；

（4）特征提取：先提取 5 种节律波的差分熵，然后利用深度信念网络（DBN）进行维度转化，进行特征学习，获得最后的特征；

（5）模型：深度信念网络和隐式马尔科夫模型；

（6）标签：得到离散的情感标签。

假设最终的情感标签记作 $A = [A_1, A_2, \cdots, A_n]$。建立情感与专注度的关联模型，令 $Q = a_0 + a_1 A_1 + \cdots + a_n A_n$，即 $P_{emotion} = \dfrac{e^Q}{1 + e^Q}$，由 $P_{emotion}$ 的值作为基于情感信号的专注度值，其中，a 表示权重系数。

7. 专注度修正模型

当通过专注度评价模型和情感数据模型的训练后，可以分别得到三个模态数据的专注度标签，假设记为 $\{A_{11}, A_{12}, A_{13}, A_{21}, A_{22}, A_{23}, A_{31}, A_{32}, A_{33}\}$。最后，在得到基于

EEG 信号、人脸图像、眼动数据和情感相关数据之后，可以利用多元 Logistic 回归进行建模，得到最终输出的专注度标签。计算公式如下：

$$A_{score}=\omega_{11}A_{11}+\omega_{12}A_{12}+\omega_{13}A_{13}+\cdots+\omega_{33}A_{33} \tag{13-10}$$

式中：ω_{ij} 为每一类标签分配的权重。

13.2.4　实验设计

本小节简要介绍基于多场景和多模态数据的 DeepFocus 系统的实验以及实验结果的分析。实验设备主要包括：① 脑可穿戴设备，用于收集用户的 EEG 数据；② 24 帧相机，用于在实验过程中记录用户的面部表情信息；③ 同步时钟，确保与收集的多模数据同步；④ 计算机，用于播放引导音频；⑤ 纸质材料，用于完成数据收集任务。实验分为两部分：一部分是训练场景分类模型；另一部分是训练注意力评估模型。

1. 训练场景分类模型

场景分类的关键要素是根据视频中的情景、环境（如办公室、卧室、书房等）获取测试人员的场景，然后将实际场景映射到四个划分的场景，即工作、学习、娱乐和休息场景。首先，大规模场景类别数据集 Place205 用于训练 ResNet18，相应的场景被标记为四个场景的标签。在训练完成之后，获得模型中的参数，从而可以预测图像场景并将其描述为图像中的场景信息。实验结果如图 13-10(a)所示。从分类结果来看，识别很准确，可以很好地应用于场景识别中的场景选择。

2. 训练注意力评估模型

数据集分别在四种场景中收集，如学习场景，测试人员需要完成手写数字的任务。详细过程如下：首先，测试者休息 1 min，然后测试人员从头开始写数字 6 min。在这个过程中，测试人员会受到各种形式的干扰，同时记录测试人员的状态和写数字结果。然后删除前 9 s 和最后 9 s 的 EEG 数据，以防止检索到初始不稳定数据，并在 1 s 内标记一次，这可以通过视频中测试者动作的变化来判断。如果出现暂停或错误书写，则判断测试人员不专心；当说话、歪斜或写数字缓慢时，测试人员的注意力也被认为是不集中的。选择 5 个测试人员进行评估。每个测试人员有 114 个有效数据样本。每 2~3 天再次采集每个测试人员的数据，每个测试人员有三次测试结果。选择 8 名测试人员进行测试，总共获得 8208 个样本。

专注度评估模型是基于 EEG 信号和视频信号（包括面部数据和眼睛运动数据）的。首先，过滤 EEG 信号以保留低于 50 Hz 的频谱分量。然后，通过小波变换将原始信号转换到频域，以提取各种节律波，包括 δ 波、α 波和 γ 波，如图 13-10(b)所示。然后计算各种节律波的短期能量和非线性特性，设定为每个视频帧的特征。最后，SVM 用于对注意力水平进行分类。模型训练完成后，评估每个视频帧的专注度，结果如图 13-10(c)所示。对于视频信号，首先应将视频数据取窗口大小为 1 s。然后，删除不包含面部数据或无法捕获面部的视频帧。使用 Dlib 和 Opencv 开源库来定位面部数据的关键点。此处标记了 68 个面部关键点。使用人脸的标记关键点来计算如图 13-8(a)所示的一些典型特征，如嘴张开尺寸、脸部偏移、眼睛张开尺寸。传统的图像处理算法用于判断某位置的专注程度。处理结果如图 13-10(c)、(d)、(e)所示。最后，完成两种类型标签的融合，并使用加权平均值得到最终结果。

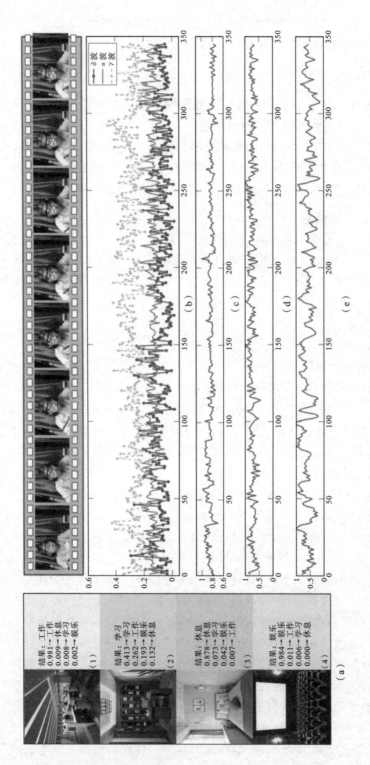

图 13-10　场景分类和专注度评估结果

13.2.5　基于 DeepFocus 的专注度监控和养成系统

本小节提出了一个 DeepFocus 系统专注度监测及增强系统。在该系统中,用户一天中在学习、工作、休息和娱乐四个场景下的专注程度都会被记录,并且这些信息会实时地发送到用户或者其监护人的手机 APP,以便他们可以及时地了解一天中的专注情况,这样可以对自己的学习、工作、休息和娱乐时间和强度做一个统一的调配和均衡处理,促使他们以更好的、更有效的方式参与到这些活动中,达到高效利用时间的目标。当用户发现自己在工作时专注度不高、做事效率低下,此时可以适当地放松下,将自己切换到休息场景,如果有精力的话可以进行适当的娱乐,放松身心,然后再投入到工作中去,这样就会达到事半功倍的效果。反之当用户在进行娱乐活动时,可能由于一些学习任务没有完成使自己处于一种轻微焦虑状态而不能沉浸于娱乐,这种情况下当系统向用户报告娱乐活动时的专注状态不佳时,用户就可以清楚地意识到现在应该是学习的时间。用户在系统的提醒下就可以转而去完成学习任务,在一定意义上起到了督促学习的作用。在以上这些场景下,DeepFocus 系统显示了极大的优越性,可以跟踪用户一天中的大多数活动,对用户及时有效地调整、修正自己的任务是具有重大意义的,在适当的时间做合适的事。

1. 架构

图 13-11 展示了基于 DeepFocus 系统的专注度检测及增强系统架构。这个架构使用了现有的通信技术,以便可以提高数据的传输速率,其中包含脑可穿戴设备、摄像装置及眼动仪、通信设备、智能终端以及数据中心,这些将会在下面一一介绍。

1) 脑可穿戴设备

脑可穿戴设备主要用来采集用户的 EEG 数据,使用神念科技的脑箍产品,收集 22 路的 EEG 信号。用户一旦佩戴脑可穿戴设备,EEG 会无时无刻地被检测到,会实时地发送到数据中心进行处理。利用 EEG 可以分析得到用户所处的场景、专注度和情感状态,这些信息都将用于完成整体的专注度评估。

2) 摄像装置及眼动仪

一般来说,用户会在一些固定的场所进行一些活动。例如,在办公室里会进行工作,在家里的书房会进行学习,在客厅的沙发上会进行一些娱乐活动,在卧室会进行休息,因此可以在用户经常出现的这些场所安装一些摄像装置以及眼动仪,以便可以观测到一些外在生理特征的数据,如嘴巴张开大小、眼睛张开程度、眼睛凝视区域、眨眼次数等,这些信息也将会实时地传送到数据中心进行分析处理,为多场景多模态提供数据保障。值得注意的是,眼动仪在有些场合中放置不是非常方便,这时可以依赖于摄像装置完成对眼睛情况的一些监测,也是可行的。

3) 通信设备

用户的移动行为是复杂多变的,为了保证采集到用户生理特征的数据实时地传送到数据中心,必须采用一定的通信设备保证数据的传输速率,这里采用在用户的活动范围中部署大量的小基站。小基站的特点是小型化、智能化、功耗小,并且可以较好地部署在室内且用户密集区域中,这可以有效降低数据的传输延时,使用户的专注数据得到实时处理和分析。

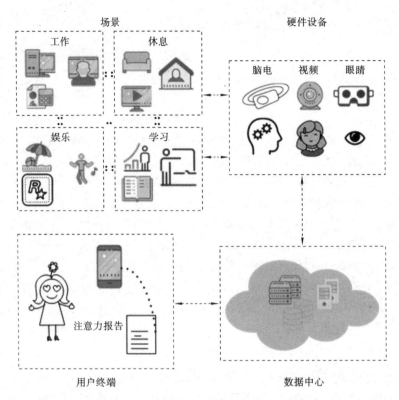

图 13-11　专注度监测和增强系统架构

4）智能终端

当数据处理系统对用户的专注数据完成分析之后，将会把分析报告反馈到用户的智能终端，使其可以及时地了解自己的专注情况，并且基于此对自己的活动做出适时调整。

5）数据中心

数据中心是专注度检测及增强系统的核心部件，主要功能是存储、计算和传送用户数据。当接收到从用户端传来的 EEG、外在生理特征数据以及多场景下的行为表现数据之后，部署在数据中心上的算法会对这些数据进行分析和处理，对该用户在这段时间内的专注状态形成评估之后，一方面数据中心会存储相关的关键数据作为历史数据，为以后全面准确地评估用户的普遍专注度提供数据保障，另一方面会将评估报告发送到用户的智能终端，便于用户进行查看。

2. 应用

基于 DeepFocus 系统，给出了对学生的专注度检测及增强系统，如图 13-12 所示，重点内容包括以下两方面。

1）专注度检测

一般来说，专注度直接影响着做事的效率和程度，因此对学生的专注度进行评估是极为必要的。作为学生，在学习的时候要尽可能把注意力投入到学习中，这会很大程度上促进学习成果、有效提高学习成绩；在休息及娱乐时放松身心、尽情享受轻松的时光，有助于调整身体状态、缓解身心压力。相对来说，学生每天的活动范围较小且可控，这也为实时采集与专注度相关数据，全方位、准确地对学生专注度作出评估提供了可能

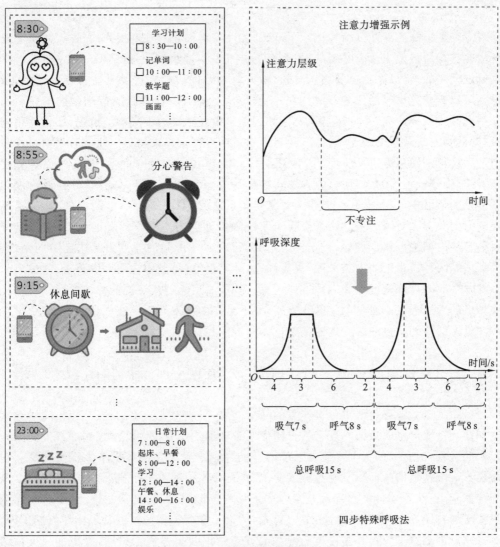

图 13-12　学生专注度增强案例

性。对学生的专注度检测立足于四个基本场景进行,分别是听讲、独立学习、休息和娱乐,采集的数据类型从内部生理特征、外部生理特征扩展到外部行为表现。在上述四个场景下,利用脑可穿戴设备、眼动仪和摄像头对其生理特征数据和外在行为表现数据进行实时采集,与此同时,这些数据会通过通信模块发送到数据中心进行分析处理,得到处理结果之后,学生的专注度报告会分别发送给学生本人、家长和老师的智能终端。对于学生而言,通过查看报告中所呈现的内容可以清楚地认识到自己听讲、独立学习、休息和娱乐时相应时间戳下的专注程度,根据这些信息可以适当地调整自己的状态和进行相应活动的时间。对于家长而言,及时了解孩子的专注动态有助于掌握孩子的学习、休息和娱乐状态,基于此为其提供一个适当的、舒适的学习休息环境。对于老师而言,了解学生在课堂上听课的专注度,有助于认识到自己的授课内容对学生的吸引力,这样可以根据学生的反应适当调整自己的讲课内容和方式,吸引更多的学生参与课堂活动。这样就形成对学生全方位的专注度感知,同时将这个信息反馈给了需要的人以便做出积极的响应。

2) 专注度增强

专注度检测为专注度增强奠定了基础,专注度增强是专注度检测的目标,对学生的专注度进行增强是非常有必要的,主要交互方式是智能终端上的 APP。首先会引导学生设定固定的学习、休息以及娱乐时间,做好每个时间段要完成的具体目标的计划,这样就可以养成有规律的作息习惯。在开始阶段,会播放一些刺激 Alpha 脑波的音乐引导其沉浸式做事。在做事时,若系统检测到用户出现注意力不集中的情况,那么使用响铃、振动等方式及时中断走神,让其注意力重新恢复到目标事物上。注意力集中一段时间之后会出现注意力下降的情况,因此,每隔 45 min 左右的时间 APP 会发出休息提醒,让学生停止手头的事,闭目养神或者望向远处或者外出走走,休息几分钟后再投入新一轮的学习中。APP 还可以为学生规划作息时间,对其进行科学的调整,这是提高注意力的关键。对于一些专注度报告表明在集中注意力方面有问题的用户,会设定一些脑专注力训练方法。例如,对于压力过大、过度焦虑引起的注意力无法集中的用户,会利用"呼吸法"来帮助内心平静,提高注意力。对于难以集中注意力的孩子,通过多米诺骨牌堆放的训练进行专注力训练。还有一些层层递进的规律性的专注力训练可以提高做事的专注程度。通过以上这些方式,无论是在学习方面还是在休息和娱乐上,学生的注意力会得到明显的改善。

13.3 DeepInteraction:机器人辅助的儿童自闭症诊疗

自闭症谱系障碍正严重危害儿童的身心健康,影响患者一生的社会活动,同时给家庭和社会造成严重的负担。现有的自闭症儿童辅助治疗系统关注于疾病的特征提取和识别准确率,但有限的数据量使得系统的智能性和准确率无法从根本上得到提高。同时机器人终端辅助的情感交互过程太简单、直接。为了解决这个挑战,本节提出一个全新的基于 AI 云网协同的自闭症儿童数据采集框架,来提供满足动态性、个体化和高沉浸要求的自闭症儿童辅助诊疗服务。首先,讨论了多模态多场景下基于标准数据集合、医疗站点静态数据集合和多个智能终端的动态数据收集过程。然后,提出了一个情绪修正的自闭症儿童学习状态评估模型,通过心理状态和外在表现综合评估自闭症儿童的学习能力。此外,从强化学习角度给出了机器人辅助的自闭症儿童环境感知和表达增强机制,可以根据最优的动作执行策略来和交互环境相适应。最后搭建了自闭症儿童辅助治疗试验台,给出了测试者实验案例,同时讨论了数据处理、机器人设计和服务响应三个开放问题和未来研究方向。

13.3.1 自闭症概述

自闭症谱系障碍(ASD)是以社会互动、语言交流以及兴趣行为等表现偏离正常为共同特点的一组神经发育性障碍的通称。美国疾病预防控制中心发布 2018 年关于自闭症谱系障碍患病率的最新统计数据为 1∶59,比 2016 年发布的数据 1∶68 上升了15%,即从每 68 名儿童中有 1 名自闭症谱系障碍患病者增加到每 59 名儿童中有 1 名。自闭症严重危害儿童身心健康,影响患者一生的社会交往、学习、生活和就业,同时给家庭和社会造成了沉重的负担。自闭症的病因到目前仍是世界医学的未解难题,医学上多采用教育训练为主来进行自闭症的治疗。6 岁以前为最佳干预期,可以进行有针对性的教育训练,这会对自闭症谱系障碍儿童的预后产生积极影响。最典型的为 1987 年 Lovaas 提出来的应用行为分析方式。

但是单纯由教育人士进行的强制训练不仅可能达不到预期效果,甚至会造成患者的二度心理伤害。基于传统方法的自闭症治疗发展受到了极大的局限性。随着移动通信、人工智能、可穿戴计算、云计算等技术的发展,给自闭症治疗带来了新的机会。研究者试图开发新型的计算机辅助的方式来改善自闭症患者治疗的现状,推动认知医疗的发展,以及提高医疗资源的利用率。目前研究的关注和优势在于:第一,自动化的信息认知可以减轻传统手工信息提取的工作量,同时减少主观因素对结果的影响;第二,自动化的反馈交互可以减轻传统的人工训练方式给患者带来的心理负担。

然而,现有的自闭症谱系障碍的辅助治疗系统有以下两方面的限制。

(1)中心化的数据库:数据库需要治疗专家主动更新。Heinsfeld 等人研究了使用深度卷积神经网络和 ABIDE 数据集来对自闭症谱系障碍进行识别,并显示了其相对于支持向量机和随机森林这两个分类器的优越性能。Rad 等人提出了利用深度学习来检测自闭症儿童的非典型运动中的代表运动,可以帮助治疗师评估行为干预的效果。系统利用中心化的数据库进行通用的建模过程,其实际应用性差,且不能提供针对个体的诊疗。

(2)匮乏的交互机制:与患者的交互是有意的且强制性的,无法提供高沉浸式的、和谐的行为引导与交互。Rudovic 等人提出了一种个性化的机器学习框架,在机器人辅助的儿童自闭症治疗中,自动感知儿童的情感状态和参与度。机器人和自闭症患者的交互可以改善患者的心理状态。但是对自闭症患者的教育训练不仅在于了解其健康状态,更是为了帮助自闭症患者理解和参与周围的社会情感世界。

现有的自闭症谱系障碍的辅助治疗系统关注于疾病的特征提取和识别准确率,这些研究在基于人工智能方法的基础上为识别自闭症谱系障碍的特征起到了推进作用。但是有限的数据量使得系统的智能性和准确率无法从根本上得到提高,同时机器人终端辅助的情感交互过程太简单、直接。为了解决现有系统所面临的挑战,本节从自闭症患者的情感感知与表达这样一个生态系统中来提供自闭症患者辅助治疗的解决方案。具体的,主要考虑这种生态系统中的三个方面问题。

(1)动态数据集补充:在自闭症儿童诊疗生态系统中,数据集的动态供给是保障系统可靠性和有效性的基础,同时这样一个动态的数据集收集过程为个体化的诊疗提供了可能。持续性的数据集补充需要多个可穿戴式智能终端和云端的协作。无线网络技术为高负载的数据传输和通信提供了支持。

(2)云端的个体化建模:云端提供高计算和存储能力平台用于自闭症儿童的个体化建模。对单个终端而言,云端通过收集终端的数据进行学习分析以认知用户的状态。此外,终端数据在云端的共享提高了统计意义上的模型学习能力,为搭建高可靠和鲁棒性的分析模型提供了支撑。

(3)机器人终端的沉浸式交互:自闭症儿童对周围环境的情感认知和表达是一个不断累积的学习过程。机器人和自闭症儿童是共同体,机器人通过智能大脑来补充自闭症儿童对环境的认知,同时引导自闭症儿童与周围环境的行为表达。

未来的自闭症儿童辅助治疗系统是一个数据持续补充,模型不断增强,交互高沉浸的智能生态系统。这里考虑将这种生态系统中终端的数据采集、云端的模型学习和机器人辅助的环境交互进行连接。

13.3.2 DeepInteraction **系统架构**

基于 AI 云网协同的自闭症儿童学习评估系统是新一代的基于云计算和无线网络通信技术的自闭症儿童辅助治疗系统,并且 AI 技术提供自闭症儿童的心理状态和情绪状态的健康照护。我们所提出的自闭症儿童辅助治疗生态系统主要考虑两方面问题:第一是自闭症患者对周围社会情感世界的认知缺失,系统需要提供认知辅助来弥补自闭症患者对于周围环境的认知能力;第二是情感表现力的缺失,自闭症患者缺乏对自身心理状态和生理行为的表达能力,系统需要提供引导来辅助其表达。图 13-13 所示的系统框架分为四层,即数据采集层、通信层、云分析层和交互层。下面,我们讨论这四层的设计细节。

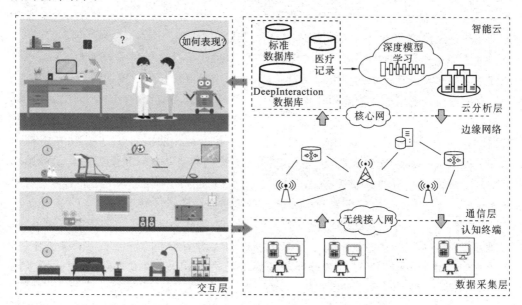

图 13-13 基于 AI 云网协同的自闭症儿童数据采集框架

1. 数据采集层

数据采集层主要完成终端设备对用户数据采集的过程。终端设备包括智能手机、麦克风、摄像头、生理信号感知设备和机器人等。其中智能手机可以收集用户的地理位置、天气等自然环境信息。麦克风用于获取用户的音频信号。摄像头用于捕获用户的脸部图像和行为视频。生理信号设备用于感知用户的生理信号,包括 ECG、EEG 和体温等。一般情况下,机器人具有人类的行为模式,如语音、走路、张开手臂、点头等来和用户进行交互。本节提出了采用智能机器人终端来提供拟人的照护。机器人本身通过收集用户周围的社交环境信息来辅助用户进行感知和引导用户进行表达。

2. 通信层

通信层主要完成用户端采集的数据和远端云平台之间的数据传输过程。终端收集的用户数据通过无线接入网传输到边缘网络。边缘网络中的节点设备完成数据的中转过程,同时提供存储和计算资源来进行轻量级数据处理服务。边缘网络将从终端收到的用户数据通过核心网传输到远端云平台,同样地将云平台发送过来的分析结果反馈给用户终端。云平台收到用户终端数据后通过提供计算密集型服务对用户数据进行分析,并将分析后的结果经边缘网络传输到用户终端。

3. 云分析层

考虑到患者能够产生与自闭症谱系障碍条件相关的数据量很小,在终端难以建立具有高可靠性和鲁棒性的分析模型,为此引入了云端智能。云分析层主要通过远端提供的具有强大的计算和存储能力的数据中心进行数据分析。这里包括两方面的内容:第一,云端通过网络收集来自不同终端的用户数据,进行主动的数据库和学习模型更新,云端数据库还包括用于存储标准数据集合的数据库以及用于存储医疗站点静态数据的数据库;第二,云端将学习后的模型反馈给用户终端,终端收集用户数据后可以快速搭建模型和进行实时分析。

4. 交互层

交互层主要完成终端和用户的交互过程。这里的机器人终端根据云端反馈的用户分析结果进行主动交互和引导表达。机器人通过自身的身体动作或施加不同的刺激源来引导用户与周围环境的交互,同时可以启动其他智能终端设备来调节用户的心理状态,如用户周围的音频、视频设备和其他智能家居设备。机器人根据云端反馈的用户分析结果来调整交互训练的方式。用户在机器人辅助的环境感知和表达增强下可以更好地和环境融合,了解交互的对象或者环境的意图,同时根据机器人有意识的引导来提高与环境交互的能力。

13.3.3　多模态数据的收集和特征提取

1. 多模态数据收集

多模态数据的收集包括标准数据集合、静态数据集合和实时数据的收集。数据集合的组成如图 13-14 所示。实时数据收集中,考虑到自闭症儿童的学习状态与自身的心理状态、生理状态和行为表现相关,同时周围环境也对其学习状态造成影响。本小节从多种渠道收集多个维度的数据,以支撑云端高可靠性模型的学习过程。

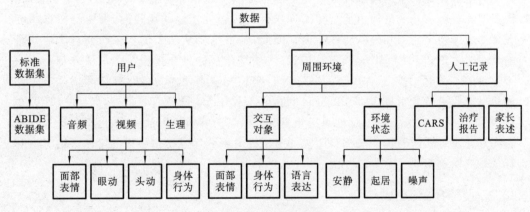

图 13-14　数据集组成

（1）标准数据集:自闭症脑成像数据交换(autism brain imaging data exchange, ABIDE)数据库整合全球多个实验室脑结构和功能影像数据,以加速对自闭症脑神经机制的理解。ABIDE 项目现已形成两个大型数据子集:ABIDE Ⅰ 和 ABIDE Ⅱ。ABIDE Ⅰ数据集采集自 17 个中心,1112 名测试者(ASD 患者 539 名,正常对照 573

名），ABIDE Ⅱ数据集采集自 19 个中心，1114 名测试者（ASD 患者 521 名，正常对照 593 名），影像数据包括 sMRI、r-fMRI 模态，其他数据还包括人口统计学数据。

（2）静态数据集：静态数据集指的是来自医疗站点、治疗专家和监护人的数据集。儿童自闭症评定量表（childhood autism rating scale，CARS）包含了 13 项内容，分别是和他人的交互、模仿、情绪反应、肢体运用、物体运用、对变化的适应、视觉反应、听觉反应、恐惧或紧张、语言交流、非语言交流、活动量、总体印象。医生和监护人共同配合，根据孩子的相关行为表现来对每项内容进行打分，然后根据总分数进行测评。此外，静态数据集还包括治疗师的定期分析报告和监护人的细节记录等。

（3）实时数据集：实时数据集包括音频数据、视频数据、生理信号和环境信息。① 音频数据，可以反映自闭症儿童的语言交流能力。通过麦克风等设备收集用户的音频数据。为了保证数据的有效性，预处理过程中可以通过时间窗口方式截取音频文件，同时过滤掉音频文件的开始和结尾部分。对预处理后的音频文件进行特征提取，获得音频特征向量。② 视频数据，包含多种有效的反映自闭症儿童行为特征的数据，具体包含用户的脸部图像和重复性行为。利用摄像头等设备收集用户的视频数据，同样按时间窗口方式对视频文件进行分帧。通过用户的脸部图像提取用户的眼部运动、头部运动和面部表情特征，得到脸部图像特征向量。再通过分析用户的肢体动作得到重复性行为特征向量。③ 生理信号，除了收集外在的比较直观的数据，生理信号可以反映自闭症儿童的身体状况。通过可穿戴设备采集用户的生理信号，包括 ECG、EEG、体温、脉搏和呼吸等。对不同生理信号进行特征提取，得到用户的生理信号特征向量。④ 环境信息，对自闭症儿童学习状态的评估不仅需要考虑其自身的数据，与其交互的周围环境也是影响自闭症儿童学习状态的因素。具体地，当用户处于不同的交互环境，如工作场景、学习场景、娱乐场景和休息场景，收集用户周围的环境信息得到环境特征向量。

2. 多场景行为分析

评估自闭症儿童与周围环境的交互能力需要分场景来考虑。当处于工作场景时，需要锻炼自闭症儿童的沟通能力和工作执行力。当处于运动场景时，需要分析自闭症儿童的肢体协调能力和团队协作能力。因此，这里主要从四个场景来研究自闭症儿童的学习能力评估，即工作场景、学习场景、娱乐场景和休息场景。每个场景分别对应一天生活的不同时间段，这样可以更好地对自闭症儿童学习能力进行评估和增强。不同场景可以通过背景目标识别来区分。不同场景下有代表性的背景目标，如计算机、跑步机、投影仪和沙发等。通过对自闭症儿童所处场景的背景目标的分析，可以分场景收集自闭症儿童的实时数据。根据自闭症儿童所处的不同场景给出最优的学习评估方法和环境表达增强策略。

13.3.4　学习评估模型

终端多源的多模态数据为云端高效的模型搭建提供了可能，同时网络传输多个终端的数据和云端模型的累积学习过程共同保障了对自闭症儿童学习状态的可靠性评估。这里提出了自闭症儿童学习评估的深度架构，如图 13-15 所示。该架构包括多模态数据的特征提取、特征融合和深度学习过程，同时采用情绪状态来辅助修正学习评估的结果。

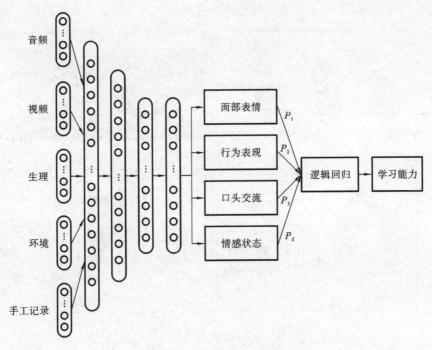

图 13-15　深度学习评估架构

　　考虑到自闭症儿童的学习状态在不同时刻的差异较大,如一天生活中的工作时间、休息时间、娱乐时间和运动时间,因此可以根据背景目标识别自闭症儿童所处的具体场景来评估学习状态。架构收集多模态数据,得到音频特征向量、视频特征向量、生理信号特征向量、环境特征向量和人工记录特征向量,分别记为 x_a、x_v、x_p、x_s 和 x_m。将不同的特征进行特征融合,得到融合后的特征向量集合,记为 $X=\{x_a,x_v,x_p,x_s,x_m\}$。将多模态数据集合进行深度学习获得与自闭症儿童学习能力相关的深层特征。假设自闭症儿童的面部表情能力、行为表达能力和语言表达能力分别记为 A_1、A_2、A_3。通过治疗专家打标签,对这三类表现进行正样本和负样本分类,得到的标签集合分别为 $\{a_{11},a_{12}\}$、$\{a_{21},a_{22}\}$、$\{a_{31},a_{32}\}$,并且三类表现的分类概率分别为 P_1、P_2、P_3。考虑到自闭症儿童的心理状态与其外在表现的直接相关性,架构将情绪作为心理特征来修正自闭症儿童的学习能力。假设自闭症儿童的情绪集合记为 $E=\{e_1,e_2,\cdots,e_n,\cdots,e_N\},1\leqslant n\leqslant N$,其中 N 为情绪状态集合的元素个数。对自闭症儿童情绪状态的分类概率记为 P_E。利用多元逻辑回归进行建模,得到情绪修正的自闭症儿童的学习状态评估结果为

$$P=w_0P_E+w_1P_1+w_2P_2+w_3P_3 \tag{13-11}$$

式中:w_0、w_1、w_2、w_3 分别是情绪状态、面部表情能力、行为表达能力和语言表达能力分配的权重。

13.3.5　机器人辅助的环境感知和表达增强机制

　　本小节所提的机器人辅助的环境感知和表达增强包括两方面的内容:第一是机器人和自闭症儿童的一般交互,称为第三人称视角,机器人在第三人称视角下和自闭症儿童进行情绪感知下的互动交流;第二是机器人以第一人称视角对自闭症儿童陪伴和照护,此时机器人和自闭症儿童是一个共同体,机器人利用云端的支撑给自闭症儿童提供

环境感知和表达的能力。机器人的第一人称视角和第三人称视角如图 13-16 所示。

图 13-16   机器人的第一人称视角和第三人称视角

第三人称视角是机器人的常规案例。机器人通过对自闭症儿童心理状态和生理表现的认知,提供语音、抚摸、主动播放音乐等多元化的交互。第一人称视角下的机器人和自闭症儿童是一个共同体,为了训练自闭症儿童的学习能力,机器人根据对当前自闭症儿童状态和周围环境的认知,提供自闭症儿童对周围环境的学习能力,同时指导自闭症儿童与环境的交互。此外,机器人将自闭症儿童的心理状态和与环境交互的表现及时地反馈给其父母或者监护人,促进父母对自闭症儿童的了解和交流。

本小节从强化学习理论角度分析了机器人辅助的自闭症儿童学习增强机制,即在整个自闭症儿童学习评估系统中讨论机器人辅助的环境感知和表达增强,如图 13-17 所示。假设自闭症儿童学习状态为 S,周围的环境记为 I,机器人的引导动作记为 A。记 $Q(S_t, A_t)$ 表示对状态 S_t 下执行动作 A_t 得到的总体回报的一个估计,R_t 为该动作的回报。系统的目标是在自闭症儿童与环境交互的整个过程中给出最优的行为表达,即当自闭症儿童处于状态 S_t 时,选择使 $Q(S_t, A_t)$ 最大的 A_t,此时用户状态由 S_t 变换为 S_{t+1},且得到下一时刻 Q 的更新值为

$$Q(S_t, A_t) \leftarrow (1-\alpha) \cdot Q(S_t, A_t) + \alpha \cdot (R_t + \gamma \cdot \max_A Q(S_{t+1}, A)) \qquad (13\text{-}12)$$

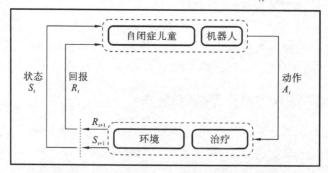

图 13-17   机器人辅助的自闭症儿童学习增强机制

式中:α 为学习率;γ 为折扣因子,且 $0\leqslant\gamma<1$。系统中交互过程的 Q 和 R 值由环境和治疗专家共同给出。

这个过程中,自闭症儿童和机器人是学习的共同体,为了赋予自闭症儿童最优的与人交互过程中的行为表达机制,机器人进行从环境和自闭症儿童状态到动作映射的学习过程,同时根据环境和治疗专家给出的最大回报值采取最优的动作执行策略,完成对自闭症儿童最优的行为和表达引导过程。

13.3.6 实验设置及开放性问题

这里介绍一个自闭症状态评估和情感交互试验台,由华中科技大学嵌入与普适计算实验室开发,旨在为用户提供自闭症状态检测和情感交互服务。

1. 试验台组成

如图 13-18 所示,试验台由 AIWAC 机器人、通信网关、本地计算机和远端云组成。设备的功能和设备间的通信过程描述如下。

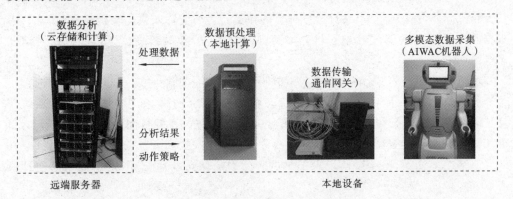

图 13-18　试验台组成

AIWAC 机器人配备有分辨率 720p、帧率 20 f/s 的摄像头,以及频率响应 20 Hz～16 kHz、灵敏度 -34 ± 2 dB 的麦克风。数据的收集不仅来自 AIWAC 机器人配备的多种传感器,还包括机器人认知的其他智能设备,如可穿戴智慧衣、意念头箍等。

通信网关是本地设备之间,本地设备和远端云之间通信的桥梁。数据的传输包括 AIWAC 机器人到本地计算机、本地计算机到远端云,以及远端云到 AIWAC 机器人之间的数据传输。本地计算机提供本地计算来进行数据过滤和预处理操作。预处理的数据可以提高远端云数据库的数据质量和分析模型的精度,以及减少网络传输的负载,提高了网络性能。远端服务器提供基于云的存储和计算服务。预处理的多模态数据存储在云数据库中。基于云的计算模块和云数据库可以不断提高模型的学习能力和预测精度。分析结果通过云的通信模块反馈给机器人端,同时动作策略也下达给机器人端。终端收到云端的反馈后生成评估报告以持续观测用户的分析结果,同时提供可视化界面供监护人浏览和查阅,以便监护人和患者更好地交流。

2. 实验案例

在试验台上展示了一个具体的实验案例,实验过程和细节描述如下。

数据集采集,机器人顶部摄像头用于录制测试者的活动视频,麦克风用于记录测试者的声音。同时测试者佩戴 Brain-link 意念头箍,用于采集 EEG 信号。

场景设置如图 13-19 所示，设置具体的活动来区分四个不同的场景。细节描述如下。

学习场景　　　　　　休息场景　　　　　　娱乐场景　　　　　　对话场景

图 13-19　测试者在不同场景下进行活动

（1）学习场景：答题。准备一份 8 min 数学计算选择题，让测试者完成答题。实验时长为 10 min，前 2 min 为测试者做答题准备。

（2）休息场景：音乐引导。播放舒缓的音乐片段，实验时长为 10 min。

（3）娱乐场景：游戏。给测试者提供计算机小游戏，实验时长为 10 min。

（4）对话场景：交流。机器人与测试者进行对话，交流一些简单问题，实验时长为 10 min。此外，提供 10 min 的视频片段，诱导实验者的情感产生。实验结束后，统计者根据收集的视频对测试者进行打分，统计项包括实验者面部表情、语言交流、情绪状态等。

手机终端部署的 BabyCare.app 生成测试者的评估报告。这里分三个方面进行了统计测评，分别是自闭评估结果、情感状态和行为活动统计。如图 13-20 所示，系统统计了测试者连续三天的评估报告。报告首先给出了测试者的自闭评估状态百分比，百分比数字越大表示自闭程度越高。从图中可以看出，测试者的自闭状态大约稳定在 60%。第二部分 Mood Chart 记录了测试者一天的情绪变化情况，监测的情绪包括开心、平静、郁闷、悲伤及愤怒。从图中可以看出，测试者在一天的早些时候心情比较平静，而一天末尾的时候情绪偏激，产生了愤怒的情绪。第三部分 Activity Count 统计了测试者一天中的不同活动数量，包括学习、休息、工作、交流和娱乐这 5 类活动。从图中可以看出，学习、休息和娱乐占测试者日常活动的大多数。

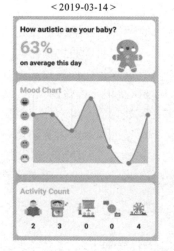 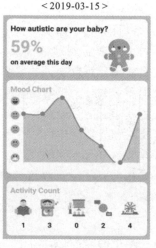 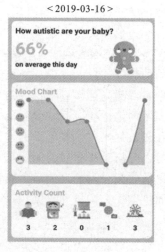

图 13-20　手机终端评估报告

3. 开放问题和未来方向

为了尽可能提高自闭症患者状态评估的准确性,通过多个智能终端收集多模态数据,为云端模型的有效深度学习提供了支持。基于数据广度收集和模型深度学习的方法可以提高模型的高可靠性和鲁棒性。评估数据对于自闭症分析的有效性是很有挑战的工作。自闭症分析模型应该基于影响用户自闭症状态的因素来建立。此外,有效数据的传输可以减少网络负载,提升网络性能。因此,应该设计有效的数据处理方法。

基于可穿戴机器人的情感交互:机器人和自闭症儿童是一个共同体,可以进一步提升机器人的亲和力,同时减少了人为训练和交互的隐患。用户的地理位置经常发生改变,家用健康机器人不方便携带。未来计划设计一个可穿戴情感机器人,将可穿戴衣物理念和机器人机制相结合。机器人集成了多种传感器可以实时收集用户的数据,以提供实时状态监测服务。因此,新型的机器人的设计方法是另一个开放和具有挑战性的问题。

高可靠低延时服务质量和体验质量保障:云端作为机器人的智能大脑来持续存储多模态数据,增强模型学习能力,并提供行为引导策略。当交互的场景和对象发生改变时,高可靠低延时的服务响应机制应该被提供。此外,云端需要给出不同场景下机器人引导交互的策略,以提供满足用户需求的服务以及体验质量保障。因此,高效的网络资源管理方法和精心设计的交互策略应该被考虑,这是另一个开放和具有挑战性的问题。

14

人工智能驱动的
新一代智能织物

世界卫生组织对健康的定义包括生理健康、心理健康和良好的社会适应能力。然而随着经济的高速发展和生活节奏的加快,巨大的生活压力和高强度的工作让人们无论是身体健康还是心理健康,都面临着严重的威胁。例如,全球有超过 3 亿人患抑郁症,每 40 秒就有一人自杀,中国的糖尿病患病率呈井喷式增加,猝死事件频发。在大数据和人工智能时代,如何利用现有的计算机、智能织物、可穿戴技术帮助改善这一严重的生理和心理健康现状,为人们提供一种更好的生活方式和生活环境,是当前计算机领域和生物医学领域共同关注的热点。随着新型材料的出现以及可穿戴技术的发展,如碳纳米管纤维、石墨烯纤维等纤维材料的发展,智能织物领域也得到了新的突破。现有的大多数可穿戴设备,如智能手环、智能眼镜等可穿戴电子设备,一般只是简单记录了用户的运动步数、心率等生理特征,并且与用户的贴合性不是很好。本章就现有可穿戴设备以及织物的缺陷,提出与人类生理和心理健康紧密贴合且息息相关的两个应用:Wearable 3.0 和 I-Fabric。Wearable 3.0 通过采集用户的多模态数据实现用户的生理和心理健康的监护;I-Fabric 将智能织物引入生活,对用户的生活状态进行建模,使用户体验智能生活。

14.1 Wearable 3.0:从智慧衣到可穿戴情感机器人

随着科技的飞速发展和生活节奏的不断加快,现如今人们的心理健康问题日益凸显,然而基于智慧衣的 Wearable 2.0 以及其他传统的可穿戴技术和情感计算技术已经不能满足计算密集型情感分析与交互带来的挑战。基于此,本节提出 Wearable 3.0,将脑可穿戴设备、智能情感交互机器人、智能触觉设备融合,用以采集用户的 EEG 数据、语音情感数据以及触觉行为感知数据等多模态情感数据,为用户提供个性化的心理健康监护服务。本节首先将 Wearable 2.0 与 Wearable 3.0 进行了对比,介绍了 Wearable 3.0 的特殊优势;其次介绍了 Wearable 3.0 的两种典型案例,即可穿戴情感机器人和 CreativeBioMan;再次详细介绍了 Wearable 3.0 的设计架构以及各组成模块的详细设计,并基于 Wearable 3.0 实现一种多模态数据采集方法。在此基础上,详细讨论了基于 Wearable 3.0 的心理健康监护系统架构与实现,表明基于 Wearable 3.0 的用户心理健康监护系统具有深层次的认知智能,可以进行灵活的情感交互。

14.1.1 可穿戴技术概述

1. 存在的问题

据世界卫生组织公布的数据显示,截至 2016 年,全球约有 4.5 亿心理疾病患者,这中间有 3.5 亿人患有抑郁症,大约有 2100 万人患有精神分裂症,仅仅在中国患有精神疾病的人就超过 1 亿人。其中抑郁症的全球患病率高达 12%,预计 2020 年在我国疾病总负担的比例将增至 7.3%,已成为一个重大公共卫生问题。抑郁症首发患者中,至少有 50% 的人会再发或多次反复发作,而有过两次发作的患者中有 80% 的人会出现再发病的情况。世界卫生组织将抑郁症列为世界各地的首要致残原因,2015 年世界残疾人总数中,抑郁症患者占 7.5%。抑郁症也是自杀性死亡的主要原因,每年约 80 万人因此自杀,其自杀率大约是普通人群的 20 倍,对个人及社会带来了重大的经济损失,包括直接(医疗费用)和间接(耗费的时间及工作能力的下降等)经济损失。此外,面对空巢老人、自闭症儿童、康复的病人,以及危险作业的驾驶员、宇航员等,他们的情绪也成为精神健康以及人身安全的主要指标。然而在心理健康问题如此严峻的形势下,全国心理医生及其他心理服务人员却严重不足,难以满足心理疾病现状对于医生的需求。因此,借助快速发展的人工智能、机器人、可穿戴技术有效进行特殊人群及普通用户的情绪照护是现今人类高度关注的精神领域话题,也是 Xing 等人致力于研究的内容。然而,目前关于心理健康监护与诊疗的可穿戴技术存在如下挑战。

(1) 浅层的价值:面对如今来源多种多样的用户数据,现有的技术无法找到数据价值;

(2) 单模态数据:现有的系统只是简单地对某一种类型的数据进行简单分析,无法发现社会中用户生理、心理状况的潜在规律;

(3) 非移动的可穿戴交互:现有的以机器人为媒介的情感监护系统依赖于特定的交互环境和设备,以牺牲用户移动性及舒适度为代价,同时缺乏真实有效的终端间的通信机制,无法真正做到实时诊疗。

2. Wearable 3.0 的优势

为了解决上述挑战,本节提出 Wearable 3.0,将智能情感交互机器人、脑可穿戴设备以及智能触觉设备融合,并集成到智慧衣的纺织衣物中。Wearable 3.0 依托云计算中心的强 AI 算法,具备更综合更强大的功能,可覆盖尽可能多的人群,应用场景支持用户的高移动性、用户情感信息的多维性、情感结果反馈的高效性和实时性,为用户的情绪健康提供高效的感知和疏导手段。对于不愿意去医院就医,不愿意向心理医生透露自己隐私的心理疾病患者(如抑郁症患者)来说,Wearable 3.0 作为患者贴身穿戴的智能体可以保护患者的隐私,分析患者的心理健康状况,并根据情感状况分析结果给患者提供心理状况报表,以及治疗建议和个性化的情感服务反馈。Wearable 3.0 不仅不会对用户生活带来不便,还可以解决患者对心理医生或者医院的心理排斥问题和用户信任问题,实现用户心理上的兼容性。随着 Wearable 3.0 与用户相处时间越久,对用户的了解程度越深,它对用户的认知深度和准确率也会随之提升。本小节通过 Wearable 3.0 技术设计实现一种新型的"以人为中心"的心理健康治疗模式,将其服务于广泛的人群,提升用户精神层面的健康。其具备以下特点,在心理健康检测领域具有巨大的优势。

（1）深层的价值。高效采集移动用户的大数据，并在多维感知的基础上基于深度学习和认知计算方法实现个性化的认知模型。通过持续地采集数据，进行深入研究并用于心理健康检测。

（2）广度多模态数据。可穿戴设备可以从多模态数据中准确分析用户的情感，即视觉感知、音频感知、EEG 感知、用户行为感知等维度，从多方面实现与用户的智能互动，提升用户的心理健康水平。

（3）灵活的情感交互。它感知动态环境中可用的交互载体，优化情感交互资源的分配；它将智能机器人集成到服装中，使其可穿戴，让移动用户在不影响正常的社会交往和活动的情况下，采用无缝对接的方式实现情感交互。

Wearable 3.0 具有可清洗、可伸缩等特性，智慧衣采用计算、通信和缓存融合技术，能够满足社会需求，更易被用户接受。它是一种可穿戴代理，可直接穿在用户身上，具有冯·诺依曼计算机的结构。图 14-1 所示的人-云融合的可穿戴代理是未来可穿戴技术的发展趋势。

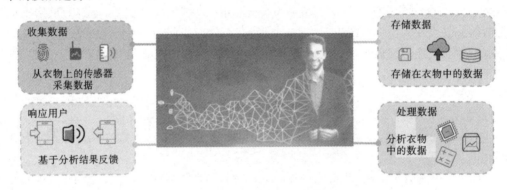

图 14-1　人-云融合的可穿戴代理

14.1.2　设计与实现

1. 架构

图 14-2 为 Wearable 3.0 的架构设计图，Wearable 3.0 将脑可穿戴设备、智能可穿戴情感机器人、智能触觉设备融为一体，并采用智慧衣中的可水洗纺织衣物将以上设备进行集成。脑可穿戴设备用于采集 EEG 信号，感知用户情绪变化的大脑状态；智能可穿戴情感机器人中部署了离线的情感识别算法，可以识别人类 21 种情绪，具有勇敢、稳重、真诚、善良、自信、谦逊、坚韧、进取、乐观这 9 种人格特征；智能可穿戴触觉设备用于感知用户的触觉信息，与用户进行触觉交互。脑可穿戴设备与其他各模块间通过无线通信的方式进行数据和信息的传递交流，部署在衣帽中。智能可穿戴情感机器人位于左胸处，智能触觉设备位于衣袖中，此外在衣领下方部署了语音采集交互模块，各模块间通过 USB 进行通信。采集了人体的多维多模态数据之后，智能可穿戴情感机器人（AIWAC robot）将数据传输到智能终端，智能终端可以看作是一个小型的边缘服务器，根据具体的应用需求为用户提供具体的情感认知服务。智能终端可进一步将数据传输到远端云中进行更准确、更强大的情感识别和认知，远端云中部署了强大的深度学习等 AI 算法，可实现精准的情感识别和智能决策，并将决策结果反馈到智能终端中进一步提供个性化的情感认知服务。

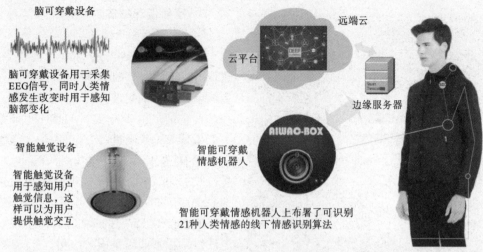

脑可穿戴设备

脑可穿戴设备用于采集
EEG信号,同时人类情
感发生改变时用于感知
脑部变化

智能触觉设备

智能触觉设备
用于感知用户
触觉信息,这
样可以为用户
提供触觉交互

远端云

云平台

边缘服务器

智能可穿戴
情感机器人

AIWAC-BOX

智能可穿戴情感机器人上布署了可识别
21种人类情感的线下情感识别算法

图 14-2　Wearable 3.0 的架构

2. Wearable 2.0 与 Wearable 3.0 的比较

在 Chen 等人的研究中,Wearable 2.0 的主要组成部分是智慧衣,智慧衣作为数据采集终端,主要采集用户生理指标,但是缺乏智能人机交互模式。此外,Wearable 2.0 既没有包含大量的 AI 技术,也没有考虑用户对心理健康服务的需求。因此,Wearable 2.0 更像是一件服装,而 Wearable 3.0 是用户穿戴的独立机器人,可以为用户提供个性化的心理健康服务和满足多样化的人机交互需求。与 Wearable 2.0 相比,Wearable 3.0 采用了 Edge-CoCaCo 技术,该技术集成了通信、计算和存储技术,从而改善了计算、通信能力和存储容量,增强了对外界的感知。Wearable 2.0 主要是将干电极贴在使用者的皮肤上,收集人体心跳、体温、血氧水平等生理指标,但缺乏感知外界、探索用户情绪的能力,无法通过感知周围环境和其他群体,真正了解用户。虽然 Wearable 3.0 在纺织衣物中嵌入了脑可穿戴设备、智能可穿戴情感机器人以及智能触觉设备等装备,看似增加了开销,但这种少量的开销给用户带来的体验度得到极大的提升,解决了许多情感交互问题。例如,当用户处于情绪低落状态时,需要得到安慰性的话语或者听一些欢快的音乐、抚慰的拥抱等,如果采用 Wearable 2.0 技术,则需要额外的智能手机或者抱枕机器人等其他辅助设备,而 Wearable 3.0 已经把这些交互服务需求的设备融合到衣服中,不再需要额外的辅助设备,因此成本开销相比 Wearable 2.0 的降低了。此外,Wearable 2.0 需要借助其他辅助设备,这也带来通信上的损失,响应能力也比 Wearable 3.0 的更慢。Wearable 3.0 的集成使得人和衣服是同步移动的,用户是把整个智能体穿在身上。在采集用户各项心理指标数据之后,Wearable 3.0 的缓存能力使得这些数据可以先暂时存在本地,等数据积累到一定程度后再上传到远端云,解决了网络接入间断性与人体行为连续性导致数据采集不稳定的矛盾。表 14-1 列出了 Wearable 2.0 和 Wearable 3.0 的这些指标的比较。

表 14-1　Wearable 2.0 与 Wearable 3.0 的比较

类别	智能性	个性化	通信能力	计算能力	缓存能力	社交性	移动性	外部感知	成本	生理指标
Wearable 2.0	中	高	低	低	低	无	中	无	中	简单
Wearable 3.0	高	高	高	高	高	复杂	高	有	低	复杂

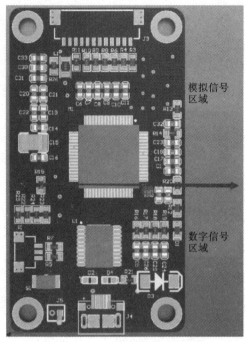

图 14-3 EEG 信号采集主控芯片

3. 硬件设计细节

1) EEG 设备硬件设计

为了采集大脑皮层的微弱电信号，选取 TI 公司生产的 ADS1299-8 芯片作为脑电波信号采集芯片，CH559T 作为主控芯片，如图 14-3 所示。ADS1299-x 是一款低噪声、多通道、24 位的同步 A/D 信号采样芯片，该芯片能够采样心电信号（ECG）和 EEG 信号。我们此处采用的是 ADS1299-8 的 8 通道采样芯片，进行脑电波信号 EEG 的采集，从而实现脑电波信号在不同场景中的应用。

（1）串行外设接口（SPI）通信：SPI 通信接口和 ADS1299-x 芯片进行通信，接收脑电波信号的电压信号。ADS1299-8 的四个 SPI 信号为 CS、SCLK、DIN 和 DOUT。

（2）USB 手机通信：选取 CH559T 内置的 DP、DM 信号脚作为 USB 主机设备的 D$_-$、D$_+$ 信号端，从而实现 USB 主从模式，实现手机和设备的通信。

由于 CH599T 芯片 VIN5 引脚需要 5 V 供电，通过 USB 与智能手机进行连接，可解决外部悬挂电池的弊端。同时选用 SMAJ5.0，在手机供电和 CH599T 之间做一个简单的瞬间的高电压抑制，保护整个 AIWAC 智能触摸设备的安全。由于 ADS1299-x 芯片内部存在模拟信号和数字信号，因此，整个电路关于电源和地的设计，需要对模拟电源、模拟地、数字电源和数字地进行严格区分，具体的区分将会在 PCB 布线时进行严格的区域划分，以减小模型信号和数字信号对微弱电信号采集的影响。

2) AIWAC BOX

AIWAC 交互机器人是同用户交互的核心终端，是实现用户情绪安抚与健康调节的重要手段，其硬件核心在第 9 章有所介绍，如图 9-11 所示，主芯片采用 ARM Cortex-A7 内核，四核 1.2G 主频，核心板搭配 1G DDR3 RAM，8GB eMMC Flash，集成智能电源管理芯片 AXP223。AIWAC 可穿戴情感机器人的周边外设主要包括通信模块、与图像采集相关的摄像头模块、与语音交互相关的 MIC 及播放模块、与触觉交互相关的触觉传感器模块等。选择集成 WiFi 与蓝牙的 AP6210 模组作为通信模块，选择 OV5640 摄像头模块采集图像数据，通过 MIC 采集音频输入，通过功放和喇叭播放交互语音。

3) 智能触觉设备

为了实现智能触摸片和智能手机的连接，先选取 8 位增强型 USB 单片机 CH559T 作为主控芯片。下面对设备各部分的设计进行详细描述：选取 CH559T 内置的 DP、DM 信号脚作为 USB 主机设备的 D$_-$、D$_+$ 信号端，从而实现 USB-Host 主机模式和 USB 设备模式，使得 AIWAC 智能触摸设备和智能手机能完美的连接。采用 USB 2.0

全速 12 Mb/s 或者低速 1.5 Mb/s 通信方式,提高通信的速率,此时共用 CH559T 的 DP,DM 端口,减小设备的整体大小。选取的触摸片是 DP102 柔性微压力传感器,它是仿人类皮肤感知功能的一种人造柔性传感器件。通过利用它高灵敏度和柔性的功能,可以感知微小的压力信号或者触觉信号。DP102 柔性微压力传感器能够采集压力触觉信号,通过 CH559T 内置的四组 A/D 转换器,将压敏信号转换成电信号,从而实现智能触摸片的感知和转换。由于 CH599T 芯片 VIN5 引脚需要 5 V 供电,而正常的锂电池的供电电压只能是 3.3 V,按理说需要设计升压模块,但是设备是通过 USB 设备与手机进行连接,因此手机刚好提供了这个相对稳定的 5 V 电压,解决外部悬挂电池的弊端。同时选用 SMAJ5.0,在手机供电和 CH599T 之间做一个简单的瞬间的高电压抑制,保护整个 AIWAC 智能触摸设备的安全。

4) Wearable 3.0 的集成设计

Wearable 3.0 集成了 AIWAC 可穿戴情感机器人,AIWAC 智能触摸设备和 AIWAC 脑可穿戴设备的实物图如图 9-13 所示。位置 1 显示的是 Wearable 3.0 的语音交互模块。位置 2 显示的是 Wearable 3.0 的硬件系统核心。位置 3 显示的是集成到 Wearable 3.0 的智能触摸设备。脑可穿戴设备则集成到 Wearable 3.0 的帽子部位,采用无线通信的方式同整个系统进行数据通信。Wearable 3.0 具备语音感知、触觉感知、EEG 感知等丰富的交互方式,在此基础上达成对用户情感的多模态感知与分析,达成良好的情感交互体验。

14.1.3　基于 Wearable 3.0 的心理健康监护系统

利用 Wearable 3.0 实现"以人为中心"的用户心理健康监护具有重大意义,具体的系统架构如图 14-4 所示,系统主要包括用户的多模态情绪数据采集层以及云端的个性化情绪认知层。采用 Wearable 3.0 技术,实施多模态数据采集方法,通过监测用户的日常生活,包括 EEG、语音视觉、触觉行为感知,将心理指标数据与用户社交网络信息、运动信息同步整合,并通过云端的个性化、智能性的情感认知算法分析出用户的心理状况,进一步为用户提供个性化的情感服务。

1. 数据采集层

基于 Wearable 3.0 技术分别采集用户的 EEG 数据、语音视觉数据以及触觉行为感知数据。通过脑可穿戴设备实时、连续性地监测用户 EEG 数据,EEG 数据可用于对用户的眨眼频率进行检测,且用户大脑活动的变化也反映着用户情绪状态的变化。智能情感交互机器人可以实时高效捕捉用户语音和表情数据,智能触觉设备可用于进行用户触觉行为的感知,对触觉行为的感知在某种程度上可以得到用户的压力状态。此外,本节构建的心理健康监护系统也包括用户的智能手机终端,可挖掘出用户的社交网络信息和运动信息,作为认知的辅助信息数据。当用户情绪高昂时,运动能力也会得到增强,情绪可以决定用户的运动状态,运动状态也可以反映出用户的情绪状态。通过分析用户的社交网络状态,如用户在社交网络中发表的日志等生活记录,研究一段时间内用户在社交网络表达的情绪,也可以辅助分析出用户情绪。

2. 云分析层

云包括边缘云和远程云。在情感数据采集过程中,5G 实时传输数据到云端进行分析和处理。在边缘云中,部署简单的处理算法来预处理数据,以确保数据的质量,如删

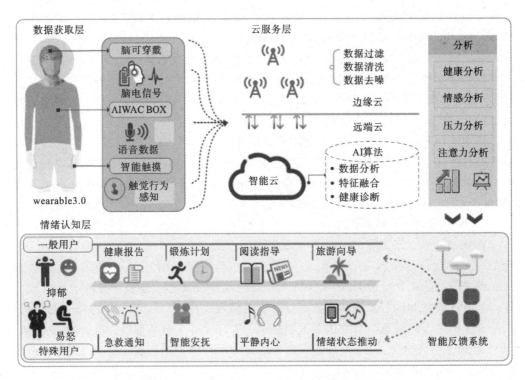

图 14-4 基于 Wearable 3.0 的心理健康系统架构

除冗余数据、去噪等，然后将其传输到远程云，这可以大大改善传输效率和降低远程云的压力。在远程云中，部署 AI 算法来分析用户的情绪数据和行为数据，这可以融合和分析多模态情感数据。远程云中的 AI 算法用于分析用户面对某人或某种行为时的情绪反应，以便了解某人或某种行为是否使用户感到焦虑、悲伤或兴奋，然后进一步判断用户与人之间的关系是否健康。此外，远程云存储一段时间内的个性化情绪、行为数据和分析报告，方便用户随时查看其健康状况。

3. 情感服务层

根据云分析的结果，系统将反馈用户的情绪状态。对于一般用户，将生成健康报告，并根据他们的情绪状态，制定某些运动计划、活动和应用，以便用户能够及时进行情绪调整。对于患有抑郁症或其他精神障碍的用户，当系统检测到他们的异常情绪或可能有危险的行为时，系统会及时通知他们的医生、家人和朋友。同时，系统将采取一定的抚慰措施，通过播放音乐和视频来调节心理状态。该系统还将用户一段时间内的情绪波动图可视化，然后将其推送到用户的手机，并给出相应的情绪管理建议。

14.1.4 典型的 Wearable 3.0 案例

1. 可穿戴情感机器人

Wearable 3.0 可用于开发可穿戴情感机器人，这是一种社交情感机器人的全新形态，基于认知计算模型来模拟人类思维过程。其中，涉及使用数据挖掘、模式识别和自然语言处理等机器学习系统来模拟人类大脑工作方式，允许机器人以越来越复杂的方式与用户进行交互。提出的多模态数据感知，赋予可穿戴情感机器人强大的感知能力。以多模态数据为基础的深度学习和认知计算推动了强大的可穿戴情感机器人，实现了智能情感应用进入我们的日常生活中,可以解决服务机器人和社交机器人存在的不够智能性,人机交互模式受用户所处环境的限制,无法便捷地陪伴用户等问题,并具有独特的优势,如可以灵活地在第三人称视角和第一人称视角之间进行切换;能够高舒适地与用户合二为一,不影响用户社交和日常出行;可以做到个性化,对用户进行深度建模,通过对用户长时间的认知过程影响当前的决策,不断提升机器人的智能性。通过引入强 AI,使机器人具备情感认知能力的同时具备便携与时尚等元素,服务于更广泛的人群,同时可以提升人在精神层面的"健康"。引入 Wearable 3.0 技术的可穿戴情感机器人是一种情绪认知能力能够自我进化的社交情感机器人。

2. CreativeBioMan

将 Wearable 3.0 用于艺术创作中,对脑电波和多模态情感数据进行联合编码,并将之应用于创意游戏,让机器人像人一样具有创造力,如绘画、创作艺术品等,如图 14-5 所示。CreativeBioMan(Creative 是指创造性的算法,BioMan 是指仿人的生物机器人)是介于机器与人类之间的一个结合的产物,是个虚拟的、具有创造力的人工智能体。创作时,艺术家先画出大致的内容,系统根据采集到的 EEG 数据并结合运动想象算法将艺术家想要创作的风格分为油画、国画、素描、漫画,并与艺术家的历史数据集进行风格特征的标签匹配,将内容与风格进行融合,创作出一幅新的具有艺术家独特风格的画作。然后系统根据采集到的多模态情感数据,进行创作时的情感分析和识别,根据情感分析结果对艺术品的线条和色调进行修正,让作品表达出作者的情感。此过程涉及的人工智能算法是需要去训练和学习的,算法根据艺术家已有的艺术作品和进行创作时采集的 EEG 信号相结合进行深度学习。如果是素描作品,就是用黑白灰层次的变化与对比来表达作者想要表达的情绪。经云端智能决策融合创作出的作品,还需要快速地反馈到智能终端显示给用户。用户也可以根据显示的结果,进行作品的修改直到最终的作品发布。AI 算法产生的新艺术作品也会加入历史数据集中,丰富历史数据集中艺术家独特的数据。CreativeBioMan 系统随着跟艺术家交互的时间越长,对艺术家的了解程度也会随之深入,算法也会不断得到进化,系统也不断进化,系统的创造性不断得到增强,从而帮助艺术家创作出更加新颖的作品。

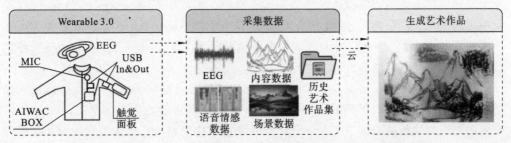

图 14-5　Wearable 3.0 应用场景:基于可穿戴计算设备的创意游戏系统

14.2　I-Fabric:新一代功能纤维驱动的智能生活

为了解决现有的智能织物中存在的应用场景单一、功能性不足且无法兼顾生理健康与心理健康等问题,本节提出了 I-Fabric(面向智能生活的智能织物)系统。该系统将多种智能织物与智能手机和云端进行结合,共同组成了一个全方位的健康监测和指导系统。智能织物除了智能衣服外,还包括智能帽子、智能腰带、智能书包、智能沙发和智能玩偶等多种智能配件。事实上,对于用户来说,只要能用到布料的地方,都可以嵌入智能织物为用户提供多种交互式的智能服务。本节首先对智能织物的研究背景、现状以及问题进行一个概述,然后结合相关研究提出切实可行的 I-Fabric 系统架构,并对运用的模型进行详细阐释,最后搭建实验台,验证所提系统的有效性。

14.2.1 智能织物概述

与传统的普通织物相比,智能织物由下一代智能纤维制作,也嵌入了多种微型传感器技术。将可穿戴织物与传感器、人工智能等计算机技术完美融合的智能织物具备一定的智能性、应变性和自适应性等独特性能,是更符合社会需求并更容易被用户接纳的可穿戴设备。有些智能织物本身具有一定的通信、存储等功能,如 MIT 的 Rein 等人通过在纤维中嵌入发光二极管和光电探测二极管,使这种纤维可以在两种织物间进行光通信,并可应用于全织物的生理检测系统中。在可嵌入到织物中的微型传感器方面,香港理工大学团队研发的 SOFTCEPTOR 传感器具有非常柔软的特性,且弹性好、灵敏度高、耐疲劳,可以嵌入到任何织物中进行人体相关数据采集。虽然智能织物在功能性、稳定性、舒适性等方面取得了很大进展,但仍然存在以下问题。

(1)功能性与舒适性、时尚性之间的矛盾:能够做到轻便舒适、易于着装的智能织物,往往功能设计比较简单,如 Google 夹克更适合于骑行爱好者,无法满足大众日常生活的功能需求。功能设计较为丰富的智能织物,舒适性和时尚性比较欠缺,如之前提到的可穿戴情感机器人,忽略了衣服设计的轻便舒适的自然属性,无法给用户带来较好的日常穿着体验。

(2)交互能力不足,应用场景单一:现有的智能织物大多针对的是单一应用场景,功能相对来说比较单调,如 Visijax 开发的 Commuter 夹克面向骑行场景,配置的 LED 灯保证骑行者夜晚骑行的安全,但缺乏有效的交互机制来给用户提供方便性的同时带来用户交互体验质量的提升。

(3)生理健康与心理健康无法兼顾:很多智能织物仅关注生理健康或心理健康,很少考虑到生理健康与心理健康的全面持续性监护。如 Cityzen sciences 的 D-Shirt 仅监测用户的运动、心率、速度、呼吸方式、GPS 定位等生理数据;MIT 的 Picard 教授主导推出的 Embrace 产品,通过监测生理数据来预测癫痫病人的压力情况,但这种心理健康监测机制不够完善和准确。

从传统的家庭纺织到现今的工业纺织,纺织领域已经发生了革命性变化,这也反映了社会对于服务要求的不断升高。以 Safety-材料和多功能为主题的生态纺织物热潮映射出纺织领域的社会诉求。Agnhage 等人利用植物染料研究可防护紫外线和抗菌的多功能纺织品。Togi Suzuki 综合考虑纺织纤维的触感、导热等性能,讨论了功能性纤维和特种纤维融合的关键技术。除民用需求以外,织物在特殊领域的特定要求也不可忽视。Su C I 等人混合氧化纤维生成一种高性能阻燃复合纱线,可用于消防等高温职业的工作装备。Anagnostopoulos 等人结合铁和纤维的吸收性能和纺织性能,将高硬度纺织物应用于特殊的军事环境。Yang X 等人基于纤维微弯效应设计了心跳和呼吸监测的纺织纤维传感器。Kaldor 等人受针织面料的弹性启发,提出增强纱线刚性触感的方法。可以看到,以上这些研究专注于提升纺织物的材料性能,在尽可能保证低成本的情况下,扩展了纺织物应用价值。这也满足民用市场的价格期待和功能需求。

　　与此同时,自谷歌发布 Google 眼镜后,智能可穿戴设备开始获得广泛的讨论。并且随着智能手机创新空间逐渐紧缩、用户市场趋于饱和,智能可穿戴设备成为下一个智能终端产业热点的认同度越来越大。可穿戴设备以人为载体,通过便携式穿戴实现对应的服务功能。其交互形式主要基于人类本身和硬件设备功能之间的配合完成。可穿戴设备的发展迅速,已经建立了较为成熟的服务结构,具体包括:

　　(1) 支持 NFC、WiFi、蓝牙等多种通信方式;

　　(2) 提供语音、触感等友好的人机交互方式;

　　(3) 具有摄像头、麦克风、GPS、生理传感器等可靠硬件接入模式。

　　在 IoT 时代下,可穿戴设备具有广泛的应用场景,其中包括健康监护、医疗康复、学习教育等。此外,低功耗芯片、柔性电路板等可穿戴设备核心硬件技术的研究也为可穿戴设备的发展助力续航。然而,尽管当前的可穿戴设备越来越小、集成程度越来越高,但是硬件装置还是以刚性或者硬性设备为主,其只是一个功能丰富的外部设备,设备与设备之间缺少数据融合。系统缺乏对不同模态数据的整合,无法挖掘不同数据间的信息价值。

　　针对以上问题,需要构建一个完整的、全方位的、可持续性的生理健康与心理健康监护和指导的生态系统。借助智能织物和认知传感器等认知终端设备,在大数据和 AI的背景下,结合上述已有的研究和成果,本节将智能织物技术应用于可穿戴设备领域中,讨论以智能织物为基础的柔性可穿戴场景。并且考虑到现今可穿戴设备之间数据独立的问题,本节提出了 I-Fabric 系统,表示新一代功能纤维驱动的智能生活,能够解决现有的智能织物无法解决的难题,并进一步提升用户体验。

　　传统的智能家居嵌入式系统主要利用机器对机器(machine to machine,M2M)将各种物联网终端设备联网,如远程遥控窗帘、电灯、扫地机器人等家用电器的开关;与传统的物联网驱动的智能家居不同,本节所讲的智慧生活对于用户所处的环境是不受限制的,智能织物不限制用户的移动性,用户可以随时随地穿戴在身上。智能织物驱动的智慧生活系统由各种智能配件配合智能手机以及云端大数据处理中心组成。智能配件除了智能衣服、裤子外,还包括用户生活中经常使用的各种生活用品,如智能包包、智能帽子、智能腰带,以及智能沙发和智能玩偶等。其中,智能衣物可以采集用户各项生理指标数据,监测用户坐姿,记录用户运动时的体态数据;智能包包可以为移动设备充电,并具有 GPS 定位功能;智能帽子具有全方位的摄像头,帮助用户感知周围的环境信息,还可以采集语音数据进行情感分析并进行语音交互;智能腰带记录用户的腰围变化和一天的运动步数、消耗的卡路里;智能沙发的扶手可以遥控电视;智能玩偶可以跟用户进行触觉交互。多种智能织物以及嵌入其中的认知传感器设备共同长期、持续性监测和追踪用户的各项生理数据和心理数据,并在认知设备中进行初步的处理后,上传到手机或云端中进行复杂的数据分析,然后根据分析结果给出相应的交互式反馈和定制化服务。可以说,智能织物无处不在,嵌入到用户生活的方方面面,只要是能用到布料的地方,都可以给用户带来可交互、智能性的服务。

14.2.2　I-Fabric 组织架构与应用场景

1. I-Fabric 系统架构

　　为了实现智能织物赋力于智能生活,需要实现以下三个过程:多维多模态生理,心理和环境信息采集,多源异构数据分析和交互式反馈。图 14-6 为 Living with I-Fabric 系统的架构图。

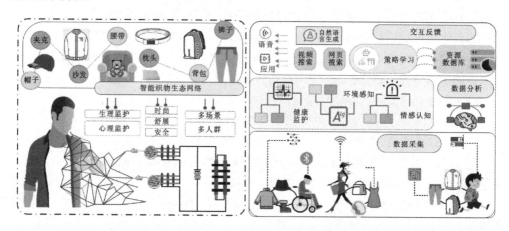

图 14-6 Living with I-Fabric **系统架构**

多维多模态数据采集:智能织物中嵌入了多种新型传感器等认知设备,可以采集多种生理和心理数据。具体来说,智能衣物中嵌入了多种生理数据采集传感器,用于长期持续性地监测和采集用户的心电信号(ECG)、血氧浓度、体温、肌电信号(EMG)等与生命息息相关的重要指标。此外,智能衣物的后背处放置了坐姿检测传感器,用于采集与用户坐姿相关的数据,如脊柱的张力值、前倾或后仰角度等数据。智能裤子可以采集与用户运动时相关的数据,记录用户运动时的体态数据,如拉伸力度、发力部位、用力大小等数据。智能帽子中装有摄像头、语音采集和交互设备以及其他多种环境感知传感器,可以采集用户所处的周围环境信息,包括图像信息、天气、温度、紫外线强度等数据。此外,智能帽子的语音采集和交互设备可以采集用户的日常语音数据,用于情感分析。智能书包内置充电装置,可以将用户走路或者运动时的动能以及太阳能转换为电能存储,并为智能手机充电。智能书包中还装有 GPS 传感器,可以记录用户的轨迹特征。智能腰带可以追踪用户的腰围变化,记录每天的步数、距离和消耗的卡路里。智能织物采集的多种生理、心理以及环境数据是实现智能生活的基础,用于评估用户的整体健康状况。

多源异构数据分析:智能织物采集了多位多模态数据之后,首先将数据及时发送给智能手机。智能手机中部署了训练好的人工智能算法模型,对多种数据及时进行分析。对于智能衣物采集的多项生理指标数据,进行初步的数据清洗等预处理操作后,运用相应的算法判断数据是否异常,进而判断用户的身体状况是否异常。对于坐姿数据和运动时的体态数据,运行事先部署好的算法模型,帮助用户判断坐姿是否正确,运动时的动作是否正确。对于感知的环境数据,如图像数据,运用图像领域深度学习算法检测是否有危险障碍物。对于语音数据,运用语音情感识别模型判断用户当前的情绪状态。由于智能手机的算力、存储有限,还需要进一步将数据传输到云端进行存储和分析。云端中存储了用户的大量历史数据,并且部署了多种复杂的人工智能算法,可以对用户的长期历史数据和行为模式进行建模分析,进而得到一段时间内的用户身心健康状况。

交互式反馈:智能织物和智能手机终端根据手机以及云端的数据分析结果,为用户提供各种交互式反馈服务。如当检测到用户当前生理指标不正常时,手机会提醒用户,并发出警告。对于数据值严重异常的用户,手机会通知用户的家人朋友甚至是医生。当检测到用户坐姿不正确时,手机会提醒用户,智能衣物的背部也会发出震动提醒,从而减少用户腰椎颈椎疼痛的发生。当用户独自在家健身时,智能裤子检测用户的动作,根据手机和云端的分析结果,判断用户所做的动作是否正确,给出正确的动作示范,避免不当的运动造成肌肉拉伤。当智能帽子检测到用户周围有危险物,如前方有大货车,通过帽子的语音交互模块提醒用户提前规避危险。智能帽子还可以根据情感识别结果,播放相应的音乐,对于处于抑郁悲伤情绪中的用户,播放相应的安慰话语,像朋友聊天一样安慰用户,提升用户情绪。智能腰带记录用户腰围变化、运动步数,可以进一步帮助用户制订健身计划。智能沙发可以遥控电视,智能玩偶也可以主动地与用户进行拥抱等触觉交互服务。根据云端的大数据分析结果,相应的 APP 可以为用户展示一段时间内的各项数据报表变化,并给出相应的建议,从而帮助用户更加智能、更加健康地生活。

2. 应用场景

智能织物渗透到了用户生活的方方面面,为用户带来了很好的服务体验,让用户的生活更加智能,因此,I-Fabric 有很多应用场景,如图 14-7 所示。

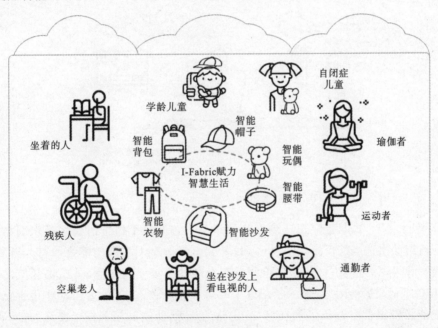

图 14-7　多场景应用

图 14-8 所示的为一个学生 Bob 一天的生活。

Bob 不善于表达自己的需求和情绪,那么 Bob 的父母可以通过智能织物构造的生态系统了解孩子的身体健康状况以及情绪状态,从而了解他的内心世界。早上起床后,Bob 穿上智能衣物,他的各项生理数据就可以被持续性地监测,Bob 的父母根据手机的提醒服务知道 Bob 的生理指标是否正常。在 Bob 去上学的路上,智能背包可以为他的智能手机等设备充电,并且内置的 GPS 还可以追踪他的轨迹,让他的父母知道 Bob 的精确定位,防止走失。当 Bob 过马路时,智能帽子持续采集周围的环境图像,根据图像识别结果,判断当前是否处于危险状态中。如检测出前后方有大货车或者驾驶明显异

-AM8:00，我身穿智能衣物和帽子，它们负责监控我的身体和心理状况

-AM9:00，我去上学的路上，智能帽子可以感知环境信息，并且背包可以给我的手机充电并带有GPS定位

-PM3:00，当我上课或做作业时，智能衣物检测我的坐姿

-PM6:30，当我做运动时，智能裤子检查我的动作是否标准，同时腰带可以记录腰围和步数

-PM8:00，智能沙发可以远程控制电视，同时智能玩偶可以与我进行触觉互动

图 14-8　学生的一天

常的车辆时，提醒 Bob 赶快退让到安全的地方。智能帽子根据语音情感识别结果，对 Bob 的情绪给出适当的反馈，还可以让 Bob 父母知道 Bob 当前的情绪状态。当 Bob 上课或者写作业时，智能衣物的坐姿检测器判断他的坐姿是否正确，并给出相应的提醒。当 Bob 在家运动锻炼时，智能裤子记录了 Bob 的运动体态，帮助分析动作是否正确，并结合智能腰带记录的 Bob 的腰围变化，走路的步数、距离和消耗的卡路里，共同制定适合 Bob 的运动健身课程和建议。当 Bob 晚上在家休息娱乐时，可以通过智能沙发的扶手来遥控电视，智能玩偶还可以根据 Bob 的情绪做出相应的触觉动作。

14.2.3　I-Fabric 系统模型

　　本小节引入织物赋力智能生活的系统模型，用于构建用户的智能生活体验值。智能生活验值分为两个方面：① 健康值，显示了在智能织物的监护下用户的健康度；② 环境值，表示用户在身穿智能织物时所感受到的周围环境的状况。具体来说，健康值是对用户的生理和心理数据进行建模而来。环境值是结合障碍物检测和移动轨迹数据进行建模而来。以上这些数据均是由部署在智能织物中的传感器采集得到的，图 14-9 为将多源数据进行融合得到智慧生活体验值的数据流图。下面将具体介绍各个模型的构建细节。

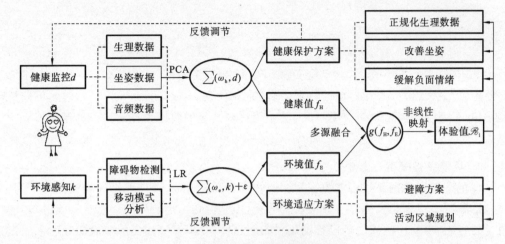

图 14-9　智能生活体验值数据流图

1. 健康监护模型

用户的健康监护模型的建立基于生理数据和心理数据,其中生理数据包括智能织物采集到的心电信号、心率、体温以及运动的强度和频率等,另外还有坐姿数据,心理数据主要是语音交互数据。健康值的获得是监测用户一段时间内的指标数据,这里给出一天中每一小时得到一组指标数据的方案,具体表述如下。

(1) 生理指标数据:根据每个人身体状况以及年龄的差异,利用历史数据得到生理指标的阈值映射函数。智能织物上的传感器采集到用户的心电信号、心率、体温数据之后会通过函数映射到一定的阈值内,表示为 $\{d_h, d_b, d_t\}$,以此反映身体的健康程度。运动情况表示为 $d_s \in \{0, 1, \cdots, s\}$,若 $d_s = 0$,表示最近一个小时内没有运动发生,其余的取值分别表示运动的类型。

(2) 坐姿数据:由位于智能衣物脊柱位置如胸椎、腰椎等的陀螺仪读数得到基础的坐姿数据。在用户使用智能织物的冷启动阶段,获得基础坐姿数据以建立个人人体框架和正确坐姿的关系。利用用户的历史坐姿数据训练机器学习模型,如支持向量机、决策树等,然后评测用户的坐姿,同样的将其标准程度映射到一定的阈值内,表示为 d_p,当 $d_p = 0$ 时表示用户最近一个小时内没有坐的行为。

(3) 语音情感数据:在用户与智能帽子上的语音装置发生交互时产生。通过利用基于注意力的双向长短期记忆递归网络和全卷积神经网络从语音中提取语音数据中与情感相关的特征,每帧可以得到 743 维的特征向量,然后利用主成分分析进行白化处理。最后将学习到的高级特征使用深度神经网络进行情绪的预测,得到置信度最高的情绪值作为情感指标,表示为 d_e。另外考虑到在用户初始使用阶段,利用联邦学习为每个用户分发通用的识别模型,之后不断地利用用户的个性化数据对用户的模型进行更新。

基于上述的健康数据,可以得到 $d_H^t = (d_h^t, d_b^t, d_t^t, d_s^t, d_p^t, d_e^t)^T$,因此在一天内可以得到 6×24 的特征向量,将其表示为 $\boldsymbol{D}$,其中 t 表示时间点。考虑到影响用户健康因素的关键是非正常指标的显现,为了得到用户一天中突出的健康指标,采用主成分分析法计算得到 6 个生理指标对用户一天健康值的贡献度。首先可以得到协方差矩阵:

$$\boldsymbol{D}^{\mathrm{T}}=\begin{pmatrix} \mathrm{Cov}(D_1,D_1) & \mathrm{Cov}(D_1,D_2) & \cdots & \mathrm{Cov}(D_1,D_6) \\ \mathrm{Cov}(D_2,D_1) & \mathrm{Cov}(D_2,D_2) & \cdots & \mathrm{Cov}(D_2,D_6) \\ \vdots & \vdots & & \vdots \\ \mathrm{Cov}(D_6,D_1) & \mathrm{Cov}(D_6,D_2) & \cdots & \mathrm{Cov}(D_6,D_6) \end{pmatrix} \tag{14-1}$$

其中,$\mathrm{Cov}(D_i,D_j)=E(D_i-E(D_i))(D_j-E(D_j))(i,j\in\{1,2,\cdots,6\})$,由此求出协方差矩阵的特征值以及相对应的特征向量,即 $\boldsymbol{W}_{\mathrm{H}}=(\omega_1,\omega_2,\omega_3,\omega_4,\omega_5,\omega_6)$,因此可以得到用户一天中的健康值 $f_{\mathrm{H}}=\boldsymbol{W}_{\mathrm{H}}\cdot\boldsymbol{D}$,其中用户最凸显的健康指标对一天的健康值影响最大。

2. 环境感知模型

环境感知模型主要利用安装在智能织物上的 GPS 和摄像头采集到的数据构建,具体包括障碍物检测和分析以及移动模式分析,由此得到用户所处的环境复杂度,即环境值。同时,障碍物检测算法可以帮助用户实时预警危险环境(如提醒躲避疾驰而来的汽车),规避风险;移动模式分析算法为用户提供个性化推荐,提高生活品质。

(1)障碍物检测:当用户在运动时,需要实时进行障碍物检测。立体摄像机嵌入在智能帽子上,通过立体视觉系统利用像素的匹配技术检测道路上的障碍物。假设所有像素都在路面上,使用立体相机的给定参数确定像素的视差搜索范围。然后根据路面的预定搜索范围,在进行快匹配时会产生较大的误差,从而得到障碍物的位置。考虑到系统的实时性能,相比利用深度学习的方式,这种算法极大地降低了时间成本,能够有效地检测移动和静止的障碍物,及时提醒用户注意。在障碍物检测的过程中,一天中对用户造成较大威胁的障碍物的数量,记为 k_o。

(2)移动模式分析:通过核心数据挖掘出对用户而言有意义的地点、用户个人频繁路径。根据用户的历史 GPS 数据得到用户倾向访问的驻点区域,代表用户驻点位置的语义含义。用向量 $\boldsymbol{k}_{\mathrm{m}}=\{e_1,e_2,\cdots,e_n\}$ 表示用户驻点区域的集合:

$$e_i=\frac{q}{Q_i}\log_2\frac{s_i}{N} \tag{14-2}$$

式中:s_i 表示类型 i 区域的数量总和;N 表示用户活动区域中驻点区域的总数量;q 表示用户驻点区域总和;Q_i 表示一天中用户访问类型 i 区域的数量总和;e_i 反映了用户对不同类型驻点区域的兴趣值。因此,我们将环境值 f_{E} 表示用户一天中所经过的环境的复杂程度,采用逻辑回归(logical regression,LR)表示为

$$f_{\mathrm{E}}=\omega_o\cdot k_o+\omega_m\cdot k_m+\varepsilon \tag{14-3}$$

式中:ω_o、ω_m 表示权重系数;k_o 表示固定驻点位置;ε 表示环境中的不确定因素。

3. 智能生活融合模型

通过建立的健康监护模型和环境感知模型,将其结果进行多源数据融合,可以得到用户身穿智能织物的智能生活体验值。由于智能织物与用户的可交互特性,可根据体验值为用户制定合理的健康保护和良好环境适应方案,使整个智能织物更贴近用户,更加符合用户的特征,满足需求。智能生活体验值 $\mathscr{R}_i$ 表示为

$$\mathscr{R}_i=g_i(f_{\mathrm{H}},f_{\mathrm{E}}) \tag{14-4}$$

式中:g_i 表示用户 i 健康监护与环境感知到 $\mathscr{R}_i$ 的映射函数。采用强化学习算法,制定健康保护方案和环境适应方案,主要包括正常化生理指标,改善坐姿,缓解消极情

绪,规避障碍物伤害以及制定活动区路径,将方案作为动作,以增大 $\mathcal{R}_t$ 为目标,通过方案的反馈调节进而影响健康数据和环境复杂数据,不断提高用户对智能织物的使用体验。

14.2.4　实验设计与结果

本小节搭建了 I-Fabric 的实验台。实验台包括智能织物、智能手机终端和云端大数据处理中心。其中,智能织物主要以智能衣服、智能帽子和智能玩偶为主。智能衣服中嵌入多种传感器设备,主要采集用户的生理指标数据,如心电信号、心率和体温,以及坐姿数据,在手机端和云端进行数据分析之后,给用户相应的交互式反馈,让用户了解自己的身体健康状况。智能帽子中部署了麦克风和摄像装置,进行语音采集和情感识别以及环境信息感知。智能玩偶可以根据情感识别结果与用户进行拥抱、轻拍等触觉交互,帮助调整用户情绪。云端作为用户的大量历史数据存储中心和深度学习等人工智能算法分析中心,配置有两台管理节点和七台数据节点以及 GPU 处理器,详细的配置信息如表 14-2 所示。

表 14-2　云端配置信息

两台管理节点	600 GB 硬盘 128 GB 内存 8 片 CPU×8 核＝64 核 CPU Intel(R) Xeon(R) CPU E7-4820 v2 @2.00 GHz
七台数据节点	36 TB 硬盘 48 GB 内存 4 片 CPU×6 核＝24 核 CPU Intel(R) Xeon(R) CPU E5-2420 0 @1.90 GHz
GPU	Nvidia GTX 1080Ti×2

实验征集了 20 位志愿者,让他们穿戴上面所述的智能织物,并记录他们 24 小时的生活轨迹和各项数据。从第一天早上八点开始到第二天早上八点结束。系统根据 14.2.3 节的模型得到 24 小时内每位用户的系统体验值。此外,我们根据用户的主观评价,让他们对 I-Fabric 系统所提供的交互服务进行打分,然后比较系统所得的体验值与用户评价的体验值。从图 14-10 可知,系统所得的体验值略高于用户的评价,三角线形为两者的差值绝对值,差值趋向于 0,表明用户对系统的交互式服务比较满意。图 14-11 所示的为系统的延时分析,主要以生理指标和语音情感识别为主。延时的计算时从数据采集开始,直到用户接收到相应的反馈为止。由于生理指标采集的数据较多,且云端部署的模型比语音情感识别更加复杂,所以延时相对高一点。两者的平均延时分别为 237.25 ms 和 265.8 ms,可以满足用户对延时的承受度。

总的来说,本节提出的 I-Fabric 系统将多种智能织物与认知设备相结合,并配合智能手机和云端共同组成一个全方位的、持续性的健康监测和指导生态系统,并能为用户提供额外的增值性功能服务。并且长期采集用户的生理和心理信息数据,感知环境信息,积累用户习惯,通过云端的 AI 算法对用户的历史性数据分析,给出生理健康和心理健康的指导。

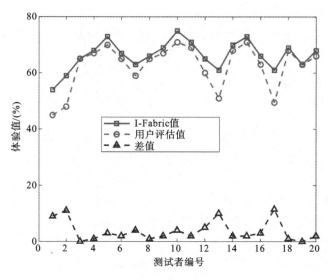

图 14-10 体验值评估

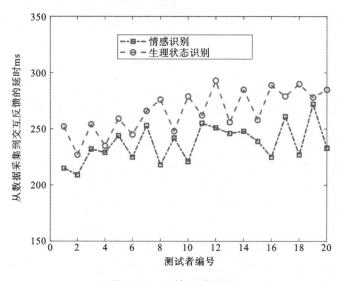

图 14-11 系统延时分析

参 考 文 献

[1] Shannon C E. A mathematical theory of communication[J]. Bell Labs Technical Journal, 1948, 27(4):379-423.

[2] Ministry of information industry. China's telecommunications industry in the first half of 2018,2018[EB/OL]. http://www. 199it. com/archives/751171. html.

[3] Intelligence Research Consulting Group. China Mobile Data Market Special Investigation and Investment Strategy Research Report for 20172022. 2017. https://www. chyxx. com/research/201609/451480. html.

[4] K. Hwang, M. Chen. Big data analytics for cloud/IoT and cognitive computing. Wiley, U. K. ,2017.

[5] Eeworld. com. cn. URL: http://www. eeworld. com. cn/wltx/2012/1224/article_11145. html.

[6] 中国信通院. 人工智能发展白皮书——产业应用篇(2018 年). 2018. http://www. caict. ac. cn/kxyj/qwfb/bps/201812/P020181227308307634492. pdf.

[7] Bengo Y, Courcille A, Vincent P. Representation learning: a review and new perspectives[J]. IEEE Trans on Pattern Analysis and Machine Intelligence, 2013, 35(8): 1798-1828.

[8] Chen M, Hao Y, Hu L, et al. Green and mobility-aware caching in 5G networks [J]. IEEE Transactions on Wireless Communications, 2017, 16(12): 8347-8361.

[9] Sheng Z, Mahapatra C, Leung V, et al. Energy efficient cooperative computing in mobile Wireless Sensor Networks[J]. IEEE Transactions on Cloud Computing, 2015, 6(1): 114-126.

[10] Chen M, Qian Y, Hao Y, et al. Data-Driven Computing and Caching in 5G Networks: Architecture and Delay Analysis[J]. IEEE Wireless Communications, 2018, 25(1):70-75.

[11] Wang X, Chen M, Kwon T T, et al. Mobile traffic offloading by exploiting social network services and leveraging opportunistic device-to-device sharing[J]. IEEE Wireless Communications, 2014, 21(3):28-36.

[12] Yang J, You X, Wu G, et al. Application of reinforcement learning in UAV cluster task scheduling[J]. Future Generation Computer Systems, 2019, 95: 140-148.

[13] Khan A, Rinner B, Cavallaro A. Multiscale observation of multiple moving targets using Micro Aerial Vehicles[C]// IEEE/RSJ International Conference on Intelligent Robots & Systems. IEEE, 2015.

[14] Saleem Y, Rehmani M H, Zeadally S. Integration of Cognitive Radio Technology with unmanned aerial vehicles: Issues, opportunities, and future research

challenges[J]. Journal of Network and Computer Applications, 2015, 50:15-31.

[15] Zhang Y, Chen M, Guizani N, et al. SOVCAN: Safety-Oriented Vehicular Controller Area Network[J]. IEEE Communications Magazine, 2017, 55(8):94-99.

[16] Chen M, Hao Y. Task offloading for mobile edge computing in software defined ultra-dense network[J]. IEEE Journal on Selected Areas in Communications, 2018, 36(3): 587-597.

[17] Li Y, Lu H, Nakayama Y, et al. Automatic road detection system for an airland amphibious car drone[J]. Future Generation Computer Systems, 2018, 85: 51-59.

[18] Chen M, Hao Y, Hwang K, et al. Disease Prediction by Machine Learning over Big Data from Healthcare Communities[J]. IEEE Access, 2017, 5: 8869-8879.

[19] Xiang W, Huang T, Wan W. Machine learning based optimization for vehicle-to-infrastructure communications[J]. Future Generation Computer Systems, 2019, 94: 488-495.

[20] Yu R, Kang J, Huang X, et al. MixGroup: Accumulative Pseudonym Exchanging for Location Privacy Preservation in Vehicular Social Networks[J]. IEEE Transactions on Dependable and Secure Computing, 2015, 13(1):1-1.

[21] Boccardi F, Heath R W, Lozano A, et al. Five Disruptive Technology Directions for 5G[J]. IEEE Communications Magazine, 2013, 52(2):74-80.

[22] Chen S, Qin F, Hu B, et al. User-Centric Ultra-Dense Networks for 5G[J]. IEEE Wireless Communications, 2018, 23(2):78-85.

[23] Haider F. Cellular Architecture and Key Technologies for 5G Wireless Communication Networks[J]. IEEE Communications Magazine, 2014, 52(2):122-130.

[24] 陈敏. 认知计算导论[M]. 武汉:华中科技大学出版社,2017.

[25] EMC Corporation. DC Digital Universe Study: Big Data, Bigger Digital Shadows and Biggest Growth in the Far East [EB/OL]. [2019-10-12]. http://www. whizpr. be/upload/medialab/21/company/Media_Presentation_2012_DigiUniverseFINAL. pdf

[26] Tian Y, Zhu Y. Better Computer Go Player with Neural Network and Long-term Prediction[J]. Computer Science, 2015.

[27] Li B, Petropulu A, Trappe W. Optimum Co-Design for Spectrum Sharing Between Matrix Completion Based MIMO Radars and a MIMO Communication System[J]. IEEE Transactions on Signal Processing, 2016, 64(17): 4562-4575.

[28] John G. Proakis, Masoud Salehi. 通信系统原理(原书第 2 版)[M]. 北京:机械工业出版社,2015.

[29] 数据、计算力、算法为核心,AI 正驱动企业数据化转型[EB/OL]. 网易云有料,2018 [2019-10-12]. https://sq. 163yun. com/blog/article/227509261186637824.

[30] Oizumi M, Albantakis L, Tononi G, et al. From the Phenomenology to the Mechanisms of Consciousness: Integrated Information Theory 3. 0[J]. PLoS Computational Biology, 2014, 10(5):e1003588.

[31] Chen M, Zhang Y, Li Y, et al. EMC: Emotion-aware mobile cloud computing in 5G[J]. IEEE Network, 2015, 29(2):32-38.

[32] Pang Z, Sun L, Wang Z, et al. A Survey of Cloudlet Based Mobile Computing [C]//2015 International Conference on Cloud Computing and Big Data (CCBD). IEEE, 2015.

[33] Agiwal M, Roy A, Saxena N. Next generation 5G wireless networks: A comprehensive survey[J]. IEEE Communications Surveys & Tutorials, 2016, 18 (3): 1617-1655.

[34] Wang S, Zhang X, Zhang Y, et al. A Survey on Mobile Edge Networks: Convergence of Computing, Caching and Communications[J]. IEEE Access, 2017, 5: 6757-6779.

[35] ETSI M. Mobile Edge Computing (MEC): Framework and reference architecture[J]. ETSI, DGS MEC, 2016, 3.

[36] Gao Y, Hu W, Ha K, et al. Are cloudlets necessary? [J]. School Comput. Sci., Carnegie Mellon Univ., Pittsburgh, PA, USA, Tech. Rep. CMU-CS-15-139, 2015.

[37] Hu W, Gao Y, Ha K, et al. Quantifying the impact of edge computing on mobile applications[C]//Proceedings of the 7th ACM SIGOPS Asia-Pacific Workshop on Systems. ACM, 2016: 5.

[38] Hu Y C, Patel M, Sabella D, et al. Mobile edge computing——A key technology towards 5G[J]. ETSI white paper, 2015, 11(11): 1-16.

[39] Hao Y, Tian D, Fortino G, et al. Network Slicing Technology in a 5G Wearable Network[J]. IEEE Communications Standards Magazine, 2018, 2(1):66-71.

[40] B. Du, S. Wang, C. Xu, et al. Multitask learning for blind source separation [J]. IEEE Transactions on Image Processing, 2018, 27(9):4219-4231.

[41] Shi H, Li Y. Discovering Periodic Patterns for Large Scale Mobile Traffic Data: Method and Applications[J]. IEEE Transactions on Mobile Computing, 2018:1-1.

[42] Morteza G, Ji Y, Zhanpeng H, et al. Dandelion: A Unified Code Offloading System for Wearable Computing[J]. IEEE Transactions on Mobile Computing, 2018, 18(3): 546-559.

[43] Yu D, Li Y, Xu F, et al. Smartphone App Usage Prediction Using Points of Interest[J]. Proceedings of the ACM on Interactive, Mobile, Wearable and Ubiquitous Technologies, 2018, 1(4):1-21.

[44] Chiang M, Zhang T. Fog and IoT: An Overview of Research Opportunities[J]. IEEE Internet of Things Journal, 2016, 3(6):854-864.

[45] Ahmed A, Ahmed E. A Survey on Mobile Edge Computing[C]// 10th IEEE International Conference on Intelligent Systems and Control, (ISCO 2016). IEEE, 2016.

[46] Flores H, Srirama S. Mobile code offloading: should it be a local decision or

global inference? [C]//Proceedings of the ACM International Conference on Mobile systems, applications, and services (MobiSys 2013), (Taipei, Taiwan). 2013.

[47] Flores H, Hui P, Nurmi P, et al. Evidence-aware mobile computational offloading[J]. IEEE Transactions on Mobile Computing, 2017, 17(8): 1834-1850.

[48] Chen X, Jiao L, Li W, et al. Efficient multi-user computation offloading for mobile-edge cloud computing[J]. IEEE/ACM Transactions on Networking, 2015, 24(5): 2795-2808.

[49] Liu Y, Lee M J, Zheng Y. Adaptive multi-resource allocation for cloudlet-based mobile cloud computing system[J]. IEEE Transactions on Mobile Computing, 2015, 15(10): 2398-2410.

[50] Liu Y, Li Y, Wang Y, et al. On the resource trade-off of flow update in software-defined networks[J]. IEEE Communications Magazine, 2016, 54(6): 88-93.

[51] Xu D, Li Y, Chen X, et al. A survey of opportunistic offloading[J]. IEEE Communications Surveys & Tutorials, 2018, 20(3): 2198-2236.

[52] Simonyan K, Zisserman A. Very deep convolutional networks for large-scale image recognition[J]. arXiv preprint arXiv:1409.1556, 2014.

[53] Zhang S, Zhang S, Huang T, et al. Learning affective features with a hybrid deep model for audio-visual emotion recognition[J]. IEEE Transactions on Circuits and Systems for Video Technology, 2017, 28(10): 3030-3043.

[54] Chen M, Zhang Y, Li Y, et al. AIWAC: Affective interaction through wearable computing and cloud technology[J]. IEEE Wireless Communications, 2015, 22(1): 20-27.

[55] Hou X, Li Y, Chen M, et al. Vehicular fog computing: A viewpoint of vehicles as the infrastructures[J]. IEEE Transactions on Vehicular Technology, 2016, 65(6): 3860-3873.

[56] Wang X, Wang H, Li K, et al. Serendipity of sharing: Large-scale measurement and analytics for device-to-device (D2D) content sharing in mobile social networks[C]//2017 14th Annual IEEE International Conference on Sensing, Communication, and Networking (SECON). IEEE, 2017: 1-9.

[57] Li X, Wang X, Li K, et al. CaaS: Caching as a service for 5G networks[J]. IEEE Access, 2017, 5: 5982-5993.

[58] Patel M, Naughton B, Chan C, et al. Mobile-edge computing introductory technical white paper[J]. White paper, mobile-edge computing (MEC) industry initiative, 2014: 1089-7801.

[59] Tong L, Li Y, Gao W. A hierarchical edge cloud architecture for mobile computing[C]//IEEE INFOCOM 2016-The 35th Annual IEEE International Conference on Computer Communications. IEEE, 2016: 1-9.

[60] Chen M, Hao Y, Li Y, et al. On the computation offloading at ad hoc cloudlet:

architecture and service modes[J]. IEEE Communications Magazine, 2015, 53 (6): 18-24.

[61] Barbera M V, Kosta S, Mei A, et al. To offload or not to offload? the bandwidth and energy costs of mobile cloud computing[C]//2013 Proceedings Ieee Infocom. IEEE, 2013: 1285-1293.

[62] Li X, Wang X, Li K, et al. Collaborative multi-tier caching in heterogeneous networks: Modeling, analysis, and design[J]. IEEE Transactions on Wireless Communications, 2017, 16(10): 6926-6939.

[63] Shi W, Cao J, Zhang Q, et al. Edge computing: Vision and challenges[J]. IEEE Internet of Things Journal, 2016, 3(5): 637-646.

[64] Chen M, Hao Y, Qiu M, et al. Mobility-aware caching and computation offloading in 5G ultra-dense cellular networks[J]. Sensors, 2016, 16(7): 974.

[65] Mach P, Becvar Z. Mobile edge computing: A survey on architecture and computation offloading[J]. IEEE Communications Surveys & Tutorials, 2017, 19 (3): 1628-1656.

[66] Boyd S, Vandenberghe L. Convex optimization[M]. Cambridge university press, 2004.

[67] 陈敏, 黄凯. 认知计算与深度学习[M]. 北京: 机械工业出版社, 2018.

[68] Machine Learning Mastery [EB/OL]. Jason Brownie [2019-10-12]. http://machinelearningmastery. com.

[69] Wikipedia. Semi-supervised learning [EB/OL]. [2019-10-12]. https://en. wikipedia. org/wiki/Semi-supervised_learning, 2016.

[70] 寒小阳. 机器学习系列(4)_机器学习算法一览, 应用建议与解决思路 [EB/OL]. 寒小阳, 2016 [2019-10-12]. http://blog. csdn. net/han_xiaoyang/article/details/50469334.

[71] 陈敏. 大数据浪潮: 大数据整体解决方案及关键技术探索[M]. 华中科技大学出版社, 2015.

[72] Bi S, Lyu J, Ding Z, et al. Engineering Radio Maps for Wireless Resource Management[J]. IEEE Wireless Communications, 2019, 26(2): 133-141.

[73] 跨境电商站外引流不可错过的七大社交网站[EB/OL]. cifnews, 2018 [2019-10-12]. https://www. cifnews. com/article/37243

[74] 后基因组时代, 如何挖掘海量的基因数据? [EB/OL]. shangyexinzhi, 2019 [2019-10-12]. https://www. shangyexinzhi. com/Article/details/id-92301/.

[75] 大数据应用案例 TOP100. [EB/OL]. 原创力文档, 2017[2019-10-12]. https:// max. book118. com/html/2016/0908/53989194. shtm.

[76] Nasrabadi N M. Pattern recognition and machine learning[J], Journal of electronic imaging, 2007, 16(4), 049901.

[77] Anderson, Terry, ed. The theory and practice of online learning[M]. Athabasca University Press, 2008.

[78] Huang L, Bi S, Zhang Y J A. Deep reinforcement learning for online offloading

in wireless powered mobile-edge computing networks[J]. arXiv preprint arXiv: 1808. 01977, 2018.

[79] Robert C. Machine learning, a probabilistic perspective[J]. 2014, 62-63.

[80] Wolfe W J, Sorensen S E. Three scheduling algorithms applied to the earth observing systems domain[J]. Management Science, 2000, 46(1): 148-166.

[81] Mohammed H, Volker Mäergner, Konidaris T, et al. Normalised Local Naïve Bayes Nearest-Neighbour Classifier for Offline Writer Identification[C]// Iapr International Conference on Document Analysis & Recognition. IEEE, 2018.

[82] Hwang K, Chen M. Big-data analytics for cloud, IoT and cognitive computing [M]. John Wiley & Sons, 2017.

[83] LeCun Y, Bottou L, Bengio Y, et al. Gradient-based learning applied to document recognition[J]. Proceedings of the IEEE, 1998, 86(11): 2278-2324.

[84] Yann LeCun, Marc'Aurelio Ranzato. Deep Learning Tutorial [EB/OL]. [2019-10-12]. https://cs. nyu. edu/~yann/talks/lecun-ranzato-icml2013. pdf.

[85] UFLDL_Tutorial[EB/OL]. [2019-10-12]. http://ufldl. stanford. edu/wiki/index. php/UFLDL_Tutorial.

[86] Sutton R S, Barto A G. Reinforcement learning: An introduction[M]. MIT press, 2018.

[87] Li Y. Deep reinforcement learning: An overview[J]. arXiv preprint arXiv:1701. 07274, 2017.

[88] Abadi A, Rajabioun T, Ioannou P A. Traffic flow prediction for road transportation networks with limited traffic data[J]. IEEE transactions on intelligent transportation systems, 2014, 16(2): 653-662.

[89] Van Otterlo M. Reinforcement Learning: State-of-the-Art[M]. Springer Berlin Heidelberg, 2012.

[90] Hossain M S, Moniruzzaman M, Muhammad G, et al. Big data-driven service composition using parallel clustered particle swarm optimization in mobile environment[J]. IEEE Transactions on Services Computing, 2016, 9(5): 806-817.

[91] Chen M, Hao Y, Hu L, et al. Edge-CoCaCo: Toward joint optimization of computation, caching, and communication on edge cloud[J]. IEEE Wireless Communications, 2018, 25(3): 21-27.

[92] Khalil E A, Ozdemir S, Tosun S. Evolutionary task allocation in Internet of Things-based application domains[J]. Future Generation Computer Systems, 2018, 86: 121-133.

[93] Lu H, Li Y, Mu S, et al. Motor anomaly detection for unmanned aerial vehicles using reinforcement learning[J]. IEEE internet of things journal, 2017, 5(4): 2315-2322.

[94] Chen M, Yang L T, Kwon T, et al. Itinerary planning for energy-efficient agent communications in wireless sensor networks[J]. IEEE Transactions on Vehicular Technology, 2011, 60(7): 3290-3299.

[95] Chen M，Qian Y，Mao S，et al. Software-defined mobile networks security[J]. Mobile Networks and Applications，2016，21(5)：729-743.

[96] Li Y，Chen M. Software-defined network function virtualization：A survey[J]. IEEE Access，2015，3：2542-2553.

[97] Gomes A S，Sousa B，Palma D，et al. Edge caching with mobility prediction in virtualized LTE mobile networks[J]. Future Generation Computer Systems，2017，70：148-162.

[98] Chen M，Hao Y，Lin K，et al. Label-less learning for traffic control in an edge network[J]. IEEE Network，2018，32(6)：8-14.

[99] Qiu C，Cui S，Yao H，et al. A novel QoS-enabled load scheduling algorithm based on reinforcement learning in software-defined energy internet[J]. Future Generation Computer Systems，2019，92：43-51.

[100] Singh S. Critical reasons for crashes investigated in the national motor vehicle crash causation survey[R]. 2015.

[101] Fagnant D J，Kockelman K. Preparing a nation for autonomous vehicles：opportunities，barriers and policy recommendations[J]. Transportation Research Part A：Policy and Practice，2015，77：167-181.

[102] Chen M，Mao S，Liu Y. Big data：A survey[J]. Mobile networks and applications，2014，19(2)：171-209.

[103] Delhi S I N. Automotive revolution & perspective towards 2030[J]. Auto Tech Review，2016，5(4)：20-25.

[104] N. Poggi, 3 Key Internet of Things trends to keep your eye on in 2017[EB/OL]. CYBER SECURITY，2017[2019-10-12]. https://preyproject.com/blog/en/3-key-internet-of-things-trends-to-keep-your-eye-on-in-2017/.

[105] Wang S，Tuor T，Salonidis T，et al. When edge meets learning：Adaptive control for resource-constrained distributed machine learning[C]//IEEE INFOCOM 2018-IEEE Conference on Computer Communications. IEEE，2018：63-71.

[106] Mao Y，You C，Zhang J，et al. A survey on mobile edge computing：The communication perspective[J]. IEEE Communications Surveys & Tutorials，2017，19(4)：2322-2358.

[107] Settles B. Active learning literature survey[R]. University of Wisconsin-Madison Department of Computer Sciences，2009.

[108] Du Y，Huang K. Fast Analog Transmission for High-Mobility Wireless Data Acquisition in Edge Learning[J]. IEEE Wireless Communications Letters，2018，8(2)：468-471.

[109] Lin Y，Han S，Mao H，et al. Deep gradient compression：Reducing the communication bandwidth for distributed training[J]. arXiv preprint arXiv：1712.01887，2017.

[110] Nokleby M，Rodrigues M，Calderbank R. Discrimination on the grassmann

manifold: Fundamental limits of subspace classifiers[J]. IEEE Transactions on Information Theory, 2015, 61(4): 2133-2147.

[111] TESLA N. V100 gpu accelerator[J]. NVIDIA, Oct, 2016.

[112] Kekki S, Featherstone W, Fang Y, et al. MEC in 5G networks[J]. ETSI white paper, 2018, 28: 1-28.

[113] Neelakantan A, Vilnis L, Le Q V, et al. Adding gradient noise improves learning for very deep networks[J]. arXiv preprint arXiv:1511.06807, 2015.

[114] Jiang Y, Zur R M, Pesce L L, et al. A study of the effect of noise injection on the training of artificial neural networks[C]//2009 International Joint Conference on Neural Networks. IEEE, 2009: 1428-1432.

[115] Chen M, Kwon T, Yuan Y, et al. Mobile agent based wireless sensor networks[J]. Journal of computers, 2006, 1(1): 14-21.

[116] Lee Y M. Classification of node degree based on deep learning and routing method applied for virtual route assignment[J]. Ad Hoc Networks, 2017, 58: 70-85.

[117] Mao B, Fadlullah Z M, Tang F, et al. Routing or Computing? The Paradigm Shift Towards Intelligent Computer Network Packet Transmission Based on Deep Learning[J]. IEEE Transactions on Computers, 2017, 66(11): 1946-1960.

[118] Tang F, Mao B, Fadlullah Z M, et al. On removing routing protocol from future wireless networks: A real-time deep learning approach for intelligent traffic control[J]. IEEE Wireless Communications, 2017, 25(1): 154-160.

[119] Mehmood A, Lv Z, Lloret J, et al. ELDC: An artificial neural network based energy-efficient and robust routing scheme for pollution monitoring in WSNs [J]. IEEE Transactions on Emerging Topics in Computing, 2017.

[120] Bello I, Pham H, Le Q V, et al. Neural combinatorial optimization with reinforcement learning[J]. arXiv preprint arXiv:1611.09940, 2016.

[121] Hochreiter, S, Schmidhuber, J. Long Short-Term Memory[J]. Neural Computation, 1997, 9(8):1735-1780.

[122] Bahdanau D, Cho K, Bengio Y. Neural Machine Translation by Jointly Learning to Align and Translate[J]. Computer Science, 2014.

[123] Tse D, Viswanath P. Fundamentals of wireless communication[M]. Cambridge university press, 2005.

[124] Chong E K P, Zak S H. An introduction to optimization[M]. John Wiley & Sons, 2013.

[125] Saad W, Han Z, Debbah M, et al. Coalitional game theory for communication networks: A tutorial[J]. arXiv preprint arXiv:0905.4057, 2009.

[126] Wang M, Cui Y, Wang X, et al. Machine learning for networking: Workflow, advances and opportunities[J]. IEEE Network, 2017, 32(2): 92-99.

[127] Chen M, Leung V C M. From cloud-based communications to cognition-based communications: A computing perspective[J]. Computer Communications,

2018, 128: 74-79.

[128] Bishop C M. Pattern recognition and machine learning[M]. springer, 2006.

[129] He Y, Zhang Z, Yu F R, et al. Deep-reinforcement-learning-based optimization for cache-enabled opportunistic interference alignment wireless networks[J]. IEEE Transactions on Vehicular Technology, 2017,66(11):10433-10445.

[130] Snoek J, Larochelle H, Adams R P. Practical bayesian optimization of machine learning algorithms[C]//Advances in neural information processing systems. 2012: 2951-2959.

[131] Zhang W, Zhang Z, Chao H C. Cooperative fog computing for dealing with big data in the internet of vehicles: Architecture and hierarchical resource management[J]. IEEE Communications Magazine, 2017, 55(12): 60-67.

[132] Witten I H, Frank E, Hall M A, et al. Data Mining: Practical machine learning tools and techniques[M]. Morgan Kaufmann, 2016.

[133] Wang L, Varus M L. DSTP-End to End Based Approach to Optimize Data Transmission for Satellite Communications[C]//2016 International Conference on Network and Information Systems for Computers (ICNISC). IEEE, 2016: 67-70.

[134] Li X, Huang X, Mathisen S, et al. Design of 71~76 GHz double-corrugated waveguide traveling-wave tube for satellite downlink[J]. IEEE Transactions on Electron Devices, 2018, 65(6): 2195-2200.

[135] Yairi T, Takeishi N, Oda T, et al. A data-driven health monitoring method for satellite housekeeping data based on probabilistic clustering and dimensionality reduction[J]. IEEE Transactions on Aerospace and Electronic Systems, 2017, 53(3): 1384-1401.

[136] Liu Q, Hang R, Song H, et al. Learning multiscale deep features for high-resolution satellite image scene classification[J]. IEEE Transactions on Geoscience and Remote Sensing, 2017, 56(1): 117-126.

[137] Nanjangud A, Blacker P, Bandyopadhyay S, et al. Robotics and AI-enabled on-orbit operations with future generation of small satellites[J]. Proceedings of the IEEE, 2018, 106(3): 429-439.

[138] Ding W Z, Zhang Z Y, Yang H. Analysis of Target Positioning Accuracy Based on Method of Double Satellite Optical Tracking[J]. Acta Astronomica Sinica, 2017, 58.

[139] Lihua Ma, Chao Hu, Xinhong Mao, et al. A calculation method of linear polarization angle for antenna on satellite communication ground station[J]. Astronomical Research & Technology, 2016.

[140] Xiong X, Jin G, Zhang H, et al. Baseline estimation with block adjustment considering ground control point errors for multi-pass dual-antenna airborne INSAR[C]//2016 IEEE International Geoscience and Remote Sensing Symposium (IGARSS). IEEE, 2016: 6460-6463.

[141] Gardiner B，Coleman S A，Scotney B W. Multiscale edge detection using a finite element framework for hexagonal Pixel-based images[J]. IEEE Transactions on Image Processing，2016，25(4)：1849-1861.

[142] Lillicrap T P，Hunt J J，Pritzel A，et al. Continuous control with deep reinforcement learning[J]. arXiv preprint arXiv：1509.02971，2015.

[143] Dybdal R B，SooHoo K M. Narrow beamwidth satellite antenna pointing and tracking[C]//2011 IEEE International Symposium on Antennas and Propagation (APSURSI). IEEE，2011：2012-2015.

[144] Aubert C. Astrium eurostar E3000 Antenna tracking system[C]//2012 15 International Symposium on Antenna Technology and Applied Electromagnetics. IEEE，2012：1-1.

[145] Gan X L，Yu B. Research on multimodal SBAS technology supporting precision single point positioning[C]//2015 International Conference on Computers，Communications，and Systems (ICCCS). IEEE，2015：131-135.

[146] Marjanović M，Antonić A，Žarko I P. Edge computing architecture for mobile crowdsensing[J]. IEEE Access，2018，6：10662-10674.

[147] Plachy J，Becvar Z，Strinati E C. Dynamic resource allocation exploiting mobility prediction in mobile edge computing[C]//2016 IEEE 27th Annual International Symposium on Personal，Indoor，and Mobile Radio Communications (PIMRC). IEEE，2016：1-6.

[148] Mao Y，Zhang J，Letaief K B. Dynamic computation offloading for mobile-edge computing with energy harvesting devices[J]. IEEE Journal on Selected Areas in Communications，2016，34(12)：3590-3605.

[149] He Y，Yu F R，Zhao N，et al. Software-defined networks with mobile edge computing and caching for smart cities：A big data deep reinforcement learning approach[J]. IEEE Communications Magazine，2017，55(12)：31-37.

[150] Maleki M，Hakami V，Dehghan M. A model-based reinforcement learning algorithm for routing in energy harvesting mobile ad-hoc networks[J]. Wireless Personal Communications，2017，95(3)：3119-3139.

[151] Wang S，Liu H，Gomes P H，et al. Deep reinforcement learning for dynamic multichannel access in wireless networks[J]. IEEE Transactions on Cognitive Communications and Networking，2018，4(2)：257-265.

[152] Ortiz A，Al-Shatri H，Li X，et al. Reinforcement learning for energy harvesting decode-and-forward two-hop communications[J]. IEEE Transactions on green communications and networking，2017，1(3)：309-319.

[153] Yan M，Feng G，Zhou J，et al. Smart multi-RAT access based on multiagent reinforcement learning[J]. IEEE Transactions on Vehicular Technology，2018，67(5)：4539-4551.

[154] Ranadheera S，Maghsudi S，Hossain E. Mobile edge computation offloading using game theory and reinforcement learning[J]. arXiv preprint arXiv：1711.

09012, 2017.

[155] Xu C, Wang K, Li P, et al. Renewable energy-aware big data analytics in geo-distributed data centers with reinforcement learning[J]. IEEE Transactions on Network Science and Engineering, 2018.

[156] Yilmaz O N C, Wang Y P E, Johansson N A, et al. Analysis of ultra-reliable and low-latency 5G communication for a factory automation use case[C]//2015 IEEE international conference on communication workshop (ICCW). IEEE, 2015: 1190-1195.

[157] Anand A, De Veciana G, Shakkottai S. Joint scheduling of URLLC and eMBB traffic in 5G wireless networks[C]//IEEE INFOCOM 2018-IEEE Conference on Computer Communications. IEEE, 2018: 1970-1978.

[158] Zhou Y, Fadlullah Z M, Mao B, et al. A deep-learning-based radio resource assignment technique for 5G ultra dense networks[J]. IEEE Network, 2018, 32(6): 28-34.

[159] Feng J, Chen X, Gao R, et al. Deeptp: An end-to-end neural network for mobile cellular traffic prediction[J]. IEEE Network, 2018, 32(6): 108-115.

[160] Bahdanau D, Cho K, Bengio Y. Neural machine translation by jointly learning to align and translate[J]. arXiv preprint arXiv:1409.0473, 2014.

[161] Chen M, Miao Y, Jian X, et al. Cognitive-LPWAN: Towards intelligent wireless services in hybrid low power wide area networks[J]. IEEE Transactions on Green Communications and Networking, 2018, 3(2): 409-417.

[162] Chen M, Shi X, Zhang Y, et al. Deep features learning for medical image analysis with convolutional autoencoder neural network[J]. IEEE Transactions on Big Data, 2017.

[163] Zhang S, Zhang S, Huang T, et al. Speech emotion recognition using deep convolutional neural network and discriminant temporal pyramid matching[J]. IEEE Transactions on Multimedia, 2017, 20(6): 1576-1590.

[164] Machen A, Wang S, Leung K K, et al. Live service migration in mobile edge clouds[J]. IEEE Wireless Communications, 2017, 25(1): 140-147.

[165] Medina V, García J M. A survey of migration mechanisms of virtual machines [J]. ACM Computing Surveys (CSUR), 2014, 46(3): 30.

[166] Ma Y, Hao Y, Chen M, et al. Audio-visual emotion fusion (AVEF): A deep efficient weighted approach[J]. Information Fusion, 2019, 46: 184-192.

[167] Garfinkel S N, Critchley H D. Interoception, emotion and brain: new insights link internal physiology to social behaviour. Commentary on: "Anterior insular cortex mediates bodily sensibility and social anxiety" by Terasawa et al. (2012) [J]. Social cognitive and affective neuroscience, 2013, 8(3): 231-234.

[168] Fernandez R, Picard R. Analysis and classification of stress categories from drivers' speech[J]. 2000.

[169] Healey J, Seger J, Picard R. Quantifying driver stress: Developing a system

for collecting and processing bio-metric signals in natural situations[J]. Biomedical sciences instrumentation, 1999, 35: 193-198.

[170] Eyben F, Scherer K R, Schuller B W, et al. The Geneva minimalistic acoustic parameter set (GeMAPS) for voice research and affective computing[J]. IEEE Transactions on Affective Computing, 2015, 7(2): 190-202.

[171] Patel P, Chaudhari A, Kale R, et al. Emotion recognition from speech with gaussian mixture models & via boosted gmm[J]. International Journal of Research In Science & Engineering, 2017, 3.

[172] Schuller B W. Intelligent audio analysis[M]. New York: Springer, 2013.

[173] Trigeorgis G, Ringeval F, Brueckner R, et al. Adieu features? end-to-end speech emotion recognition using a deep convolutional recurrent network[C]// 2016 IEEE international conference on acoustics, speech and signal processing (ICASSP). IEEE, 2016: 5200-5204.

[174] Ververidis D, Kotropoulos C. Emotional speech recognition: Resources, features, and methods[J]. Speech communication, 2006, 48(9): 1162-1181.

[175] Wang K, An N, Li B N, et al. Speech emotion recognition using Fourier parameters[J]. IEEE Transactions on Affective Computing, 2015, 6(1): 69-75.

[176] Bartlett M S, Littlewort G, Fasel I, et al. Real Time Face Detection and Facial Expression Recognition: Development and Applications to Human Computer Interaction[C]//2003 Conference on computer vision and pattern recognition workshop. IEEE, 2003, 5: 53-53.

[177] Lopes A T, De Aguiar E, De Souza A F, et al. Facial expression recognition with convolutional neural networks: coping with few data and the training sample order[J]. Pattern Recognition, 2017, 61: 610-628.

[178] Manglik P K, Misra U, Maringanti H B. Facial expression recognition[C]// 2004 IEEE International Conference on Systems, Man and Cybernetics (IEEE Cat. No. 04CH37583). IEEE, 2004, 3: 2220-2224.

[179] Shan C, Gong S, McOwan P W. Facial expression recognition based on local binary patterns: A comprehensive study[J]. Image and vision Computing, 2009, 27(6): 803-816.

[180] Wood A, Rychlowska M, Korb S, et al. Fashioning the face: sensorimotor simulation contributes to facial expression recognition[J]. Trends in cognitive sciences, 2016, 20(3): 227-240.

[181] Scherer K R. Vocal communication of emotion: A review of research paradigms [J]. Speech communication, 2003, 40(1-2): 227-256.

[182] Lee C, Lui S, So C. Visualization of time-varying joint development of pitch and dynamics for speech emotion recognition[J]. J. Acoust. Soc. Am, 2014, 135(4): 2422-2422.

[183] Wu C H, Yeh J F, Chuang Z J. Emotion perception and recognition from speech [M]//Affective Information Processing. Springer, London, 2009:

93-110.

[184] Han W, Chan C F, Choy C S, et al. An efficient MFCC extraction method in speech recognition[C]//2006 IEEE international symposium on circuits and systems. IEEE, 2006: 4.

[185] Fasel B, Luettin J. Automatic facial expression analysis: a survey[J]. Pattern recognition, 2003, 36(1): 259-275.

[186] Tian Y, Kanade T, Cohn J F. Facial expression recognition[M]//Handbook of face recognition. Springer, London, 2011: 487-519.

[187] Zhao G, Pietikainen M. Dynamic texture recognition using local binary patterns with an application to facial expressions[J]. IEEE Transactions on Pattern Analysis & Machine Intelligence, 2007 (6): 915-928.

[188] Hu H, Xu M X, Wu W. GMM supervector based SVM with spectral features for speech emotion recognition[C]//2007 IEEE International Conference on Acoustics, Speech and Signal Processing-ICASSP'07. IEEE, 2007, 4: IV-413-IV-416.

[189] Garg V, Kumar H, Sinha R. Speech based Emotion Recognition based on hierarchical decision tree with SVM, BLG and SVR classifiers[C]//2013 national conference on communications (NCC). IEEE, 2013: 1-5.

[190] Han K, Yu D, Tashev I. Speech emotion recognition using deep neural network and extreme learning machine[C]//Fifteenth annual conference of the international speech communication association. 2014.

[191] Wöllmer M, Kaiser M, Eyben F, et al. LSTM-Modeling of continuous emotions in an audiovisual affect recognition framework[J]. Image and Vision Computing, 2013, 31(2): 153-163.

[192] Liu P, Han S, Meng Z, et al. Facial expression recognition via a boosted deep belief network[C]//Proceedings of the IEEE Conference on Computer Vision and Pattern Recognition. 2014: 1805-1812.

[193] Ngiam J, Khosla A, Kim M, et al. Multimodal deep learning[C]//Proceedings of the 28th international conference on machine learning (ICML-11). 2011: 689-696.

[194] Goodfellow I, Bengio Y, Courville A. Deep learning[M]. MIT press, 2016.

[195] LeCun Y, Bengio Y, Hinton G. Deep learning[J]. nature, 2015, 521(7553): 436.

[196] Yu D, Deng L. Automatic speech recognition [M]. Springer london limited, 2016.

[197] Goldberg Y. Neural network methods for natural language processing[J]. Synthesis Lectures on Human Language Technologies, 2017, 10(1): 1-309.

[198] Young S, Evermann G, Gales M J F, et al. The HTK Book (for HTK version 3.4.1), Cambridge University[J]. Engineering Department, 2009.

[199] Van Segbroeck M, Tsiartas A, Narayanan S. A robust frontend for VAD: exploiting contextual, discriminative and spectral cues of human voice[C]//IN-

TERSPEECH. 2013：704-708.

[200] Burkhardt F，Paeschke A，Rolfes M，et al. Database of German Emotional Speech Proceedings Interspeech[J]. Lisbon，Portugal，2005.

[201] Huang X，Acero A，Hon H W，et al. Spoken language processing：A guide to theory，algorithm，and system development[M]. Prentice hall PTR，2001.

[202] Pan S J，Yang Q. A survey on transfer learning[J]. IEEE Transactions on knowledge and data engineering，2009，22(10)：1345-1359.

[203] Shao L，Zhu F，Li X. Transfer learning for visual categorization：A survey[J]. IEEE transactions on neural networks and learning systems，2014，26(5)：1019-1034.

[204] Krizhevsky A，Sutskever I，Hinton G E. Imagenet classification with deep convolutional neural networks[C]//Advances in neural information processing systems. 2012：1097-1105.

[205] Tran D，Bourdev L，Fergus R，et al. Learning Spatiotemporal Features with 3D Convolutional Networks[C]//Proceedings of the IEEE international conference on computer vision. 2015：4489-4497.

[206] Wang Y，Guan L. Recognizing human emotional state from audiovisual signals [J]. IEEE transactions on multimedia，2008，10(5)：936-946.

[207] Martin O，Kotsia I，Macq B，et al. The eNTERFACE'05 audio-visual emotion database[C]//22nd International Conference on Data Engineering Workshops (ICDEW'06). IEEE，2006.

[208] Zhalehpour S，Onder O，Akhtar Z，et al. BAUM-1：A spontaneous audio-visual face database of affective and mental states[J]. IEEE Transactions on Affective Computing，2016，8(3)：300-313.

[209] Chang C C，Lin C J. LIBSVM：A library for support vector machines[J]. ACM transactions on intelligent systems and technology（TIST），2011，2 (3)：27.

[210] Häne C，Heng L，Lee G H，et al. 3D visual perception for self-driving cars using a multi-camera system：Calibration，mapping，localization，and obstacle detection[J]. Image and Vision Computing，2017，68：14-27.

[211] Yang Z，Zhang Y，Yu J，et al. End-to-end multi-modal multi-task vehicle control for self-driving cars with visual perceptions[C]//2018 24th International Conference on Pattern Recognition (ICPR). IEEE，2018：2289-2294.

[212] Ramos S，Gehrig S，Pinggera P，et al. Detecting unexpected obstacles for self-driving cars：Fusing deep learning and geometric modeling[C]//2017 IEEE Intelligent Vehicles Symposium（Ⅳ）. IEEE，2017：1025-1032.

[213] Index C V N. Global mobile data traffic forecast update，2014-2019[J]. White Paper，February，2015，1.

[214] Ghasemzadeh H，Panuccio P，Trovato S，et al. Power-aware activity monitoring using distributed wearable sensors[J]. IEEE Transactions on Human-Ma-

chine Systems, 2014, 44(4): 537-544.

[215] Zhang Y, Yu R, Nekovee M, et al. Cognitive machine-to-machine communications: visions and potentials for the smart grid[J]. IEEE network, 2012, 26 (3): 6-13.

[216] Truong-Huu T, Tham C K, Niyato D. A stochastic workload distribution approach for an ad hoc mobile cloud[C]//2014 IEEE 6th International Conference on Cloud Computing Technology and Science. IEEE, 2014: 174-181.

[217] Chun B G, Ihm S, Maniatis P, et al. Clonecloud: elastic execution between mobile device and cloud[C]//Proceedings of the sixth conference on Computer systems. ACM, 2011: 301-314.

[218] Chen M, Zhou P, Fortino G. Emotion communication system[J]. IEEE Access, 2016, 5: 326-337.

[219] Patel M, Naughton B, Chan C, et al. Mobile-edge computing introductory technical white paper[J]. White paper, mobile-edge computing (MEC) industry initiative, 2014: 1089-7801.

[220] Baker S B, Xiang W, Atkinson I. Internet of things for smart healthcare: Technologies, challenges, and opportunities[J]. IEEE Access, 2017, 5: 26521-26544.

[221] Xiang W, Wang N, Zhou Y. An energy-efficient routing algorithm for software-defined wireless sensor networks[J]. IEEE Sensors Journal, 2016, 16 (20): 7393-7400.

[222] Zhang Y, Yu R, Xie S, et al. Home M2M networks: architectures, standards, and QoS improvement[J]. IEEE Communications Magazine, 2011, 49(4): 44-52.

[223] Jiang H, Cai C, Ma X, et al. Smart home based on WiFi sensing: A survey [J]. IEEE Access, 2018, 6: 13317-13325.

[224] Gravina R, Fortino G. Automatic methods for the detection of accelerative cardiac defense response[J]. IEEE Transactions on Affective Computing, 2016, 7 (3): 286-298.

[225] Fortino G, Guerrieri A, Bellifemine F L, et al. SPINE2: developing BSN applications on heterogeneous sensor nodes[C]//SIES. 2009: 128-131.

[226] Gravina R, Ma C, Pace P, et al. Cloud-based Activity-aaService cyber-physical framework for human activity monitoring in mobility[J]. Future Generation Computer Systems, 2017, 75: 158-171.

[227] Ahmed A, Ahmed E. A Survey on Mobile Edge Computing[C]// International Conference on Intelligent Systems & Control. 2016.

[228] Li Y, Wang W. Can mobile cloudlets support mobile applications? [C]//IEEE INFOCOM 2014-IEEE Conference on Computer Communications. IEEE, 2014: 1060-1068.

[229] Wang D, Peng Y, Ma X, et al. Adaptive wireless video streaming based on

edge computing: Opportunities and approaches[J]. IEEE Transactions on services Computing, 2018.

[230] Wang C, Li Y, Jin D. Mobility-assisted opportunistic computation offloading [J]. IEEE Communications Letters, 2014, 18(10): 1779-1782.

[231] Maharjan S, Zhu Q, Zhang Y, et al. Dependable demand response management in the smart grid: A Stackelberg game approach[J]. IEEE Transactions on Smart Grid, 2013, 4(1): 120-132.

[232] Cicirelli F, Fortino G, Giordano A, et al. On the design of smart homes: A framework for activity recognition in home environment[J]. Journal of medical systems, 2016, 40(9): 200.

[233] Zhao P, Li J, Zeng F, et al. ILLIA: Enabling*k*-Anonymity-Based Privacy Preserving Against Location Injection Attacks in Continuous LBS Queries[J]. IEEE Internet of Things Journal, 2018, 5(2): 1033-1042.

[234] Zhang S, Zhang N, Zhou S, et al. Energy-aware traffic offloading for green heterogeneous networks[J]. IEEE Journal on Selected Areas in Communications, 2016, 34(5): 1116-1129.

[235] Touzri T, Ghorbel M B, Hamdaoui B, et al. Efficient usage of renewable energy in communication systems using dynamic spectrum allocation and collaborative hybrid powering[J]. IEEE Transactions on Wireless Communications, 2016, 15(5): 3327-3338.

[236] Liu Y, Niu D, Li B. Delay-optimized video traffic routing in software-defined interdatacenter networks[J]. IEEE Transactions on Multimedia, 2016, 18(5): 865-878.

[237] Raza U, Kulkarni P, Sooriyabandara M. Low power wide area networks: An overview[J]. IEEE Communications Surveys & Tutorials, 2017, 19(2): 855-873.

[238] Chen M, Miao Y, Hao Y, et al. Narrow band internet of things[J]. IEEE access, 2017, 5: 20557-20577.

[239] Saari M, bin Baharudin A M, Sillberg P, et al. LoRa—A survey of recent research trends[C]//2018 41st International Convention on Information and Communication Technology, Electronics and Microelectronics (MIPRO). IEEE, 2018: 0872-0877.

[240] Mendis S. Global status report on noncommunicable diseases 2014[M]. World health organization, 2014.

[241] F. Florencia. IDF Diabetes Atlas, 6th ed., Int'l. Diabetes Federation, tech. rep[EB/OL]. http://www.diabetesatlas.org/, accessed Jan. 2016.

[242] Geman O, Chiuchisan I, Toderean R. Application of Adaptive Neuro-Fuzzy Inference System for diabetes classification and prediction[C]//2017 E-Health and Bioengineering Conference (EHB). IEEE, 2017: 639-642.

[243] Fong S, Fiaidhi J, Mohammed S, et al. Real-time decision rules for diabetes therapy management by data stream mining[J]. IT Professional, 2017.

[244] Lee B J, Kim J Y. Identification of type 2 diabetes risk factors using pheno-types consisting of anthropometry and triglycerides based on machine learning [J]. IEEE journal of biomedical and health informatics, 2015, 20(1): 39-46.

[245] Hossain M S. Cloud-supported cyber-physical localization framework for patients monitoring[J]. IEEE Systems Journal, 2015, 11(1): 118-127.

[246] Pesl P, Herrero P, Reddy M, et al. An advanced bolus calculator for type 1 diabetes: system architecture and usability results[J]. IEEE journal of biomedical and health informatics, 2015, 20(1): 11-17.

[247] E. Marie et al. Diabetes 2. 0: Next-Generation Approach to Diagnosis and Treatment [EB/OL]. Brigham Health Hub, tech. rep [2019-10-12]. https://brighamhealthhub. org/diabetes-2-0-next-generation-approach-to-diagnosis-and-treatment.

[248] Yao C, Qu Y, Jin B, et al. A convolutional neural network model for online medical guidance[J]. IEEE Access, 2016, 4: 4094-4103.

[249] Anthimopoulos M, Christodoulidis S, Ebner L, et al. Lung Pattern Classification for Interstitial Lung Diseases Using a Deep Convolutional Neural Network [J]. IEEE Transactions on Medical Imaging, 2016, 35(5): 1207-1216.

[250] Kaiwartya O, Abdullah A H, Cao Y, et al. Internet of vehicles: Motivation, layered architecture, network model, challenges, and future aspects[J]. IEEE Access, 2016, 4: 5356-5373.

[251] Abboud K, Omar H A, Zhuang W. Interworking of DSRC and cellular network technologies for V2X communications: A survey[J]. IEEE transactions on vehicular technology, 2016, 65(12): 9457-9470.

[252] Al-Sultan S, Al-Doori M M, Al-Bayatti A H, et al. A comprehensive survey on vehicular ad hoc network[J]. Journal of network and computer applications, 2014, 37: 380-392.

[253] Kumari S M, Geethanjali N. A survey on shortest path routing algorithms for public transport travel[J]. Global Journal of Computer Science and Technology, 2010, 9(5): 73-76.

[254] Pinggera P, Ramos S, Gehrig S, et al. Lost and found: detecting small road hazards for self-driving vehicles[C]//2016 IEEE/RSJ International Conference on Intelligent Robots and Systems (IROS). IEEE, 2016: 1099-1106.

[255] Tran T X, Hajisami A, Pandey P, et al. Collaborative mobile edge computing in 5G networks: New paradigms, scenarios, and challenges[J]. arXiv preprint arXiv:1612. 03184, 2016.

[256] Samdanis K, Costa-Perez X, Sciancalepore V. From network sharing to multi-tenancy: The 5G network slice broker[J]. IEEE Communications Magazine, 2016, 54(7): 32-39.

[257] Sun W, Yuan D, Ström E G, et al. Cluster-based radio resource management for D2D-supported safety-critical V2X communications[J]. IEEE Transactions

on Wireless Communications, 2015, 15(4): 2756-2769.

[258] Zhang N, Zhang S, Yang P, et al. Software defined space-air-ground integrated vehicular networks: Challenges and solutions[J]. IEEE Communications Magazine, 2017, 55(7): 101-109.

[259] Schroeder P, Wilbur M, Pena R, et al. National survey on distracted driving attitudes and behaviors-2015[R]. United States. National Highway Traffic Safety Administration, 2018.

[260] Jain A, Koppula H S, Raghavan B, et al. Car that knows before you do: Anticipating maneuvers via learning temporal driving models[C]//Proceedings of the IEEE International Conference on Computer Vision. 2015: 3182-3190.

[261] Huo Y, Tu W, Sheng Z, et al. A survey of in-vehicle communications: Requirements, solutions and opportunities in IoT[C]//2015 IEEE 2nd World Forum on Internet of Things (WF-IoT). IEEE, 2015: 132-137.

[262] American Time Use Survey Home Page [EB/OL]. [2019-10-12]. https://www.bls.gov/tus/.

[263] Pope C N, Bell T R, Stavrinos D. Mechanisms behind distracted driving behavior: The role of age and executive function in the engagement of distracted driving[J]. Accident Analysis & Prevention, 2017, 98: 123-129.

[264] Clapp J D, Baker A S, Litwack S D, et al. Properties of the Driving Behavior Survey among individuals with motor vehicle accident-related posttraumatic stress disorder[J]. Journal of anxiety disorders, 2014, 28(1): 1-7.

[265] Forecast C V. Cisco visual networking index: Global mobile data traffic forecast update, 2016-2021 white paper[J]. Cisco Public Information, 2017.

[266] Darrell T, Pentland A. Space-time gestures[C]//Proceedings of IEEE Conference on Computer Vision and Pattern Recognition. IEEE, 1993: 335-340.

[267] Reddy S, Mun M, Burke J, et al. Using mobile phones to determine transportation modes[J]. ACM Transactions on Sensor Networks (TOSN), 2010, 6(2): 13.

[268] Taleb T, Samdanis K, Mada B, et al. On multi-access edge computing: A survey of the emerging 5G network edge cloud architecture and orchestration[J]. IEEE Communications Surveys & Tutorials, 2017, 19(3): 1657-1681.

[269] Szegedy C, Liu W, Jia Y, et al. Going deeper with convolutions[C]//Proceedings of the IEEE conference on computer vision and pattern recognition. 2015: 1-9.

[270] Venkatasubramanian K K, Banerjee A, Gupta S K S. PSKA: Usable and secure key agreement scheme for body area networks[J]. IEEE Transactions on Information Technology in Biomedicine, 2010, 14(1): 60-68.

[271] Rahimi-Eichi H, Ojha U, Baronti F, et al. Battery management system: An overview of its application in the smart grid and electric vehicles[J]. IEEE Industrial Electronics Magazine, 2013, 7(2): 4-16.

[272] A. Balachandran, A. Florean, C. Croce, et al. Worldwide Semiannual Robotics and Drones Spending Guide, IDC[EB/OL]. [2019-10-12]. https://www.idc.com/getdoc.jsp? containerId=IDC_P33201.

[273] Church M. We need drones, robots, and autonomous ambulances[J]. Bmj, 2015, 350: h987.

[274] Kunze L, Hawes N, Duckett T, et al. Artificial intelligence for long-term robot autonomy: a survey[J]. IEEE Robotics and Automation Letters, 2018, 3 (4): 4023-4030.

[275] Huang K, Ma X, Tian G, et al. Autonomous cognitive developmental models of robots-a survey[C]//2017 Chinese Automation Congress (CAC). IEEE, 2017: 2048-2053.

[276] Lu Y, Xue Z, Xia G S, et al. A survey on vision-based UAV navigation[J]. Geo-spatial information science, 2018, 21(1): 21-32.

[277] Shakhatreh H, Sawalmeh A H, Al-Fuqaha A, et al. Unmanned aerial vehicles (UAVs): A survey on civil applications and key research challenges[J]. IEEE Access, 2019, 7: 48572-48634.

[278] Janai J, Güney F, Behl A, et al. Computer vision for autonomous vehicles: Problems, datasets and state-of-the-art [J]. arXiv preprint arXiv: 1704. 05519, 2017.

[279] Kanellakis C, Nikolakopoulos G. Survey on computer vision for UAVs: Current developments and trends[J]. Journal of Intelligent & Robotic Systems, 2017, 87(1): 141-168.

[280] Tessier C. Robots autonomy: Some technical issues[M]//Autonomy and Artificial Intelligence: A Threat or Savior?. Springer, Cham, 2017: 179-194.

[281] Hudson N, Ma J, Hebert P, et al. Model-based autonomous system for performing dexterous, human-level manipulation tasks[J]. Autonomous Robots, 2014, 36(1-2): 31-49.

[282] Chen M, Tian Y, Fortino G, et al. Cognitive internet of vehicles[J]. Computer Communications, 2018, 120: 58-70.

[283] Paden B, Čáp M, Yong S Z, et al. A survey of motion planning and control techniques for self-driving urban vehicles[J]. IEEE Transactions on intelligent vehicles, 2016, 1(1): 33-55.

[284] Yang Y, Teo C L, Fermüller C, et al. Robots with language: Multi-label visual recognition using NLP[C]//2013 IEEE International Conference on Robotics and Automation. IEEE, 2013: 4256-4262.

[285] Kim J, Kim H, Lakshmanan K, et al. Parallel scheduling for cyber-physical systems: Analysis and case study on a self-driving car[C]//Proceedings of the ACM/IEEE 4th international conference on cyber-physical systems. ACM, 2013: 31-40.

[286] Greenblatt N A. Self-driving cars and the law[J]. IEEE spectrum, 2016, 53

(2)：46-51.

[287] Gupta L，Jain R，Vaszkun G. Survey of important issues in UAV communication networks[J]. IEEE Communications Surveys & Tutorials，2015，18(2)：1123-1152.

[288] Menouar H，Guvenc I，Akkaya K，et al. UAV-enabled intelligent transportation systems for the smart city：Applications and challenges[J]. IEEE Communications Magazine，2017，55(3)：22-28.

[289] Bird S，Barocas S，Crawford K，et al. Exploring or exploiting? Social and ethical implications of autonomous experimentation in AI[C]//Workshop on Fairness，Accountability，and Transparency in Machine Learning. 2016.

[290] Trehard G，Pollard E，Bradai B，et al. On line mapping and global positioning for autonomous driving in urban environment based on evidential SLAM[C]//2015 IEEE Intelligent Vehicles Symposium (IV). IEEE，2015：814-819.

[291] Manzanilla A，Garcia M，Lozano R，et al. Design and control of an autonomous underwater vehicle (auv-umi)[M]//Marine Robotics and Applications. Springer，Cham，2018：87-100.

[292] Lin C，Zhang G，Li J，et al. An application of a generalized architecture to an autonomous underwater vehicle[C]//2017 IEEE International Conference on Robotics and Biomimetics (ROBIO). IEEE，2017：122-127.

[293] Brown B. The social life of autonomous cars[J]. Computer，2017 (2)：92-96.

[294] Badue C，Guidolini R，Carneiro R V，et al. Self-driving cars：A survey[J]. arXiv preprint arXiv:1901.04407，2019.

[295] Kuutti S，Fallah S，Katsaros K，et al. A survey of the state-of-the-art localization techniques and their potentials for autonomous vehicle applications[J]. IEEE Internet of Things Journal，2018，5(2)：829-846.

[296] Es-sadaoui R，Guermoud M，Khallaayoune J，et al. Autonomious Underwater Vehicles Navigation and Localization Systems：A Survey[J]. Smart Application and Data Analysis for Smart Cities (SADASC'18)，2018.

[297] Contreras-Castillo J，Zeadally S，Guerrero-Ibañez J A. Internet of vehicles：Architecture，protocols，and security[J]. IEEE internet of things Journal，2017，5(5)：3701-3709.

[298] Sun Y，Wu L，Wu S，et al. Security and Privacy in the Internet of Vehicles [C]//2015 International Conference on Identification，Information，and Knowledge in the Internet of Things (IIKI). IEEE，2015：116-121.

[299] Joy J，Gerla M. Internet of vehicles and autonomous connected car-privacy and security issues[C]//2017 26th International Conference on Computer Communication and Networks (ICCCN). IEEE，2017：1-9.

[300] Yang F，Li J，Lei T，et al. Architecture and key technologies for internet of vehicles：a survey[J]. Journal of Communications and Information Networks，2017，2(2)：1-17.

[301] Kombate D. The Internet of Vehicles based on 5G communications[C]//2016 IEEE International Conference on Internet of Things (iThings) and IEEE Green Computing and Communications (GreenCom) and IEEE Cyber, Physical and Social Computing (CPSCom) and IEEE Smart Data (SmartData). IEEE, 2016: 445-448.

[302] Chen J, Zhou H, Zhang N, et al. Service-oriented dynamic connection management for software-defined internet of vehicles[J]. IEEE Transactions on Intelligent Transportation Systems, 2017, 18(10): 2826-2837.

[303] Meryem Simsek, Adnan Aijaz, Mischa Dohler, et al. 5G-Enabled Tactile Internet[J]. IEEE Journal on Selected Areas in Communications, 2016, (34):3.

[304] 王妍, 吴斯一. 触觉传感: 从触觉意象到虚拟触觉[J]. 哈尔滨工业大学学报: 社会科学版, 2011, 13(5): 93-98.

[305] 孙一心, 钟莹, 王向鸿, 等. 柔性电容式触觉传感器的研究与实验[J]. 电子测量与仪器学报, 2014, (28):12.

[306] Sabatine M S, Giugliano R P, Keech A C, et al. Evolocumab and clinical outcomes in patients with cardiovascular disease[J]. New England Journal of Medicine, 2017, 376(18): 1713-1722.

[307] Estruch R, Ros E, Salas-Salvadó J, et al. Primary prevention of cardiovascular disease with a Mediterranean diet[J]. New England Journal of Medicine, 2013, 368(14): 1279-1290.

[308] Berry J D, Dyer A, Cai X, et al. Lifetime risks of cardiovascular disease[J]. New England Journal of Medicine, 2012, 366(4): 321-329.

[309] Perez M, Quiaios F, Andrivon P, et al. Paradigms and experimental set-up for the determination of the acceptable delay in telesurgery[C]//2007 29th Annual International Conference of the IEEE Engineering in Medicine and Biology Society. IEEE, 2007: 453-456.

[310] Marescaux J, Leroy J, Rubino F, et al. Transcontinental robot-assisted remote telesurgery: feasibility and potential applications[J]. Annals of surgery, 2002, 235(4): 487.

[311] Xu J, Sclabassi R J, Liu Q, et al. Human perception based video preprocessing for telesurgery[C]//2007 29th Annual International Conference of the IEEE Engineering in Medicine and Biology Society. IEEE, 2007: 3086-3089.

[312] Meng C, Wang T, Chou W, et al. Remote surgery case: robot-assisted tele-neurosurgery[C]//IEEE International Conference on Robotics and Automation, 2004. Proceedings. ICRA'04. 2004. IEEE, 2004, 1: 819-823.

[313] Topol E J. High-performance medicine: the convergence of human and artificial intelligence[J]. Nature medicine, 2019, 25(1): 44.

[314] Fettweis G P. The tactile internet: Applications and challenges[J]. IEEE Vehicular Technology Magazine, 2014, 9(1): 64-70.

[315] Kelly F. Notes on E ective Bandwidths[J]. Stochastic networks: theory and

applications, 1996, 4: 141-168.

[316] Hirche S, Buss M. Human-oriented control for haptic teleoperation[J]. Proceedings of the IEEE, 2012, 100(3): 623-647.

[317] Vittorias I, Kammerl J, Hirche S, et al. Perceptual coding of haptic data in time-delayed teleoperation[C]//World Haptics 2009-Third Joint EuroHaptics conference and Symposium on Haptic Interfaces for Virtual Environment and Teleoperator Systems. IEEE, 2009: 208-213.

[318] Lawrence D A. Stability and transparency in bilateral teleoperation[J]. IEEE transactions on robotics and automation, 1993, 9(5): 624-637.

[319] Kirkpatrick S. Optimization by simulated annealing: Quantitative studies[J]. Journal of statistical physics, 1984, 34(5-6): 975-986.

[320] Tong Q, Li X, Lin K, et al. Cascade-LSTM-Based Visual-Inertial Navigation for Magnetic Levitation Haptic Interaction[J]. IEEE Network, 2019, 33(3): 74-80.

[321] Chen M, Zhou J, Tao G, et al. Wearable affective robot[J]. IEEE Access, 2018, 6: 64766-64776.

[322] Elbamby M S, Perfecto C, Bennis M, et al. Toward low-latency and ultra-reliable virtual reality[J]. IEEE Network, 2018, 32(2): 78-84.

[323] Berkelman P, Miyasaka M, Anderson J. Co-located 3D graphic and haptic display using electromagnetic levitation[C]//2012 IEEE Haptics Symposium (HAPTICS). IEEE, 2012: 77-81.

[324] Pedram S A, Klatzky R L, Berkelman P. Torque contribution to haptic rendering of virtual textures[J]. IEEE transactions on haptics, 2017, 10(4): 567-579.

[325] Tong Q, Yuan Z, Zheng M, et al. A novel magnetic levitation haptic device for augmentation of tissue stiffness perception[C]//Proceedings of the 22nd ACM Conference on Virtual Reality Software and Technology. ACM, 2016: 143-152.

[326] Tong Q, Yuan Z, Liao X, et al. Magnetic levitation haptic augmentation for virtual tissue stiffness perception[J]. IEEE transactions on visualization and computer graphics, 2017, 24(12): 3123-3136.

[327] Weiss S, Siegwart R. Real-time metric state estimation for modular vision-inertial systems[C]//2011 IEEE international conference on robotics and automation. IEEE, 2011: 4531-4537.

[328] Mourikis A I, Roumeliotis S I. A multi-state constraint Kalman filter for vision-aided inertial navigation[C]//Proceedings 2007 IEEE International Conference on Robotics and Automation. IEEE, 2007: 3565-3572.

[329] Leutenegger S, Lynen S, Bosse M, et al. Keyframe-based visual-inertial odometry using nonlinear optimization[J]. The International Journal of Robotics Research, 2015, 34(3): 314-334.

[330] Qin T, Li P, Shen S. Vins-mono: A robust and versatile monocular visual-inertial state estimator[J]. IEEE Transactions on Robotics, 2018, 34 (4): 1004-1020.

[331] Greff K, Srivastava R K, Koutník J, et al. LSTM: A search space odyssey[J]. IEEE transactions on neural networks and learning systems, 2016, 28 (10): 2222-2232.

[332] Delmerico J, Scaramuzza D. A benchmark comparison of monocular visual-inertial odometry algorithms for flying robots[C]//2018 IEEE International Conference on Robotics and Automation (ICRA). IEEE, 2018: 2502-2509.

[333] Clark R, Wang S, Wen H, et al. Vinet: Visual-inertial odometry as a sequence-to-sequence learning problem[C]//Thirty-First AAAI Conference on Artificial Intelligence. 2017.

[334] Kaleem Z, Chang K. Public safety priority-based user association for load balancing and interference reduction in PS-LTE systems[J]. IEEE Access, 2016, 4: 9775-9785.

[335] Du M,Wang K,Liu X,et al. A differential privacy-based query model for sustainable fog data centers[J]. IEEE Transactions on Sustainable computing, 2017.

[336] Kihara K, Lu H, Yang S, et al. Development of the system detecting for motor abnormalities of drone using temperature sensor[C]//International conference on industrial application engineering. 2017: 284-288.

[337] Tadoh R, Lu H, Yang S, et al. Proposal of a Power Saving Drone with the Function of Flight and Vehicle[J].

[338] Xu F, Tu Z, Li Y, et al. Trajectory recovery from ash: User privacy is not preserved in aggregated mobility data[C]//Proceedings of the 26th International Conference on World Wide Web. International World Wide Web Conferences Steering Committee, 2017: 1241-1250.

[339] Papatheodorou S, Tzes A, Stergiopoulos Y. Collaborative visual area coverage [J]. Robotics and Autonomous Systems, 2017, 92: 126-138.

[340] Hönig W, Ayanian N. Dynamic multi-target coverage with robotic cameras [C]//2016 IEEE/RSJ International Conference on Intelligent Robots and Systems (IROS). IEEE, 2016: 1871-1878.

[341] Xu F, Li Y, Wang H, et al. Understanding mobile traffic patterns of large scale cellular towers in urban environment[J]. IEEE/ACM transactions on networking (TON), 2017, 25(2): 1147-1161.

[342] Kang J, Yu R, Huang X, et al. Location privacy attacks and defenses in cloud-enabled internet of vehicles[J]. IEEE Wireless Communications, 2016, 23(5): 52-59.

[343] Yash Deshpande. Exo360 Drone: 360-degree VR content on the go (and in the air)! [EB/OL]. DRONE ARENA, 2016, [2019-10-12]. http://www.rcdronearena.com/2016/06/16/exo360-drone-vr/.

[344] Chen M, Ma Y, Li Y, et al. Wearable 2.0: Enabling human-cloud integration in next generation healthcare systems[J]. IEEE Communications Magazine, 2017, 55(1): 54-61.

[345] Zeng Y, Zhang R, Lim T J. Wireless communications with unmanned aerial vehicles: Opportunities and challenges[J]. IEEE Communications Magazine, 2016, 54(5): 36-42.

[346] Forecast F A A A. Fiscal Years 2016-2036[J]. Federal Aviation Administration, 2016.

[347] Sahingoz O K. Networking models in flying ad-hoc networks (FANETs): Concepts and challenges[J]. Journal of Intelligent & Robotic Systems, 2014, 74 (1-2): 513-527.

[348] Li Y, Zheng F, Chen M, et al. A unified control and optimization framework for dynamical service chaining in software-defined NFV system[J]. IEEE Wireless Communications, 2015, 22(6): 15-23.

[349] Chen M, Yang J, Hao Y, et al. A 5G cognitive system for healthcare[J]. Big Data and Cognitive Computing, 2017, 1(1): 2.

[350] Roman R, Lopez J, Mambo M. Mobile edge computing, fog et al.: A survey and analysis of security threats and challenges[J]. Future Generation Computer Systems, 2018, 78: 680-698.

[351] Chen M, Herrera F, Hwang K. Cognitive computing: architecture, technologies and intelligent applications[J]. IEEE Access, 2018, 6: 19774-19783.

[352] Li P, Li J, Huang Z, et al. Multi-key privacy-preserving deep learning in cloud computing[J]. Future Generation Computer Systems, 2017, 74: 76-85.

[353] Chen M, Hao Y. Task offloading for mobile edge computing in software defined ultra-dense network[J]. IEEE Journal on Selected Areas in Communications, 2018, 36(3): 587-597.

[354] Hu Q, Cai Y, Yu G, et al. Joint offloading and trajectory design for UAV-enabled mobile edge computing systems[J]. IEEE Internet of Things Journal, 2018, 6(2): 1879-1892.

[355] Mozaffari M, Saad W, Bennis M, et al. Efficient deployment of multiple unmanned aerial vehicles for optimal wireless coverage[J]. IEEE Communications Letters, 2016, 20(8): 1647-1650.

[356] Lyu J, Zeng Y, Zhang R. UAV-aided offloading for cellular hotspot[J]. IEEE Transactions on Wireless Communications, 2018, 17(6): 3988-4001.

[357] Zhao Y, Ma J, Li X, et al. Saliency detection and deep learning-based wildfire identification in UAV imagery[J]. Sensors, 2018, 18(3): 712.

[358] Schwarzrock J, Zacarias I, Bazzan A L C, et al. Solving task allocation problem in multi unmanned aerial vehicles systems using swarm intelligence[J]. Engineering Applications of Artificial Intelligence, 2018, 72: 10-20.

[359] Cline E. Ready player one[M]. Michel Lafon, 2018.

[360] Fortino G, Garro A, Russo W. An integrated approach for the development and validation of multi-agent systems[J]. International Journal of Computer Systems Science & Engineering, 2005, 20(4): 259-271.

[361] Fortino G, Guerrieri A, Russo W, et al. Towards a development methodology for smart object-oriented IoT systems: A metamodel approach[C]//2015 IEEE international conference on systems, man, and cybernetics. IEEE, 2015: 1297-1302.

[362] World Health Organization. mhGAP intervention guide for mental, neurological and substance use disorders in non-specialized health settings: mental health Gap Action Programme (mhGAP)-version 2.0[M]. World Health Organization, 2016.

[363] World Health Organization. Group interpersonal therapy (IPT) for depression [R]. World Health Organization, 2016.

[364] World Health Organization. Practice manual for establishing and maintaining surveillance systems for suicide attempts and self-harm[J]. 2016.

[365] Xing Z T, Zhou D T X, Zhou T T G, et al. Wearable artificial intelligence data processing, augmented reality, virtual reality, and mixed reality communication eyeglass including mobile phone and mobile computing via virtual touch screen gesture control and neuron command: U.S. Patent Application 29/587, 752[P]. 2017-10-17.

[366] Chen M, Ma Y, Song J, et al. Smart clothing: Connecting human with clouds and big data for sustainable health monitoring[J]. Mobile Networks and Applications, 2016, 21(5): 825-845.

[367] Haque A, Guo M, Miner A S, et al. Measuring Depression Symptom Severity from Spoken Language and 3D Facial Expressions[J]. arXiv preprint arXiv: 1811.08592, 2018.

[368] van den Brand J, de Kok M, Koetse M, et al. Flexible and stretchable electronics for wearable health devices[J]. Solid-State Electronics, 2015, 113: 116-120.

[369] Schoenick C, Clark P, Tafjord O, et al. Moving beyond the turing test with the allen ai science challenge[J]. arXiv preprint arXiv:1604.04315, 2016.

[370] Wang F Y, Zhang J J, Zheng X, et al. Where does AlphaGo go: From church-turing thesis to AlphaGo thesis and beyond[J]. IEEE/CAA Journal of Automatica Sinica, 2016, 3(2): 113-120.

[371] Pinel F. What's Cooking with Chef Watson? An Interview with Lav Varshney and James Briscione[J]. IEEE Pervasive Computing, 2015, 14(4): 58-62.

[372] Stănescu A B, Săndescu C, Calapod B M. Automation Model for the Process of Creating Visual Identities in Educational Environments[C]//The International Scientific Conference eLearning and Software for Education. "Carol I" National Defence University, 2018, 2: 355-360.

[373] Dietrich A，Kanso R. A review of EEG，ERP，and neuroimaging studies of creativity and insight[J]. Psychological bulletin，2010，136(5)：822.

[374] Zaletelj J. Estimation of students' attention in the classroom from kinect features[C]//Proceedings of the 10th International Symposium on Image and Signal Processing and Analysis. IEEE，2017：220-224.

[375] Rosengrant D，Hearrington D，Alvarado K，et al. Following student gaze patterns in physical science lectures[C]//AIP Conference Proceedings. AIP，2012，1413(1)：323-326.

[376] López-Gil J M，Virgili-Gomá J，Gil R，et al. Method for improving EEG based emotion recognition by combining it with synchronized biometric and eye tracking technologies in a non-invasive and low cost way[J]. Frontiers in computational neuroscience，2016，10：85.

[377] Pacheco J J F. Analysis of interaction patterns-Attention[D]. 2014.

[378] Cimpanu C，Ungureanu F，Manta V I，et al. A Comparative Study on Classification of Working Memory Tasks Using EEG Signals[C]// International Conference on Control Systems & Computer Science. IEEE，2017.

[379] Eriksson J，Anna L. Measuring Student Attention with Face Detection：Viola-Jones versus Multi-Block Local Binary Pattern using OpenCV[J]. 2015.

[380] Liu N H，Chiang C Y，Chu H C. Recognizing the degree of human attention using EEG signals from mobile sensors[J]. Sensors，2013，13(8)：10273-10286.

[381] Hu B. Affective learning with an EEG approach[C]//International Conference on Brain Informatics. Springer，Berlin，Heidelberg，2009：11-11.

[382] Yiend J. The effects of emotion on attention：A review of attentional processing of emotional information[J]. Cognition and Emotion，2010，24(1)：3-47.

[383] Chen C M，Wang J Y，Yu C M. Assessing the attention levels of students by using a novel attention aware system based on brainwave signals[J]. British Journal of Educational Technology，2017，48(2)：348-369.

[384] Olfers K J F，Band G P H. Game-based training of flexibility and attention improves task-switch performance：near and far transfer of cognitive training in an EEG study[J]. Psychological research，2018，82(1)：186-202.

[385] Shi Z F，Zhou C，Zheng W L，et al. Attention evaluation with eye tracking glasses for EEG-based emotion recognition[C]//2017 8th International IEEE/EMBS Conference on Neural Engineering (NER). IEEE，2017：86-89.

[386] Zhou B，Lapedriza A，Xiao J，et al. Learning deep features for scene recognition using places database[C]//Advances in neural information processing systems. 2014：487-495.

[387] Baio J. Prevalence of autism spectrum disorder among children aged 8 years-autism and developmental disabilities monitoring network，11 sites，United States，2010[J]. 2014.

[388] Lovaas O I. Behavioral treatment and normal educational and intellectual functioning in young autistic children[J]. Journal of consulting and clinical psychology, 1987, 55(1): 3.

[389] Alwakeel S S, Alhalabi B, Aggoune H, et al. A machine learning based WSN system for autism activity recognition[C]//2015 IEEE 14th International Conference on Machine Learning and Applications (ICMLA). IEEE, 2015: 771-776.

[390] Liu W, Li M, Yi L. Identifying children with autism spectrum disorder based on their face processing abnormality: A machine learning framework[J]. Autism Research, 2016, 9(8): 888-898.

[391] Kosmicki J A, Sochat V, Duda M, et al. Searching for a minimal set of behaviors for autism detection through feature selection-based machine learning[J]. Translational psychiatry, 2015, 5(2): e514.

[392] Esteban P G, Baxter P, Belpaeme T, et al. How to build a supervised autonomous system for robot-enhanced therapy for children with autism spectrum disorder[J]. Paladyn, Journal of Behavioral Robotics, 2017, 8(1): 18-38.

[393] Heinsfeld A S, Franco A R, Craddock R C, et al. Identification of autism spectrum disorder using deep learning and the ABIDE dataset[J]. NeuroImage: Clinical, 2018, 17: 16-23.

[394] Rad N M, Kia S M, Zarbo C, et al. Deep learning for automatic stereotypical motor movement detection using wearable sensors in autism spectrum disorders[J]. Signal Processing, 2018, 144: 180-191.

[395] Rudovic O, Lee J, Dai M, et al. Personalized machine learning for robot perception of affect and engagement in autism therapy[J]. Science Robotics, 2018, 3: 19.

[396] El Kaliouby R, Picard R, Baron-Cohen S. Affective computing and autism[J]. Annals of the New York Academy of Sciences, 2006, 1093(1): 228-248.

[397] Deng J, Cummins N, Schmitt M, et al. Speech-based diagnosis of autism spectrum condition by generative adversarial network representations[C]//Proceedings of the 2017 International Conference on Digital Health. ACM, 2017: 53-57.

[398] Di Martino A, Yan C G, Li Q, et al. The autism brain imaging data exchange: towards a large-scale evaluation of the intrinsic brain architecture in autism[J]. Molecular psychiatry, 2014, 19(6): 659.

[399] Schopler E, Reichler R J, DeVellis R F, et al. Toward objective classification of childhood autism: Childhood Autism Rating Scale (CARS)[J]. Journal of autism and developmental disorders, 1980, 10(1): 91-103.

[400] Liao Y, Kodagoda S, Wang Y, et al. Understand scene categories by objects: A semantic regularized scene classifier using convolutional neural networks[C]//2016 IEEE international conference on robotics and automation (ICRA).

IEEE，2016：2318-2325.

[401] Weiner B. A cognitive (attribution)-emotion-action model of motivated behavior: An analysis of judgments of help-giving[J]. Journal of Personality and Social psychology，1980，39(2)：186.

[402] Dahlman E，Mildh G，Parkvall S，et al. 5G wireless access: requirements and realization[J]. IEEE Communications Magazine，2014，52(12)：42-47.

[403] Shih W F，Naruse K，Wu S H. Implement human-robot interaction via robot's emotion model[C]//2017 IEEE 8th International Conference on Awareness Science and Technology (iCAST). IEEE，2017：580-585.

[404] Chen C，Garrod O G B，Zhan J，et al. Reverse engineering psychologically valid facial expressions of emotion into social robots[C]//2018 13th IEEE International Conference on Automatic Face & Gesture Recognition (FG 2018). IEEE，2018：448-452.

[405] Chen M，Zhang Y，Qiu M，et al. SPHA: Smart personal health advisor based on deep analytics[J]. IEEE Communications Magazine，2018，56(3)：164-169.

[406] Anagnostopoulos C N，Iliou T，Giannoukos I. Features and classifiers for emotion recognition from speech: a survey from 2000 to 2011[J]. Artificial Intelligence Review，2015，43(2)：155-177.

[407] Zhao M，Adib F，Katabi D. Emotion recognition using wireless signals[C]// Proceedings of the 22nd Annual International Conference on Mobile Computing and Networking. ACM，2016：95-108.

[408] Atkinson J，Campos D. Improving BCI-based emotion recognition by combining EEG feature selection and kernel classifiers[J]. Expert Systems with Applications，2016，47：35-41.

[409] Hossain M S，Muhammad G，Alhamid M F，et al. Audio-visual emotion recognition using big data towards 5G[J]. Mobile Networks and Applications，2016，21(5)：753-763.

[410] Poria S，Chaturvedi I，Cambria E，et al. Convolutional MKL based multimodal emotion recognition and sentiment analysis[C]//2016 IEEE 16th international conference on data mining (ICDM). IEEE，2016：439-448.

[411] Howard A，Zhang C，Horvitz E. Addressing bias in machine learning algorithms: A pilot study on emotion recognition for intelligent systems[C]//2017 IEEE Workshop on Advanced Robotics and Its Social Impacts (ARSO). IEEE，2017：1-7.

[412] Trigeorgis G，Ringeval F，Brueckner R，et al. Adieu features? end-to-end speech emotion recognition using a deep convolutional recurrent network[C]// 2016 IEEE international conference on acoustics，speech and signal processing (ICASSP). IEEE，2016：5200-5204.

[413] Häne C，Heng L，Lee G H，et al. 3D visual perception for self-driving cars using a multi-camera system: Calibration，mapping，localization，and obstacle

detection[J]. Image and Vision Computing，2017，68：14-27.

[414] Yang Z，Zhang Y，Yu J，et al. End-to-end multi-modal multi-task vehicle control for self-driving cars with visual perceptions[C]//2018 24th International Conference on Pattern Recognition (ICPR). IEEE，2018：2289-2294.

[415] Baidu image [EB/OL] [2019-10-12]. https：//image. baidu. com/.

[416] 中国移动研究院. 2030＋愿景与需求报告[EB/OL]. http：//cmri. chinamobile. com/wp-content/uploads/2019/11/2030 愿景与需求报告. pdf.

[417] Strinati E C，Barbarossa S，Gonzalez-Jimenez J L，et al. 6G：The next frontier [J]. arXiv preprint arXiv：1901. 03239，2019.

[418] lanimg [EB/OL] [2019-10-12]. http：//www. lanimg. com/photo/201502/306545. html.